普通高等教育新工科电子信息类课改系列教材
西安电子科技大学教材建设基金资助项目

计算机图形学

许社教　史宝全　杜美玲　编著

西安电子科技大学出版社

内容简介

本书从图形系统设计的角度介绍计算机图形学的主要理论和算法、图形软件设计技术。教材内容与工程实际紧密结合并融入课程思政元素，旨在将价值引领与知识传授、能力培养有机结合。

本书共9章，主要内容包括：计算机图形系统的组成、几何元素之间的位置判断与求交计算、多边形的分解与网格划分、交互任务与交互技术、用户接口与图形软件界面设计、OpenGL系统及其应用开发、图形几何变换与投影变换、图形裁剪、插值曲线与曲面、逼近曲线与曲面、NURBS曲线与曲面、实体造型方法与数据结构、三维布尔运算算法、隐藏线与隐藏面消除算法、基本光照明模型与明暗处理、整体光照明模型及光线跟踪计算、纹理及纹理映射、彩色云图生成技术、分形几何、计算机动画技术等。各章均附有习题，附录中还提供了大作业要求、基于课程思政的"计算机图形学"课程教学效果考核方法。

本书可作为高等院校研究生、计算机类或相关专业本科生学习"计算机图形学"的教材，也可供技术人员从事相关工作时参考。

图书在版编目(CIP)数据

计算机图形学/许社教，史宝全，杜美玲编著—. 西安：西安电子科技大学出版社，2023.3
ISBN 978-7-5606-6766-9

Ⅰ. ①计… Ⅱ. ①许… ②史… ③杜… Ⅲ. ①计算机—图形学—教材
Ⅳ. ①TP391.411

中国国家版本馆CIP数据核字(2023)第022705号

策　　划　刘小莉
责任编辑　刘小莉
出版发行　西安电子科技大学出版社(西安市太白南路2号)
电　　话　(029)88202421　88201467　　邮　　编　710071
网　　址　www.xduph.com　　电子邮箱　xdupfxb001@163.com
经　　销　新华书店
印刷单位　陕西日报社
版　　次　2023年3月第1版　2023年3月第1次印刷
开　　本　787毫米×1092毫米　1/16　印张　19.5
字　　数　462千字
印　　数　1～2000册
定　　价　51.00元
ISBN 978-7-5606-6766-9/TP
XDUP 706800　1-1

前　言

计算机图形学经过七十多年的发展，已渗透到科学、工程技术和艺术等领域。计算机图形学是一门实用的学科，同时又是以几何模型为牵引的设计、分析、制造等工程软件的研发基础，尤其是三维几何建模引擎、交互技术等关键技术，目前未被国内完全掌握，成为卡脖子技术，而长期使用国外软件导致国内图形学研究人才和技术断层。因此，编写理论与工程实际结合紧密、实践性强、内容广度和深度适宜的教材是培养高水平图形学人才的要求。

课程思政是当前高校开展的新一轮教育教学改革，体现了以学生为中心的教育理念。开展课程思政对学生成长十分有益，对教师也提出了更高的要求，即要求教师"学高为师，身正为范"。课程思政的目标是将价值引领、知识传授和能力培养有机融合。本书以课程思政要求为指导，结合课程教学内容，确立了"树立敬业态度，培养批判、探索、创新、知行合一的科学精神，激发科技报国的家国情怀"这一价值目标，确立了"使学生比较全面地掌握计算机图形学的理论和算法体系"这一知识目标，确立了"具有一定的数学推导能力、图形算法设计能力和以 Visual Studio、OpenGL 等为平台开发图形软件或图形模块的能力"这一能力目标。编者长期从事计算机图形学方面的教学和科研工作，一直指导研究生从事图形处理方面的课题研究，取得了包括专利、软件著作权和论文在内的一批科研成果，工程实践案例和教学经验丰富，加之本门课程作为学校思政示范课程建设的多年实践，这些都为本书的编写提供了有力的支撑。

本书的特点有以下几方面：

（1）站在设计图形软件系统的角度进行取材和内容叙述。图形学的算法和处理方法繁多，本书取材和叙述的原则是服从于图形软件系统的设计要求，如在图形软件中，曲面一般用平面片逼近，有关曲面的求交、消隐则转化为平面问题，故本书只介绍平面求交、平面立体消隐；再如，三视图、正轴测图都是正平行投影，在软件中都可按正轴测数学模型生成，故本书中三视图和正轴测图不像其他书中分别按不同的投影变换生成，而是都作为正轴测投影变换统一处理，只是两者变换参数的取值不同而已，等等。

（2）内容与工程紧密结合。如多边形分解、网格质量评价、三角网格划分、均匀立方体网格划分、彩色云图技术等都是工程数值分析前置处理、后置处理用到的技术，动画仿真是虚拟制造与装配、训练模拟、计算机艺术工程的关键技术之一。

（3）加强实践环节。本书以 OpenGL 作为实践的编程工具，实用性强、起点高；配合教学效果，设计了三次大作业；精心设计了一些操作性强、利于内容掌握和能力培养的练习题，放在各章习题中。

（4）课程思政的融入。课程思政资源来源于国内外著名图形学专家的学术成果、国家关键核心技术需求、本校在图形领域的标志成果以及编者大量的图形学工程案例，本书从这些课程思政资源中挖掘出思政元素，实现课程的价值目标。另外，本书附录中的基于课程思政的“计算机图形学”课程教学效果考核方法可作为评价课程思政效果的参考。

（5）内容系统、完整。本书的内容基本上涵盖了图形学的主要内容，形成了较为完整的知识体系。

本书的参考学时数为 30 至 50 学时，先修课程有“高等数学”“线性代数”“C 语言程序设计”等。为保证学习效果，应安排较多的课外编程实践环节。

本书由许社教、史宝全、杜美玲共同编著。许社教编写了第 1、2、3、6、7、8、9 章及附录，史宝全编写了第 4 章，杜美玲编写了第 5 章。本书的出版得到了西安电子科技大学研究生院、出版社以及机电工程学院的大力支持，作者在此表示感谢，同时对参考文献的作者以及为本书作出贡献而不便查证的作者表达我们的谢意。

由于作者水平有限，书中难免还存在一些不足之处，殷切希望广大读者提出批评意见和建议，并及时反馈给我们(E-mail：shejxu@sina.com)。

作　者

2022 年 12 月

目　录

第1章　绪　论

本章包括计算机图形学的概念、计算机图形学的研究内容、计算机图形系统的组成、点阵图形显示器简介(介绍图形绘制的基本原理)、计算机图形学的应用等内容。

课程思政：

借助大量图例(包括编者的项目图例)、动画介绍计算机图形学的研究内容及应用，引导学生崇尚科学技术，热爱专业；在介绍图形系统硬件时，以西安电子科技大学计算机外部设备研究所针对军需研制成功的直线电机驱动绘图机、大幅面静电绘图机、大幅面滚筒扫描仪为例，激发学生的文化自信与科技报国之情。

1.1　计算机图形学的概念

计算机图形学起源于 20 世纪 50 年代。1950 年，第一台图形显示器旋风 Ⅰ 号(Whirlwind Ⅰ)诞生于美国麻省理工学院(MIT)。之后，H. Joseph Gerber 设计了第一台平台式绘图机。1959 年，Calcomp 公司研制了第一台滚筒式绘图机。1962 年，MIT 林肯实验室的 Ivan E. Sutherland 发表了题为《Sketchpad：一个人机通信的图形系统》的博士论文，搭建了一个基于计算机、随机扫描显示器、光笔的简单交互式图形系统，并在论文中首次使用了“Computer Graphics”这个术语，为交互式计算机图形学奠定了基础。经过几十年的发展，计算机图形学已成为一个有广泛影响力的学科。

什么是计算机图形学？国际标准化组织 ISO 对于计算机图形学(Computer Graphics，CG)的定义为：利用计算机将数据转换为图形，并在绘图设备上进行图形显示或绘制的一门学科。

计算机图形学涉及图形输入、图形处理和图形输出三个过程。图形输入和图形输出都是视觉图形与数据的映射，前者为图形到数据的映射，后者为数据到图形的映射。图形处理即数据转换，可以实现简单图形到复杂图形的转换。输入的图形一般为简单的图形，图形输入计算机后为简单图形的数据，其经过图形处理后可得到复杂图形的数据，将复杂图形的数据以视觉形式在绘图设备上显示或绘制就得到了最终需要的图形，此过程便是图形输出。

1.2　计算机图形学的研究内容

计算机图形学研究的图形分为参数图和像素图两类。

用尺寸、参数描述的图称为参数图，常称为图形，如机械图中的零件图、装配图，电路图等。用点阵法描述的图(图由若干像素点构成，每个像素点有不同的色彩或灰度)称为像素图，简称为图像，如彩色照片、油画等。

图形与图像可以相互转换。图形数字化(光栅化)的结果就是图像，图像识别与理解的结果就是图形。图形、图像的研究趋于融合。

计算机图形学的研究内容从大的方面分为硬件、软件、图形理论与算法三个方面。

1. 硬件研究

硬件研究是指研制图形输入、输出设备，研究计算机图形系统的硬件配置(系统集成)。

2. 软件研究

软件研究是指研究图形软件的设计与使用、各种图形软件的开发研究以及图形软件的标准化。

3. 图形理论与算法研究

图形理论研究侧重于图形表示和新图形生成，图形算法研究侧重于图形问题的解决途径。解决某一问题的算法可能有多个，评价算法优劣的指标是时间复杂度和空间复杂度。前者要求计算量小、运算速度快，后者要求占用存储空间少。主要研究内容如下：

1）图形设备显示或绘制的基本图形元素生成算法

该研究内容包括直线、圆弧、字符、二次曲线、图案填充等图形元素的生成算法。

2）图形变换及裁剪

图形变换是指对图形进行比例、平移、旋转、错切、反射等几何变换和对物体进行各种投影变换(正投影变换、轴测投影变换、透视投影变换)；图形裁剪包括二维开窗裁剪、三维取景裁剪。

3）自由曲线、曲面的生成与处理

自由曲线、曲面的生成与处理包括曲线和曲面的插值、逼近、拼接、分解、过渡、光顺、整体和局部修改等。图 1.1 是自由曲面示例。

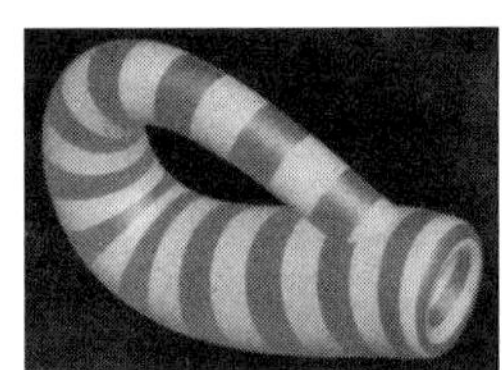  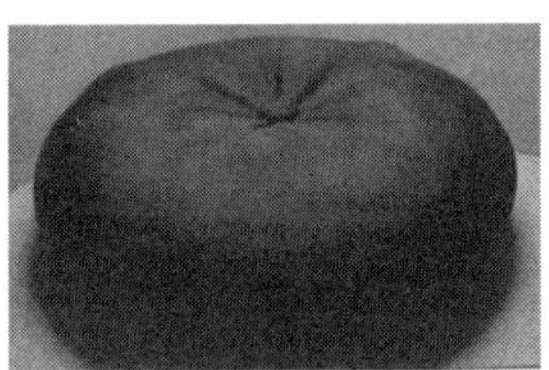 

图 1.1　自由曲面示例

4）消隐处理

消隐处理是指对沿观察方向看不到的物体上的棱线或表面(分别称为隐藏线、隐藏面)进行判断处理。

5）二维、三维造型技术

二维、三维造型技术包括二维面素拼合构图(解决二维图形的并、交、差运算)、三维实体造型(研究体素的形成，体素间的并、交、差运算，局部造型等)、特征造型。图 1.2 是焊片视图的二维造型过程，图 1.3 是支架的三维造型结果。

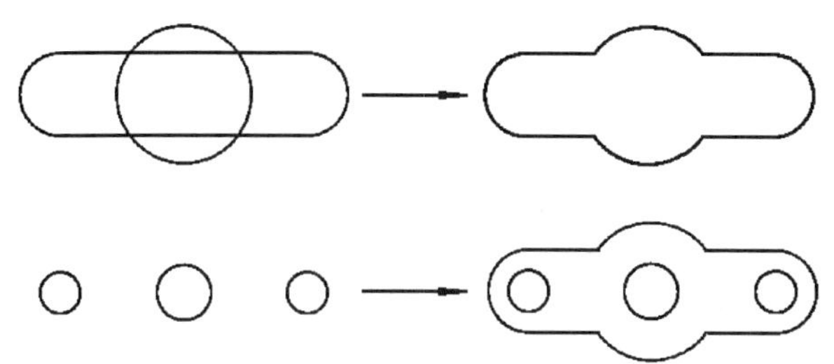

图 1.2 焊片视图的二维造型过程

图 1.3 支架的三维造型结果

6) 真实感图形(逼真图像)的生成

真实感图形是指用计算机模拟生成像彩色照片效果的图形，也称为光照仿真图形(渲染图)。纹理映射(软件中称为“贴图”)是真实感图形生成的重要技术之一。图 1.4 是建模后经光照仿真得到的物体真实感图形。其中，图 1.4 右下方的零件为偏转线圈磁芯，是我们研制的“偏转线圈磁芯模具 CAD 软件”中参数化设计的一个零件。

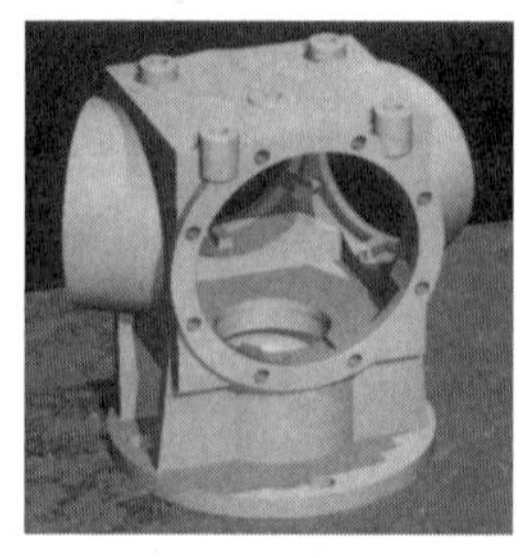

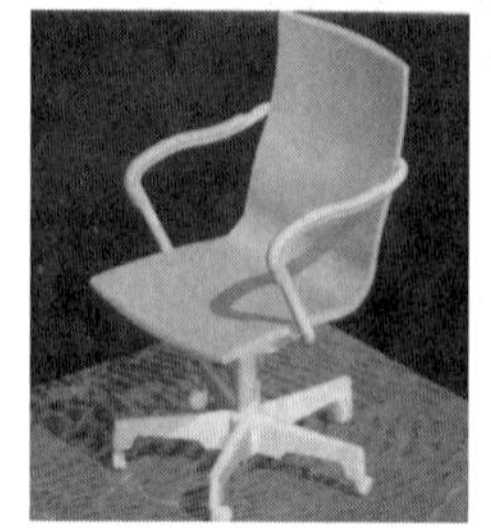

图 1.4 物体真实感图形

7) 科学计算可视化(图形可视化)

用有限元法、矩量法、有限差分法等工程分析法对物体进行应力、热、流动性、电场、磁场分析后，可得到大量的标量(如温度)场或矢量(如电场强度)场数据。这些数据只有通过图形的形式才能反映物理量的变化规律，彩色云图是数据可视化的主要表现形式。图形可视化也可用于分析模型的验证。图 1.5 是多个领域的模型或数据图形可视化图例，其中，第一行图例为我们课题组研制的“通信车电磁兼容仿真分析软件”中的工程分析图例。第一行图例中，左图为基于脉冲基函数矩量法网格划分结果图，以网格染色及外法线矢量形式显示，便于检查；中图为车体表面面电流分布动态彩色云图；右图为某一高度处空间场强分布云图。

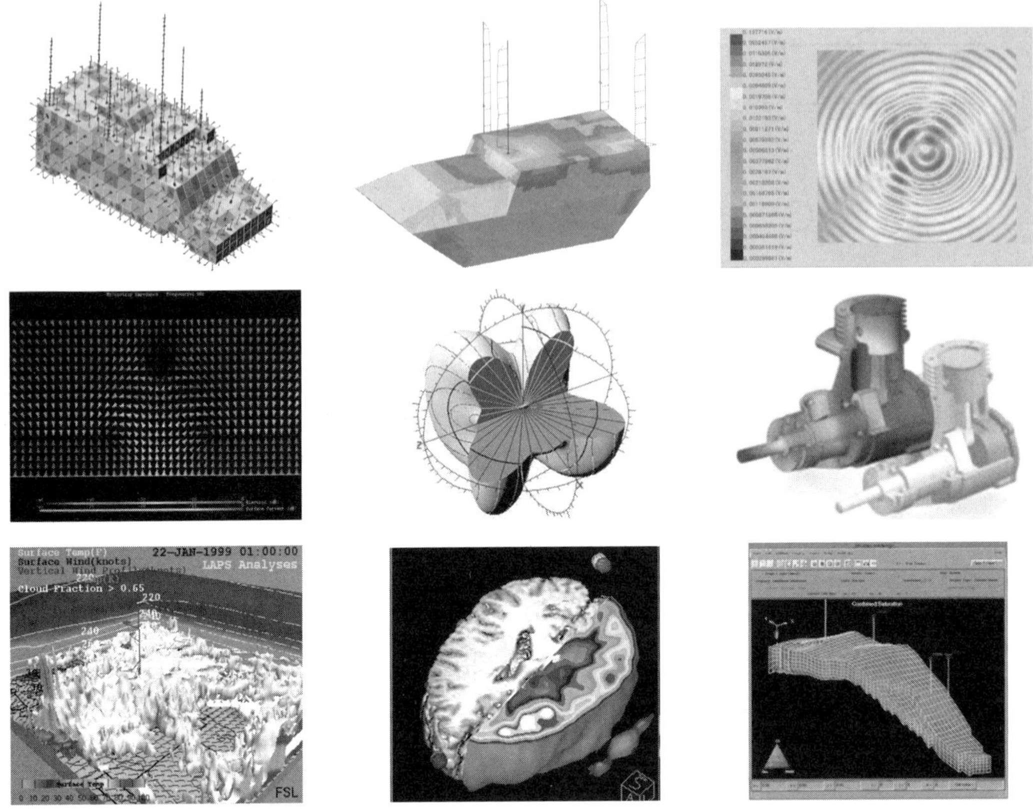

图 1.5　模型或数据图形可视化图例

8) 三维重建技术

根据实物扫描得到的点云或物体的视图而求取其三维几何模型称为三维重建。三维重建属于逆向工程。三维重建的数据源有两种，一种是对实物用专用仪器(如三坐标测量机、CT 机等)进行层扫描测量得到的点云数据，另一种是设计或物体摄像经图像矢量化处理得到的视图数据。因三维测量仪器的原理不同，点云数据有表面轮廓数据(如三坐标测量)和切面数据(如 CT 扫描)，重建得到的三维模型用网格表示，常用于曲面特征明显的三维物体(如人体等)重建。基于视图的三维重建有基于多个正交投影视图(如三视图)的三维重建和基于多幅透视图(计算机视觉)的三维重建，重建得到的三维模型用面片包络表示，常用于平面特征明显的三维物体(如工业产品等)的重建。

9) 3D(三维)打印模型处理技术

3D 打印是智能制造和个性化制造的典型技术，属于增材制造。3D 打印的数据源为物体的三维几何模型。根据制造控制和工艺的要求，需要对三维模型进行分析处理，内容包括体积计算、切片控制、切片填充、打印方向控制、打印支撑设计等。

10) 图形数据结构及图形数据库

图形数据结构及图形数据库是解决复杂图形问题(尤其是三维问题)的关键，它与算法一样重要。对于复杂图形问题，动态、快速、高效地管理(增加、删除、修改)图形数据是图形数据结构及图形数据库的要求。

11) 分形几何

传统几何为欧氏几何，即整数维几何，如一维的直线、二维的多边形、三维的立方体。而分形几何属于分数维几何，可用于描述不规则、随机且有统计自相似的物体或现象，如山川地貌、树木花草、水、火、烟、云、雾等。分形图形通过迭代生成。图 1.6(a)是雪花分形图形的迭代生成过程，图 1.6(b)是其迭代规则。

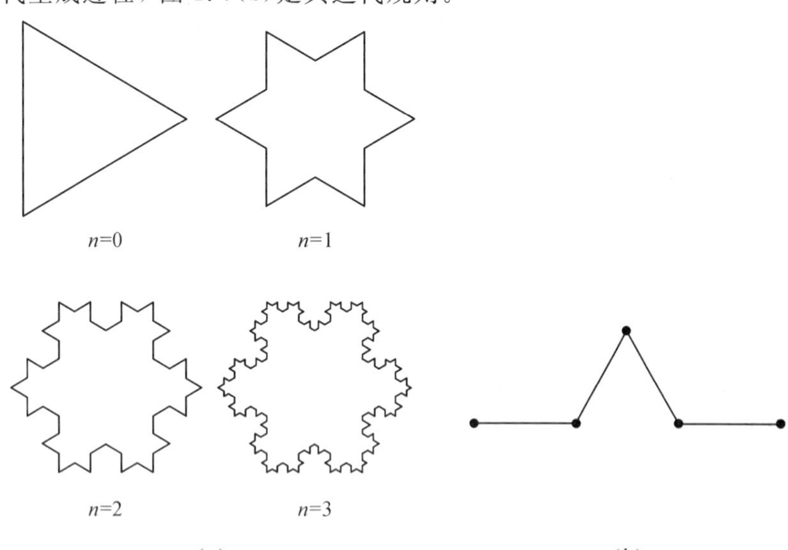

图 1.6　雪花分形图形的迭代生成

设 N 为每一步细分的数目，S 为细分时的缩放倍数，则分维数定义为

$$D=\frac{\log N}{\log(1/S)}$$

对于图 1.6 所示的图形，$N=4$，$S=1/3$，则其维数 $D=1.2619$。

分形几何图形的生成方法有分形布朗运动法(主要是 MPD 法，即随机中点位移法)、IFS 法(迭代函数系统法)、L 系统方法(正规文法模型)、粒子系统方法、DLA 法(扩散有限凝聚模型法)等。图 1.7 是几种典型的分形几何图形。

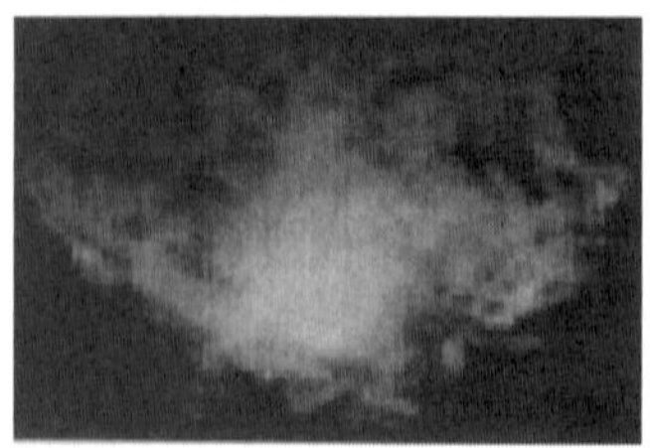
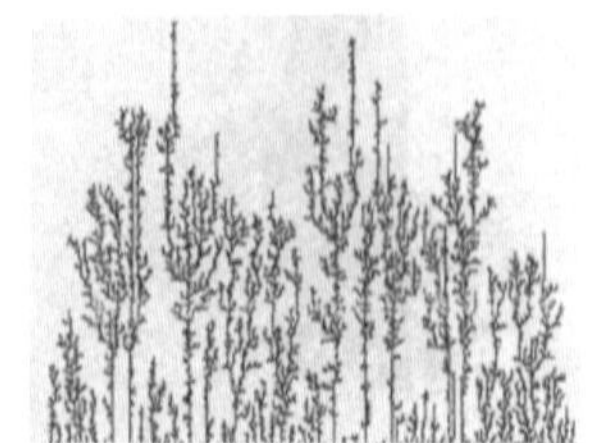

图 1.7　几种典型的分形几何图形

12）计算机动画生成

计算机动画生成是指研究如何实时（快速）、方便、自动地生成场景中的物体和图形，以及动画的播放技术。

1.3　计算机图形系统的组成

1. 计算机图形系统的功能

一个计算机系统要称为图形系统需具备计算、存储、输入、对话、输出五个方面的基本功能。

（1）计算功能。计算功能除了数值计算外，还包括几何求交计算、坐标变换等。

（2）存储功能。存储功能有良好的图形数据结构和图形数据库，便于数据检索和修改。

（3）输入功能。输入功能支持图形输入设备（如数字板、扫描仪等）进行图形数据输入。

（4）对话功能。对话功能能以人机交互形式进行绘图和图形修改。

（5）输出功能。输出功能能将图形结果以文件形式输出，支持绘图机、图形打印机输出图形。

计算机图形系统是由一系列硬件和软件组成的，硬件之间的连接关系称为硬件配置，软件之间的连接关系称为软件配置。

2. 计算机图形系统的硬件配置

（1）主机。主机的主要组成部分是 CPU、RAM、I/O 电路等。CPU 和 RAM 的性能会影响计算机处理图形的速度和能力，应尽可能配置高性能的 CPU 和 RAM。

（2）外存储器。外存储器包括硬盘、光盘存储器、U 盘等。

（3）图形输入设备。图形输入设备包括鼠标器、数字化仪（数字板）、（二维、三维）扫描仪、触摸屏、键盘、操纵杆、跟踪球、数字摄像头等。图 1.8 为几种图形输入设备。

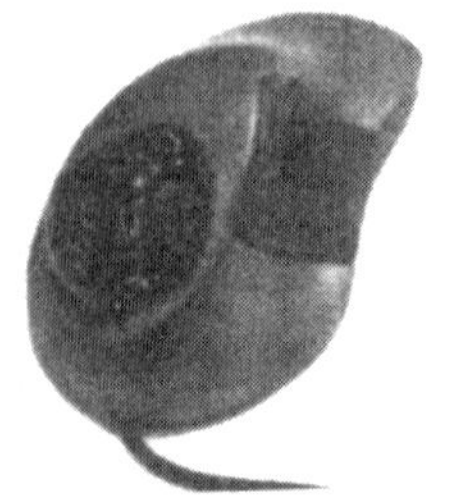

图 1.8　图形输入设备

(4) 图形输出设备。图形输出设备包括图形显示器(台式 CRT 显示器、平板 CRT 显示器、液晶显示器、等离子体显示器、发光二极管显示器、VR/AR 领域的头盔显示器等)、绘图机(笔式绘图机、无笔绘图机)、图形打印机、3D 打印机(目前专用，尚未标配)等。3D 打印机目前是个性化制造、智能制造的典型设备。

西安电子科技大学外部设备研究所在军用图形输出、输入设备研制方面取得了突出成果，先后研制了大幅面直线电机驱动平台式绘图机(20 世纪 90 年代初获国家科技进步二等奖)、大幅面静电绘图机和大幅面滚筒式扫描仪等，在国内产生了较大影响。

3. 计算机图形系统的软件配置

(1) 系统软件。系统软件也称为一级软件，它包括各种操作系统、各种高级语言系统、数据库管理系统、网络操作系统等。

(2) 支撑软件。支撑软件也称为二级软件，是利用一级软件开发的，能够提供最基本的、具有通用功能的软件，如图形软件(AutoCAD)、动画软件、几何造型系统、有限元分析软件、热分析软件等。支撑软件各行业都可使用，用户利用软件提供的开发工具可进行二次开发。

(3) 应用软件。应用软件也称为三级软件，是利用一级或二级软件开发的针对某行业、某专业或某一产品开发的专业软件，其优点是效率高、效益明显，代表着软件的发展方向，如汽车 CAD 软件、各类模具 CAD 软件、建筑 CAD 软件、服装 CAD 软件、电子 CAD 软件等。

1.4　点阵图形显示器简介

点阵图形显示器是目前的 CRT 显示器、液晶显示器、等离子体显示器、发光二极管显示器等的统称，称其为点阵图形显示器是为区别早期的随机扫描矢量显示器。点阵图形显示器显示图形的原理是所有光栅图形设备生成图形的原理。

1. 几个概念

1) 像素

把显示屏幕划分为矩形网格，每个网格就称为像素。屏幕显示图形时，每个像素都处于“亮”与“不亮”两种状态，所有发亮的像素点拼成一幅图形。其中，彩色图形显示器每个像素的颜色是由红、绿、蓝三原色分量合成的。图 1.9 是屏幕上显示字符和直线段的示例。字符分为点阵字符(使用字模，如 7×9)和矢量字符(使用笔画)，事先将其做成字库，绘制时插入即可。直线段采用数字化(栅格化)方式绘制，即用一些靠近理论直线位置的像素点逼近显示，生成算法有 DDA(数字微分分析)算法、Bresenham 算法、逐点比较法等。这种用离散量表示连续量的失真(如锯齿状)称为走样(混淆)，减小或消除这种失真的技术称为反走样(也称为反混淆)。反走样的思想是缩小直线上相邻像素的灰(亮)度差，如各种取样方法形成的半色调技术。

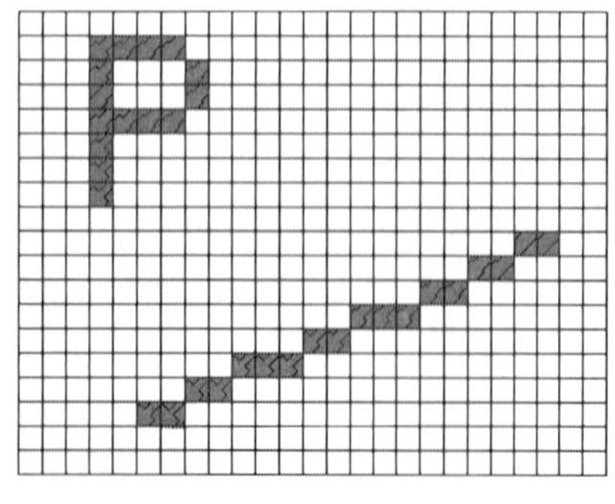
图 1.9　字符和直线段的显示原理

2）屏幕分辨率

屏幕分辨率是指屏幕可显示的像素点总数，用水平方向的像素点数乘以竖直方向的像素点数来表示，如 800×600、1024×768、1280×1204 等。显示器分辨率越高，所显示的图形越光滑、越清晰。

3）背景

屏幕上未被字符和图形填充的区域称为背景。

4）前景

屏幕上被字符和图形填充的区域称为前景。

2. 点阵图形显示器的组成

点阵图形显示器由图形监视器、帧缓冲存储器和显示控制器组成。

1）图形监视器

图形监视器用于观察图形的部件，其结构与电视机类似。

2）帧缓冲存储器(视频缓存)

帧缓冲存储器的逻辑结构与屏幕显示网格对应，其作用是暂时保存屏幕上的图形。新生成的图形以及图形的刷新都要使用帧缓冲存储器，其主要技术指标是容量。容量可进行如下估算：

$$\text{存储容量}\approx\text{屏幕分辨率}\times\frac{\text{lb(颜色数)}}{8}\ \text{(字节)}$$

其中，颜色(灰度)的实现方法主要有位平面法和压缩像素法。与屏幕分辨率对应的存储区称为位平面。位平面法就是用多个位平面实现多颜色的显示，如用 4 个位平面就可实现每个像素的 16 种颜色的显示。压缩像素法是将一个像素的全部颜色信息压缩成一个字节或多个字节，红、绿、蓝三原色分占其中的几位。

在视频缓存容量一定的情况下，屏幕分辨率取得越高，则同时显示的颜色数越少；屏幕分辨率越低，则同时显示的颜色数越多。例如，屏幕分辨率为 800×600，显示色为 256 色，则估算的帧缓冲存储器的容量为：$800\times600\times\frac{\text{lb}256}{8}=480\ 000$ 字节，约为 480 KB。

3）显示控制器

显示控制器用于控制图形的刷新及显示。实际中，帧缓冲存储器和显示控制器做在一块印制板上，称为显示卡(或显示适配器)。例如，VGA 卡可实现的屏幕分辨率为 320×200、640×200、640×350、640×480；SVGA 卡兼容 VGA 卡，还可实现的屏幕分辨率为 800×600、1024×768。

1.5 计算机图形学的应用

与手工绘图相比，计算机绘图具有提高绘图的速度、绘图的准确度、可进行屏幕模拟与动画显示的突出优点。计算机图形学的应用领域很广，几乎在各个行业都有应用。下面介绍计算机图形学的一些典型应用。

1. 绘制工程图样

因为计算机绘图具有图形复制容易和修改快的优点，所以它比手工绘图快得多。产品设计中图样绘制的工作量约占总工作量的70%左右，采用计算机绘图代替手工绘图能明显缩短产品研发周期并提高设计质量，因此目前工程设计基本上淘汰了手工绘图，大量采用计算机绘制工程图样（如零件图、装配图）。图1.10是用AutoCAD软件绘制的虎钳装配图。

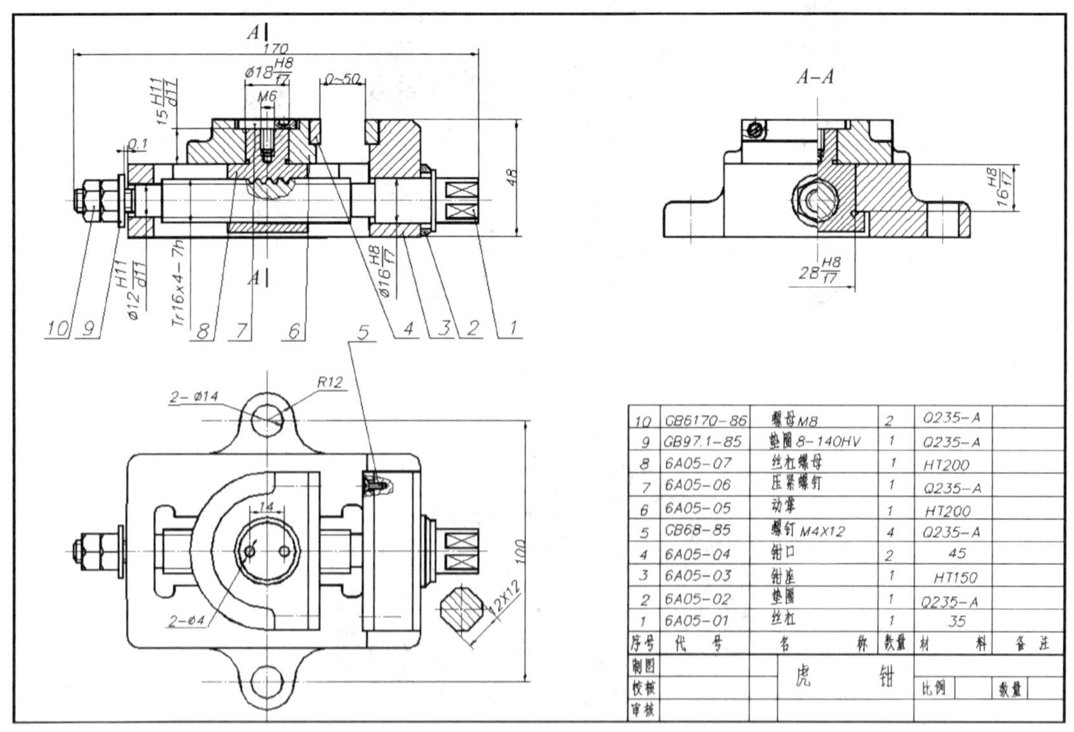

图1.10 虎钳装配图

2. 计算机辅助设计CAD和计算机辅助制造CAM

CAD(Computer Aided Design)和CAM(Computer Aided Manufacturing)是计算机图形学应用最活跃和最能产生经济效益的领域，在机械、建筑、电子、航空航天、造船、服装等行业获得了广泛应用。CAD和CAM主要靠软件实现，目前CAD、CAM软件种类较多，机械类CAD/CAM软件有I-DEAS(SDRC公司)、Pro/E(升级版Creo)(PTC公司)、Solid Edge（UG公司)、Solid Works（Solidworks公司)、CATIA(法国达索公司)、MDT及Inventor(Autodesk公司)、CAXA系列(北航海尔公司)等；电子CAD软件有TANGO/Protel、OrCAD等；还有各种建筑CAD、BIM(Building Information Modeling，建筑信息模型)软件，服装CAD软件等。图1.11是用CAD软件设计的产品(直板手机为西安电子科技大学工业设计专业本科毕业设计作品)，图1.12是用CAM软件模拟零件加工。

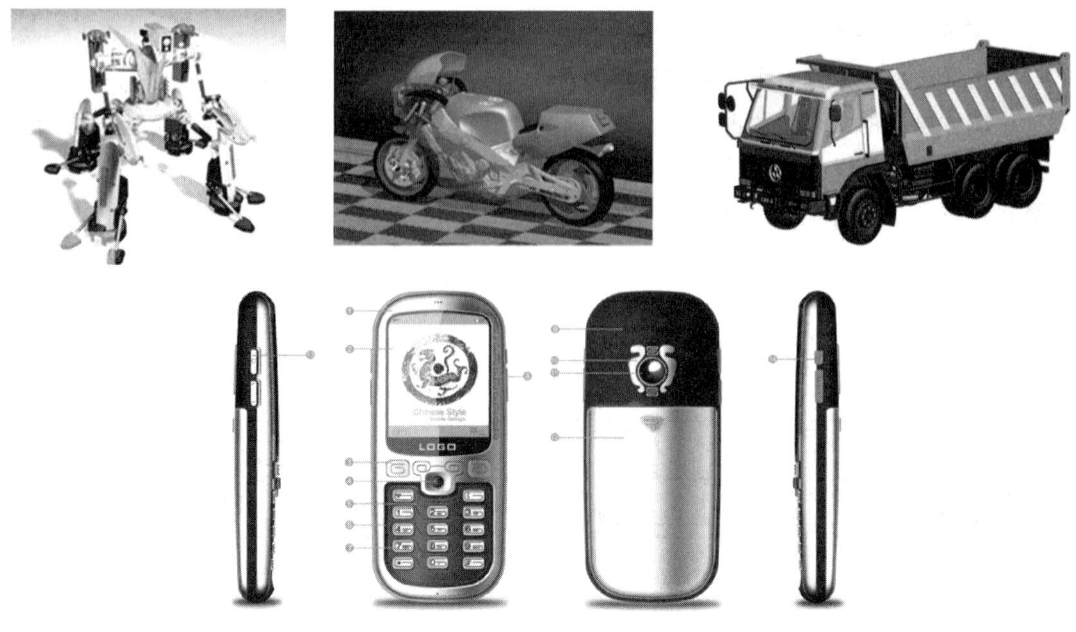

图 1.11　CAD 的应用

图 1.12　CAM 的应用

3. 计算机艺术设计

计算机艺术设计包括曲线曲面艺术造型、分形图案设计等。图 1.13 为一些计算机艺术设计图例。

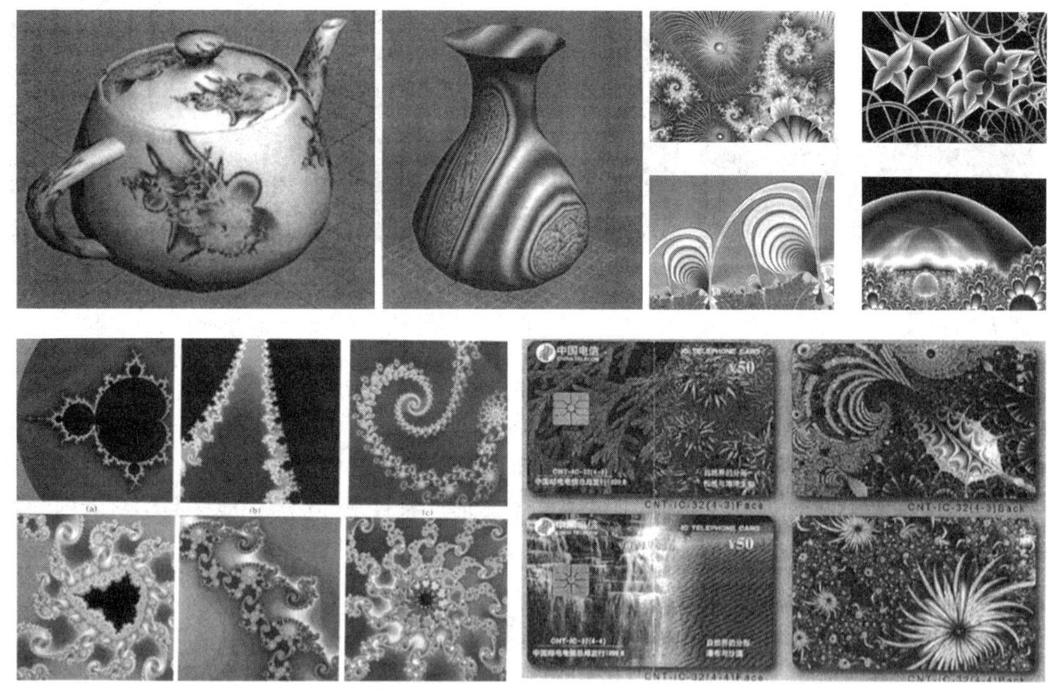

图 1.13 计算机艺术设计图例

4. 虚拟现实(VR)/增强现实(AR)

虚拟现实(Virtual Reality, VR)、增强现实(Augmented Reality, AR)是指将虚拟物体置于环境中,控制物体运动使其与环境协调并融入环境。VR、AR中的作用对象为使用者、虚拟物体和环境。VR、AR集计算机、电子信息(主要是传感系统,如数据手套)、仿真技术于一体,软硬结合,用计算机模拟现实环境,从而给人以身临其境的真实感。计算机图形学在VR、AR中的作用是三维建模(包括虚拟物体、环境)、显示和交互(帮助虚拟物体在环境中更好地呈现)。

VR和AR的区别在于,VR中的环境是模拟的,而AR中的环境是真实环境;AR比VR技术复杂,其关键技术为跟踪注册,即要求虚拟物体与真实环境在三维空间位置中进行配准注册,包括使用者的空间定位跟踪和虚拟物体在真实空间中的定位两个方面。AR系统在功能上主要包括四个关键部分,其中,图像采集处理模块首先采集真实环境的视频,然后对图像进行预处理;而注册跟踪定位系统是对使用场景中的目标进行跟踪,根据目标的位置变化来实时求取相机的位姿变化,从而为将虚拟物体按照正确的空间透视关系叠加到真实环境中提供保障;虚拟信息渲染系统是在清楚虚拟物体在真实环境中的正确放置位置后,对虚拟信息进行渲染;虚实融合显示系统是将渲染后的虚拟信息叠加到真实环境中再进行显示。VR/AR系统通常分为基于计算机显示器、基于视频透视式和基于光学透视式(如头盔显示)的几种VR/AR系统形式。

VR/AR越来越多地应用于各个行业,如教育、培训与训练、医疗、设计、娱乐、工业仿真等。图1.14为VR/AR的应用。

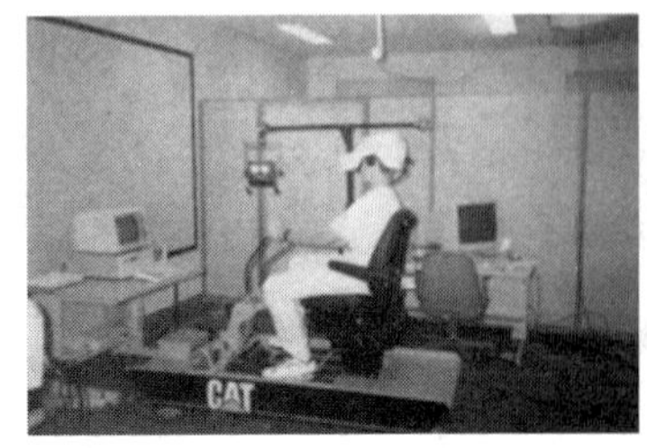

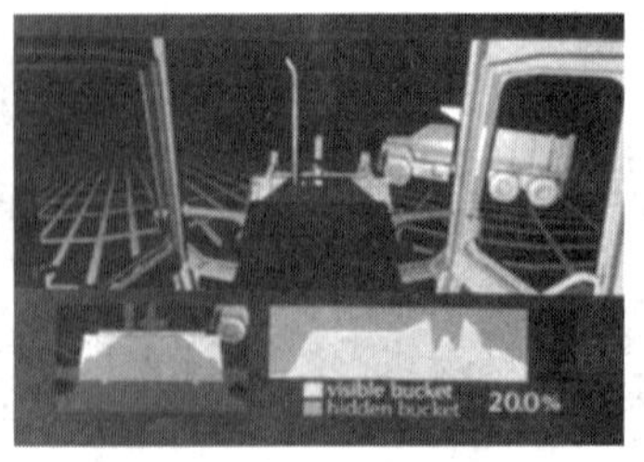

图 1.14　VR/AR 的应用

5. 计算机辅助教学(CAI)

计算机辅助教学 CAI(Computer Aided Instruction)是综合应用多媒体(文字、声音、图形图像)、超文本(网页)、人工智能、网络通信和知识库等进行教学训练的方法与技术。CAI 具有重点突出、灵活方便、交互性好、声图文并茂、图形形象直观等优点，能提高学习者的学习兴趣和学习效率，提高教学质量。MOOC、翻转课堂等 CAI 将引发一场新的教育革命。

习　题　1

1. 试述图形与图像的区别与联系。
2. 简述计算机图形系统的功能。
3. 计算机图形系统是如何配置的?
4. 简述光栅图形设备生成图形的基本原理。
5. 在点阵图形显示器上显示非 45°倾角直线段时会产生锯齿状，请问有什么解决办法?
6. 屏幕分辨率为 1024×768、每个像素 24 位的视频缓存容量是多少?
7. 图形处理中，为什么要强调数据结构的设计?
8. 试述图形在机械 CAD、CAE、CAM 软件中的作用。
9. 试述 VR 与 AR 的区别。

第 2 章　图形处理中的几何问题

本章内容包括图形坐标系、几何要素的定义及特点、平面图形的几何性质、几何元素之间的位置判断及求交计算、多边形及其凸凹性、多边形的分解与网格划分。

课程思政：

本章介绍编者的平面与平面求交算法专利，培养学生的创新思维能力与创新精神；以《计算机图形学几何工具算法详解》书中用矢量表示点为案例，进行怀疑与批判学习，培养学生的科学态度；复杂多边形分解为凸多边形或用前沿推进法将复杂多边形进行三角剖分，蕴含着分而治之、矛盾转化的哲学思辨思想；以编者的科研成果"基于矩量法的通信车表面三角网格划分"为案例，介绍前沿推进法的具体应用及提出的网格质心调匀法，培养学生知行合一、创新的科学精神。

2.1 图形坐标系

对图形对象的描述，图形的处理及输入、输出，都是在一定的坐标系中进行的。目前，对世界坐标系、用户坐标系、局部坐标系还没有统一的定义，各种文献及图形软件中的说法不一。这里从图形系统的角度提出世界坐标系、局部坐标系、观察坐标系、设备坐标系、规范化设备坐标系等 5 种坐标系。

在标准图形系统(如 GKS、GKS-3D 等)中，主要坐标系使用的逻辑关系如图 2.1 所示。

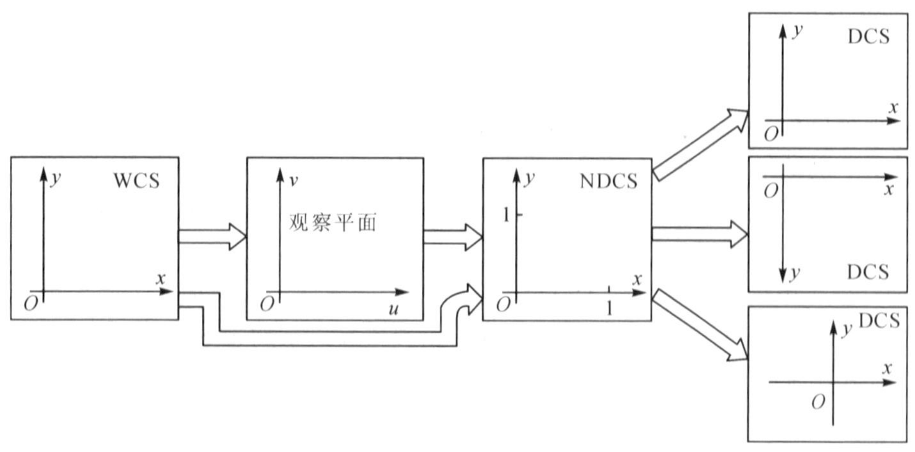

图 2.1　坐标系使用的逻辑关系

对于三维图形系统而言，首先用到的是世界坐标系(WCS)，在世界坐标系中建立物体的三维模型，为了建模方便，有时还会用到局部坐标系(LCS)。建好模型后，为了得到想要

的观察(投影)效果，需要建立观察坐标系(VCS)，观察坐标系是以视点为坐标原点的坐标系。建立观察坐标系后，要将三维模型的世界坐标转换为观察坐标系下的坐标，之后在观察坐标系下进行裁剪、投影和渲染等，得到在观察平面即投影面上的二维图。为了便于图形系统升级时程序的移植，在观察平面上的投影图不直接显示或绘制在图形设备上，而是转换到规范化设备坐标系(NDCS)这一虚拟设备中。当需要在具体图形设备上显示或绘制图形时，再将规范化设备坐标系中的图形映射到设备坐标系(DCS)即可。

对于二维图形系统而言，同样先用到的是世界坐标系(WCS)，在世界坐标系中绘制二维图形。也是为了图形系统升级时程序的移植，在世界坐标系中的二维图形同样不直接显示或绘制在图形设备上，而是转换到规范化设备坐标系(NDCS)这一虚拟设备中。当需要在具体图形设备上显示或绘制图形时，再将规范化设备坐标系中的图形映射到设备坐标系(DCS)即可。

在三维坐标系统中，有右手坐标系和左手坐标系之分，通常采用右手坐标系。左手坐标系和右手坐标系的判断方法有旋向法和三指法。伸开右手，若坐标系的手指间关系符合图 2.2 所示的关系则称为右手坐标系，否则为左手坐标系。

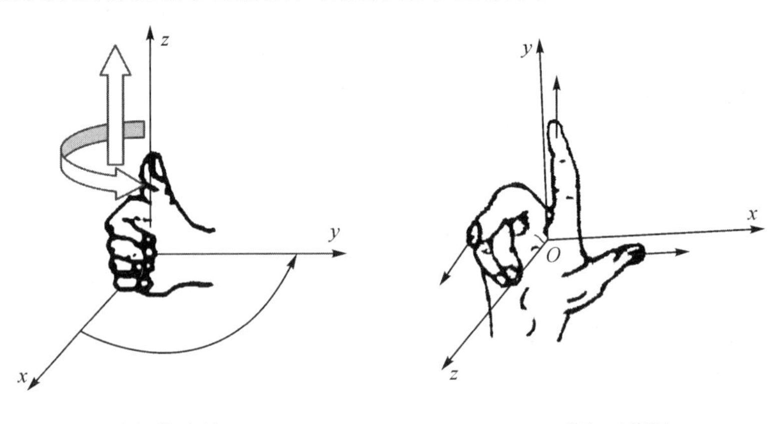

(a) 旋向法　　(b) 三指法

图 2.2　右手坐标系的判断方法

2.1.1　世界坐标系

世界坐标系(World Coordinate System，WCS)是用户为绘图而建立的初始直角坐标系，为右手坐标系，可以是二维或三维的坐标系。世界坐标系的坐标轴方位是固定的，在显示屏幕上，一般 x 轴正向朝右，y 轴正向朝上，z 轴正向按右手定则垂直于屏幕显示平面朝外，坐标系的原点由定义的作图范围来确定，坐标的取值范围可以是计算机能够处理的实数范围，可根据需要设置。

例如，在 AutoCAD 中，用 LIMITS(绘图边界或图幅)命令可建立世界坐标系；在 OpenGL 中，通过设置绘制场景的视景体(正平行投影模式下的视景体为长方体)建立世界坐标系。绘制二维图形或建立三维模型时，图形或模型应该在边界或视景体之内，超出边界或视景体的部分在屏幕上显示时会被裁剪掉。

2.1.2　局部坐标系

局部坐标系(Local Coordinate System，LCS)是用户在世界坐标系或当前的坐标系中定义的直角坐标系，为右手坐标系。局部坐标系的坐标原点、坐标轴的方位是任意的。在某些图形系统(如 AutoCAD)中，把局部坐标系称为用户坐标系(User Coordinate System，UCS)。设立局部坐标系是为了便于作图。例如，在三维绘图中，利用局部坐标系可以把较为复杂的三维作图问题转化为二维作图问题。图 2.3 为局部坐标系的应用。

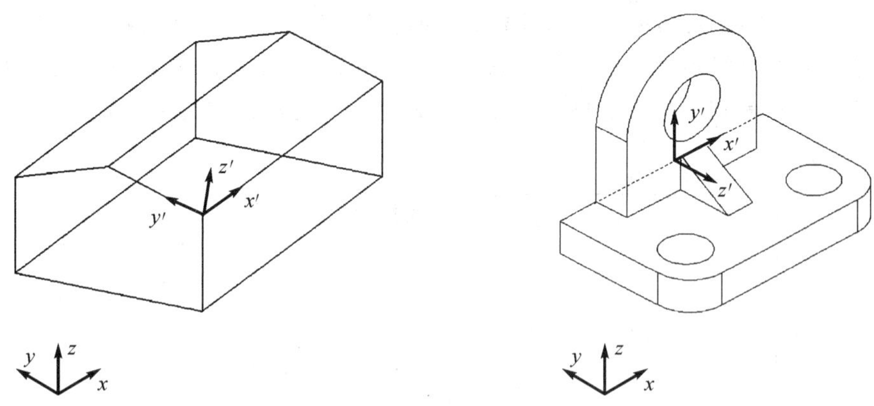

图 2.3　局部坐标系的应用

2.1.3　观察坐标系

观察坐标系(View Coordinate System，VCS)是以视点(Viewpoint)为坐标原点的三维左手(或右手)直角坐标系，其中 z 轴方向为视点与世界坐标系原点(默认情况)或模型上点的连线方向，xy 平面(观察平面，即投影平面)与 z 轴垂直，如图 2.4 所示。

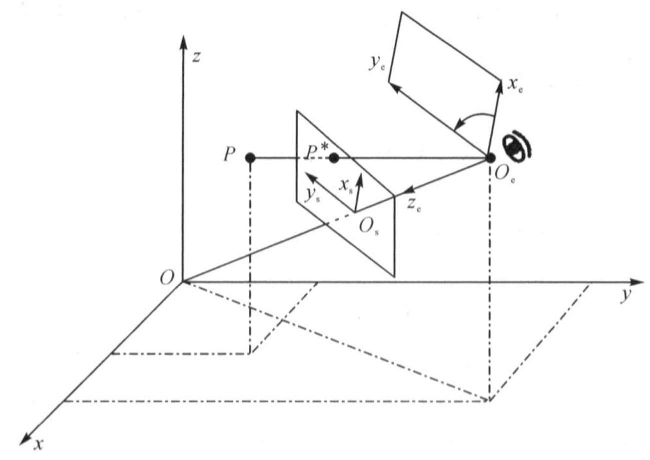

图 2.4　观察坐标系与世界坐标系

观察坐标系取为左手系的原因在于：当把观察平面作为屏幕时，z 轴正方向朝向显示器里的方向符合我们的视觉习惯，越向里表示离我们越远，z 值也就越大。

2.1.4　设备坐标系

与一个图形设备(输入设备或输出设备)相关联的直角坐标系称为设备坐标系(Device Coordinate System，DCS)。设备坐标系可以是二维坐标系(如二维扫描仪、屏幕、绘图机、

二维打印机等)，也可以是三维坐标系(如三维扫描仪、三维打印机)。图形的输出在设备坐标系下进行。设备坐标系的坐标取值范围与设备的有效幅面和精度有关，为某个整数区间。对点阵图形显示器和无笔绘图机而言，坐标单位是像素(也叫光栅单位)；对笔式绘图机而言，其坐标单位是步距(也叫脉冲当量)。

点阵图形显示器的设备坐标系与屏幕分辨率有关。假定显示器的分辨率为 1024×768，则该显示器的设备坐标系为：$x\in[0, 1023]$，$y\in[0, 767]$，x、y 为整数(代表像素位置)。坐标原点默认情况是在屏幕左上角，如图 2.5(a)所示；坐标原点也可设置在屏幕左下角，如图 2.5(b)所示。

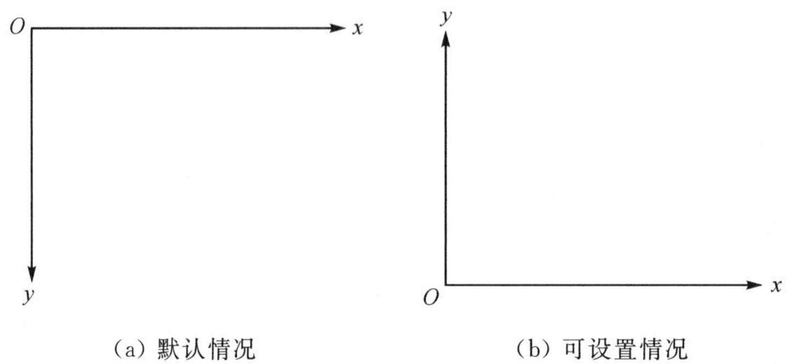

(a) 默认情况　　(b) 可设置情况

图 2.5　屏幕坐标系

无笔绘图机的设备坐标系与绘图机的分辨率(无笔绘图机的分辨率单位为点/英寸(dpi)，可转化为毫米/点)及有效绘图幅面有关。假定绘图机的分辨率为 0.1 mm/dot，有效绘图幅面为 385 mm×280 mm，则该绘图机的设备坐标系为：$x\in[0, 3850]$，$y\in[0, 2800]$，x、y 为整数(代表像素点数)。坐标原点在左下角(对平台式)或左上角(对滚筒式)。

2.1.5　规范化设备坐标系

坐标取值范围为 0 到 1.0 的坐标系称为规范化设备坐标系(Normal Device Coordinate System，NDCS)。规范化设备坐标系为：$x\in[0.0, 1.0]$，$y\in[0.0, 1.0]$，x、y 为实数。用户的图形处理数据(如对模型投影并经窗口裁剪得到的数据)经归一化转换即得规范化设备坐标系中的坐标值。

用户绘图或建模是在世界坐标系中，而最终图形的输出是在设备坐标系中并依赖具体的图形设备，不同的设备有不同的设备坐标系且坐标范围不尽相同，若图形处理程序直接与具体设备关联，则会给图形的统一处理和程序的移植带来极大的不便。引入规范化设备坐标系这一虚拟设备后，图形处理的结果可先统一输出至虚拟设备，再输出至不同的具体设备(规范化设备坐标系与各种设备坐标系只是坐标值相差一个比例因子而已)。从程序设计的角度考虑，整个图形处理到结果输出至规范化设备坐标系，这部分程序与具体设备无关，可编写成通用模块，而针对具体设备可分别编写一个与通用模块接口的程序(称为设备驱动程序，设备驱动程序本质上是实现规范化设备坐标系到设备坐标系的转换)。可见，使用规范化设备坐标系的优点是方便了图形的统一处理，提高了图形程序面向不同图形设备的可移植性。

另外，在一些图形系统中还使用圆柱面坐标系($\rho-\varphi-z$，ρ、φ 为空间点在 xOy 平面上投影的极坐标，ρ 为极径，φ 为极角，z 为空间点到 xOy 平面的距离)和球面坐标系($r-\varphi-\theta$，

r 为空间点到原点的距离，φ 为从 x 轴正向起度量的经度角(0°～360°)，θ 为从 z 轴正向起度量的纬度角(0°～180°))。在某些工程应用中，如三角形区域内物理量的插值计算，还可使用面积坐标等。

2.2　几何元素的定义及特点

图形处理的几何对象有几何元素点、边(线)、环、面以及由几何元素组成的体。

1. 点

点是图形处理中最基本的元素，分为端点、交点、切点等。在通常的直角坐标系下，二维空间中的点用二元组$\{x, y\}$或$\{x(t), y(t)\}$表示；三维空间中的点用三元组$\{x, y, z\}$或$\{x(t), y(t), z(t)\}$表示。而在齐次坐标系下，n 维空间中的点用 $n+1$ 维坐标表示。

在自由曲线和曲面的描述中，常用以下三种类型的点：

(1) 控制点：用来确定曲线和曲面的位置与形状，而相应的曲线和曲面不一定经过的点。控制点用于构造逼近曲线、逼近曲面。

(2) 型值点：用来确定曲线和曲面的位置与形状，而相应的曲线和曲面一定经过的点。型值点用于构造插值曲线、插值曲面。

(3) 插值点：为提高曲线和曲面的输出精度，在型值点之间插入的一系列点。插值点可以从插值曲线、插值曲面上获取，也可以通过一定的计算方法(如线性插值、抛物线插值等)得到。

自由曲线、曲面或其他形体均可用有序的点集表示。用计算机存储、管理、输出形体的实质就是对点集及其连接关系(拓扑关系)的处理。

2. 边(线)

边分为直线边和曲线边。直线边由其端点(起点和终点)定界；曲线边由一系列型值点或控制点表示，也可用显式、隐式方程表示。

3. 环

环是由有序的有向边(直线段或曲线段)组成的封闭边界。环有内、外之分，确定面的最大外边界的环称为外环，其边(或顶点)按逆时针方向排序；而把确定面中内孔或凸台边界的环称为内环，其边(或顶点)按顺时针方向排序。基于这种定义，在面上沿一个环前进，其左侧总是面内，右侧总是面外。

4. 面

面是由一个外环和若干个(包括 0 个)内环围成的区域。一个面可以无内环，但必须有一个且只有一个外环。形体中的面有方向性，一般用其外法线矢量方向作为该面的正向。若一个面的外法线矢量向外，此面为正向面；反之，为反向面。区分正向面和反向面在实体造型中的新面生成、真实感图形显示等方面都很重要。

在几何造型中，面有平面、二次曲面、双三次参数曲面等形式。

5. 体

体是由封闭表面围成的空间，其边界是有限面的并集。为了保证几何造型的可靠性和可

加工性，要求形体上任意一点的足够小的邻域在拓扑上应是一个等价的封闭圆，即围绕该点的形体邻域在二维空间中可以构成一个单连通域。我们把满足这个定义的形体称为正则形体(或称为流形物体)。含悬挂边、悬挂面、悬挂体(以点、边接触的体)的形体均不是正则形体。

6. 形体定义的层次结构

形体在计算机中可按上述几何元素分五个层次表示，如图 2.6 所示。

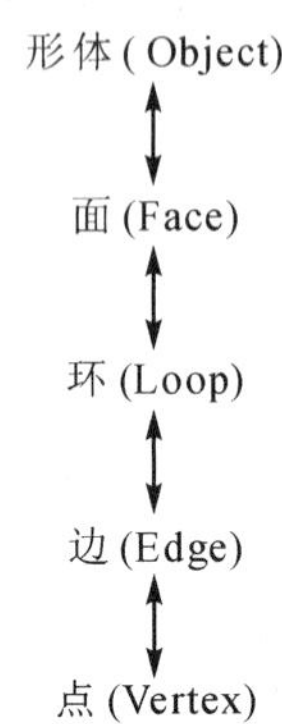

图 2.6　形体的层次表示

2.3　平面图形的几何性质

在几何元素的位置关系判断、平面同方向判断、几何求交、网格划分、插值计算、光照计算等图形处理中，涉及平面外法线矢量、平面图形面积、三角形或四边形质量因子等的计算。质量因子用于网格划分单元的优劣评价。

1. 平面的外法线矢量计算

设形体表面外环上三个相邻顶点依次为 $P_1(x_1, y_1, z_1)$、$P_2(x_2, y_2, z_2)$、$P_3(x_3, y_3, z_3)$，则该平面的外法线矢量(按右手定则定方向)为

$$\boldsymbol{N}=\overrightarrow{P_1P_2}\times\overrightarrow{P_1P_3}=\begin{vmatrix} \boldsymbol{i} & \boldsymbol{j} & \boldsymbol{k} \\ x_2-x_1 & y_2-y_1 & z_2-z_1 \\ x_3-x_1 & y_3-y_1 & z_3-z_1 \end{vmatrix}$$

$$=n_x\boldsymbol{i}+n_y\boldsymbol{j}+n_z\boldsymbol{k}$$

其中，$n_x=(y_2-y_1)(z_3-z_1)-(y_3-y_1)(z_2-z_1)$；$n_y=(x_3-x_1)(z_2-z_1)-(x_2-x_1)(z_3-z_1)$；$n_z=(x_2-x_1)(y_3-y_1)-(x_3-x_1)(y_2-y_1)$。

2. 三角形的面积、质心和质量因子的计算

设三角形的三个顶点依次为 $P_1(x_1, y_1, z_1)$、$P_2(x_2, y_2, z_2)$、$P_3(x_3, y_3, z_3)$，则有

三角形的面积：

$$S=\sqrt{p(p-a)(p-b)(p-c)}\ ,\ p=\frac{a+b+c}{2}$$

其中，p 为三角形周长的一半，a、b、c 为三边的边长。

三角形的质心为 $C(x_C, y_C, z_C)$：

$$\begin{cases} x_C = \dfrac{x_1 + x_2 + x_3}{3} \\ y_C = \dfrac{y_1 + y_2 + y_3}{3} \\ z_C = \dfrac{z_1 + z_2 + z_3}{3} \end{cases}$$

三角形形状优劣的质量因子：

$$\alpha = \frac{4\sqrt{3}S}{a^2 + b^2 + c^2} \qquad (0 < \alpha \leqslant 1)$$

当 $\alpha = 0$ 时，表示一条直线；当 $\alpha = 1$ 时，表示正三角形，这时质量最好。图 2.7 分别为不同三角形的质量因子 α 的值。在三角形质量判断中，α 的取值由经验数据决定，一般它的推荐值为 $\alpha > 0.1$。

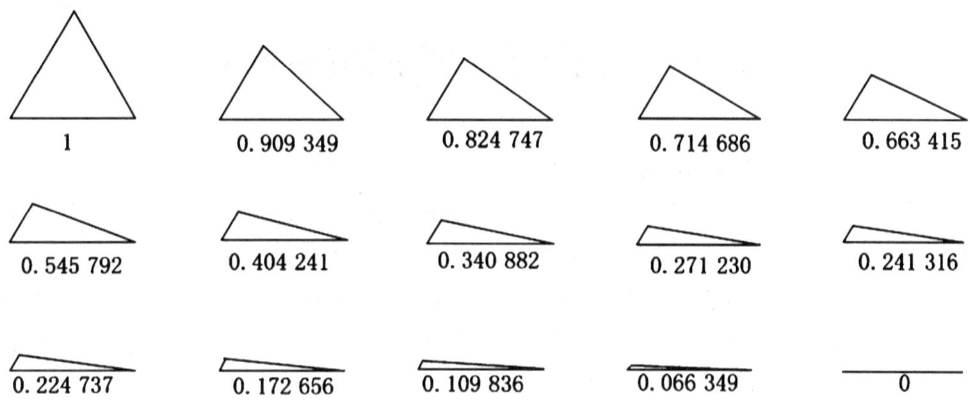

图 2.7　不同三角形的质量因子 α 的值

3. 平面凸四边形的面积、质心和质量因子的计算

设平面凸四边形的四个顶点依次为 $P_1(x_1, y_1, z_1)$、$P_2(x_2, y_2, z_2)$、$P_3(x_3, y_3, z_3)$、$P_4(x_4, y_4, z_4)$，则四边形的面积 $S = S_1 + S_2$，S_1、S_2 分别为 $\triangle P_1P_2P_3$ 和 $\triangle P_1P_3P_4$ 的面积。

四边形的质心为 $C(x_C, y_C, z_C)$：

$$\begin{cases} x_C = \dfrac{S_1 x_{C_1} + S_2 x_{C_2}}{S_1 + S_2} \\ y_C = \dfrac{S_1 y_{C_1} + S_2 y_{C_2}}{S_1 + S_2} \\ z_C = \dfrac{S_1 z_{C_1} + S_2 z_{C_2}}{S_1 + S_2} \end{cases}$$

其中，$(x_{C_1}, y_{C_1}, z_{C_1})$、$(x_{C_2}, y_{C_2}, z_{C_2})$ 分别为 $\triangle P_1P_2P_3$ 和 $\triangle P_1P_3P_4$ 的质心。

由上式可推出平面凸多边形质心的计算公式如下：

设平面凸多边形的顶点分别为 $P_1(x_1, y_1, z_1)$，$P_2(x_2, y_2, z_2)$，$P_3(x_3, y_3, z_3)$，…，$P_n(x_n, y_n, z_n)$，将该多边形按 $\triangle P_1P_2P_3$，$\triangle P_1P_3P_4$，$\triangle P_1P_4P_5$，…，$\triangle P_1P_{n-1}P_n$ 分为 $m = n-2$ 个三角形，这些三角形的质心分别为 $(x_{C_1}, y_{C_1}, z_{C_1})$，$(x_{C_2}, y_{C_2}, z_{C_2})$、$(x_{C_3}, y_{C_3}, z_{C_3})$，

…，$(x_{C_m}, y_{C_m}, z_{C_m})$，面积分别为 S_1，S_2，S_3，…，S_m，则该多边形的质心为

$$\begin{cases} x_C = \dfrac{S_1 x_{C_1} + S_2 x_{C_2} + \cdots + S_m x_{C_m}}{S_1 + S_2 + \cdots + S_m} \\ y_C = \dfrac{S_1 y_{C_1} + S_2 y_{C_2} + \cdots + S_m y_{C_m}}{S_1 + S_2 + \cdots + S_m} \\ z_C = \dfrac{S_1 z_{C_1} + S_2 z_{C_2} + \cdots + S_m z_{C_m}}{S_1 + S_2 + \cdots + S_m} \end{cases}$$

四边形形状优劣的质量因子为

$$\beta = \frac{12S}{a^2 + b^2 + c^2 + d^2 + 2e^2 + 2f^2} \quad (0 < \beta \leqslant 1)$$

其中，S 为四边形的面积，a、b、c、d 为四边形的边长，e、f 为四边形两条对角线的长度。正方形的质量最好，$\beta=1$。

2.4　几何元素之间的位置判断

几何元素之间的位置判断基本情况有点与点的位置判断、点与直线段的位置判断、点与平面的位置判断、点在多边形内部的判断、点在多面体内的判断等，其他位置关系还有直线段、平面的相交、平行、重合、垂直等。几何元素之间相交的情况将在下节讨论。几何元素之间平行、重合、垂直的情况可以利用直线段的单位方向矢量、平面的单位法线矢量进行矢量间的数量积运算加以判断，对于重合情况再加上点在直线上、点在平面上的判断即可。这里重点介绍几种基本情况的判断。

1. 点与点的位置判断

点与点的位置关系主要用于两点是否重合、两三角形是否有公共边的判断等方面。

设空间两点 $P_1(x_1, y_1, z_1)$、$P_2(x_2, y_2, z_2)$，则这两点之间的距离 l 为

$$l = \sqrt{(x_2 - x_1)^2 + (y_2 - y_1)^2 + (z_2 - z_1)^2}$$

当 $l < \varepsilon$（ε 为误差精度）时，可判定 P_1、P_2 两点是同一点。

2. 点与直线段的位置判断

点与直线之间的位置关系用于点是否在直线上、三点是否共线以及三点是否能构成三角形的判断等方面。

设点为 $P(x, y, z)$，直线段端点为 $P_1(x_1, y_1, z_1)$、$P_2(x_2, y_2, z_2)$，则点 P 到线段 P_1P_2 的距离为

$$d = \sqrt{(x - x_1)^2 + (y - y_1)^2 + (z - z_1)^2 - \frac{d_1}{d_2}}$$

其中：

$$d_1 = [(x_2 - x_1)(x - x_1) + (y_2 - y_1)(y - y_1) + (z_2 - z_1)(z - z_1)]^2$$

$$d_2 = (x_2 - x_1)^2 + (y_2 - y_1)^2 + (z_2 - z_1)^2$$

当 $d < \varepsilon$（ε 为误差精度）时，认为点 P 在线段所在的直线上，如果同时又满足 $(x - x_1)$ 与

$(x-x_2)$、$(y-y_1)$ 与 $(y-y_2)$、$(z-z_1)$ 与 $(z-z_2)$ 反号，则点 P 在线段的有效区间内(含端点)。

3. 点与平面的位置判断

点与平面之间的位置关系用于四点共面、两相邻三角形是否可合并构成平面四边形的判断等方面。

已知平面上不共线的三点为 $P_1(x_1, y_1, z_1)$、$P_2(x_2, y_2, z_2)$、$P_3(x_3, y_3, z_3)$，空间点为 $P(x, y, z)$，设 q 为点到平面的代数距离，则有

$$q=\begin{vmatrix} x-x_1 & y-y_1 & z-z_1 \\ x_2-x_1 & y_2-y_1 & z_2-z_1 \\ x_3-x_1 & y_3-y_1 & z_3-z_1 \end{vmatrix} \Big/ \begin{vmatrix} \boldsymbol{i} & \boldsymbol{j} & \boldsymbol{k} \\ x_2-x_1 & y_2-y_1 & z_2-z_1 \\ x_3-x_1 & y_3-y_1 & z_3-z_1 \end{vmatrix}_{\text{取模}}$$

若 $|q|\leqslant\varepsilon$(ε 为误差精度)，则点 P 在不共线的三点 P_1、P_2、P_3 所确定的平面上。

4. 点在多边形内部的判断

判断平面上一个点是否包含在同平面的一个多边形内有多种算法，经典方法有叉积判断法、夹角之和检验法和交点计数检验法。

1) 叉积判断法

叉积判断法适用于空间平面上一点在同一平面内的一个凸多边形内的判断。如图 2.8 所示，设 P_0 为平面上一点，$P_1P_2P_3P_4$ 为凸多边形。由于空间点可用位置矢径表示，令 $\boldsymbol{V}_i=\boldsymbol{P}_i-\boldsymbol{P}_0(i=1, 2, \cdots, n)$，$\boldsymbol{V}_{n+1}=\boldsymbol{V}_1$，一般情况下，点 P_0 在多边形内的充要条件是叉积 $\boldsymbol{V}_i\times\boldsymbol{V}_{i+1}$ $(i=1, 2, \cdots, n)$ 的符号相同。特殊地，当 $\boldsymbol{V}_i\times\boldsymbol{V}_{i+1}=0$(点 P_0 在多边形的边上或边的延长线上)时，认为点在多边形外。

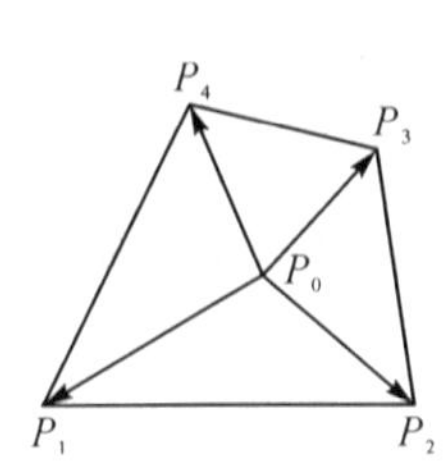

(a) 点在多边形内

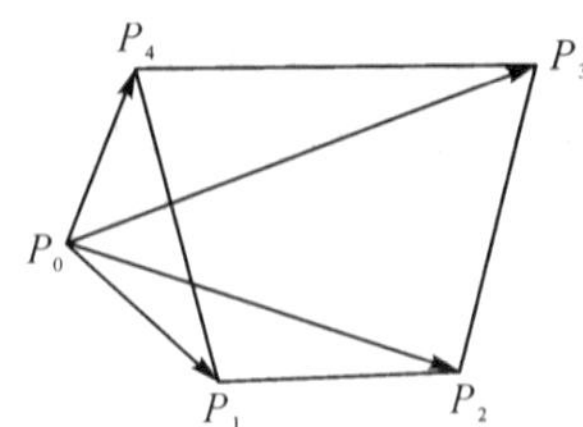

(b) 点不在多边形内

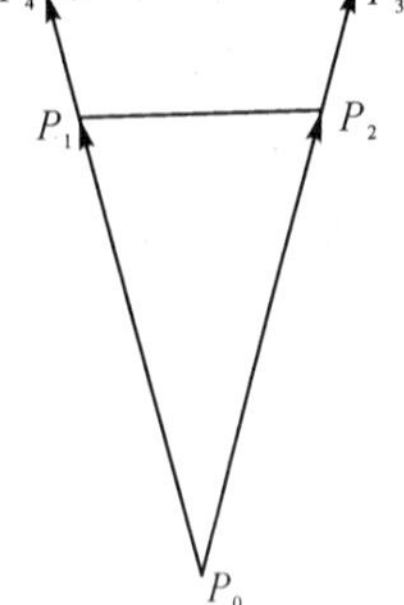

(c) 点不在多边形内

图 2.8　叉积判断法

2) 夹角之和检验法

如图 2.9 所示，假设平面上有点 P_0 和多边形 $P_1P_2P_3P_4P_5$，将点 P_0 分别与 P_i 相连，构成向量 $\boldsymbol{V}_i=\boldsymbol{P}_i-\boldsymbol{P}_0(i=1, 2, \cdots, n)$，$\boldsymbol{V}_{n+1}=\boldsymbol{V}_1$。假设 $\angle P_iP_0P_{i+1}=\alpha_i(P_{n+1}=P_1)$，则它可通过下列公式计算：

$$\alpha_i=\arccos\left(\frac{\boldsymbol{V}_i \cdot \boldsymbol{V}_{i+1}}{|\boldsymbol{V}_i||\boldsymbol{V}_{i+1}|}\right)$$

α_i 的正负号由 $\boldsymbol{V}_i\times\boldsymbol{V}_{i+1}$ 的正负决定。

如果 $\sum_{i=1}^{5}\alpha_i=0$，则点 P_0 在多边形之外，如图 2.9(a) 所示；如果 $\sum_{i=1}^{5}\alpha_i=2\pi$，则点 P_0 在

多边形之内，如图 2.9(b) 所示。

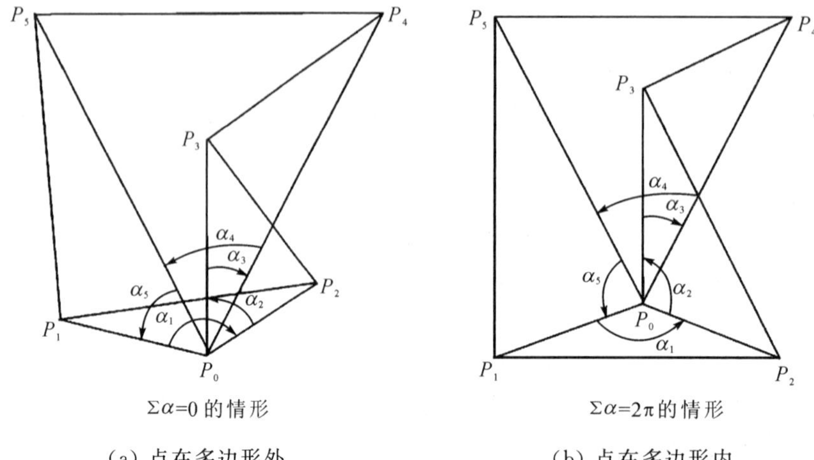

(a) 点在多边形外　　(b) 点在多边形内

图 2.9　夹角之和检验法

3）交点计数检验法

交点计数检验法适用较广，特别适用凹多边形及带孔多边形情况下的点是否在多边形内的判断。判断的基本思想是：从被判断点(x_0，y_0)向右作一射线至无穷远，即射线方程为

$$\begin{cases} x=x_0+u \\ y=y_0 \end{cases} \quad (u \geqslant 0)$$

求射线与多边形相交时的交点个数。如果交点个数为奇数，则点在多边形之内；如果交点个数为偶数(含 0)或特殊情况时点在多边形边上，则点在多边形之外。如图 2.10(a)所示，射线 a、c、d 与多边形相交，其交点个数分别为 2、2、4，为偶数，可以直接判断 A、C、D 三点均在多边形之外；而射线 b、e 分别交多边形的交点数为 3 和 1，所以也可直接判断 B、E 两点均在多边形之内。

但当图 2.10 (b)中的射线 f、g、h、i、j 均通过多边形的顶点、图 2.10(a)中射线 k 与边重合时，交点计数应特殊处理。如射线 g 与多边形的边 6、边 7 交于一顶点，这时如果将交点计数为 2，则会误判断点 G 在多边形之外；如果将交点计数为 1，则又会误判断点 F 在多边形之内(射线 f 与边 7、边 8 交于一顶点)。

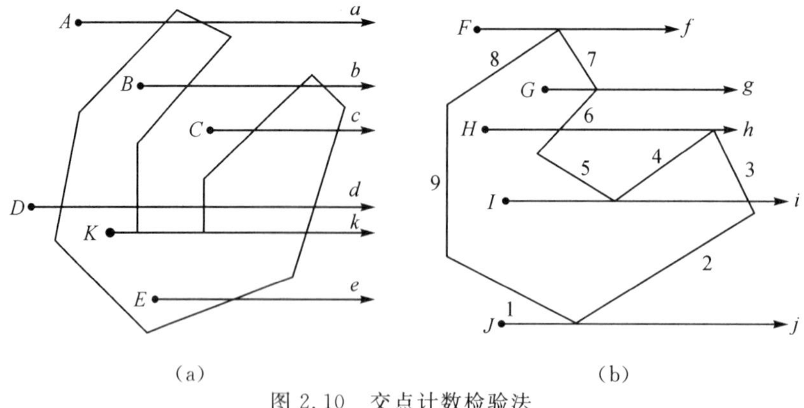

图 2.10　交点计数检验法

对于这类情况，可以通过判别其顶点的两条边与射线的相对位置以决定交点计数的个数。交点计数规则为：如果共享顶点的两边在射线的同一侧，则交点的计数为 2 或 0，否则为 1。

参见图2.11，具体计数时，当两条边的另两个端点的y值均大于y_0，即两边均处于射线上方时，计数为2，如图2.11(a)所示；当两条边另两端点的y值均小于y_0，即两条边均处在射线下方时，交点计数为0，如图2.11(b)所示；当两条边的两端点分布在射线两侧时，交点计数为1，如图2.11(c)所示。当边与射线重合时，可将边视作压缩为一点，按图2.11(d)、(e)、(f)类似处理。

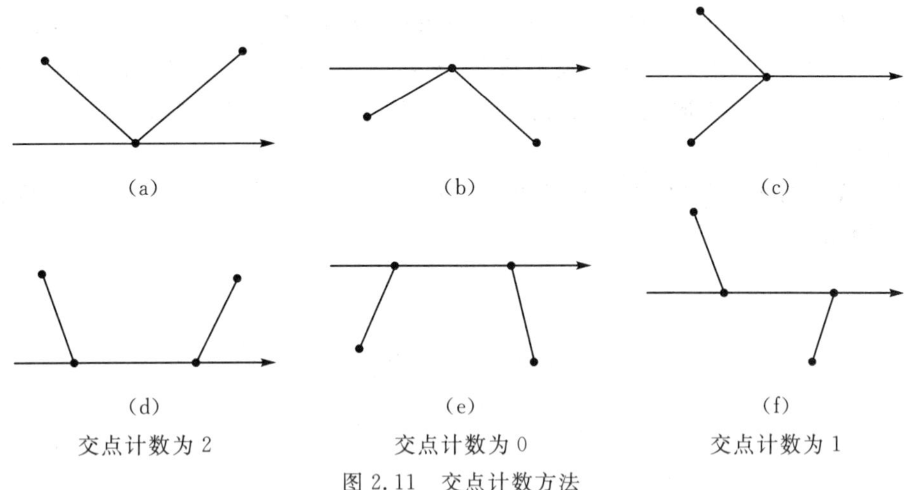

(a)　(b)　(c)

(d)　(e)　(f)

交点计数为2　交点计数为0　交点计数为1

图2.11　交点计数方法

例如，图2.10(a)中，射线k与一边重合并与一边相交，交点数为2+1=3，故点K在多边形之内。

又如，图2.10(b)中，射线f在边7和边8之上，所以射线f与多边形的交点计数为0；而射线j在边1和边2之下，所以射线j与多边形的交点计数为2。两种情况计数均为偶数，可判断点F和点J在多边形之外。射线h与3、4两条边交点计数为0，与边6有1个交点，所以交点数为1+0=1，故点H在多边形之内。射线i与4、5两条边计数为2，而与边3的交点计数为1，交点总数为2+1=3，则点I在多边形之内。

5. 点在多面体内的判断

1）点在凸多面体内的判断

设点$\boldsymbol{P}$为空间点，$\boldsymbol{N}_i$是凸多面体每个面的外法矢量，$\boldsymbol{P}_i$是面上一点(常取面的顶点)，若满足$\boldsymbol{N}_i\cdot(\boldsymbol{P}-\boldsymbol{P}_i)<0$，则点$\boldsymbol{P}$在多面体内。

2）点在一般多面体内的判断

点在一般多面体内的判断类似于点在多边形内部判断的交点计数法。

2.5　几何元素之间的求交计算

几何元素之间的求交计算主要有两直线段求交、直线段与平面求交、平面与平面求交等，其应用十分广泛，除用于点在多边形及多面体内的包含性判断外，还用于区域填充、二维或三维图形裁剪、二维或三维图形布尔运算、投影求取、多边形或多面体分解、对称计算、几何量或物理量插值计算、消隐计算、光线跟踪计算等。

1. 空间平面上两直线段的求交

两条线段的求交分两步，第一步为快速排斥判断及跨立判断以确定两线段是否相交；第二步为对相交线段求交点。设线段 P_1P_2、Q_1Q_2 在同一平面上，两线段求交算法的步骤如下。

1）快速排斥判断

设以线段 P_1P_2 为对角线的轴向矩形（矩形边与坐标轴平行）为 R、以线段 Q_1Q_2 为对角线的轴向矩形为 T，如果 R 和 T 分离不相交，显然两线段不会相交，则求交结束；否则（R 和 T 相交或内含情况，这时线段可能相交，也可能不相交）进行跨立判断。

2）跨立判断

如果两线段相交，则两线段必然相互跨立对方（一条线段的两个端点在另一条线段的两侧），如图 2.12 所示。

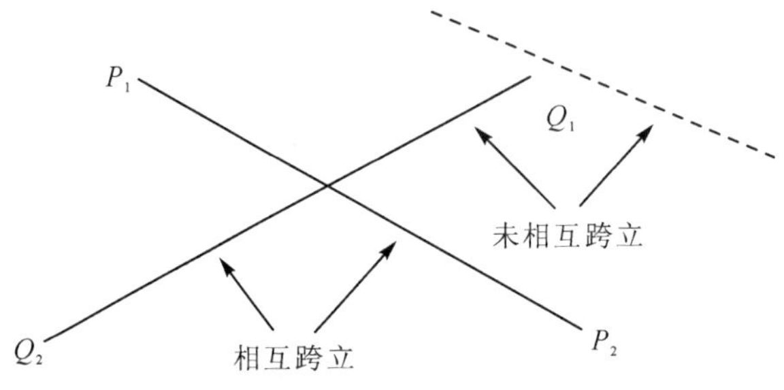

图 2.12 跨立验证

在图 2.12 中，P_1P_2跨立 Q_1Q_2，则矢量$(\boldsymbol{P}_1-\boldsymbol{Q}_1)$ 和$(\boldsymbol{P}_2-\boldsymbol{Q}_1)$位于矢量$(\boldsymbol{Q}_2-\boldsymbol{Q}_1)$的两侧，即

$$(\boldsymbol{P}_1-\boldsymbol{Q}_1)\times(\boldsymbol{Q}_2-\boldsymbol{Q}_1)\cdot[(\boldsymbol{P}_2-\boldsymbol{Q}_1)\times(\boldsymbol{Q}_2-\boldsymbol{Q}_1)]<0$$

上式可改写为

$$(\boldsymbol{P}_1-\boldsymbol{Q}_1)\times(\boldsymbol{Q}_2-\boldsymbol{Q}_1)\cdot[(\boldsymbol{Q}_2-\boldsymbol{Q}_1)\times(\boldsymbol{P}_2-\boldsymbol{Q}_1)]>0$$

当$(\boldsymbol{P}_1-\boldsymbol{Q}_1)\times(\boldsymbol{Q}_2-\boldsymbol{Q}_1)=0$ 时，说明$(\boldsymbol{P}_1-\boldsymbol{Q}_1)$和$(\boldsymbol{Q}_2-\boldsymbol{Q}_1)$共线，但是因为通过快速排斥试验知 R 和 T 相交或内含，所以点 $\boldsymbol{P}_1$ 一定在线段 Q_1Q_2 上；同理，$(\boldsymbol{Q}_2-\boldsymbol{Q}_1)\times(\boldsymbol{P}_2-\boldsymbol{Q}_1)=0$ 说明点$\boldsymbol{P}_2$一定在线段 Q_1Q_2 上。所以判断 P_1P_2 跨立 Q_1Q_2 的依据是

$$(\boldsymbol{P}_1-\boldsymbol{Q}_1)\times(\boldsymbol{Q}_2-\boldsymbol{Q}_1)\cdot[(\boldsymbol{Q}_2-\boldsymbol{Q}_1)\times(\boldsymbol{P}_2-\boldsymbol{Q}_1)]\geqslant 0 \tag{2-1}$$

同理，判断 Q_1Q_2 跨立 P_1P_2 的依据是

$$(\boldsymbol{Q}_1-\boldsymbol{P}_1)\times(\boldsymbol{P}_2-\boldsymbol{P}_1)\cdot[(\boldsymbol{P}_2-\boldsymbol{P}_1)\times(\boldsymbol{Q}_2-\boldsymbol{P}_1)]\geqslant 0 \tag{2-2}$$

如果两线段相互跨立对方，即满足式(2-1)和式(2-2)，则二者相交，然后求取交点；否则不相交，求交结束。

3）求取交点

线段 P_1P_2、Q_1Q_2 的方程用矢量形式分别表示为

$$\boldsymbol{P}(t)=\boldsymbol{A}+\boldsymbol{B}t \quad (0\leqslant t\leqslant 1) \tag{2-3}$$

$$\boldsymbol{Q}(s)=\boldsymbol{C}+\boldsymbol{D}s \quad (0\leqslant s\leqslant 1) \tag{2-4}$$

其中，$\boldsymbol{A}=\boldsymbol{P}_1$，$\boldsymbol{B}=\boldsymbol{P}_2-\boldsymbol{P}_1$，$\boldsymbol{C}=\boldsymbol{Q}_1$，$\boldsymbol{D}=\boldsymbol{Q}_2-\boldsymbol{Q}_1$。

在交点处有方程

$$\boldsymbol{A}+\boldsymbol{B}t=\boldsymbol{C}+\boldsymbol{D}s \tag{2-5}$$

对式(2-5)进行矢量消元得

$$t=\frac{(\boldsymbol{C}\times\boldsymbol{D})\cdot\boldsymbol{A}}{(\boldsymbol{B}\times\boldsymbol{D})\cdot\boldsymbol{A}}$$

类似地，有

$$s=\frac{(\boldsymbol{A}\times\boldsymbol{B})\cdot\boldsymbol{C}}{(\boldsymbol{D}\times\boldsymbol{B})\cdot\boldsymbol{C}}$$

将 t 代入式(2-3)或将 s 代入式(2-4)即得交点。

2. 直线段与平面的求交

求取交点的方法主要有矢量求解方法和代数求解方法。

1) 矢量求解方法

考虑直线段与无界平面的求交问题，如图 2.13 所示。

给定直线段的两个端点，则直线段方程可表示为

$$\boldsymbol{Q}(t)=\boldsymbol{D}+t\boldsymbol{E}\quad(0\leqslant t\leqslant 1)$$

给定平面上三个点，则平面方程可表示为

$$\boldsymbol{P}(u,\ w)=\boldsymbol{A}+u\boldsymbol{B}+w\boldsymbol{C}\quad(u,\ w\in\mathbf{R})$$

设直线段与平面的交点记为 $\boldsymbol{R}$，假设线段不平行于平面，则在相交处有 $\boldsymbol{R}=\boldsymbol{P}(u,\ w)=\boldsymbol{Q}(t)$，即

$$\boldsymbol{A}+u\boldsymbol{B}+w\boldsymbol{C}=\boldsymbol{D}+t\boldsymbol{E}$$

等式两边点乘$(\boldsymbol{B}\times\boldsymbol{C})$，得

$$(\boldsymbol{B}\times\boldsymbol{C})\cdot\boldsymbol{A}=(\boldsymbol{B}\times\boldsymbol{C})\cdot(\boldsymbol{D}+t\boldsymbol{E})$$

可解出

$$t=\frac{(\boldsymbol{B}\times\boldsymbol{C})\cdot\boldsymbol{A}-(\boldsymbol{B}\times\boldsymbol{C})\cdot\boldsymbol{D}}{(\boldsymbol{B}\times\boldsymbol{C})\cdot\boldsymbol{E}}$$

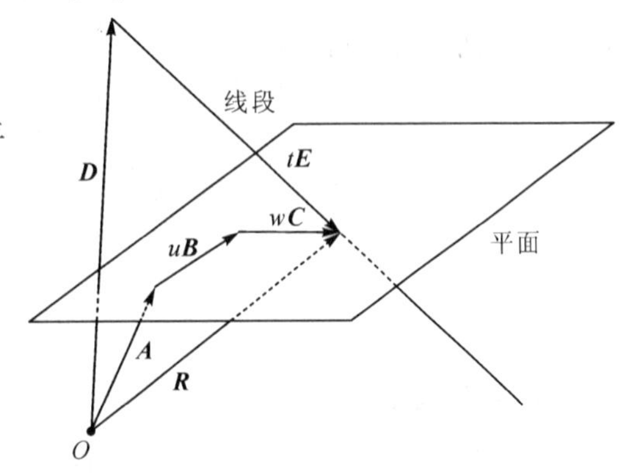

图 2.13 直线段与平面的求交

类似求得

$$u=\frac{(\boldsymbol{C}\times\boldsymbol{E})\cdot\boldsymbol{D}-(\boldsymbol{C}\times\boldsymbol{E})\cdot\boldsymbol{A}}{(\boldsymbol{C}\times\boldsymbol{E})\cdot\boldsymbol{B}}$$

$$w=\frac{(\boldsymbol{B}\times\boldsymbol{E})\cdot\boldsymbol{D}-(\boldsymbol{B}\times\boldsymbol{E})\cdot\boldsymbol{A}}{(\boldsymbol{B}\times\boldsymbol{E})\cdot\boldsymbol{C}}$$

若 $t\in[0,\ 1]$，则交点为有效交点，将 t 代入直线方程或将 u、w 代入平面方程即得交点。

2) 代数求解方法

如图 2.14 所示，已知空间直线段端点为 $P_1(x_1,\ y_1,\ z_1)$、$P_2(x_2,\ y_2,\ z_2)$，则直线的标准方程为

$$\frac{x-x_1}{m}=\frac{y-y_1}{n}=\frac{z-z_1}{p}$$

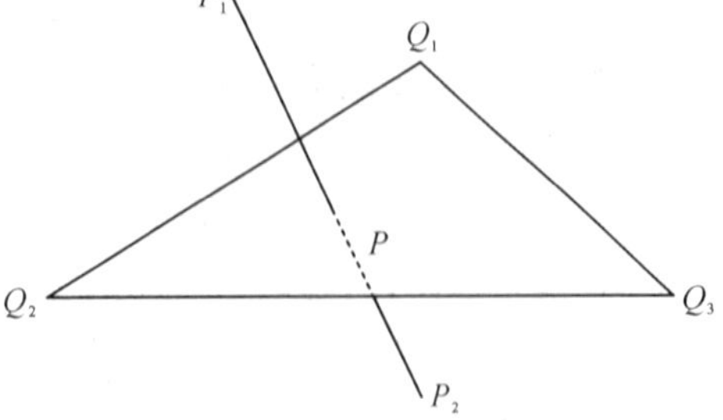

图 2.14 直线与空间平面的交点

m、n、p 为方向数，这里取方向余弦，即

$$m=\frac{x_2-x_1}{q},\ n=\frac{y_2-y_1}{q},\ p=\frac{z_2-z_1}{q}$$

$$q=\sqrt{(x_2-x_1)^2+(y_2-y_1)^2+(z_2-z_1)^2}$$

将上述方程改写为参数方程为

$$\begin{cases} x = x_1 + mt \\ y = y_1 + nt \ , \qquad \text{参数 } t = |P_1P| \\ z = z_1 + pt \end{cases}$$

已知不共线三点为 $Q_1(x_3, y_3, z_3)$、$Q_2(x_4, y_4, z_4)$、$Q_3(x_5, y_5, z_5)$，则此三点形成的平面的方程为

$$A(x-x_3)+B(y-y_3)+C(z-z_3)=0$$

其中：

$$A=\frac{w_1}{w},\ B=\frac{w_2}{w},\ C=\frac{w_3}{w}$$

$$w=\sqrt{w_1^{\ 2}+w_2^{\ 2}+w_3^{\ 2}}$$

$$w_1=(y_4-y_3)(z_5-z_3)-(z_4-z_3)(y_5-y_3)$$

$$w_2=(z_4-z_3)(x_5-x_3)-(x_4-x_3)(z_5-z_3)$$

$$w_3=(x_4-x_3)(y_5-y_3)-(y_4-y_3)(x_5-x_3)$$

联立上述两个方程可解得

$$t=\frac{Ax_3+By_3+Cz_3-Ax_1-By_1-Cz_1}{Am+Bn+Cp}$$

若 $t\in[0, 1]$，则交点为有效交点，将 t 代入直线方程可得交点 P 的坐标为

$$\begin{cases} x_p = x_1 + mt \\ y_p = y_1 + nt \\ z_p = z_1 + pt \end{cases}$$

3. 平面与平面的求交

平面是最常用的一种面。在进行包含平面的实体之间的布尔运算、进行实体的剖切运算(以便得到实体的剖面图)或利用扫描线进行光照计算及消隐时，都涉及平面与平面的求交问题。

在几何计算中，平面的表现形式为平面上的有界区域即多边形。对于两个一般多边形(也包括多边形带有内环的情况)，求交结果为一个或多个直线段。平面与平面的求交算法主要有基于线面求交的面面求交算法和基于线线求交的面面求交算法。

1) 基于线面求交的面面求交算法

设两个一般多边形分别记为 A 和 B，面面求交算法包括下面四步：

(1) 将 A 的所有边分别与 B 求交(利用直线段与平面求交，直线段落在平面上时不计交点)，求出所有有效交点(既在多边形 A 的边上(检查参数范围判断)，又在多边形 B 内(利用点在多边形内的判断)的点)；

(2) 将 B 的所有边分别与 A 求交，求出所有有效交点(既在多边形 B 的边上，又在多边形 A 内的点)；

(3) 将所有交点依次按 x、y、z 的大小进行排序，即先按 x 坐标排序，然后对 x 坐标相同的交点再按 y 坐标排序，最后对 x、y 相同的交点按 z 坐标排序；

(4) 将每对交点(如交点 1、交点 2 为一对，交点 3、交点 4 为一对，依次类推)的中点与 A 和 B 进行包含性检测(利用点在多边形内的判断)，若该中点既在 A 中又在 B 中，则该对交点为 A 和 B 的一条交线段。

2) 基于线线求交的面面求交算法——课程思政案例

基于线线求交的面面求交算法是编者已授权的国家发明专利。此案例的创新思路在于抓住了平面与平面的理论交线这个两个平面之间的桥梁，进而可以将线面求交转化为线线求交并利用交点在理论交线的位置参数(直线参数方程中的参数)对交点排一次序即可。此案例旨在培养创新思维能力和创新精神。

设两个一般多边形分别记为 A 和 B，参见图 2.15、图 2.16，算法步骤如下：

(1) 求取 A 和 B 的理论交线，并取足够长度形成理论交线段；

(2) 分别在 A 和 B 上进行理论交线段与多边形的边线段求交(利用直线段与直线段求交)，线段重合时不计交点，以避免在进行三维实体布尔运算时出现重合或悬挂的线、面；

(3) 分别对 A 和 B 沿理论交线对交点按位置参数从小到大排序并形成交点组(如图 2.15 所示，A 的交点 11、9 为一组，交点 10、12 为一组；B 的交点 9′、11′为一组，交点 12′、10′为一组)，剔除端点重合的交点组，以避免在三维实体布尔运算时出现孤立的点或悬挂的线；

(4) 对 A 和 B 的交点组按位置参数求交集得到可能交线段(如图 2.15 所示的线段 9′-9、10-10′，图 2.16 所示的线段 1-2、3-4、5-6)；

(5) 对可能交线段的中点进行 A 和 B 的包含性检测以确定最终交线段，这一步主要适用于有内环且内环边在两个平面理论交线上时的处理，如图 2.16 所示。

按此算法，图 2.15 的最终交线段为 9′-9、10-10′，图 2.16 所示最终交线段为1-2、5-6。

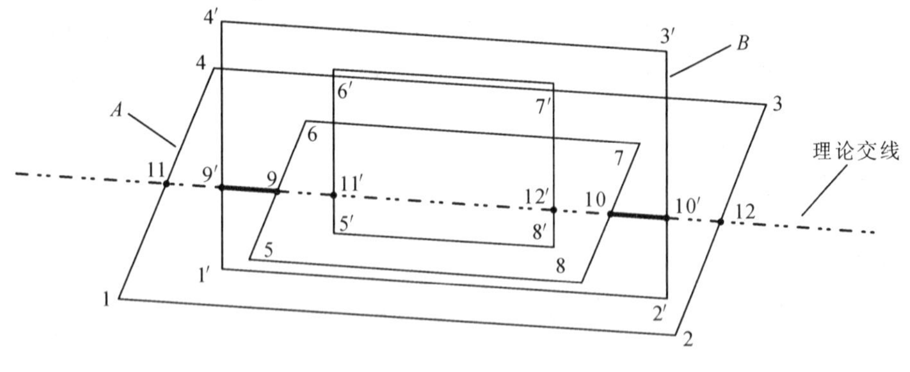

图 2.15　面面求交示例

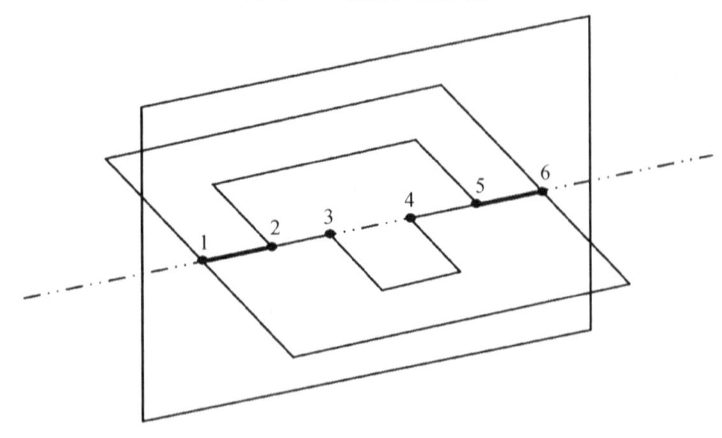

图 2.16　面面求交奇异情况

此算法的优点是降维求交计算(主要求交为线段与线段求交，即两个一维对象求交，未

用传统的一维线与二维面求交)和交点的一次排序(仅沿理论交线排序),减小了计算量。

4. 矢量表示点批判学习案例

比较有影响的国外专著《计算机图形学几何工具算法详解》的 9.2.1 节讲平面方程时,平面上的点用 $\boldsymbol{P}=d\boldsymbol{n}$ 表示,其中 $\boldsymbol{n}$ 为平面法线矢量,d 为常数,即点用矢量表示。11.5.1 节讲两个平面求交时,直线上的点用 $\boldsymbol{P}=a\boldsymbol{n}_1+b\boldsymbol{n}_2$ 表示,其中 $\boldsymbol{n}_1$、$\boldsymbol{n}_2$ 分别为两个平面的法线矢量,a、b 为常数,$a\boldsymbol{n}_1+b\boldsymbol{n}_2$ 的结果仍为矢量,即点也用矢量表示。

我们知道,矢径的起点为固定的坐标原点,空间点与矢径一一对应,空间点只能用矢径表示。而矢量在空间可以平移,故矢量不能表示空间点。

此例告诉我们,在学习时不能迷信权威,要敢于怀疑,用批判的态度学习,这是科学的态度。这样才能弄懂弄透,为钻研、创新打下基础。

2.6　多边形及其凸凹性

多面体、含平面的曲面体上都存在多边形,多边形在图形处理中有重要的地位。在几何建模方面,可以直接输入多边形而建立表面模式的几何模型,三维实体布尔运算得到的复杂立体表面也要用多边形来表示;在模型显示方面,需要区分和处理多边形,如在 OpenGL 中可以直接显示凸边形,但凹多边形需要处理才能显示;工程中的表面网格划分,实质是对构成表面的多边形进行分解;模型几何完备性分析(面方向一致性、非重叠、无缝隙、无悬挂等)也涉及多边形。

2.6.1　基本概念

1. 简单多边形

设 $V_i(i=1, 2, 3, \cdots, n)$是给定封闭多边形的 n 个顶点。若同时满足以下条件:

(1) 对任意的 $i \neq j$ ($i, j=1, 2, 3, \cdots, n$),存在 $V_i \neq V_j$,即所有顶点均不相同;

(2) 任何顶点都只属于它所在的边;

(3) 任何两条非相邻边都不相交。

则称该多边形为简单多边形。

图 2.17 为简单多边形,图(a)是一个简单单连通多边形(不带内环),图(b)是一个简单多连通多边形(带内环)。

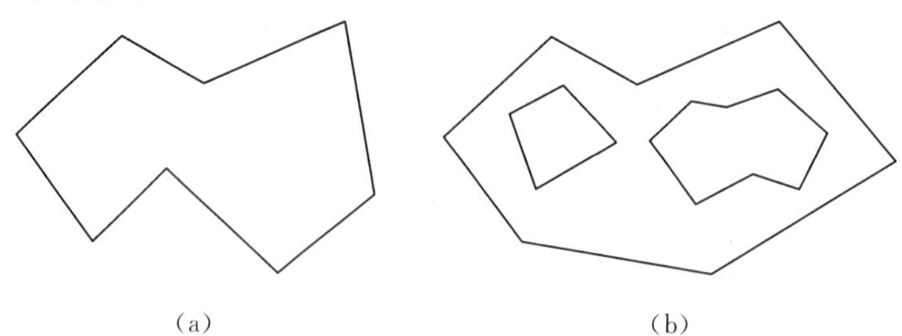

图 2.17　简单多边形

图 2.18 不是简单多边形,其中(a)不满足第(1)条,(b)不满足第(2)、(3)条。

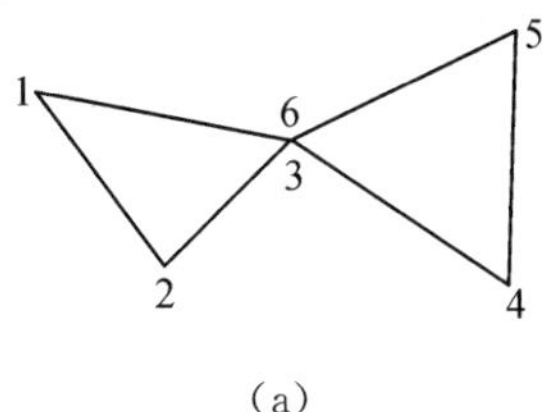

(a)

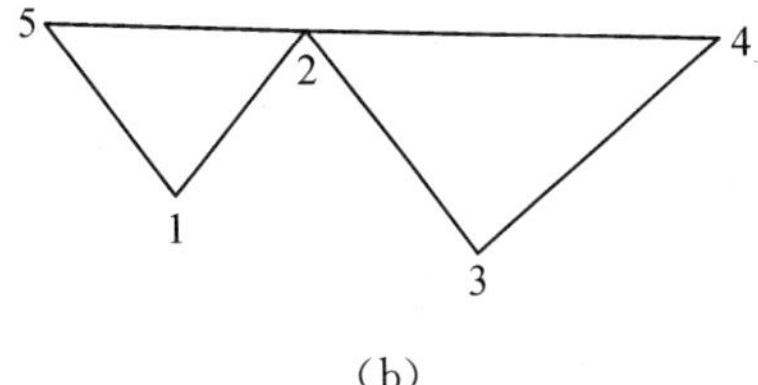

(b)

图 2.18　非简单多边形

2. 简单多边形顶点凸凹性的定义、凸角与凹角、凸多边形与凹多边形

设 V_1，…，V_n是一个简单多边形。对于任一顶点 V_i($i=1$，2，3，…，n)，若线段 $V_{i-1}V_i$(令 $V_0=V_n$)与线段 V_iV_{i+1}(令 $V_{n+1}=V_1$) 所形成的内角(由该多边形所围成有界区域内两边所夹的角) 是一个小于 180°的角，则称 V_i是凸顶点；若内角是一个大于 180°的角，则称 V_i是凹顶点；若内角是一个等于 180°的角，则称 V_i是中性点，在图形处理时可根据需要将其看作凸顶点或者凹顶点。由此定义可知，对任意一个简单多边形，其每个顶点或是凸的，或是凹的。凸顶点对应的内角称为凸角，凹顶点对应的内角称为凹角。

对简单单连通多边形而言，所有顶点都为凸顶点的多边形称为凸多边形，至少有一个顶点为凹顶点的多边形称为凹多边形。

3. 多边形的方向、有向边

多边形的方向有逆时针方向和顺时针方向之分。对简单单连通多边形而言，沿观察方向看去，若观察者按顶点序列 $V_1V_2\cdots V_nV_{n+1}$绕多边形一周时，该多边形所围的有界区域总在左边，则称该多边形为逆时针方向，如图 2.19(a)所示；否则，称其为顺时针方向，如图 2.19(b)所示。

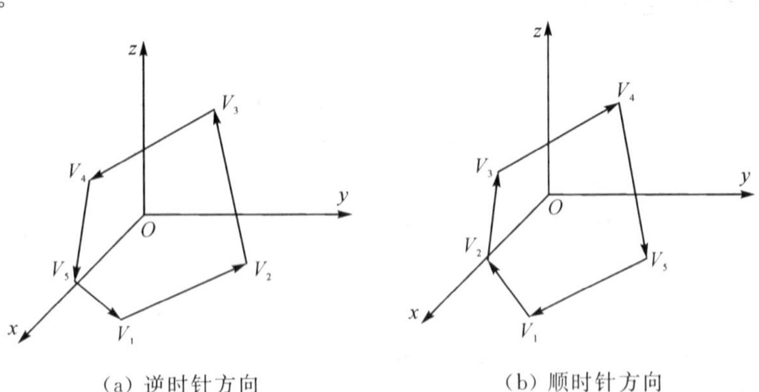

(a) 逆时针方向　　(b) 顺时针方向

图 2.19　多边形的方向

在有向多边形中，称矢量$\overrightarrow{V_iV_{i+1}}$为多边形的有向边。

4. 顶点的叉积

设 $V_1V_2\cdots V_n$ 为多边形的顶点序列，对其中任一顶点 V_i($i=1$，2，3，…，n)，称$\overrightarrow{V_{i-1}V_i}\times\overrightarrow{V_iV_{i+1}}$(令 $V_0=V_n$，$V_{n+1}=V_1$)为该顶点的叉积。设有 $V_{i-1}(x_{i-1},\ y_{i-1})$、$V_i(x_i,\ y_i)$、$V_{i+1}(x_{i+1},\ y_{i+1})$，则

$$\overrightarrow{V_{i-1}V_i}\times\overrightarrow{V_iV_{i+1}}=\begin{vmatrix} \boldsymbol{i} & \boldsymbol{j} & \boldsymbol{k} \\ x_i-x_{i-1} & y_i-y_{i-1} & 0 \\ x_{i+1}-x_i & y_{i+1}-y_i & 0 \end{vmatrix}=n_z\boldsymbol{k}$$

$$n_z = x_{i-1}y_i + x_iy_{i+1} + x_{i+1}y_{i-1} - x_iy_{i-1} - x_{i+1}y_i - x_{i-1}y_{i+1}$$
$$= \begin{vmatrix} x_{i-1} & y_{i-1} & 1 \\ x_i & y_i & 1 \\ x_{i+1} & y_{i+1} & 1 \end{vmatrix}$$

2.6.2　多边形凸凹性的判断

考虑到空间平面多边形可以通过建立局部坐标系而转化为二维图形，故这里讨论的多边形假定为二维图形且为简单单连通多边形。要判断多边形的凸凹性，首先要进行多边形的方向判断，其次进行多边形顶点的凸凹性判断。

1. 多边形方向的判断

多边形方向的判断方法为极值顶点法。多边形顶点中坐标值为 $x_{\min}$ 或 $x_{\max}$ 或 $y_{\min}$ 或 $y_{\max}$ 的顶点称为极值顶点，极值顶点必为凸顶点。

极值顶点法如下：

(1) 找出多边形的某一极值顶点。

(2) 求该极值顶点的叉积。

(3) 若叉积值 $n_z>0$，则多边形的方向为逆时针方向；若叉积值 $n_z<0$，则多边形的方向为顺时针方向。

多边形方向的判断可用于实体造型中对新生成面有方向要求(如新生成面方向与原面方向要相同)以及网格划分中对生成单元顶点有排序要求(如顶点逆时针排序)等情况。

2. 多边形顶点凸凹性的判断

假定多边形 $V_1V_2\cdots V_n$ 的方向为逆时针方向，这是常见的情况。多边形顶点凸凹性的判断方法有顶点叉积法、平移旋转法等。这里介绍较为简单的顶点叉积法。

对于逆时针方向的多边形，任一顶点 V_i 凸凹性判断的顶点叉积法如下：

(1) 计算顶点 V_i 的叉积。

(2) 若叉积值 $n_z>0$，则该顶点为凸顶点；若叉积值 $n_z<0$，则该顶点为凹顶点；若叉积值 $n_z=0$，则该顶点为中性点，可根据需要将其看作凸顶点或者凹顶点。

如图 2.20 所示，多边形 $V_1V_2V_3V_4V_5V_6$ 为逆时针走向，图中箭头代表各个顶点的叉积方向。箭头朝上表示叉积值为正，可知顶点 V_1、V_2、V_3、V_4、V_6 是凸顶点；箭头朝下表示叉积值为负，可知顶点 V_5 是凹顶点。

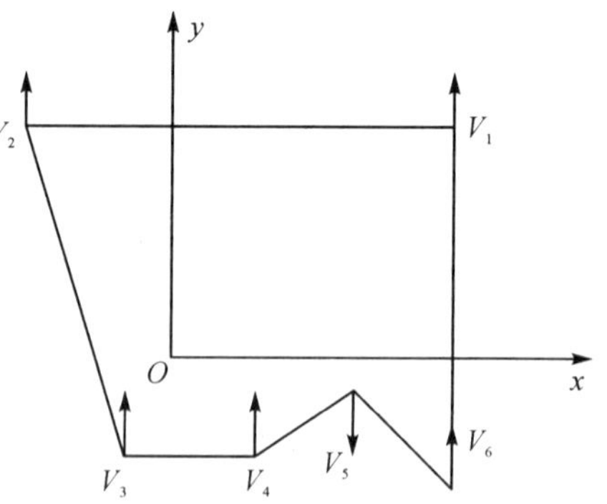

图 2.20　逆时针方向多边形的叉积示意图

3. 多边形凸凹性的判断

经过顶点凸凹性判断后，若多边形所有顶点都为凸顶点，则该多边形是凸多边形；否则为凹多边形。

经上述判断，图 2.20 所示的多边形为凹多边形。

2.7　多边形的分解与网格划分

多边形的分解按是否产生新顶点可分为利用已有顶点的分解和产生新顶点的分解；按最终分解的图形形状可分为三角分解、四边形分解、三角形和四边形混合分解以及凸多边形分解等。用于工程分析的网格划分属于产生较多新顶点的多边形分解。

三角形、四边形是最基本的几何图形，其几何性质(面积、质量因子等)和插值运算简单、明确。多边形分解的任务是将其分解为简单的三角形、四边形。分解有两条技术路线：一条技术路线是直接分解为三角形、四边形，策略是“分而治之”，战术是“切香肠”，如基于 NIP 多边形的三角分解方法、前沿推进法等；另一条技术路线是逐级分解，先分解为凸多边形，再由凸多边形分解为三角形、四边形，这是一种将复杂问题化为简单问题再行处理的思路，蕴含矛盾转化的哲学思想，如凹多边形分解方法、基于单调链的凸(多边形)分解方法等。

2.7.1　凸多边形的三角分解

参见图 2.21，凸多边形三角分解的算法如下：

(1) 找出多边形最长对角线的两个端点，目的是得到质量较好的三角形。

(2) 将每个端点与它们相邻顶点连线形成两个三角形并输出。

(3) 对剩余部分按(1)、(2)递归剖分，直至剖分完毕或最后剩余一个三角形输出。

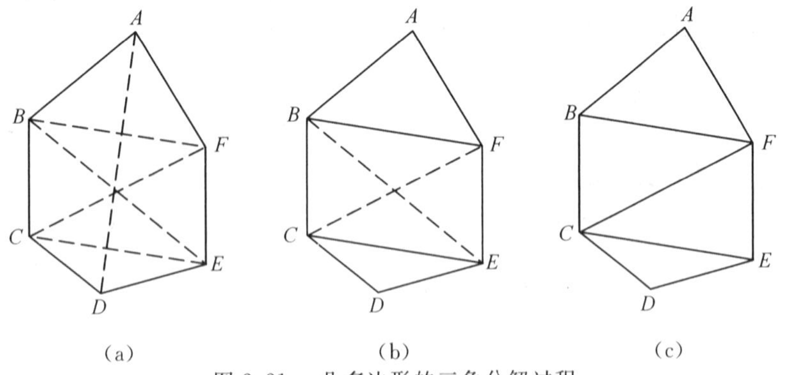

图 2.21　凸多边形的三角分解过程

图 2.21 中的凸六边形经分解得到 4 个质量较好的三角形。

2.7.2　凹多边形的分解

凹多边形分解的基本思想是将其先分解为多个凸多边形，然后调用凸多边形三角分解，最终将其分解为多个三角形。

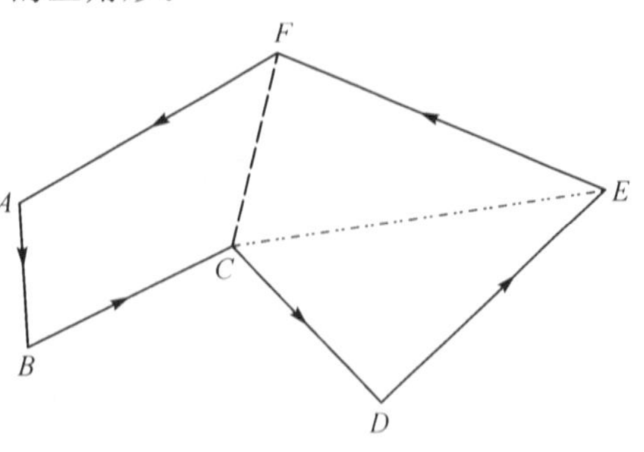

图 2.22　凹多边形的分解

参见图 2.22，凹多边形分解的算法如下：

(1) 找出多边形中的第一个凹顶点(如 C 点)，并确定其前一个顶点(如 B 点)和后一个顶点(如 D 点)。

(2) 根据顶点顺序，往后另找一点(如 E 点)，

判断此点与凹顶点的连线是否与多边形的各边相交，如果相交，则继续找下一点，直到找到不相交的点为止。

(3) 计算并判断此点(如 E 点)与凹顶点连线是否可将本凹顶点(如 C 点)对应的凹角(如$\angle BCD$)划分为两个凸角(此例即是判断划分的两个内角$\angle BCE$ 和$\angle ECD$ 是否构成凸顶点，可通过求顶点的叉积进行判断)；如果可以，将凹角划分，并将划分后的多边形分别输出；如果不行继续找下一点，直到满足条件为止(此例 F 点满足将凹角划分为两个凸角的要求，输出两个多边形 $ABCF$ 和 $DEFC$)。

(4) 判断输出的两个多边形的类型，若为三角形或凸多边形，则不需再划分；否则执行步骤(1)～(3)。

(5) 对划分出的凸多边形调用凸多边形分解算法，将这些凸多边形分解为三角形输出。

此算法简单，但缺点是分解结果与多边形顶点的排序有关，分解不具有唯一性。

2.7.3　带内环多边形的分解与基于单调链的凸分解

1. 非自交多边形

在有向多边形中，非相邻边相交的多边形称为自交多边形，如图 2.23 所示。非相邻边不相交但可以重叠的多边形称为非自交多边形(Nonself-Intersection Polygon，NIP)，如图 2.24 所示。非自交多边形包括简单多边形(图 2.24(a))和有重叠边但不自相交的多边形(图 2.24(b))。在图形处理中，为使带内环多边形拓扑等价于不带内环的多边形，从而使多边形分解简单、统一，就需要在形式上消除内环，其方法就是在外环与内环之间、内环与内环之间引入重叠边或“桥边”，如图 2.23、图 2.24、图 2.25 所示。

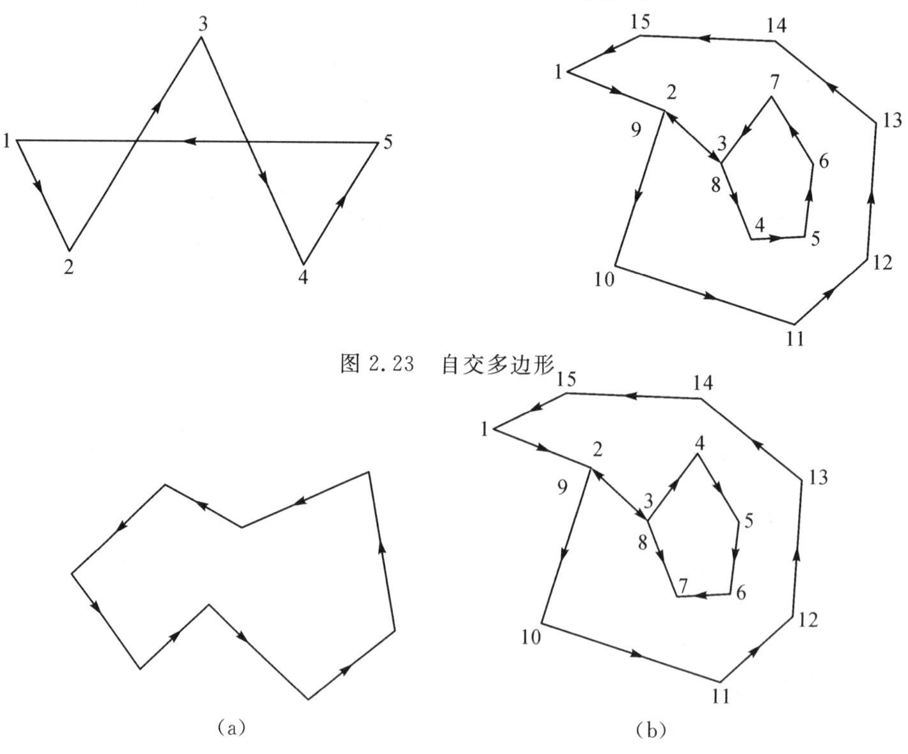

图 2.23　自交多边形

图 2.24　非自交多边形 NIP

带内环多边形分解的前提是外环方向为逆时针，内环方向为顺时针。带内环多边形的分解方法主要有基于 NIP 多边形的三角分解、基于单调链的凸(多边形)分解等。

2. 基于 NIP 多边形的三角分解

该方法通过在外环与内环之间、内环与内环之间引入“桥边”将带内环多边形转换为 NIP 多边形，然后对 NIP 多边形进行三角分解。图 2.25 是带两个内环的多边形转换为一个 NIP 多边形的情况。

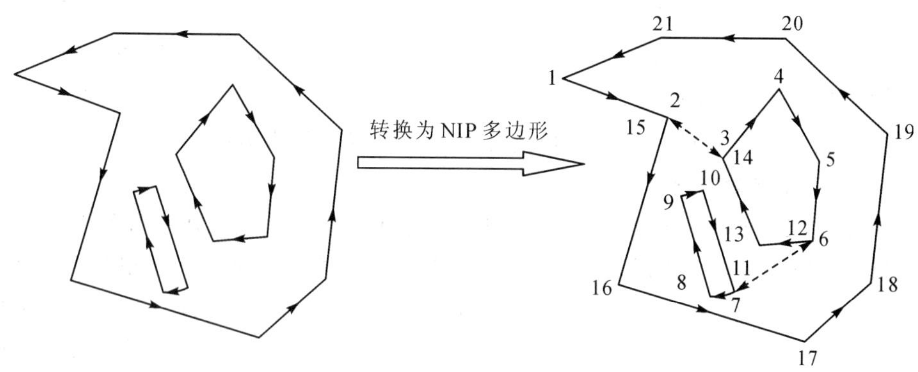

图 2.25　带内环多边形的 NIP 转换

NIP 多边形三角分解算法的基本思想是：构造 NIP 多边形并令 $V_{n+1}=V_1$(形成多边形封闭链)，每次分解移去一个三角形，改变 NIP 链表中的内容，再分解移去一个三角形，直到剩下三点为止。设 V_i 表示 NIP 的顶点($i=1, 2, \cdots, n$)，LINK(V_i)表示顶点 V_i 的后一顶点，LINKV(V_i)表示顶点 V_i 的前一顶点。参照图 2.26，通过引入重叠边 34 和 78，将带内环多边形转化为 NIP。

NIP 多边形三角分解算法如下：

(1) 判断 NIP 中是否只有三点：若是，直接输出三角形，结束；否则，转步骤(2)。

(2) 取非重叠边且一端点为凸顶点的边$\overrightarrow{V_i, \mathrm{LINK}(V_i)}$作为三角形的一条初始边(如边 12)。

(3) 依次取 NIP 上的顶点 V_j(LINK(V_i)之后的顶点)构造三角形，寻找满足以下条件的三角形 V_iLINK(V_i)V_j：① V_i、LINK(V_i)、V_j 三点不全为内环上的点；② 此三点构成的三角形走向与 NIP 的走向相同；③ 此三点构成的三角形内部不含多边形顶点；④ NIP 上的任一其他边不与$\overrightarrow{V_iV_j}$和$\overrightarrow{V_j\mathrm{LINK}(V_i)}$两线段相交。

(4) 输出(移除)该三角形并根据 V_j 和 V_i 的关系增删 NIP 中的点：

① 当 $V_j=$LINK(LINK(V_i))时，删除 LINK(V_i)；

② 当 $V_j=$LINKV(V_i)时，删除 V_i；

③ 当①或②不满足时，删除 V_i。

(5) 判断是否存在悬挂边(由分割边或重叠边引起，只要判断当前点的前一顶点和后一顶点是否重合即能判断出悬挂边)，若存在，则删除悬挂边(若不删除悬挂边则后续分解无法进行)，转步骤(1)；若不存在悬挂边，也转步骤(1)。

图 2.27 是带一个内环的多边形分解的实例。该方法的缺点是未考虑三角形的分解质量。

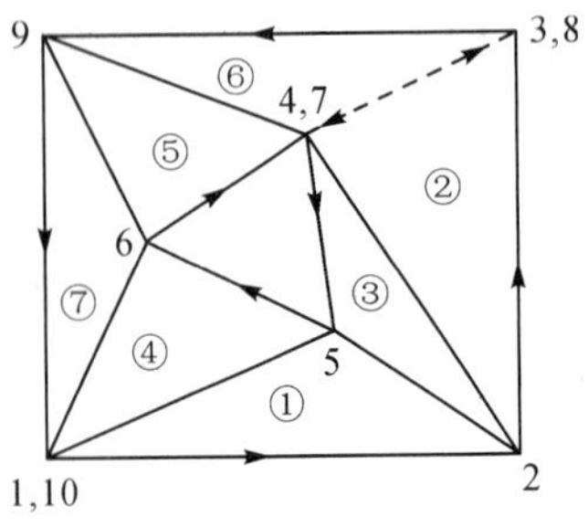

图 2.26　NIP 三角分解过程

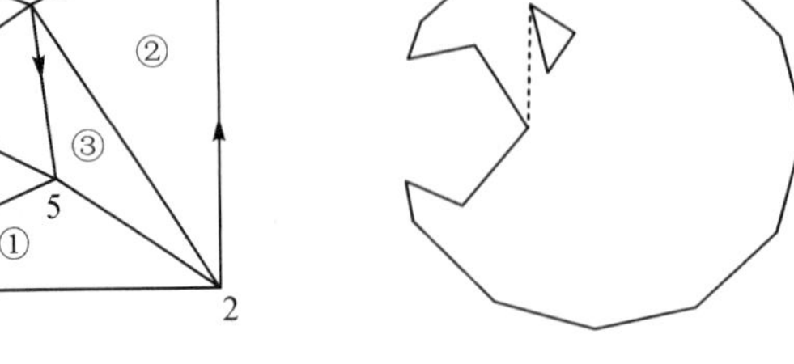

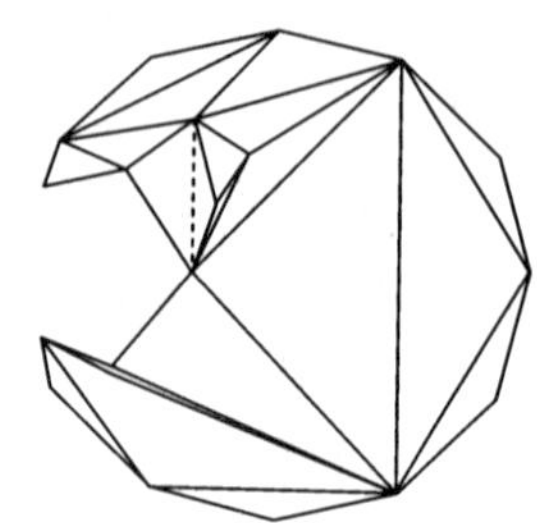

图 2.27　带内环多边形的 NIP 三角分解

3. 基于单调链的凸分解

基于单调链的凸分解的目标是将带内环多边形分解为凸多边形。

1）单调链、尖点的概念

单调链的定义：如果一条链（开口多边形）上的点在直线 L 上的正交投影是有序的，即投影点的坐标值依次增大（包括相等），或依次减小（包括相等），则称该链相对于 L 单调，如图 2.28 所示。点在直线 L 上的正交投影是否有序的判断方法为：沿直线 L 建立局部坐标系并取 L 为 x 轴正向，将链顶点坐标转换为局部坐标，比较链顶点的 x 坐标看其是否依次增大或依次减小。

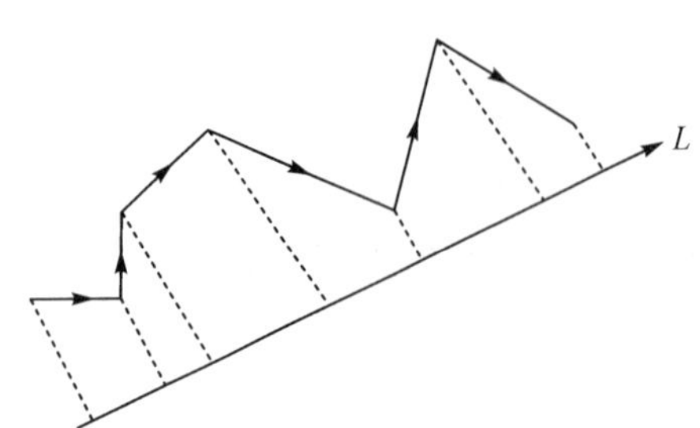

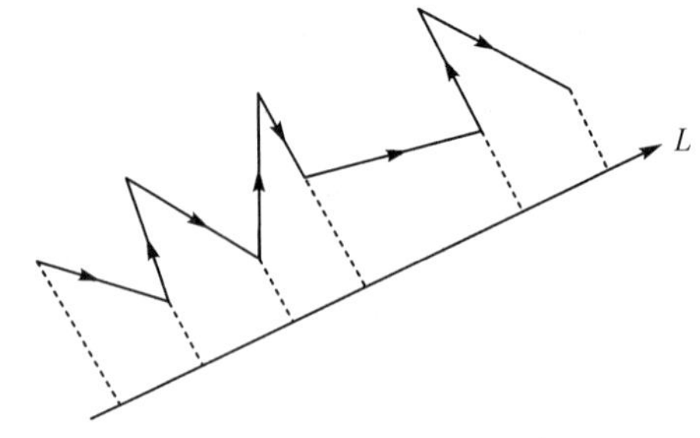

图 2.28　单调链

如果直线 L 为 y 轴，则称该单调链为对 y 轴单调链。基于单调链的凸分解算法中的单调链均为对 y 轴单调链。图 2.29 中的多边形有 M_1、M_2、M_3、M_4 共 4 条单调链。

尖点的定义：任意多边形中，单调链的端点称为尖点。对于相对于 y 轴的单调链，其上端点定义为上尖点，其下端点定义为下尖点。如图 2.29 中，S_1、S_3 为上尖点，S_2、S_4 为下尖点。

上、下单调链：任意多边形中，若沿环的方向单调链的起点为上尖点，终点为下尖点，则定义其为下单调链，相反则定义其为上单调链。图 2.29 中，M_1、M_3 为下单调链，M_2、M_4 为上单调链。

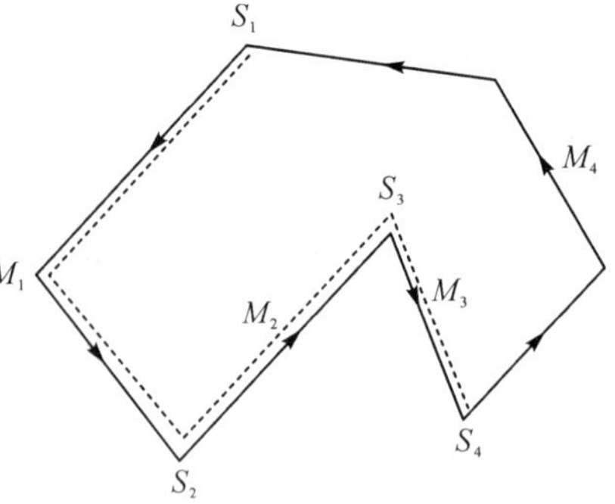

图 2.29　上、下尖点与上、下单调链

2）凸分解算法

参见图 2.30，基于单调链的凸分解算法主要包括三个步骤：

(1) 将带内环多边形分解为有序单调链。图 2.30(a)按下单调链分解，可分解为 9 个下单调链。

(2) 通过分裂和组合单调链，逐次拆分出单调多边形。由两条单调链组成的多边形称为单调多边形，图(a)的多边形可拆分如图(b)所示的 4 个单调多边形。

(3) 将单调多边形分解为凸多边形，如图(c)所示。可利用前述的凹多边形分解算法进行分解。

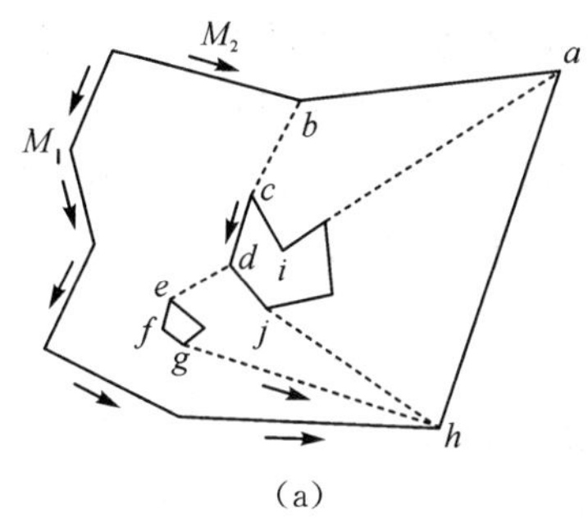

(a)

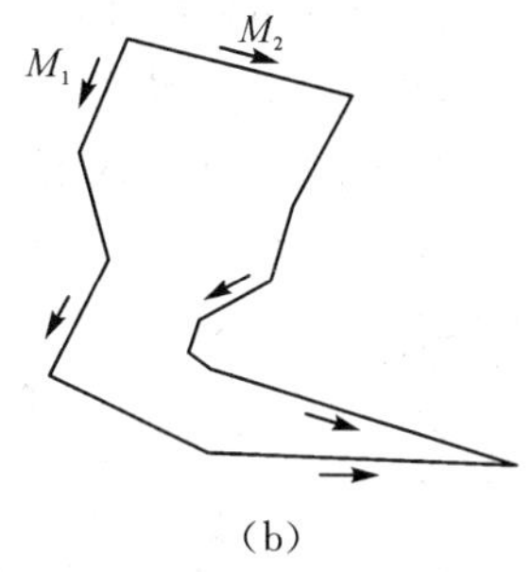

(b)

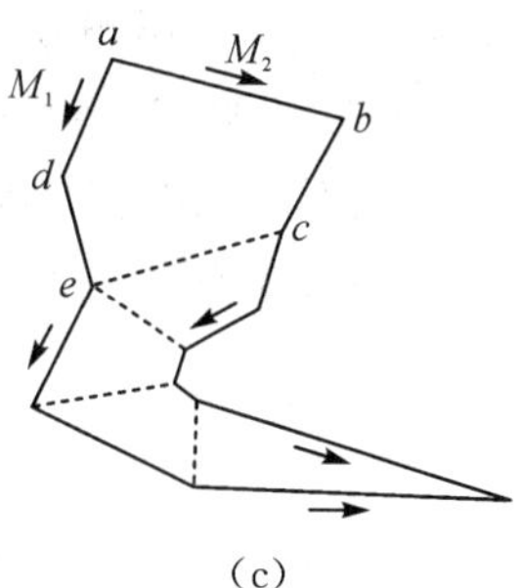

(c)

图 2.30　基于单调链的凸分解过程

2.7.4　Delaunay 三角剖分

苏联数学家 Delaunay 于 1934 年证明，对于散乱点集，必定存在且仅存在一种三角剖分算法，使得剖分得到的所有三角形的最小内角之和最大（“最小角最大原则”），这种算法称为 Delaunay 三角剖分，简称 DT 剖分。Delaunay 三角剖分算法是最著名的三角化网格生成方法，因为它具有“三角剖分最小内角之和为最大”的性质，从而保证了网格整体质量最优，称为最优三角剖分。DT 剖分可用于数字地形建模、工程网格划分、人脸图像结构建模等。

1. Delaunay 三角剖分的性质

Delaunay 三角剖分具有一些非常重要的性质，其中最为重要的性质如下：

1) 最小内角最大准则

对一个凸四边形进行划分时，该准则要求对角线两侧两个三角形中的最小内角为最大。沿短对角线进行划分可满足最小内角最大准则，如图 2.31 所示。

2) 空外接圆(空外接球)准则

对于三角形剖分而言，该准则称为空外接圆准则。对于四面体剖分而言，该准则称为空外接球准则。这里讨论三角形剖分。对于任意一个 Delaunay 三角形，它的外接圆的内部区域不包含其他的任何结点，所有 Delaunay 三角形互不重叠，并且完整地覆盖整个区域。如图 2.32 所示，左图三点组成了 Delaunay 三角形，因其外接圆内即虚线所示部分再无其他结点，而右图三角形不满足空外接圆准则，故不是 Delaunay 三角形。

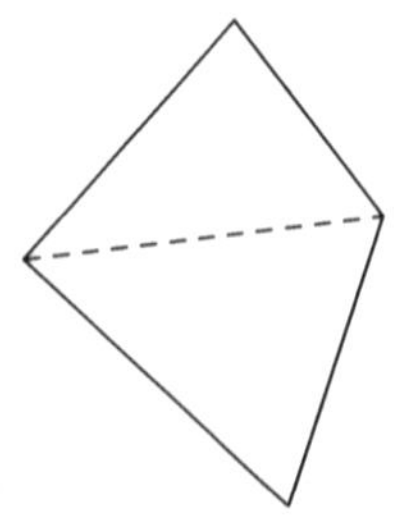

图 2.31　最小内角最大原则

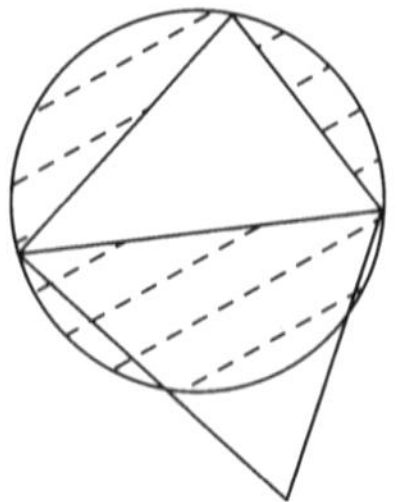

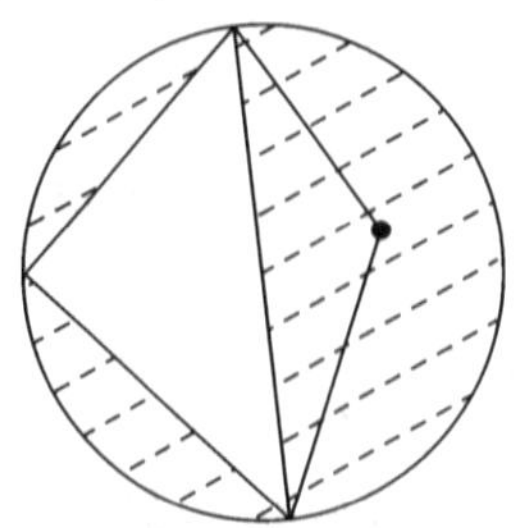

图 2.32　Delaunay 三角形空外接圆准则

3）局部性

在已有的Delaunay剖分中加入、去除或移动一个结点后，仅需进行局部修改即可获得Delaunay三角剖分，这就是DT剖分的局部性。所有需要进行修改的三角形的并集称为影响域。图2.33左图影响域为带虚线的5个三角形的并集，右图影响域为带虚线的3个三角形的并集。可以证明，影响域的各结点对于加入或删除的点来说都是可见的，所谓可见是指该点与结点连线不与三角形的边相交，这给出了影响域的求取方法。因此，影响域是局部的。图2.33表示了加入或删除一点所需进行的修改。局部性可用于网格稀疏或加密操作。

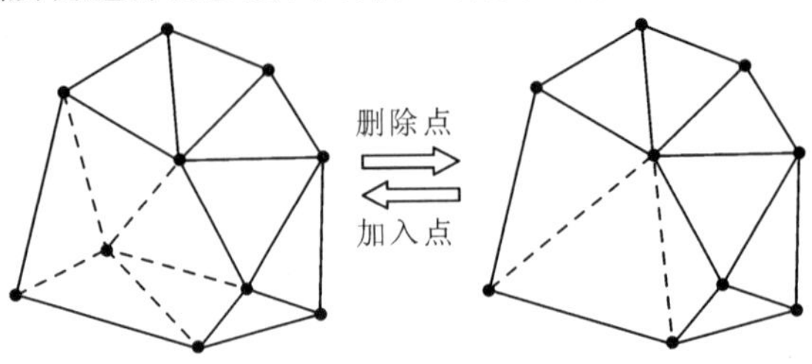

图2.33　Delaunay三角剖分的局部性

2. Delaunay三角剖分算法

这里介绍一种利用多边形顶点直接剖分出Delaunay三角形的算法。参见图2.34，算法主要步骤如下：

（1）从当前多边形（初始多边形和每剖分一次剩余的多边形）的第一边开始，找对该边的可见顶点（在多边形内且顶点与边的端点连线不与多边形的边相交的顶点），若可见顶点有多个，取对边张最大角（边与顶点形成的三角形外接圆半径最小）的顶点，由此顶点和边形成一个三角形进行输出；

（2）通过增加或删除边、进行边替换、修改第一边的编号等操作对剩余部分形成新的当前多边形；

（3）重复步骤（1）～（2），直到剩一个三角形直接输出，剖分结束。

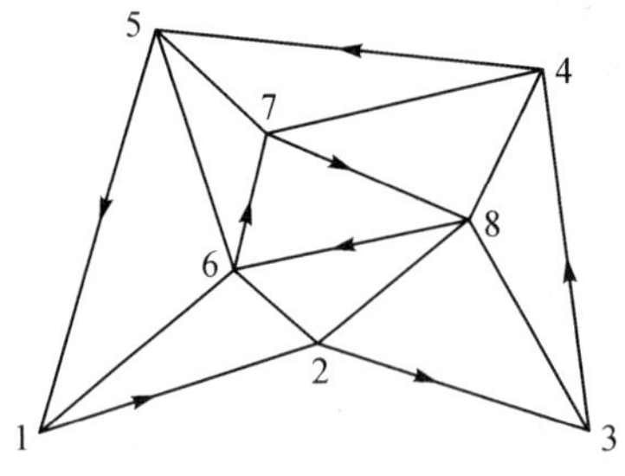

图2.34　Delaunay三角剖分

2.7.5　用于三角剖分的前沿推进法

前沿推进法（Advancing Front Method，AFM）或称为推进波前法（Advancing Front Technique，AFT），是皮埃尔（Peraire）等人提出的一种三角形网格全自动生成方法。该方法从边界向区域内部推进，只需要给出区域边界的轮廓描述，网格生成的难易与区域形状无关，因此该算法的适应性很强。前沿推进法分为两点前沿推进法和三点前沿推进法。

两点前沿推进法是指在一条前沿边（待划分区域的边界边称为前沿边）的垂直平分线上

生成内点，由前沿边的两个端点和此内点构成三角形，所生成的三角形接近正三角形或等腰三角形，具有局部网格最优的特点，但为了判断所生成点的有效性，需要反复检验线段相交情况，故运算量较大。

三点前沿推进法以两条相邻的前沿边为基础，检验该两边的夹角大小，若其夹角是钝角或较大的锐角，则在角的平分线上生成一点，该点与两条前沿边的三个端点相连生成两个三角形；若其夹角为不大的锐角或夹角虽大但边短能形成质量较好的三角形，则将两条前沿边的非公共点直接相连，生成一个三角形。三点前沿推进法简单，每步操作都是有效的，故剖分效率较高。

1. 前沿推进法

前沿推进法的主要过程如下：

(1) 按网格大小即三角单元边长将边界离散化，全部边界点及其连接线段作为初始生成波(初始的前沿)，如图 2.35 所示。三角单元边长的取值原则一般为：结构分析中按计算精度或几何逼近精度要求确定单元边长，电磁分析中边长一般取电离散尺寸 0.1λ(λ 为电磁波的波长)。

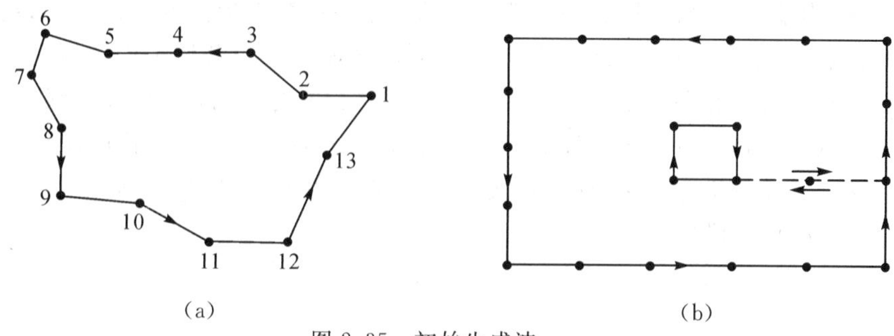

图 2.35　初始生成波

(2) 从边界的一个角开始，在生成波上选取一边(对两点前沿法)或相邻两边(对三点前沿法)作为前沿边，若生成波上相邻两边可直接构成锐角三角形，则构造一个三角形单元，称为波的凝聚；否则，以前沿边为底边，在区域内生成一点，构造一个三角形单元(对两点前沿法，称为波的膨胀)或两个三角形单元(对三点前沿法)。然后随着前沿边的前移，不断生成新的三角形单元，形成新的生成波即新的前沿，如图 2.36 所示。

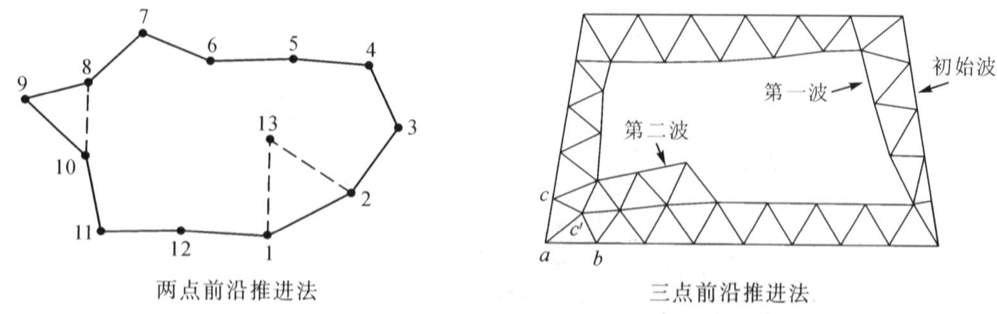

图 2.36　波的凝聚与膨胀

(3) 生成波的分解。如果前沿边与相对的生成波上的点连线构成大小符合要求的三角形，则生成波可分解为两个子波，如图 2.37 所示。针对两个子波可分别生成三角形单元，重复上述步骤，直到生成波消失从而区域全部被三角形单元覆盖为止。

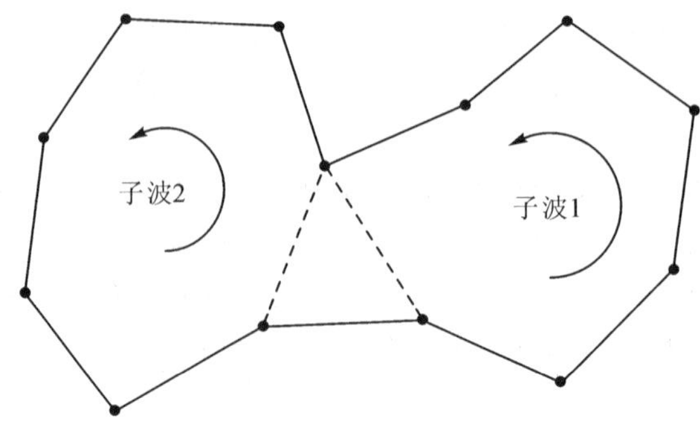

图 2.37　波的分解

三点前沿推进法也可扩展到四边形网格划分。在上述网格生成过程中，以梯形(包括菱形、正方形)代替三角形，当两个相邻的前沿边夹角为锐角或直角时，则以此两边构造一个梯形；当两个相邻的前沿边夹角为钝角时，则以此两边及其角平分线构造两个梯形。

2. 前沿推进法用于载体天线结构三角网格划分——课程思政案例

图 2.38 为编者已授权发明专利“基于三角矢量基函数矩量法的载体天线结构网格划分方法”的案例，该方法先采用三点前沿推进法同时忽略天线对载体表面进行三角网格划分，之后用编者提出的质心调匀法进行边界内的网格顶点位置微调，最后在天线与车体表面连接位置进行局部网格划分，使连接点位于一个正六边形的中心，以满足插值函数的要求。质心调匀法比传统的 Laplacian 迭代调匀法得到的三角形质量要优。此案例可培养学生知行合一、创新的科学精神。

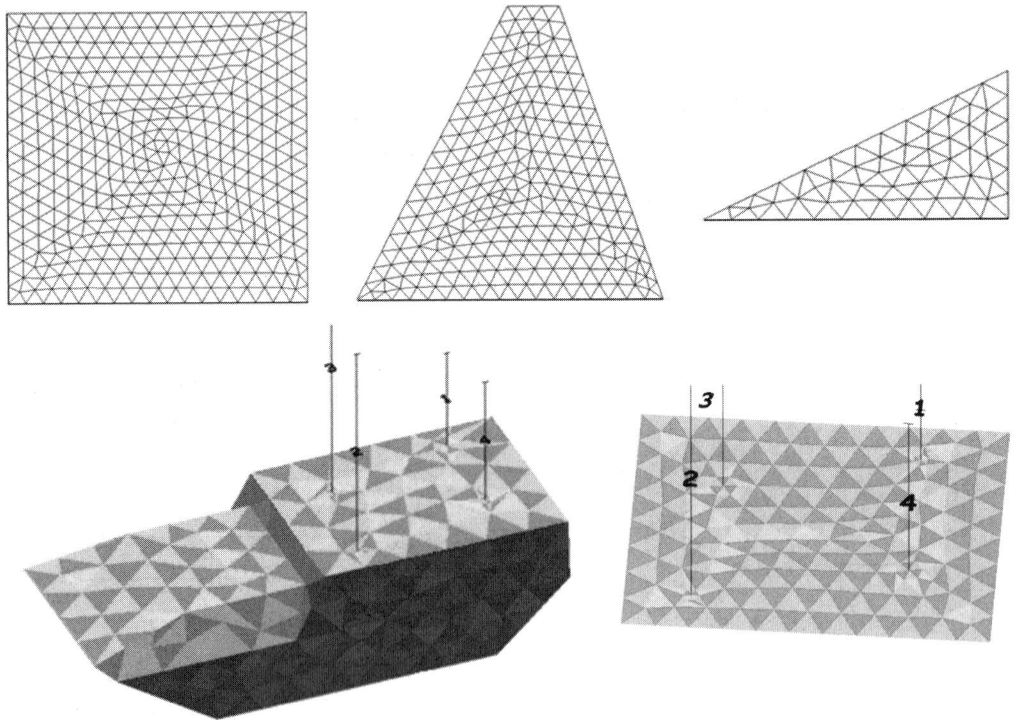

图 2.38　前沿推进法网格划分实例

习　题　2

1. 图形处理中要用到哪些坐标系？从坐标系转换的角度说明三维图形的观察流程。

2. 局部坐标系和观察坐标系有什么区别？两者如何使用？

3. 如何将$[a, b]$之间的数据归一化到$[0, 1]$？

4. 已知三角形顶点为$A(0, 0)$、$B(10, 0)$、$C(5\sqrt{3}, 5)$，计算其质量因子并对其质量进行评价。

5. 已知四边形顶点为$A(0, 0)$、$B(10, 0)$、$C(10, 10)$、$D(0, 10)$，计算其质量因子并对其质量进行评价。

6. 简述点在多边形内的几种判断方法。

7. 已知直线段的两个端点$\boldsymbol{P}_1$、$\boldsymbol{P}_2$，写出其矢量参数方程，参数取值有何要求？

8. 简述空间平面上两直线段的求交算法。

9. 以平面上两直线段端点坐标为输入、以有无交点的标志和交点为输出，用 C++编写空间平面上两直线段的求交算法的模块程序。

10. 以点和多边形为输入、以判断结果为输出，用 C++编写实现交点计数检验法的模块程序。

11. 简述基于线线求交的面面求交算法。

12. 以两个相交的多边形面(可带内环)为输入、以交线段为输出，用 C++编写基于线线求交的面面求交算法的模块程序。

13. 什么是简单多边形？试举 2 个非简单多边形的图例。

14. 如何判断一个多边形是凸多边形还是凹多边形？

15. 以多边形(可带内环)为输入、以剖分结果为输出，用 C++编写 Delaunay 三角剖分算法的模块程序。

16. 什么是非自交多边形？试举 2 个非自交多边形的图例。

17. 什么是 DT 剖分？试述其三个重要性质。

18. 试述两点前沿推进法和三点前沿推进法的区别。

19. 以多边形(可带内环)和网格边长为输入、以三角剖分结果为输出，用 C++编写三点前沿推进法的模块程序。

第 3 章　图形软件设计技术

一个交互式图形系统，必须允许用户能动态地输入点的坐标、提供选择功能、设置变换参数等。设计人员在使用图形系统时，首先将自己的构思通过输入设备输入到计算机中，计算机对输入的信息进行处理后，及时反馈给设计人员；设计人员对反馈的信息进行分析和判断，对错误的信息或不合理的部分进行修改、补充，并把修改和补充后的信息再送入计算机，计算机对这些信息进行再处理、再分析、再判断、再输出。如此反复，直到设计人员认为满意为止。这个过程就是人与计算机不断交流信息的过程，这就要求在人和计算机之间有一个高效的通讯系统，称为用户接口(User Interface，UI)或人机界面。这种人与计算机交流信息的工作称为交互任务，完成这种交互任务的方法称为交互技术。

本章介绍与图形软件设计有关的技术，包括软件的模块化设计、交互任务、交互技术、用户接口、交互式图形软件的界面构成及界面元素、图形软件标准以及 OpenGL 系统及其应用开发。

课程思政：

软件自顶向下及模块化设计体现了“分而治之”、局部与整体的辩证关系；交互与用户接口设计贯彻友好、以人为本的理念；引入 OpenGL 平台的目的是强化知行合一。

3.1　软件的模块化设计

模块就是执行某一特定任务的程序代码。模块化是指将一个待开发的软件分解成若干个小的简单的部分，即模块，每个模块可独立地开发、测试，最后组装成完整的软件。模块化是一种复杂问题“分而治之”的思想。

早期的软件设计由个人独立编程，并负责运行维护，是所谓的“作坊式生产方式”。随着计算技术的发展及应用领域的不断扩大，软件规模越来越大，复杂程度越来越高，需要用科学的管理方法去组织软件开发。软件的设计、编程和运行维护是由许多人分工、共同协作来完成的，自此进入了软件研发的新时期——软件工程时期，出现了模块化的软件结构。对结构化(模块化)程度较高的软件来说，其功能可分割为若干个模块，模块之间通过接口(模块之间的调用关系称为接口，接口的本质是传递数据)连接，这种软件比较容易编写，特别是当软件由一个小组来编写时，容易分配任务，从而提高了软件的编写进度，也便于软件测试及维护。

软件模块化必须遵循软件工程学的基本原则，其核心问题如下：

(1) 模块划分与调用。按照软件的功能或使用流程，采用自顶向下、逐步分解的方法，划分模块并形成模块之间的调用关系，得出包括模块组成图、数据流图、界面设计图等的

软件结构图。

(2) 模块的独立性。模块之间的联系越少，其独立性越强。独立性以内聚度和耦合度两个定性指标来衡量。模块独立性追求高内聚度和低耦合度。

内聚度用于衡量模块内部各成分(语句或语句段)之间彼此结合的紧密程度。模块内部各成分联系越紧，其内聚度越大，模块独立性就越强，系统越易理解和维护。具有良好内聚度的模块应能较好地满足信息局部化的原则，功能完整单一。理想的情况是一个模块只使用局部数据变量，完成一个功能。具体设计时，应注意：① 设计功能独立单一的模块；② 控制使用全局数据；③ 模块间尽量传递数据型信息。

耦合度用于衡量不同模块之间的互连程度。耦合强弱取决于模块间接口的复杂程度、进入访问一个模块的点(变量)及通过接口的数据。在软件设计中应该追求尽可能松散的耦合系统，在这样的系统中可以研究、测试、修改、维护任何一个模块，而不需要对系统的其他模块有很多的了解或影响其他模块的实现。此外，当某处发生错误时，低耦合度系统的错误传播的范围相对小些。耦合度依赖以下几个因素：① 一个模块对另一个模块的调用方式；② 一个模块向另一个模块传递的数据量；③ 一个模块施加到另一个模块的控制的多少；④ 模块之间接口的复杂程度。

软件模块化的价值在于可降低软件的复杂性，使软件的设计、测试、维护等操作变得简易，如能将软件中的一些通用部分按模块化要求编制成通用(标准)程序，并建立公用程序库(如函数库)，实现程序共享，从而大大提高应用软件编制的质量和效率。

模块划分的数量会影响软件的开发成本，图 3.1 为两者之间的关系。从图中可见，合理的模块数量可使软件开发成本最低。事物都有正、反两面性，把握好度是关键。

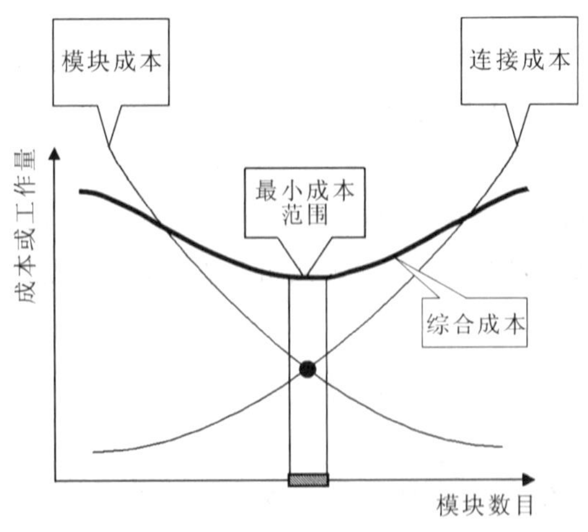

图 3.1　模块化设计成本曲线

3.2 交互任务

交互任务是指用户输入到计算机的一个单元信息。这里的单元信息是指完成一次输入的内容。交互任务分为基本交互任务和组合交互任务两类。

基本交互任务有定位、选择、文本、定值，由其派生的交互任务有定向、定路径、三维

交互等。

组合交互任务是由基本交互任务结合而成的，有三种主要的组合交互任务：对话框、构造和动态操作。对话框用来指定信息表中的多个项；构造用来产生需要有位置约束的形体；动态操作用来修改已有的几何形体的形状，调整形体之间的相对位置。

1. 定位

定位即给应用程序指定位置坐标，如(x, y)或(x, y, z)。实现定位的常用交互技术是移动屏幕上的光标输入位置，或由具有输入功能的定位设备(如键盘)直接输入位置坐标值。

2. 选择

选择任务是要从一个选择集中挑选一个元素，常用的是命令选择、操作数选择、属性选择和对象选择等。选择集一般分为定长和变长两种。像命令、操作数、属性等类型选择集一般是定长的，而对象选择集通常是变长的。

完成选择任务有基于名字(或标识符)和位置(坐标点)选择两种情况。定长选择集可以基于名字完成选择，如输入一个命令名，从命令表中找到该命令的执行程序，并执行。定长选择集和变长选择集均可基于位置完成选择，此时实现选择需要分两步，先把游标定位在用户希望选择的对象上，然后确认该对象，如改变对象颜色或增亮、闪烁该对象。

3. 文本

文本任务是指输入一个字符串到字处理器中。文本任务的主要输入工具是键盘。

4. 定值

定值任务是要在最大和最小数值之间确定一个值。最典型的定值任务是用键盘输入一个数，此外还可在标度盘、刻度尺上确定一个数。

5. 定向

定向即在指定的坐标系中确定形体的方向。此时需要由应用程序来确定其反馈类型、自由度(空间维数)和精度。定向一般通过输入角度值或输入两点构成向量等来完成。

6. 定路径

定路径是一系列定位和定向任务的结合。

7. 三维交互

三维交互任务涉及定位、选择和旋转。三维交互任务比二维交互任务困难得多，其主要原因是用户难以区分屏幕上游标选择的对象的深度值和其他显示对象的深度值。

三维定位、选择任务可借助建立的三维形体与其几个二维投影的对应关系，在投影图上，以二维的定位、选择形式来实现。也可通过窗口到视区反变换，将鼠标的二维操作与三维空间对应起来，从而实现三维的定位、选择。

三维旋转任务可采用一个表示绕 x 轴转角、一个表示绕 y 轴转角的两个滑标尺和表示绕 z 轴转角的标度盘相结合，或采用三个标度盘来输入绕 x 轴、y 轴、z 轴的旋转角；也可以设定鼠标运动方向实现转角的输入，这是目前图形软件采用的主要旋转形式，如 AutoCAD 的 3DORBIT 命令。

8. 对话框

对话框多在交互过程中需要从一个选择集中选择多个元素时使用。例如，字符的输入，由于字符属性有宋体、楷体等，有粗体、细体，有空心字、实心字，有大小，有对齐方式等，当弹出一个字符属性对话框后，用户可以从中选择多项。有些应用还希望从多个选择集(一个对话框可以看作一个选择集)中确定一组参数，如上面的字符属性中希望改变字的显示颜色，这时还需弹出一个色彩选择对话框，从中挑选用户希望的颜色。

实现选择任务的菜单在一个选择完成后就消失了，无法做第二个选择，而对话框可以保证多个选择。当所有信息都输入到对话框中之后，按下某个按钮(如OK按钮)，对话框便消失，系统就按给定的参数或选择的属性执行命令，故对话框执行任务的效率较高。

9. 构造

实现构造这类任务的主要方式有橡皮筋方式和约束方式。

图 3.2 是用橡皮筋方式画折线的情况，首先输入起点，在要求输入线段终点时，移动鼠标器，光标(图中的十字线)随之移动，线段的终点也在移动，而在当前点和光标点之间始终有一条连线(图中的虚线)，就像橡皮筋一样随光标移动，当用户认为满意后按下拾取键就可以绘出一段直线。利用橡皮筋方式可以画直线段、折线、圆、椭圆、矩形、多边形等。

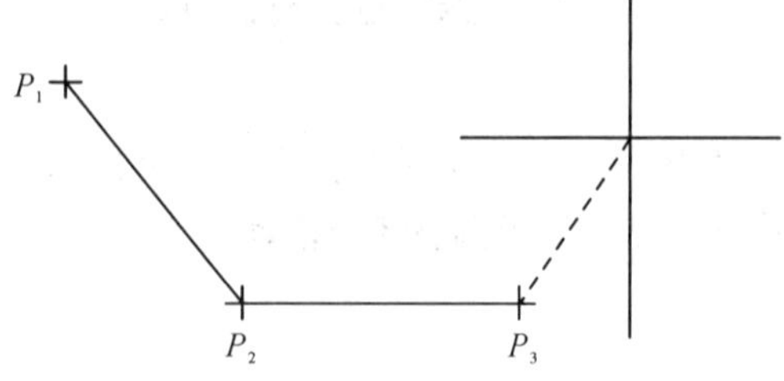

图 3.2　用橡皮筋方式画折线

约束方式包括水平及垂直约束方式(也称为正交方式)、引力场约束方式。当需要绘制横平竖直的直线段时，运用水平及垂直约束技术可以避免由于人眼或定位设备带来的误差。如果用水平约束构造直线，在线段的第一点被确定后，无论光标在屏幕上如何运动，线段的纵坐标始终与起点相同，显示的是一条(x_1, y_1)到(x_2, y_1)的直线。垂直约束的原理与此类似。

作图时，我们经常要从已有直线的某个端点或从该直线上的某点开始作一条新的直线，引力场约束可以帮助用户把光标点精确地定位在线段(如直线、圆弧等)的特殊点(如端点、中点、圆心等)或线段上。AutoCAD 中的对象捕捉就是一种引力场约束。引力场是一种设定的约束范围，图 3.3 是直线的引力场，一旦光标进入这个范围，就被吸引到这条直线上，从而实现直线段端点或线内点的捕捉。因为围绕端点的场域比较大，所以使光标与端点的重合特别容易。

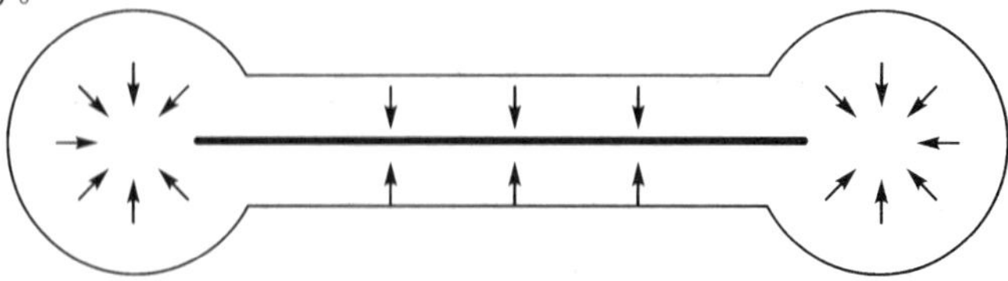

图 3.3　直线的引力场

10. 动态操作

动态操作包括物体的拖动、旋转、缩放以及形变。

拖动是指执行拖动物体的命令(如 AutoCAD 的 MOVE、COPY 命令)后，先用定位设备(如鼠标)拾取某个要拖动的对象，再按住键移动光标，则此物体将随光标的移动而移动，就好像光标在拖动物体一样，当移动到满意位置后予以确认。拖动便于用户确定或改变物体的位置。

旋转是指拾取或指定要旋转的物体并给定旋转中心后，当移动光标时，物体将围绕此旋转中心随光标的移动而旋转，当旋转到满意位置后予以确认，如 AutoCAD 的 ROTATE 命令。

缩放需要指定缩放中心的位置，当移动光标时，物体将以此缩放中心为基准进行放大(外移鼠标时)或缩小(内移鼠标时)，如 AutoCAD 的 SCALE 命令。

形变是指在确定操作对象后，拖动物体上的某个点或某条边使物体产生形状上的改变，如用 AutoCAD 的 STRETCH 拉伸命令可以加长螺钉杆长、可以将矩形拉伸成平行四边形等。

3.3 交互技术

交互技术有定位技术、选择技术、拾取图形技术、菜单技术、定向技术、定路径技术、定值技术、文本技术、橡皮筋技术、徒手画技术、拖动技术等。

1. 定位技术

定位技术用于指定一个坐标。

定位技术涉及维数，如一维、二维或三维；涉及分辨率，即定位精度，键盘可以提供无限高的分辨率，而定位设备提供的分辨率有限，可通过窗口到视区的坐标变换技术提供分辨率，即将世界坐标系中的某个区域放大，从而使屏幕上的一个区域与世界坐标系中任意小的单位对应起来；还涉及点是离散点还是连续点。

定位技术主要有以下两种：

(1) 键盘输入坐标值定位；

(2) 鼠标器、数字板或键盘光标键控制光标定位。

为了提高定位速度和精度，还常采用网格(栅格)，作用是使图线的端点落在网格点上，其方法是将定位设备的坐标截断到最近的网格点上，如 AutoCAD 的 GRID 命令，辅助线、比例尺技术等。光标反馈和坐标反馈也是定位技术常采用的形式。

2. 选择技术

选择技术要求确定可选择集合的大小及选择值，这个集合可以是固定的，也可以是变长的。

选择技术主要有以下四种：

(1) 鼠标器或数字板控制光标拾取图形；

(2) 鼠标器、数字板或键盘光标键控制光标点取菜单项；

(3) 键入名字、名字缩写、排列的唯一序号、标识号等作选择；

(4) 用功能键作选择。

3. 拾取图形技术

拾取图形是常用的可变集选择技术。在交互式图形系统的增、删、改操作中，都是以拾取整个图形(如窗口拾取)或以拾取图形的某一位置点为基础的。拾取图形的速度和精度又极大地影响着交互系统的质量。从屏幕上拾取一个图形，其直观现象是该图形变颜色或闪烁或增亮，其实际意义是要在存储用户图形的数据结构、数据库中找到存放该图形的几何参数及其属性的地址，以便对该图形作进一步的操作，如修改其几何参数、连接关系或某些属性。

点的拾取、直线段的拾取、字符串的拾取是拾取图形的基本技术，符号集、折线集、曲线、填充区域、三维图形等的拾取可看作这些基本技术的运用。例如，符号集的拾取转化为对符号集中每个符号参考点的拾取；折线集的拾取转化为对每条直线段的拾取；曲线可离散为折线集，最终转化为直线段的拾取；填充区域的拾取转化为对区域边界每条线段的拾取；三维图形的拾取转化为对其投影图即二维图的拾取，等等。当然，三维图形拾取的另一种途径是直接操作，即将鼠标拾取点转换为三维点，建立拾取对象的三维拾取区域，判断拾取点是否在拾取区域即可。

这里介绍点、直线段、字符串三种图形元素的拾取技术。假定拾取点(光标点)为$P_0(x_0, y_0)$。

1) 点的拾取

对于图形中的一点 $P_1(x_1, y_1)$，该点的拾取区域(引力场)是以该点为圆心、以 r(r 是图形系统设定的拾取精度)为半径的一个圆形区域。如果拾取点 $P_0(x_0, y_0)$满足：

$$(x_1-x_0)^2+(y_1-y_0)^2 \leqslant r^2$$

则拾取点 P_0落在 P_1点的拾取区域，即对 P_1点拾取成功。

2) 直线段的拾取

若图形中一条直线段的端点为 $P_1(x_1, y_1)$、$P_2(x_2, y_2)$，则该线段的拾取区域(引力场)为图 3.4 中的虚线矩形所示，则

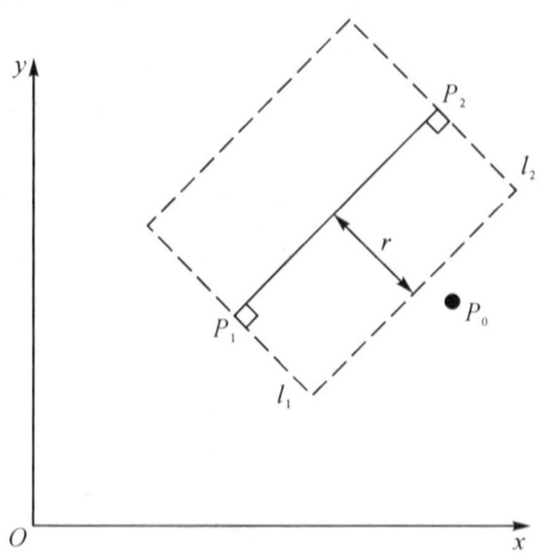

图 3.4　直线段的拾取区域

直线 P_1P_2 的方程为

$$(y_1-y_2)x-(x_1-x_2)y-x_1(y_1-y_2)+y_1(x_1-x_2)=0$$

直线 l_1、l_2 的斜率为

$$K_l=-\frac{x_1-x_2}{y_1-y_2}\quad (y_1-y_2\neq 0)$$

斜率为 K_l 的直线簇可表示为 $y=K_lx+b$。分别将 P_0、P_1、P_2 代入 K_l 的直线簇方程，得截距：

$$\begin{cases}b_0=y_0-K_lx_0\\ b_1=y_1-K_lx_1\\ b_2=y_2-K_lx_2\end{cases}$$

对于 $y_1-y_2=0$ 的情况，取 $b_0=x_0$，$b_1=x_1$，$b_2=x_2$。

如果下述两个条件满足：

$$\min(b_1,b_2)\leqslant b_0\leqslant\max(b_1,b_2)\qquad (P_0\text{在 } l_1、l_2\text{所夹的区域中})$$

$$\frac{|(y_1-y_2)x_0-(x_1-x_2)y_0-(y_1-y_2)x_1+(x_1-x_2)y_1|}{[(x_1-x_2)^2+(y_1-y_2)^2]^{1/2}}\leqslant r$$

（P_0 到直线段 P_1P_2 的距离小于或等于系统设定的拾取精度 r）

则表示对直线段 P_1P_2 拾取成功。

3）字符串的拾取

字符串的拾取方法是依次判断每个字符的显示区域(拾取区域，通常为矩形区域)是否包含拾取点，如点在多边形内的判断。当字符串中某一个字符的拾取区域包含拾取点时，表示对该字符串拾取成功。

为减少拾取图形时的计算量，以便提高拾取速度，需要采取一些加速措施，如区域粗判法，即对要拾取的图形先作其轴向矩形(也称为轴向包围盒)，若拾取点包含在此矩形内，再作上述的各种图形元素的判断，否则跳过这些图形。

4. 菜单技术

菜单是一组功能列表、对象列表、数据列表或其他用户可选择实体的列表。菜单技术是常用的固定集选择技术，在交互式图形系统中被广泛采用。

菜单由菜单项组成。菜单项的内容通常为命令、命令的选项、字符、数据等。菜单项的表示方法有三种：字符式(见图 3.5)、图符式(见图 3.6)和图像(标)式(见图 3.7)。

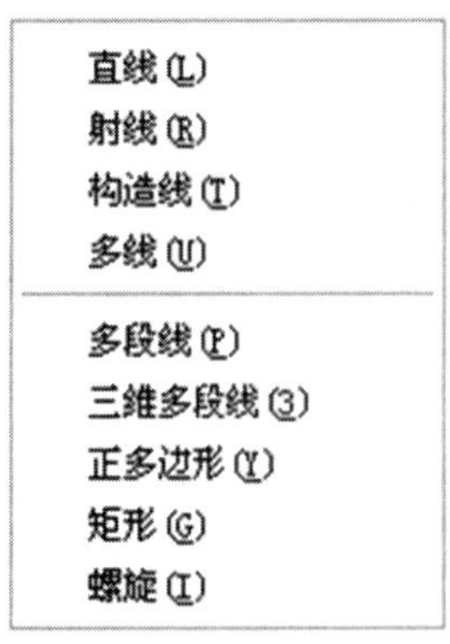

图 3.5　字符式菜单

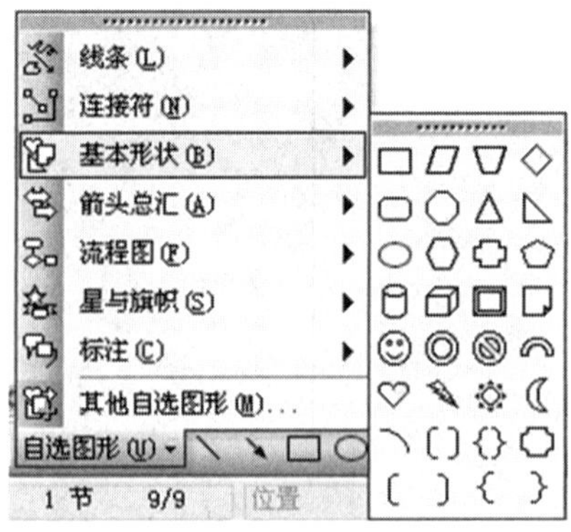

图 3.6　图符式菜单

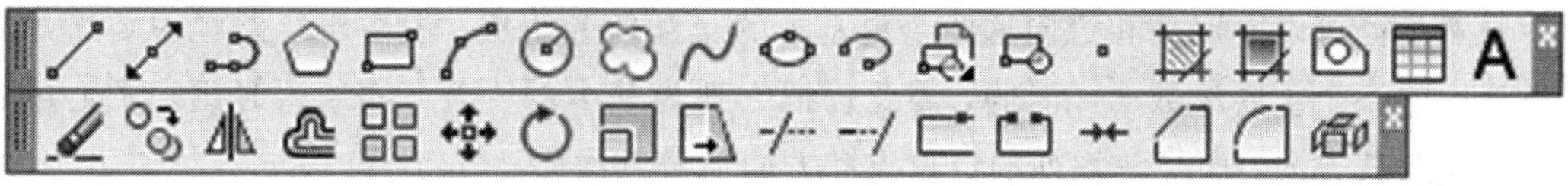

图 3.7　图像式菜单(如工具栏菜单)

菜单项的作用就是当用户点取该菜单项时，系统就会把菜单项的内容作为当前的输入。

按照菜单的出现与消失，菜单结构可分为固定式(见图 3.8(a))、翻页式(见图 3.8(b))、滚动式(见图 3.8(c))、拉帘式(包括下拉式，见图 3.8(d))、增长式(见图 3.8(e))、弹出式(见图 3.8(f))和综合式。基本形式或其派生形式的结合称为综合式，如图 3.9 所示的选项板菜单。

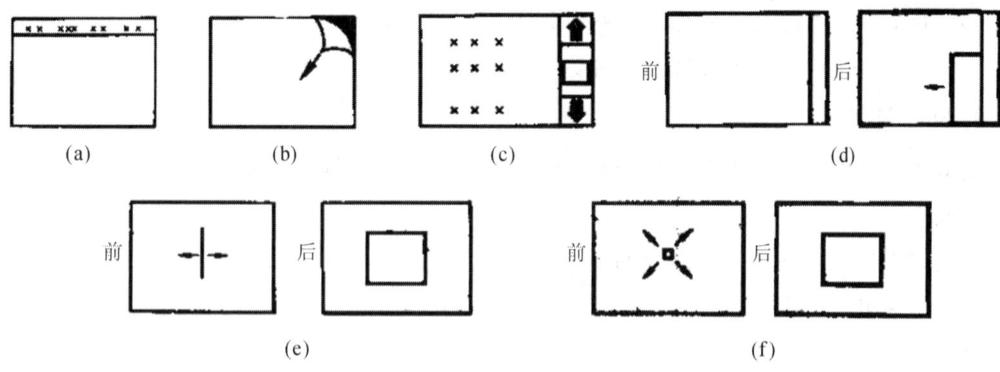

图 3.8　菜单的基本形式

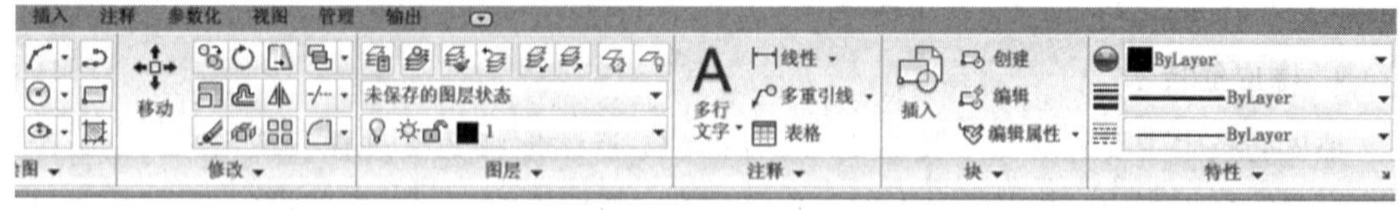

图 3.9　选项板菜单

实现菜单项选取的基础是定位技术。在组织菜单时，每个菜单项所处的行、列位置及菜单项的形状(一般为长条状，也有圆饼形)和大小决定了该菜单项的拾取区域。当拾取点落在该区域时，便是选择该菜单项。

5. 定向技术

定向就是在一个坐标系中规定形体的一个方向，此时需要确定坐标系的维数、分辨率、精度和反馈类型。

定向技术有以下两种：

(1) 键入角度值或输入两点构成向量，再由系统求取向量的方向角；

(2) 用标度盘或操纵杆控制方向角。

6. 定路径技术

定路径是指在一定的时间或一定的空间内，确定一系列的定位点和方向角。

虽然路径可以由定位和定向这两个更基本的交互任务组成，但由于定路径中要考虑现实世界中的一个重要参数——时间，因此仍把它列为基本的交互任务。这时用户关心的不是某一点及其方向，而是一系列的定位点和方向值及其次序。

产生路径的技术与定位和定向一致，应用方面的要求有定位点的最大数目和两个定位点之间的间隔。计算间隔一般采用两种方法：基于时间和基于距离。基于时间是按时间采样，基于距离是按相对位移达到某个距离进行采样。

7. 定值技术

定值技术在交互过程中应用很多，而且是必不可少的。

定值技术主要有以下三种：

(1) 由键盘输入数值；

(2) 用光标移动屏幕上的标度盘指针或刻度尺指针；

(3) 用上下翻转数字的计数器选择数值。

8. 文本技术

文本技术需要确定字符集(如 ASCII 码字符集、中文国标字符集、外文字符集等)及字符串的长度。

实现文本的技术主要有以下两种：

(1) 键盘输入字符；

(2) 用菜单选择字符。

对于硬件上无键盘的系统，如智能手机、便携式测量仪器等，实现文本输入的方法是模拟字符键盘，称之为软键盘。使用程序 osk. exe 或 doskey. exe 可在屏幕上产生一个软键盘。

9. 橡皮筋技术

橡皮筋技术主要针对变形类的要求，动态地、连续地将变形过程表现出来，直到产生用户满意的结果为止。其中最基本的工作是动态、连续地改变相关点的设备坐标。

橡皮筋技术中常用的有橡皮筋线、带水平或垂直约束的橡皮筋线、橡皮筋圆、橡皮筋多边形、橡皮筋棱锥等。

10. 徒手画技术

徒手画技术是按鼠标移动轨迹画图的技术，用于实现用户的任意画图要求。配合数字书写板，徒手画技术可用于在线手绘草图的输入。

徒手画技术的实现分为基于时间采样取点和基于距离采样取点两种。采样取点后，用折线或拟合曲线连接这些点，生成图形。如果是粗笔画，也可用区域填色技术跟踪笔划走过的区域。

11. 拖动技术

拖动技术是将形体在空间移动的过程动态地、连续地表示出来，直至满足用户的位置要求为止。

拖动技术常用于作草图、部件的装配、模拟现实生活中的实际过程等。

3.4 用户接口

用户接口是用户与计算机、智能手机、仪器等交互作用的界面。一个良好的用户接口可以大大缩短人与计算机之间的距离，使得计算机易学、易理解、易用，从而提高工作效率和人们使用计算机的水平。现在，在软件系统的设计中，人们越来越重视用户接口的设计与开发，如智能手机终端软件 APP 的开发涉及大量人机界面。

统计结果表明，在软件系统设计中，有关用户接口方面的程序量占总程序量的 30%～70%。早期的交互技术、用户接口和应用程序相互渗透、嵌套、融为一体，因而严重地依赖应用程序。从 20 世纪 80 年代初开始，人们把用户接口从应用程序中逐渐分离出来，提出了用户接口管理系统 UIMS(User Interface Management System)的新概念，并逐渐形成了相应的研究领域。在具有用户接口工具的系统中，通过用户接口、用户输入图形的有关信息，然后将其传递给图形处理核心程序，再将处理结果通过用户接口展示给用户。目前，在微机和工作站上流行的各种窗口系统(如 Windows API、MFC 等)已成为开发图形化用户接口的强有力工具。使用 UIMS 或窗口系统开发用户接口，可做到省时、省力。

设计用户接口时需要了解用户接口的设计目标、设计步骤、用户接口的风格、用户接口的设计原则等问题。“以人为本”是用户接口设计的总原则和总目标。

3.4.1 用户接口的设计目标

1. 提高学习速度

学习速度是一个与用户熟练掌握图形交互系统的使用方法所花时间有关的量，是一个相对量。只有 10 个交互命令的系统当然要比有 1000 个交互命令的系统容易学，但在为一个功能丰富的系统设计用户接口时，如果违背常理用 10 个难学的命令去实现的话，可能也不会提高学习速度。

2. 提高使用速度

使用速度是一个与那些熟练的操作员用系统完成某个特定任务所需时间有关的量。提高使用速度最常用的方法是在用户接口系统中提供一个基本命令集，最好用菜单实现，以提高使用速度(如 AutoCAD)。

3. 降低操作失误率

操作失误率是指每次交互操作的平均失误次数。这一指标也影响到学习速度和使用速度。

4. 增强记忆

交互系统应能帮助用户在长期不使用该系统后，一旦接触，就能尽快地回忆起各个交互操作。

5. 增强对潜在用户的吸引力

增强对潜在用户的吸引力是市场方面的一个目标。

3.4.2　用户接口的设计步骤

相对于电脑而言，智能手机的用户接口要复杂一些。以智能手机为代表的现代交互设计涉及五个要素：人、动作、动作的目的、实现动作的路径、动作所处的环境。复杂的用户接口设计包括概念设计、功能设计、交互顺序设计和联结设计，体现了自顶向下的设计过程。

1. 概念设计

概念设计定义了图形系统中必须由用户掌握的基本概念，包括对象定义、对象属性定义、对象关系定义和对象操作定义。例如，在简单的文字编辑软件中，操作对象是字符、行和文件，文件的属性是文件名。字符、行和文件这些对象的关系为：文件由一系列字符行组成，字符行由一系列字符组成。对象操作包括：行的操作有插入、删除、移动和拷贝，文件的操作有生成、删除、换名、打印和拷贝。

2. 功能设计

功能设计也称为语义设计，它规定了用户接口的详细功能。对于每个操作，要说明需要什么参数、会产生什么结果、会给出什么反馈、有错误时会出现什么错误以及如何处理可能产生的错误等。功能设计也称为语义设计，它只定义交互操作的含义，而不涉及交互操作的顺序或实施这些操作的设备。

3. 交互顺序设计

交互顺序设计也称为语法设计，它定义输入和输出的顺序。对于输入，从语法上讲，是按一定的规则将各个词组组成一个完整的句子，词组可以看成通过交互技术输入到系统中的不可分割的最小单元。例如，选菜单是一个操作(功能)，它可进一步划分成移动鼠标器和按键这两个顺序动作，这两个动作都不能单独向系统提供有意义的信息，只有按顺序组合才有意义。输出操作也类似。

4. 联结设计(词法设计)

联结设计也称为词法设计，它定义如何由单词形成一个个有意义的词组。对于输入，单词可以看成联结到系统上的各种输入设备，联结设计就是选择或设计前面介绍过的交互技术；对于输出，单词可以看成图形软件库提供的各种几何形状(如直线、圆、字符)以及它们的属性(如色彩、字体)，联结设计就是把这些图素及其属性组合起来，形成图标和其他符号。

3.4.3　用户接口的风格

1. 所见即所得

用户与接口需要交互什么内容，图形系统就会及时在屏幕上显示相应内容的图像。交互式图形系统都具有所见即所得的风格。

目前的文字编辑软件采用所见即所得的接口。例如，MS-Windows 的编辑器 WRITE(写字板)和 WORD 字处理软件中，要用黑体打印的文字在屏幕上显示时也是黑体。而在所见非所得的系统中，用户见到的是插在文字之间的控制符。

2. 直接操作

直接操作是指将可以操作的对象、对象属性、对象关系以文字或图标形式在屏幕上显示出来，用鼠标器在它们上面进行某个动作，达到实行某种操作的目的。这样，无需用选菜单或键入命令这种传统的方式来实现某个操作，而是将操作隐含在各种动作中。MS-Windows系统的操作就是采用直接操作，如复制文件就是将文件的图标直接拖入文件夹，删除文件就是直接将文件拖入回收站等。

直接操作是图形用户接口的独特风格，易学易用，但对熟练用户来说却又显得比较慢。例如，打印文件 A，要先找到文件 A 的图标，再拖到打印机图标上，找文件 A 可能还会用到卷滚条。如果用户知道文件名，用“pr A”命令就快多了。所以，菜单命令、键盘命令和直接操作并存是当今用户接口的特点。

3. 图标化用户界面

图标是操作对象、对象属性、对象关系、动作或某些概念的图形表示。用户接口的设计者可以选择文字表示某个概念，也可以用图标表示这个概念，但精心设计的图标比文字更易于识别其含义(如用剪刀表示图形的剪切、用橡皮表示图形的删除等)。相对于文字而言，图标具有形象、直观、占屏幕空间小、不受语种限制等优点。设计图标时应遵循易识别与理解、易记忆、易辨别等原则。

4. 其他对话形式

还有一些既适合图形交互接口，又适合其他软件的对话形式，如菜单、命令语言、自然语言理解、问答式对话等。

(1) 菜单：广泛应用于图形系统和非图形系统。菜单的优点在于系统的命令都用菜单的形式显示出来了，用户见到的实际上是他早已熟知的字符串或图标。选择菜单就可以执行命令，而不用去回想一个个命令再键入计算机。菜单减少了用户需要记忆的内容，因此对新手特别有吸引力。

(2) 命令语言：一种与计算机实现交互作用的传统方法。这一技术可以容纳大量的命令，而不像菜单那样受被选集元素个数的限制，因此易于扩充命令，可快速输入命令。学习时间是命令语言的主要问题，需要键盘输入技能是使用命令语言的不利因素，输入的失误率较高也是命令语言容易产生的问题。

命令语言有它的语法，用户必须按照系统事先设计好的语法来输入命令。命令有交互执行和命令行两种方式，如 AutoCAD 中通常采用交互执行方式，编程时采用命令行方式。每一个命令都有一个特定的由程序执行的动作，完成一定的功能。例如，“rotate -x 20 -y 10 -z 45”表示将当前的操作对象绕 x 轴旋转 20°、绕 y 轴旋转 10°、绕 z 轴旋转 45°。命令语言一般由命令动词即关键字(如 rotate)、操作数(如 20、10、45)、命令行参数(如-x、-y、-z)、分隔符(如空格、逗号、终止符、回车等)等四部分组成。

(3) 自然语言理解：交互系统的最高目标。如果计算机能理解我们用日常语言键入的或说出的命令，那么人人都可以用计算机了。目前，语音识别为文字的识别率已很高了，进步明显，但让计算机自动理解语言并操作仍然困难。一般来说，自然语言理解系统不限制命令集的大小，但如果用户企图要系统做一些不可实现的事，就会降低系统的性能，使用户丧失对系统的信心。这个问题可以通过限制自然语言理解系统的知识域来解决，使用户

了解系统的能力，不发出过分的请求。

(4) 问答对话：其过程是：计算机在屏幕上显示出问题，等待用户回答，用户可用输入设备输入答案(通常答案是受限制的，如圆半径只能是正值)。这种对话方式的缺点在于不能返回到前面的问题来重新回答，而且在用户回答当前问题时，不知道以后还会出现什么问题，如 AutoCAD 中命令的交互执行方式。

3.4.4　用户接口的设计原则

用户接口的设计原则包括一致性原则、简洁性原则、免干扰性原则、反馈性原则、容错性原则和面向多层次用户原则等。

1. 一致性原则

(1) 所有同类界面元素在相同的应用环境下，在视觉上具有一致的界面外观。例如，系统主框架窗口要适合于显示器分辨率的变化，启动后应充满整个显示屏；界面中的文字字体、大小、字间距一致等。

(2) 相似场景下的界面操作方式保持一致，同一操作行为应保持视觉的一致。

(3) 界面外观与用户的预测一致，视觉元素的外观及其操作结果应与用户的心理认知相符等。

2. 简洁性原则

(1) 界面中应使用尽可能少的元素，不提供与当前任务无关的信息，以减轻视觉负担。

(2) 界面信息采用简明的文字表述，清晰易懂、内涵丰富，易于理解和记忆，如使用的图标要具有个性、尽量表达功能含义。

(3) 界面操作应减少冗余的操作步骤，如窗口层次要少，一般不超过 3 层，软件功能尽量在主窗口上，并在菜单、工具栏中同时体现。

3. 免干扰性原则

(1) 明确用户在特定界面中的首要任务和目标，尽可能避免界面出现视觉干扰。

(2) 要对菜单、控件、按钮和命令文本的可用性进行控制，使不允许操作的菜单、控件、按钮和命令文本禁用(如置灰)或隐藏。

4. 反馈性原则

根据用户接口设计过程中的功能设计、顺序设计和联结设计的三个步骤，可以给出三级反馈。设计人员必须有意识地考虑到每一级并明确地决定是否提供反馈以及以何种形式给出反馈。

(1) 最低级的反馈(对应于联结设计)：用户在交互设备上的每个动作都应立即产生明显的反馈。例如，在键盘上键入字符时应在屏幕上有回显；鼠标移过按钮时亮显、移开时恢复，按下按钮时有凹陷和松开按钮时弹起。

(2) 二级反馈(对应于顺序设计)：当系统接受输入语言中的每个词组(如命令、位置、操作对象等)时，应提供反馈，被拾取的物体或被选中的菜单项要着重显示，使用户知道其动作已被接受。在整个句子输入完毕且被断定是正确时，也要给出反馈。

(3) 功能级反馈(对应于功能设计)：这是最有用且最受用户欢迎的一种反馈形式。它告诉用户，其发出的命令已经执行完了。功能级反馈通常将操作结果显示出来，在执行某个费时的操作过程中，要给出某种反馈，表明计算机仍在执行中。这样的反馈有多种形式，最能引起用户注意的是用一个进度条指示命令完成的百分比，使用户知道何时能完成这个命令的操作。

5. 容错性原则

(1) 界面应提供撤销(UNDO)及恢复(REDO)操作，使得用户可以返回上一步操作或重新进行选择，系统配置界面应提供"恢复初始设置"选项让用户敢于尝试。

(2) 应使用单选、多选或下拉列表等合适的选择控件，提供有代表性的默认选项以及相应的输入帮助，方便用户准确输入信息。

(3) 对用户的输入和选择等操作，界面应提供校验功能进行实时判断，提示错误所在，并提供有用的恢复建议，帮助用户及时更正错误输入。

6. 面向多层次用户原则

交互式图形系统要面向各种层次的用户，使毫无经验的新手、经验不多的用户以及熟练用户都能找到适合自己的交互手段。

使系统能容纳多层次用户的方法是：提供加速技术、增加提示信息、提供帮助信息、提供可扩展功能、隐藏复杂功能等。

加速技术有：用单字母或双字母命令代替全名命令(如 AutoCAD 中命令别名)；连击鼠标器上的键，如按一下表示选择文件，按两下则表示打开文件；对菜单项编号，直接键入菜单项号码；用命令行一次输入一串命令及其参数等。

提示是建议用户下一步做什么，这与反馈有所不同。熟练用户不希望有太多的提示信息，因为提示信息过多会降低系统的速度、占屏幕空间，甚至惹人生厌。很多交互系统提供多级提示方式，由用户控制提示信息量。提示的形式有多种，最直接的是显示信息，明确地向用户解释下一步该做什么。其他的形式有在需要输入一个数据时显示刻度尺或标度盘、在需要输入字符串时显示带下画线的闪烁光标等。

帮助信息可以让用户对系统的基本概念、典型任务、各种命令的使用方法、交互技术等有更好的了解。最理想的是，帮助信息能在交互过程中按某一固定方式随时被调出来显示，且能容易地返回到调出帮助信息时的命令执行状态。帮助信息应与当时的操作状态相对应。如果在系统等待命令输入时调用帮助信息，则列出系统中当前能输入的所有命令；如果在一个命令键入后调用帮助信息，则显示有关这条命令的详细信息。

使用户接口具有扩展性，是指允许用户在原有命令集中增加新的命令(如在 AutoCAD 中利用 AutoLISP、Object ARX 等编程工具可开发新命令)，以扩充用户接口的功能。宏定义是一种扩充功能的方法。在宏定义中，用户的操作过程保存在一个跟踪文件中，可以调出来按顺序执行。用户用编辑命令可以建立这种宏文件。

把复杂功能隐藏起来不让使用是新手们学习系统基本功能很好的方法。这样不用指定选项、不用学习不常用的特殊命令、不用经历复杂的启动过程就可以开始实际的工作。有些命令常常会有很多可选参数项，对于这种命令，就需要简化，提供合理的默认值代替任选参数项。隐藏复杂命令的另一个策略是：复杂的、高级的命令只有通过键盘或功能键才能执行。这样可以保持菜单更小、系统更简单。

3.5 交互式图形软件的界面构成及界面元素

图形软件与人的信息交换是通过界面进行的，界面的设计除了满足前面介绍的一般原则外，界面的易用性和美观性对图形软件来说也非常重要。

(1) 易用性。易用性主要涉及操作流程设计，即通过设计工作流程使用户的工作量减小、工作效率提高，如使用功能综合的对话框、设置缺省值、提供导航功能等。

(2) 美观性。美观性包括界面布局设计、颜色设计等。界面布局设计体现在各视区划分的比例、各界面元素的大小及位置排列等方面，做到界面的布局合理、协调。例如，应该把功能相近的按钮放在一起，并在样式上与其他功能的按钮相区别，这样既美观又方便使用。良好的界面颜色设计能增强用户使用软件的舒适感，体现以人为本的设计目标。例如，用什么样的界面主色调才能够让用户在心情愉快的情况下工作最长的时间而不感觉疲倦呢？红色——热烈、刺眼，易产生焦虑心情；蓝色——平静、科技、舒适；明色——干净、明亮，但对眼睛刺激较多，长时间工作易引起疲劳；暗色——安静、大气，对眼睛刺激较少。微软公司浅灰色的系统主色调及ICON协调的成功运用已经成为软件产品用色的规范。

图形软件的界面包括主界面和子界面。

3.5.1 图形软件主界面

主界面(主窗口)是软件系统的常驻界面，作用是实现系统所有功能模块的调用。主界面布局因软件不同而不同，主要按照各区域功能不同进行划分，以图3.10中的AutoCAD图形软件的主界面为例。界面包含标题栏(用于显示软件名称)、菜单栏、工具栏、状态栏、主视区(绘图区)、控制区、信息输出区(命令行与命令提示区)等。

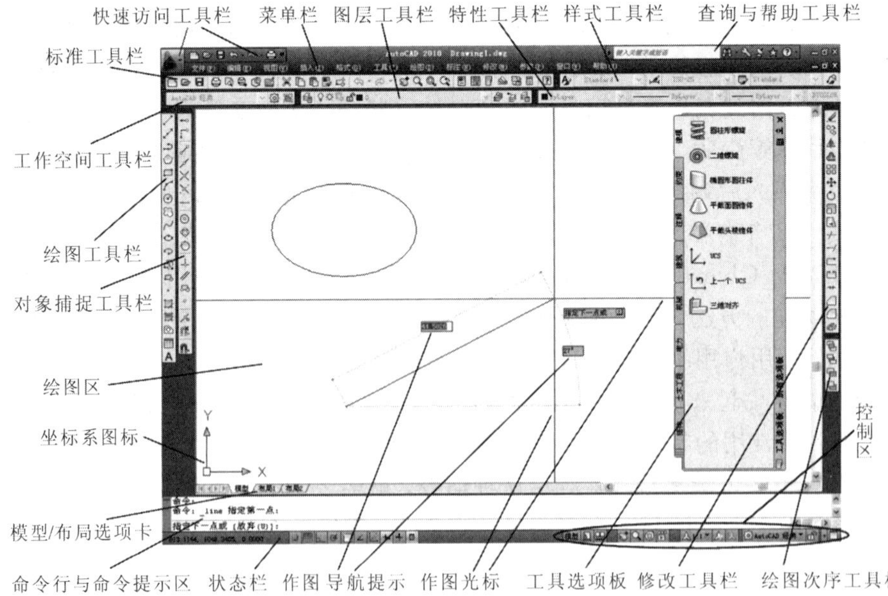

图3.10 AutoCAD图形软件主界面

图 3.11 为编者主持研制的一款工程软件——通信车无线系统电磁兼容仿真软件的主界面，包含有标题栏、菜单栏、工具栏、主视区(图形显示区)、控制区(任务区)、信息输出区等主要组成部分。

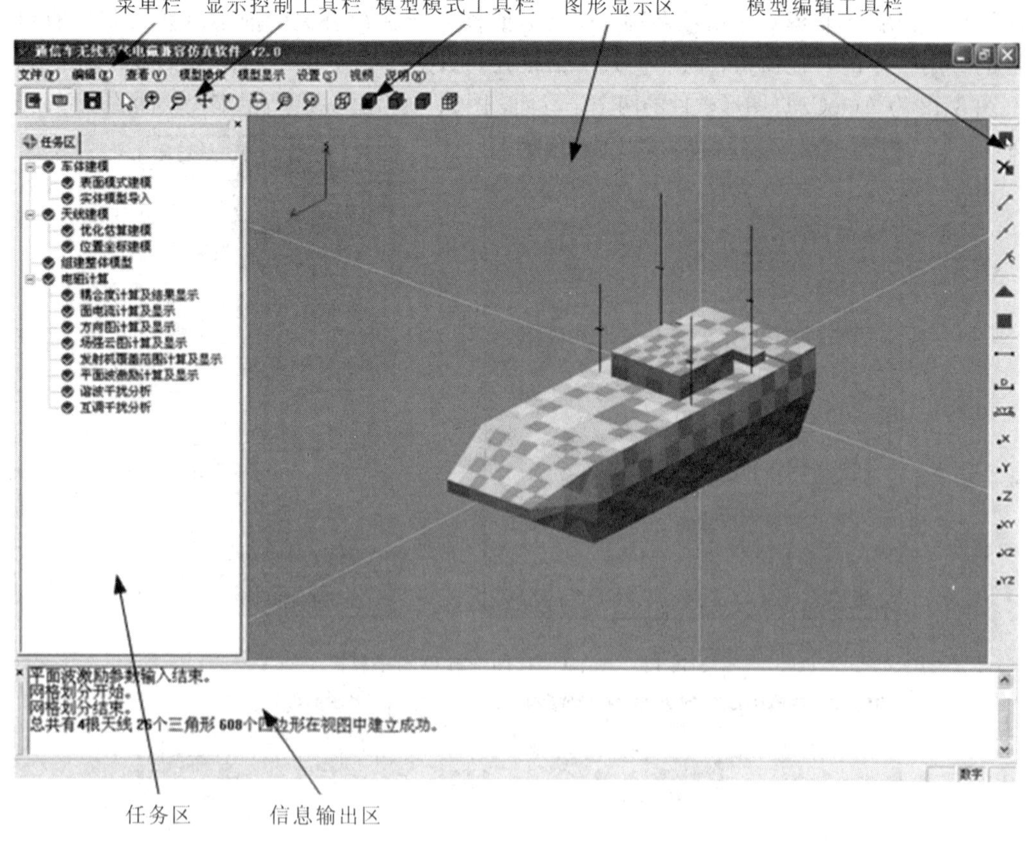

图 3.11 某工程分析软件主界面

任务区的功能是给出要实现某项分析和设计任务的软件操作流程，每一流程对应软件的一个模块。该区采用主界面目前常用形式——树型控件实现，给人简洁明快的感觉，操作起来很直观。

图形显示区的功能是实现模型的交互式构建过程、显示网格模型以及模型的可视化检查，背景颜色选用天蓝色。天蓝色能给用户一种轻松的视觉感受，让用户操作软件时心情愉快。

显示控制工具栏实现模型的平移、旋转、缩放、局部放大等。

模型模式工具栏控制模型的显示模式，如线框模式(显示三角形、四边形面片的边)、着色模式(整个模型用一种颜色加光照显示)、染色模式(相邻的面片或网格单元用不同的颜色显示)等。通常将其放在图形显示区的上面，以便用户快速获知模型的显示状态。

模型编辑工具栏用于模型交互式构建，包括三角形和四边形绘制、图形拾取与删除、点捕捉、点的过滤输入等。因为其使用最频繁，所以它的位置放在了用户最容易操作的右面。

信息输出区的功能是给出当前已完成的流程，每完成一个流程给出相应的提示。为方便用户阅读，它的位置应较为醒目，把它放在了界面最下方。

图 3.11 中，除标题栏和菜单栏外，其余部分都是可以浮动的，以适应不同用户的习惯。

3.5.2　图形软件子界面及其主要组成元素

子界面用于软件中功能模块的人机交互操作，实现形式主要为对话框。对话框分为模式对话框(常用)和非模式对话框两种。模式对话框是指在没有关闭前不可切换到拥有该对话框的应用程序的其他窗口；而非模式对话框在打开后不影响用户的任何操作。

图 3.12 为 AutoCAD 图形软件的两个子界面，图 3.13 为图 3.11 所示工程软件的子界面。

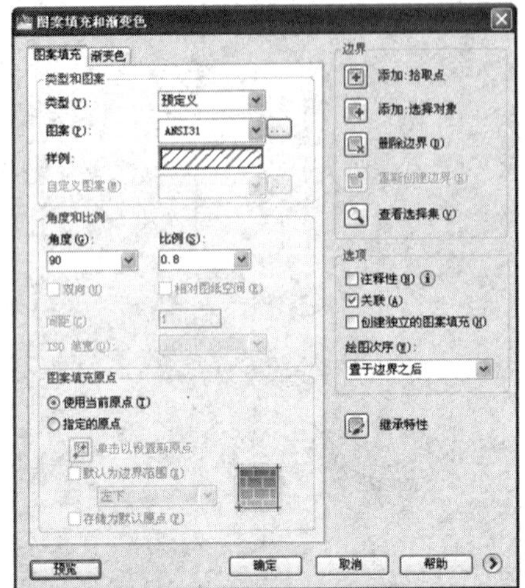

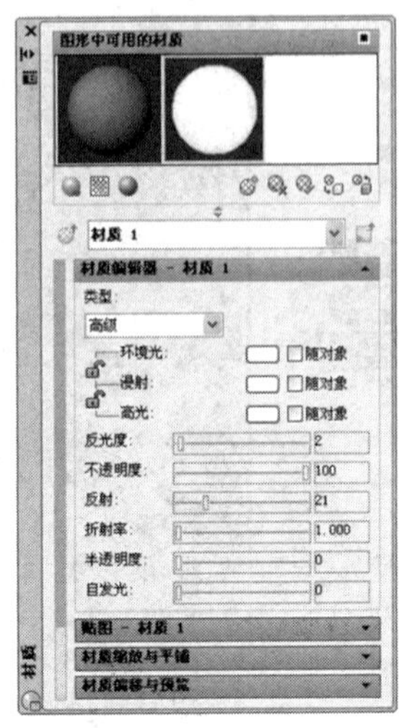

图 3.12　AutoCAD 图形软件的子界面

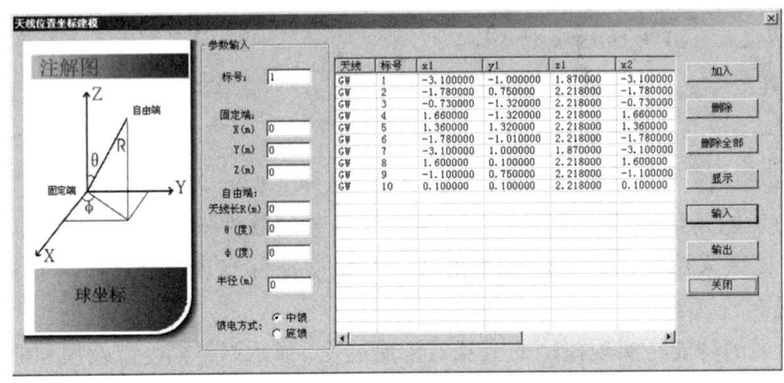

图 3.13　某工程分析软件的子界面

子界面(对话框)中的元素有十几种，主要如下：

(1) 标签：用于子界面功能提示，如图 3.12、图 3.13 所示。

(2) 选项卡：用于功能切换，如图 3.12 所示。

(3) 静态文本项：用于显示静态文字，是不可选择、编辑的，如提示信息、警告信息。

(4) 图像项：用于显示图像，是不可选择、编辑的，其作用是说明、提示，如图 3.13 所示。

(5) 文本编辑框：用于输入和编辑文字，如图 3.13 所示。

(6) 列表框：用于从一组项目中选择一项，如图 3.12 中的图案选择框。

(7) 组合框：用于从一组相关数据中选择一个或输入一个数据，由文本编辑框和其下一点击就立即显示的列表框组成，如图 3.12 中图案的旋转角度、比例设置框。

(8) 数据显示栏：以表格形式显示数据，数据行可删除、修改，如图 3.13 中的天线数据栏。

(9) 滑动杆：用于调整给定值的大小，如图 3.12 中的右图所示。

(10) 命令按钮：执行某一动作，按钮标签可为文字(图 3.13)或图像(图 3.12 左图)。

(11) 单选(互斥)按钮：用于从成组的一套相互排斥的选项中选择一个选项，如图 3.12、图 3.13 所示。

(12) 复选按钮：用于从成组选项中选择多个选项，如图 3.12 所示。

(13) 进度条：进度条用于长时间等待情况下的状态显示，如数据导入、图形计算、数据传输等，避免因为等待引起用户的厌烦和误解。进度条主要由进度单位和进度框组成，如图 3.14 所示。进度条也可作为主界面状态栏的组成部分。

图 3.14　进度条

3.6　图形软件标准

随着计算机图形学应用领域的不断扩大，各种图形软件日益增多，图形设备也在不断更新。针对某种具体设备和具体应用而研制一整套图形软件，不但浪费精力、财力，而且软件也难于移植与共享。为了提高计算机图形软件在不同的计算机和图形设备之间的可移植性，使计算机图形功能标准化，在国际标准化组织(ISO)、跨国软件企业及其联盟的努力下，已经制定出了一些为大家所接受的计算机图形国际标准和工业标准(行业标准)。

图形软件标准主要是指图形系统及其相关应用系统中各界面之间进行数据传送和通信的接口标准。这里的图形系统包括图形软件、图形设备、设备驱动程序，应用系统指 CAD、CAE(Computer Aided Engineering)、CAM 等软件系统。图 3.15 为图形及应用系统中的各接口标准。

图形软件标准根据层级不同，主要分为 3 个层次的接口标准：

第一个层次接口是面向图形设备的接口，即图形软件与设备驱动程序间的接口 CGI (Computer Graphics Interface，计算机图形接口)。CGI 可以看作通用的“虚拟设备”，利用 CGI 编写设备驱动程序，这样 CGI 接口保证了图形软件与图形设备之间的相互独立性，可以实现图形软件在不同系统、不同设备配置之间的可移植性。

第二个层次接口是面向图形软件应用的接口，即应用程序与图形软件间的接口，如 GKS、GKS-3D、PHIGS、$PHIGS^+$、GL 与 OpenGL(SGI 公司，工业标准)、DirectX (Microsoft公司，工业标准)等。该接口采用 API(库函数)形式，把应用程序与物理设备隔开，实现了应用程序在源程序级的可移植性。

第三个层次接口是面向图形系统和应用系统的数据交换(共享)接口，即图形系统与其数据的接口或应用系统与其数据的接口，它规定了记录图形、模型或产品信息的数据格式。

面向图形软件、应用系统的数据文件接口为 CGM，面向图形软件、应用系统的数据库

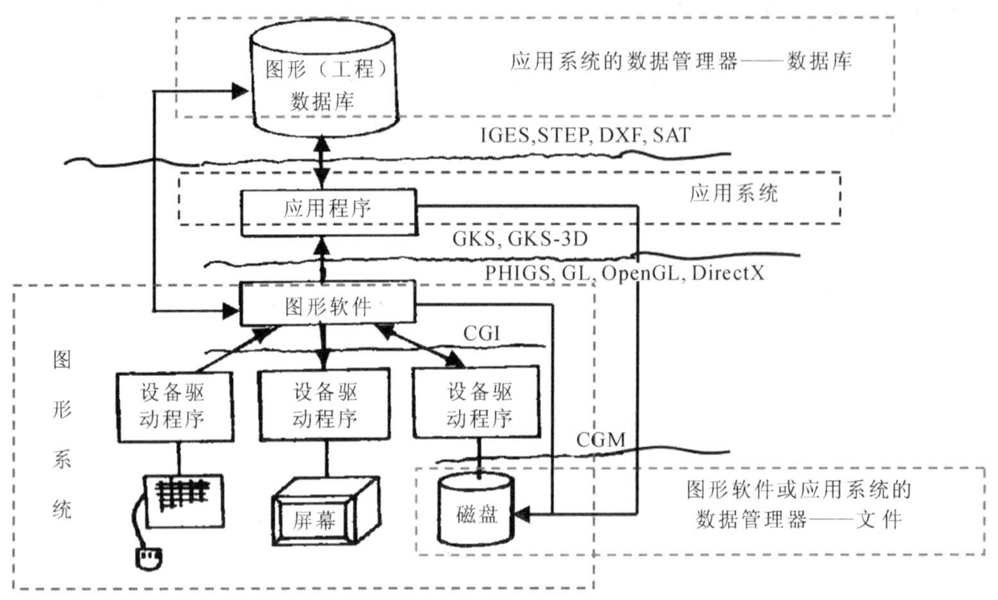

图 3.15 图形及应用系统中的各接口标准

接口为 STEP、IGES、DXF、SAT 等。

CGM(Computer Graphics Metafile，计算机图形元文件)接口是一套与设备无关的由语义、词法定义的用于生成、存储和传送图形信息的文件格式。每个图形元文件由一个元文件描述体和若干个逻辑上独立的图形描述体顺序组成，而每个图形描述体由一个图形描述单元和一个图形数据单元构成。CGM 的最大特点是通用性，它独立于设备、图形软件和应用系统，因此可广泛适用于各种设备、图形软件和应用系统。

STEP(STandard for the Exchange of Product model data，产品模型数据转换标准)、IGES(Initial Graphics Exchange Specification，基本图形交换规范，工业标准)、DXF(Data eXchange File，图形数据交换文件，工业标准)、SAT(Standard ACIS Text，工业标准)等接口使程序与程序之间或系统与系统之间相互共享图形数据成为可能。

已被 ISO 公布的国际标准化图形系统主要有四个：图形核心系统 GKS(Graphics Kernel System)、三维图形核心系统 GKS-3D 及程序员层次式交互图形系统 PHIGS (Programmer's Hierarchical Interactive Graphics System)、$PHIGS^+$。这四个标准主要是对图形输入、输出作了一套标准化的规定，它们既有共性，又各具特色，互相补充，如 GKS、GKS-3D 为被动式图形系统，而 PHIGS、$PHIGS^+$ 为交互式图形系统。OpenGL (Open Graphics Library)虽然不是国际标准，但在图形软件业界有很大影响，已成为一个事实上的工业标准。

GKS、GKS-3D、PHIGS、$PHIGS^+$ 等国际标准化图形系统目前已应用很少，但其思想对后来商用软件的研制产生了重要的影响，对新图形系统的开发仍然有借鉴意义。

3.6.1 GKS 系统和 GKS-3D 系统

GKS 系统是原西德标准化协会提出的二维图形核心系统，1982 年 6 月被 ISO 作为国际图形软件标准。

1. GKS 的功能

GKS 在应用程序和图形输入、输出设备之间提供功能接口，它包括一系列交互式和非交互式图形设备的全部基本图形处理功能，如对图形进行生成、删除、复制等操作，对各种输入设备初始化、设定设备方式等。若配有 GKS 图形软件，则用户可根据自己的需要在应用程序中调用 GKS 的各种功能，这样编写的应用程序能方便地在具有 GKS 的不同图形系统之间移植，移植时只需编写具体设备的驱动程序即可。

2. 图形输入与输出

(1) GKS 的六种输入功能如下：

① 定位(Locator)：输入一个(x, y)值，如指定一个圆心。

② 选择(Choice)：从一组选项中选择一项，如选择菜单项。

③ 字串(String)：输入一个字符串。

④ 取值(Valuator)：输入数值，如转角、比例因子等。

⑤ 拾取(Pick up)：标识一个显示目标，如使目标图形变色、闪烁或增亮。

⑥ 笔划(Stroke)：输入一系列的点，如折线的一组顶点。

(2) GKS 的六种输出图素如下：

① 折线(Polyline)。

② 多点标记(Polymarker)：在一组离散点处选用圆点、加号、星号、叉号作为记号标出。

③ 文本(Text)：字符串。

④ 区域填充(Fill Area)：在区域内填充图案、颜色。

⑤ 单元阵列(Cell Array)：光栅显示中像素点阵的抽象。它是一个矩形区域，该区域被划分为 $dx \times dy$ 个单元，每个单元可任意指定一种颜色以构成彩色阵列。利用单元阵列可定义线型、图案。

⑥ 广义图素(Generalized Drawing Primitive)：除以上几类图素之外的其他几何元素，如圆弧、样条曲线等。

3. 图段

在 GKS 中，用图素构造成的复杂图形叫图段(相当于 AutoCAD 的图块)，图段是进行图形输出的单位。各图段由应用程序定义，GKS 根据图段名进行识别与选择。图段有变换、删除、插入、改名等操作。

4. 工作站

GKS 引进了工作站的概念。工作站是一个抽象的物理设备，即虚拟设备，它提供了应用程序控制物理设备的逻辑接口。通过工作站，应用程序可以从输入设备获得各种信息，也可以将这些信息通过工作站传到输出设备上。

GKS 共有六种工作站：输入型、输出型、输入/输出型、元文件输入型、元文件输出型、图段存储型。每种工作站都对应一个工作站描述表，用来描述工作站的功能与特性。使用工作站时必须将它打开，不用时应将它停止并关闭。

5. 坐标系

GKS设置了三种坐标系。第一种是世界坐标系，专供应用程序用；第二种是规范化设备坐标系，供GKS内部使用；第三种是设备坐标系，是各工作站物理设备使用的坐标系。

6. GKS的文件接口

GKS采用元文件(Metafile)在应用系统(如CAD系统)之间传送图形信息。

7. GKS的分级管理

GKS是一种较为复杂的综合性的图形系统，为了适应各种应用的需要，人们把GKS分为九级管理，即L_{0a}、L_{0b}、L_{0c}、L_{1a}、L_{1b}、L_{1c}、L_{2a}、L_{2b}、L_{2c}。其中0、1、2为输出功能级，a、b、c为输入功能级，L_{0a}功能最低，依次向后功能逐渐提高且高级别的功能兼容低级别的功能。用户可根据应用需求选用。

8. GKS-3D系统

GKS-3D系统是在GKS的基础上扩展的一种完全的三维系统，其中所有的操作都是在三维情况下进行的，所有图段、图素数据均为三维格式。GKS系统和GKS-3D系统在功能上可以混合使用，如用GKS系统定义一个平面，然后把它转换到三维空间中去，用GKS-3D系统对它进行各种处理。

GKS-3D系统的三维功能包括三维图素、填充区域图素集、具有视图操作的三维变换、三维输入、隐藏线及隐藏面的消除、边界属性、三维几何属性。

3.6.2 PHIGS系统

PHIGS是美国国家标准化委员会ANSI于1986年公布的图形软件标准，1989年4月被ISO批准为国际标准，后来又推出升级版$PHIGS^+$系统。

PHIGS是面向程序员的层次式交互图形软件标准，是三维系统。除了具有GKS-3D的三维功能外，还有三角形带、空间网格、非均匀B样条曲线和曲面、隐藏线与隐藏面消除、颜色与纹理映射、光源及明暗阴影处理等功能。

该标准主要解决研制图形软件时数据结构的设计，其主要特点如下：

(1) 模块化的功能结构。PHIGS的标准功能被划分为九个程序模块来分别实现，各模块间相对独立，仅通过系统的公共数据结构间接连接。这样便于在整个PHIGS系统中逐个模块地进行程序开发。

(2) 图形数据按层次结构组织，使多层次的应用模型能方便地利用PHIGS进行描述。PHIGS将处理的数据存放在一个中央结构存储器(CSS)中，并对它进行管理和操作。

CSS中的基本单位是结构(类似于VC中的结构体)，它是由图形数据组成的一个整体。每个结构由一些结构元素的序列组成。结构元素有图形元素(直线、字符等)、属性元素等。一个结构可以引用另一个结构，通过结构的引用可以建立层次式的结构网络。

应用程序通过规定的方式可以创建一个PHIGS结构。

(3) PHIGS提供了动态修改图形数据并进行显示的手段。PHIGS有非常有效的结构编辑能力，如删除、插入结构元素等。能够迅速地修改图形模型的数据，并相应地显示出修改后的图形模型。

(4) PHIGS 中的工作站也是一个逻辑上的概念。PHIGS 把工作站分成输出型、输入型、输出/输入型、元文件输出型和元文件输入型五类工作站。使用工作站时必须打开该工作站，用完后关闭该工作站。在某工作站上输出图形是通过遍历指定结构并解释它的结构元素来实现的。

3.7 OpenGL 系统及其应用开发

OpenGL 的英文全称是 Open Graphics Library，即开放的图形库。对用户而言，OpenGL就是一个图形函数库(或称为图形应用编程接口(API)，有 200 多个函数)，可编程调用。

OpenGL 的前身是美国 SGI 公司(Silicon Graphics Internationl，硅图国际公司，著名的图形软硬件制造商，代表产品为图形工作站和服务器)为其图形工作站开发的 IRIS GL。IRIS GL 是一个工业标准的 3D 图形软件接口，功能虽然强大但是移植性不好，于是 SGI 公司便在 IRIS GL 的基础上开发了 OpenGL，并于 1992 年 7 月发布了 OpenGL 1.0 版，之后成为工业标准，并由 SGI 发起的 OpenGL 联盟 ARB(Architecture Review Board，体系结构评审委员会)及其继承者 Khronos Group 不断更新版本，2013 年 7 月 23 日发布了 OpenGL 4.4 版。目前 SGI、Intel、IBM、NVIDIA、Microsoft、Apple、SUN、HP、DEC、3Dlabs 等各软硬件厂商均在自己的系统上实现了 OpenGL。现在，OpenGL 可以运行在各种硬件平台和 Windows、Linux、Unix、Mac OS 等各种流行操作系统之上，C、C＋＋、Pascal、Fortran、JAVA 等编程语言都可以调用 OpenGL 中的库函数。

鉴于 OpenGL 可独立于操作系统和硬件环境，并具有很好的开放性、开发性和可移植性，能在多种操作系统和微机、工作站等多种硬件平台上使用，主流编程语言也支持 OpenGL 调用，加之 Microsoft 公司在其 Windows 系统中提供了 OpenGL 标准及 OpenGL 三维图形加速卡，因此，OpenGL 是目前最主要的二维和三维交互式图形应用程序开发环境，已被广泛应用于虚拟现实、游戏动画、数字影像处理、CAD/CAE/CAM 等领域，成为大家公认的高性能图形和交互式视景处理的工业标准。以 OpenGL 为平台开发的应用系统很多，著名的有动画制作软件 SoftImage 3D 和 3D Studio MAX、仿真软件 Open Inventor、VR 软件 World Tool Kit、CAD 软件 Pro/Engineer(升级版 Creo)、GIS 软件 ARC/INFO 等。

3.7.1 OpenGL 的功能

OpenGL 的图形功能较全，包括几何建模、图形变换、渲染(颜色设置、光照和材质设置、消隐处理、纹理映射)、管理位图和图像增强、双缓存动画、交互技术等。

1. 几何建模

利用点、线、多边形等图元可以建立二维或三维几何模型，可以指定几何对象的属性，如点的大小、线的宽度、多边形的填充模式(填色、填定义的位图图案)；还提供了复杂的三维物体(球、锥、多面体、茶壶等)以及复杂曲线和曲面(如 Bézier、NURBS 等曲线或曲面)的绘制函数，但无实体造型功能。

2. 图形变换

图形变换包括平移、旋转、缩放、镜像等几何变换(模型变换)和由正交投影(正平行投影)、透视投影形成的投影变换以及取景变换、视口变换。

3. 颜色设置

OpenGL 可设置几何模型的颜色，它有两种设置颜色的模式：直接指定三原色分量的 RGB 或 RGBA(A 指 Alpha 值，该值与透明度有关)模式和颜色索引模式。

4. 光照和材质设置

OpenGL 中的光线有辐射光(Emitted Light，针对自发光物体)、环境光(Ambient Light)、漫反射光(Diffuse Light)和镜面光(Specular Light)。光源有点光源、平行光源和聚光灯(若表示光源方向的齐次坐标最后一项为 1，则表示点光源或聚光灯；若为 0，则表示平行光源)。材质用光反射率表示。场景(scene)中物体最终反映到人眼的颜色是照射光的红、绿、蓝分量的反射率与材质红、绿、蓝分量的反射率相乘后形成的颜色。

5. 消隐处理

OpenGL 采用 Z 缓冲区(深度缓冲区)等隐藏面消除算法进行消隐，得到着色(包括灰度)图。OpenGL 不能直接产生消除隐藏线后的轮廓线图。若需此类图，用户需要采用一定的技巧进行处理(如填白色按照面绘制一遍，再按轮廓线绘制一遍)，或用隐藏线消除算法另行处理。

6. 纹理映射

纹理映射在软件中称为贴图，可实现材质贴图、图案贴图、文字贴图等。纹理映射功能可以十分逼真地表达物体表面的细节。

7. 管理位图和图像增强

管理位图包括图像的读取、保存、缩放等。图像操作除了基本的拷贝和像素读写外，还提供融合(Blending)、反走样(Antialiasing)和雾化(Fog)的特殊图像效果处理。这三种处理方式可使被仿真物更具真实感，增强图形显示的效果。

8. 双缓存动画

OpenGL 采用了双缓存技术，其显示帧缓存分为前台和后台，后台缓存计算场景、生成画面，前台缓存显示后台缓存已画好的画面，循环反复地工作，产生出平滑的动画。

9. 交互技术

OpenGL 支持鼠标、键盘等设备人机交互修改场景中的参数，从而影响和控制绘制结果。

另外，利用 OpenGL 还能实现深度暗示(Depth Cue)、运动模糊(Motion Blur)等特殊效果。

3.7.2　OpenGL 开发库的组成

OpenGL 的库分为核心库(库前缀 gl)、实用库(glu)、辅助库(glaux)、实用工具库(glut)、窗口库(glx、wgl)和扩展函数库等。其中，gl 是核心，glu 是对 gl 的部分封装，glut

是面向跨操作系统平台的 OpenGL 程序的工具包，比 glaux 功能强大；glx、wgl 是针对不同窗口系统的扩展库(glx 是针对 Unix/Linux 平台的扩展库，wgl 是针对 Windows 平台的扩展库)。扩展函数库是硬件厂商为实现硬件更新而利用 OpenGL 的扩展机制开发的函数库。

Windows 下的 OpenGL 组件有 2 种，一种是 SGI 公司提供的，一种是 Microsoft 公司提供的。两者没有太大区别，都是由以下 3 大部分组成的：

(1) 函数的说明文件(头文件)：包括 gl. h、glu. h、glut. h、glaux. h。

(2) 静态链接库文件：包括 glu32. lib、glut32. lib、glaux. lib 和 opengl32. lib，不推荐使用。

(3) 动态链接库文件：包括 glu. dll、glut. dll、glu32. dll(实用库)、glut32. dll(实用工具库)和 opengl32. dll(核心库)，常用后 3 个。

静态链接库和动态链接库的区别在于，使用静态链接库生成的执行文件会包含库函数代码，而使用动态链接库生成的执行文件只包含库函数调用信息，并不会包含库函数代码。这样一来，前者生成的执行程序字节数会多、库函数更新时需要重新链接，但执行程序运行时不需要链接库；后者生成的执行程序字节数会少、库函数更新时不需要重新链接，但执行程序运行时需要链接库。现在程序开发都使用动态链接库。

1. OpenGL 函数的格式

所有的 OpenGL 函数都采用以下格式：

〈库前缀〉〈根命令〉[参数个数][参数类型]([参数],…)

库前缀有 gl、glu、aux、glut、wgl、glx 等，分别表示该函数属于 OpenGL 哪个开发库；根命令如 Vertex、Color 等，指定函数要完成的功能；中括号表示可选项；根命令名后面是参数个数以及参数的类型，也可以没有参数。参数类型中，i 代表 int 型，f 代表 float 型(单精度浮点型)，d 代表 double 型(双精度浮点型)，u 代表无符号整型，b 代表字节型，v 代表向量型(含多个分量)，char 代表字符型，bool 代表布尔型。

例如，glVertex3fv()表示了该函数属于 gl 库，参数是含 3 个 float 型分量的向量，常用 glVertex * ()来表示这一类函数。

2. OpenGL 核心库

核心库函数名的前缀为 gl，这部分函数用于常规的、核心的图形处理。核心库中的函数主要分为以下几类：

(1) 绘制基本图元的函数：如绘制图元的函数 glBegin(〈图元类型〉)、glEnd()、glNormal * (〈法向量〉)、glVertex * (〈顶点〉)。

glNormal * ()函数用来设置当前顶点的法线矢量值，法线矢量的作用在于定义面的正面，其后的 glVertex * ()函数调用的顶点被赋值成该法线矢量。在 OpenGL 中，所有几何体最终都被描述为一个有序的顶点集合。指定顶点用函数 glVertex * ()，对函数 glVertex * ()的调用只能在 glBegin()和 glEnd()之间进行。

(2) 矩阵操作、几何变换和投影变换的函数：OpenGL 中的图形变换用矩阵表示。相关函数有矩阵入栈函数 glPushMatrix()，矩阵出栈函数 glPopMatrix()，装载矩阵函数 glLoadMatrix()，矩阵相乘函数 glMultMatrix()，当前矩阵函数 glMatrixMode()，矩阵标

准化函数 glLoadIdentity()，几何变换函数 glTranslate * ()、glRotate * ()和 glScale * ()，投影变换函数 glOrtho()、glFrustum()（设视景体）和视口变换函数 glViewport()（设视区）等。

（3）颜色、光照和材质的函数：如设置颜色模式的函数 glColor * ()、glIndex * ()，设置光照效果的函数 glLight * ()、glLightModel * ()，着色函数 glShadeModel()和设置材质效果的函数 glMaterial()等。

glShadeModel(GL_FLAT)用于平面着色处理，即用单一颜色去填充一个多边形，优点是处理速度快，缺点是不真实；glShadeModel(GL_SMOOTH) 用于光滑明暗着色处理，多边形内点的颜色由顶点的颜色经双线性插值得到，颜色过渡平滑，但处理速度较慢。

（4）显示列表函数：主要有创建、结束、生成、调用和删除显示列表的函数 glNewList()、glEndList()、glGenLists()、glCallList()和 glDeleteLists()。

OpenGL 显示列表(Display List)是由一组预先存储起来的留待以后调用的 OpenGL 函数语句组成的，当调用显示列表时就依次执行表中所列出的函数语句。显示列表可以在任何地方被调用，并按顺序立即执行。OpenGL 显示列表被设计成命令高速缓存，而不是动态数据库缓存，因而能优化程序运行性能，从而加快处理速度。显示列表主要用于大量的数据处理和较为复杂的计算(如矩阵运算)。

（5）纹理映射函数：主要有一维纹理函数 glTexImage1D()和二维纹理函数 glTexImage2D()，设置纹理参数、纹理环境和纹理坐标的函数 glTexParameter * ()、glTexEnv * ()和 glTetCoord * ()等。

（6）特殊效果函数：如融合函数 glBlendFunc()、反走样函数 glHint()和雾化效果函数 glFog * ()。

（7）光栅化、像素操作函数：如像素位置 glRasterPos * ()、线型宽度 glLineWidth()、多边形绘制模式 glPolygonMode()、读取像素 glReadPixel()、复制像素 glCopyPixel()等。

（8）选择与反馈函数：主要有渲染模式 glRenderMode()、选择缓冲区 glSelectBuffer()和反馈缓冲区 glFeedbackBuffer()等。

（9）曲线与曲面的绘制函数：生成曲线或曲面的函数 glMap * ()、glMapGrid * ()，求值器的函数 glEvalCoord * ()、glEvalMesh * ()。

（10）状态设置与查询函数：主要有 glGet * ()、glEnable()、glGetError()等。

OpenGL 的工作方式是一种状态机制(AutoCAD 也是)，可以进行各种状态或模式设置，这些状态或模式在重新改变之前一直有效。在 OpenGL 中，大多数状态变量可以用函数 glEnable()来打开(有效)，用函数 glDisable()来关闭(无效)。

3. OpenGL 实用库

实用库函数名的前缀为 glu。OpenGL 提供了为数不多的基本绘图命令，所有较复杂的绘图都必须从点、线、面开始。glu 为了减轻繁重的编程工作，封装了 OpenGL 函数，glu 函数通过调用核心库的函数，为开发者提供相对简单的用法，实现一些较为复杂的操作。OpenGL 中的核心库和实用库可以在所有的 OpenGL 平台上运行，主要包括以下几类函数：

（1）辅助纹理贴图函数：有 gluScaleImage()、gluBuild1Dmipmaps()、gluBuild2Dmipmaps()。

(2) 坐标转换和投影变换函数：定义投影方式函数 gluPerspective()(透视投影)、gluOrtho2D()、gluLookAt()，拾取投影视景体函数 gluPickMatrix()，投影矩阵计算 gluProject()和 gluUnProject()等。

(3) 多边形分格化工具：有 gluNewTess()、gluTessCallback()、gluTessProperty()、gluTessBeginPolygon()、gluTessBeginContour()、gluTessVertex()、gluTessEndContour()、gluTessEndPolygon()、gluDeleteTess()等。OpenGL 的填色区域要求为凸多边形，不满足时可用多边形分格化工具实现填充(如针对凹多边形、带内环多边形、自相交多边形，通过制定环绕规则或包括 CSG 布尔运算来实现那些区域填充)。

(4) 二次曲面绘制工具：主要有绘制球面、锥面、柱面、圆环面的 gluNewQuadric()、gluSphere()、gluCylinder()、gluDisk()、gluPartialDisk()、gluDeleteQuadric()等。

(5) 非均匀有理 B 样条绘制工具：主要用来定义和绘制 NURBS 曲线和曲面，包括 gluNewNurbsRenderer()、gluNurbsCurve()、gluBeginSurface()、gluEndSurface()、gluBeginCurve()、gluNurbsProperty()等函数。

(6) 错误反馈工具：获取出错信息的字符串函数 gluErrorString()等。

4. OpenGL 辅助库

辅助库函数名的前缀为 aux。这部分函数可提供窗口管理、输入输出处理功能以及绘制一些简单三维物体。OpenGL 中的辅助库不能在所有的 OpenGL 平台上运行。辅助库函数主要包括以下几类：

(1) 窗口初始化和退出函数：auxInitDisplayMode()和 auxInitPosition()。

(2) 窗口处理和时间输入函数：auxReshapeFunc()、auxKeyFunc()和 auxMouseFunc()。

(3) 颜色索引装入函数：auxSetOneColor()。

(4) 三维物体绘制函数：能以线框体或实心体(指由表面围成的几何体)方式绘制三维物体，如绘制立方体的 auxWireCube()和 auxSolidCube()。以线框体为例，有长方体 auxWireBox()、圆环 auxWireTorus()、圆柱 auxWireCylinder()、二十面体 auxWireIcosahedron()、八面体 auxWireOctahedron()、四面体 auxWire Tetrahedron()、十二面体 auxWireDodecahedron()、圆锥体 auxWireCone()和茶壶 auxWireTeapot()。

(5) 背景过程管理函数 auxIdleFunc()。

(6) 程序运行函数 auxMainLoop()。

5. OpenGL 实用工具库

实用工具库函数名的前缀为 glut。glut 是不依赖窗口平台(操作系统)的 OpenGL 工具包，目的是隐藏不同窗口平台 API 的复杂度，它们作为 aux 库功能更强的替代品，可提供更为复杂的绘制功能。glut 函数主要包括以下几类：

(1) 窗口操作函数：包括窗口初始化、窗口大小、窗口位置等函数 glutInit()、glutInitDisplayMode()、glutInitWindowSize()、glutInitWindowPosition()等。

(2) 回调函数：包括响应刷新消息、键盘消息、鼠标消息、定时器等函数 GlutDisplayFunc()、glutPostRedisplay()、glutReshapeFunc()、glutTimerFunc()、glutKeyboardFunc()、glutMouseFunc()。

(3) 创建复杂的三维物体：这和 aux 库的函数功能相同，主要是创建线框体和实心体，

如 glutSolidSphere()、glutWireSphere()等，此处不再叙述。

(4) 菜单函数：创建添加菜单的函数 GlutCreateMenu()、glutSetMenu()、glutAddMenuEntry()、glutAddSubMenu() 和 glutAttachMenu()。

(5) 程序运行函数 glutMainLoop()。

6. Windows 专用库

这是针对 Windows 平台的扩展库，函数名前缀为 wgl。这部分函数主要用于连接 OpenGL 和 Windows ，以弥补 OpenGL 在文本方面的不足。Windows 专用库只能用于 Windows 环境中。这类函数主要包括以下几类：

(1) 绘图上下文相关函数：wglCreateContext()、wglDeleteContext()、wglGetCurrentContent()、wglGetCurrentDC()、wglDeleteContent()等。

(2) 文字和文本处理函数：wglUseFontBitmaps()、wglUseFontOutlines()。

(3) 覆盖层、主平面层处理函数：wglCopyContext()、wglCreateLayerPlane()、wglDescribeLayerPlane()、wglReakizeLayerPlatte()等。

(4) 其他函数：wglShareLists()、wglGetProcAddress()等。

7. OpenGL 中的常量和特殊标识符

OpenGL 函数中的参数可以为常量，采用“GL_+大写字母”的方式定义常量，中间用下画线作单词间的分隔符。表 3.1 和图 3.16 是常用图元绘制所用的常量，其他图元绘制常量参见图 3.17。

表 3.1　常用图元所用常量的名称及其含义

常量名称	含　义
GL_POINTS	绘制一个或多个独立的点，如图 3.16(a)所示
GL_LINES	绘制一个或多个独立的直线段，一对顶点组成一直线段，如图 3.16(b)所示
GL_TRIANGLES	绘制一个或多个独立的三角形，每三个顶点组成一个三角形，如图 3.16(c)所示
GL_QUADS	绘制一个或多个独立的四边形，每四个顶点组成一个四边形，如图 3.16(d)所示

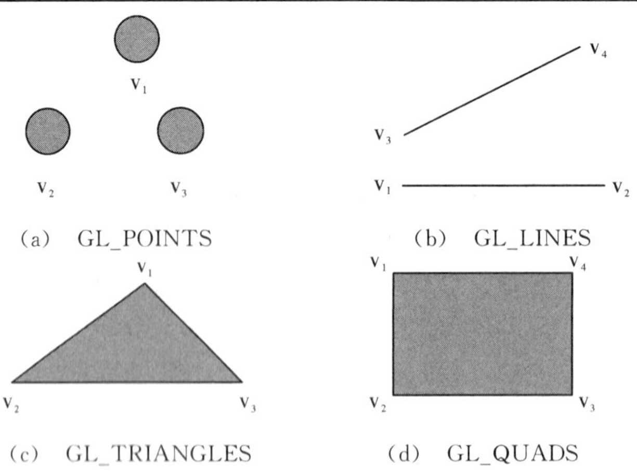

图 3.16　OpenGL 中常用图元对应的常量

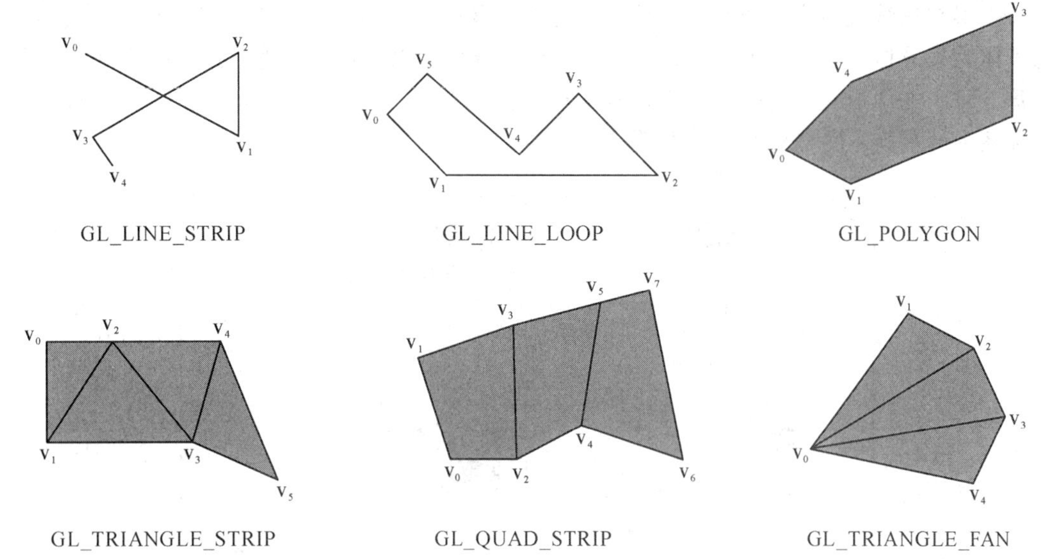

图 3.17　OpenGL 中其他图元对应的常量

OpenGL 还定义了一些特殊标识符，如 GLfloat 和 GLvoid，其意义等同于 C 语言中的 float 和 void。

3.7.3　OpenGL 绘图的基本步骤

OpenGL 绘图包括五个基本操作步骤。

1）设置像素格式

设置像素格式即为建立绘图环境。像素格式是 OpenGL 窗口的重要属性，像素格式规定 OpenGL 进行图形处理的绘制风格（如是否使用双缓存 DUBBLEBUFFER）、颜色模式（RGB 还是 RGBA）、颜色位数（如 24 位）、深度位数（如 32 位）等。

像素格式设置是渲染上下文 RC（Render Context）的主要内容。RC 又称渲染描述表，类似于 Windows 中使用 GDI（Graphics Device Interface）绘图时必须指定设备上下文 DC（Device Context，又称设备描述表，用于指定笔、刷和字体等）。

2）利用图元函数绘制对象模型

这一步骤的主要任务就是根据基本图元建立景物的三维模型（二维图形可看作三维的特殊情况），并对其进行数学描述。

3）建立投影观察体系

把几何对象放置在三维空间的适当位置，并设置正交投影图或透视图，对物体进行投影观察。OpenGL 中三维图形的显示流程如图 3.18 所示。

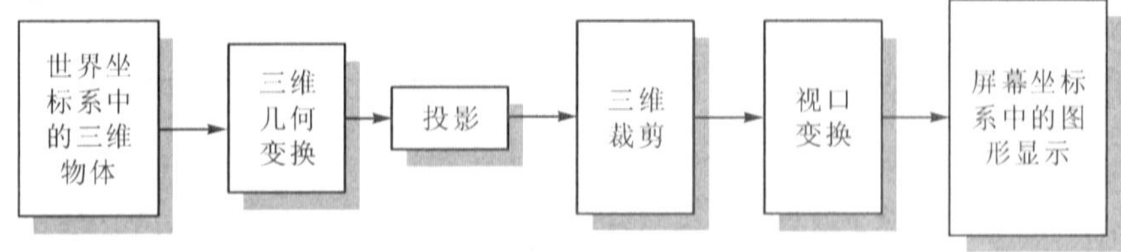

图 3.18　OpenGL 中三维图形的显示流程

投影与三维裁剪密不可分，裁剪空间为 OpenGL 的视景体。正交投影(正平行投影)的视景体为长方体，透视投影的视景体为四棱台，视口变换(窗口到视区的坐标变换)即可得屏幕上显示的图形。此过程可以用相机照相类比，如图 3.19 所示。其中，视点变换即观察坐标系中的变换，模型变换即平移等几何变换。

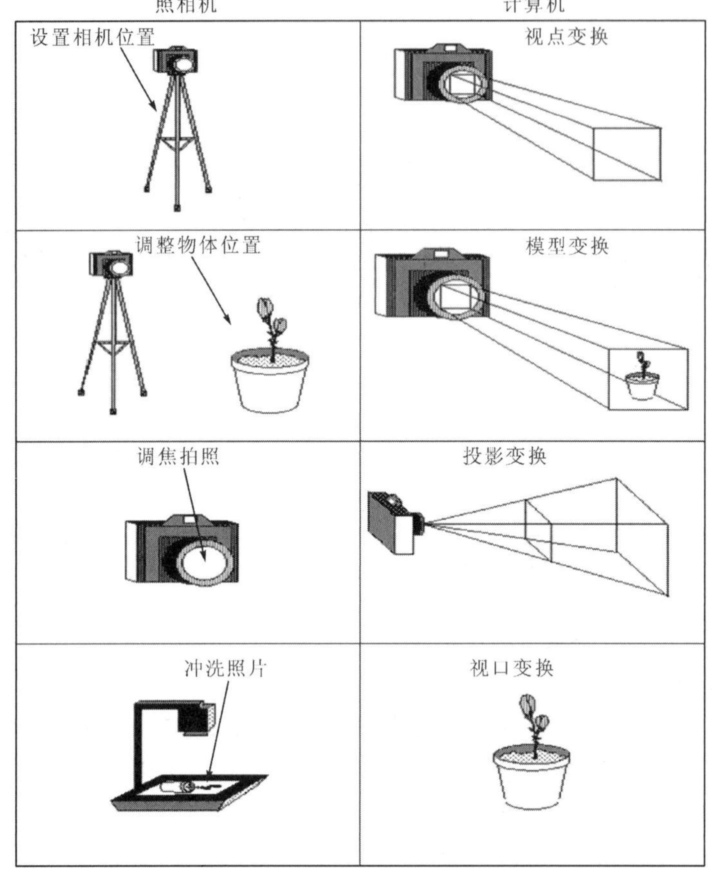

图 3.19　OpenGL 中三维图形显示的相机类比

正交投影视景体、透视投影视景体的定义分别如图 3.20、图 3.21 所示。

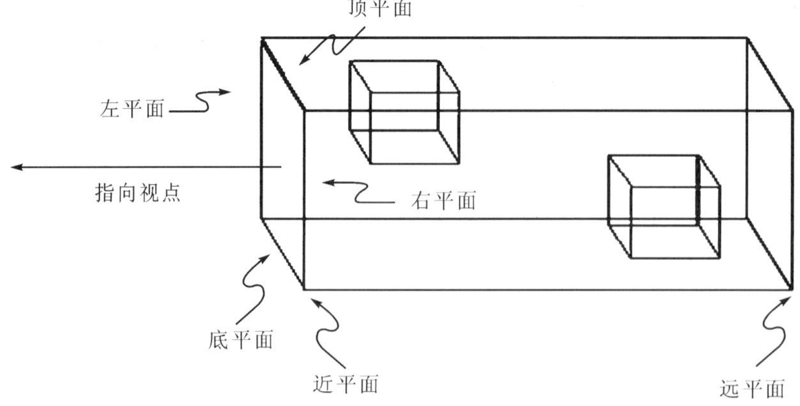

图 3.20　正交投影视景体(长方体)

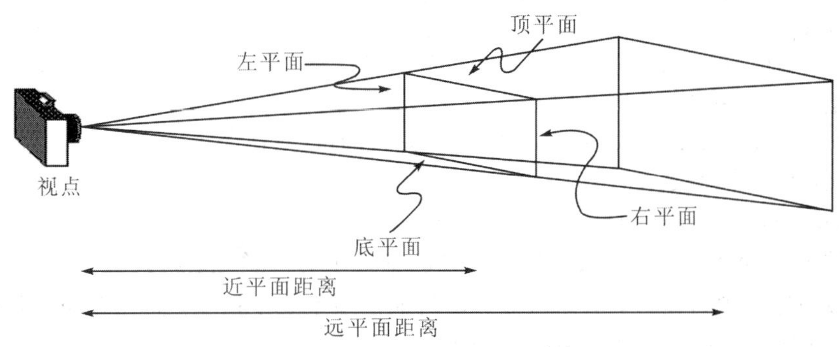

图 3.21　透视投影视景体(四棱台)

4) 设置颜色、材质及光照

通过设置物体的材质，颜色，反射、折射等光学特性，纹理映射方式等，加入光照条件，可以增强图形的视觉效果。

5) 光栅化图形

经过前几步处理的景物模型经光照仿真计算、消隐处理等可得到表面颜色信息，再转化成可在计算机屏幕上显示的像素信息加以显示，即可得到最终需要的图形。

3.7.4　VC 环境下进行 OpenGL 编程的步骤

VC++ 6.0 开发环境下的编程是以事件驱动为基础的，为了编写出与 Windows 紧密结合的图形软件，必须熟悉事件及其处理机制——Windows 的消息通讯机制。在 VC++ 6.0 开发环境下进行 OpenGL 编程，就是要把 OpenGL 命令函数融入到 VC++ 6.0 程序的事件机制中，使之与程序的其他部分结合成一个整体。

使用 VC++ 6.0 编写 OpenGL 程序的基本步骤如下：

(1) 拷贝 OpenGL 的开发组件。将 OpenGL 开发组件中后缀为".h"的函数说明文件、后缀为".lib"的静态链接库文件和后缀为".dll"的动态链接库文件分别拷贝到 Visual C++ 6.0 或操作系统的相应文件夹(如 system32)中。

(2) 利用 MFC AppWizard 建立一个单文档应用程序框架，即得到初步的软件运行界面。

(3) 打开资源编辑器对程序界面上的菜单、对话框资源进行必要的修改。

(4) 在程序中包含 OpenGL 的头文件和库函数文件。在视图类 C_View 的头文件 View.h 中，包含有关 OpenGL 的头文件，例如：

```
#include    "gl\gl.h"
#include    "gl\glu.h"
```

其中 gl.h 是 OpenGL 必不可少的，glu.h 表示要用到 OpenGL 实用库函数。

(5) 利用 ClassWizard 进行 OpenGL 所必须的初始化工作及 OpenGL 绘图。OpenGL 的初始化工作包括设置像素格式、管理着色描述表以及建立 OpenGL 投影观察体系等工作。像素格式的设置规定了 OpenGL 对象进行操作的基本方式。着色描述表指明 Windows 进行图形显示的基本属性，其主要过程如下：

① 获得 Windows 设备描述表 DC，将其与事先设置好的 OpenGL 绘制描述表联系起来。设置像素格式与产生 RC 的代码如下：

```
m_pDC=pDC;
SetupPixelFormat();
//生成绘制描述表
m_hRC=::wglCreateContext(m_pDC->GetSafeHdc());
//设置当前绘制描述表
::wglMakeCurrent(m_pDC->GetSafeHdc(), m_hRC);
```

② 设置坐标变换方式。每次窗口创建或改变大小时，都要重新设置视口的大小，需要在 OnSize()中进行视口设置，从而保证显示对象模型不发生扭曲。而投影变换和视点变换、模型变换的初始设置也可以放在里面进行。

③ 绘图显示。完成上面的步骤后，就可以利用 OpenGL 进行绘图操作了。在函数 OnDraw()中调用用户相应的绘图显示函数，在该函数中完成图形的渲染。

(6) 根据用户对程序的功能要求，利用 VC++6.0 中的各种编辑工具给视图类 C_View或其他类添加具有相应功能的成员函数，以及进行相应的事件处理。

(7) 程序结束时释放资源。响应 WM_DESTROY 消息，在函数 OnDestroy()中调用 wglDeleteContext()函数来删除绘制描述表。

(8) 利用 VC++6.0 的编译工具进行程序的编译、链接及维护等工作。

3.7.5 OpenGL 编程示例

1. 建立三棱柱模型

参见图 3.22，此例有两个目的：一是展示如何建立三维几何模型，二是展示如何给物体表面着色。用户通过给面的顶点定义不同的颜色，利用 OpenGL 的双线性插值机制可得到面内点的颜色，从而实现表面着色。OpenGL 着色浓淡的依据是第 8 章的光照计算。

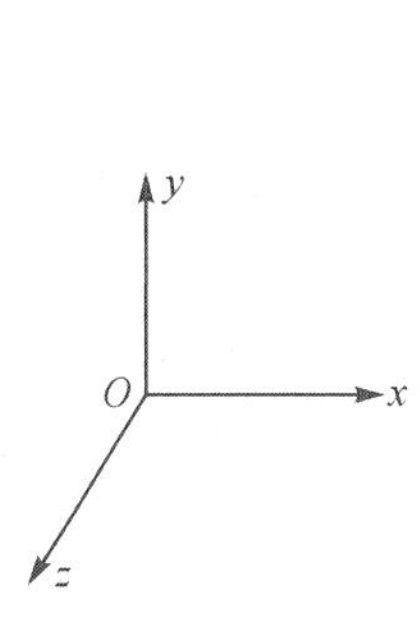

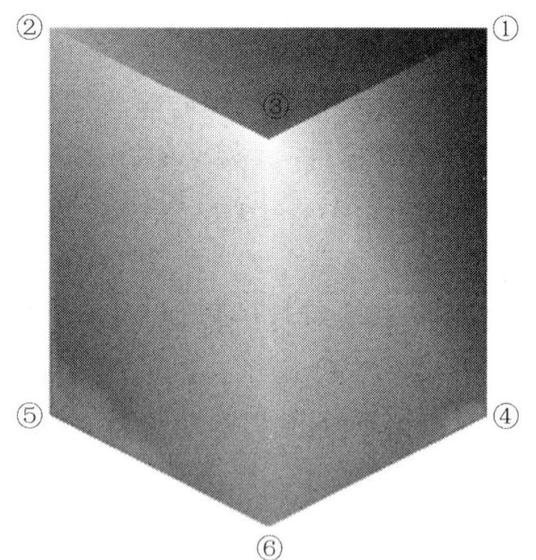

图 3.22　三棱柱模型

```
//添加 OpenGL 头文件
#include <gl/glut.h>
#include <stdlib.h>
void display()
{   glMatrixMode(GL_MODELVIEW);
    glClear(GL_COLOR_BUFFER_BIT);   //清除原来的颜色
```

```
    glLoadIdentity ();               //装载单位矩阵
    glPushMatrix();                  //将矩阵压入栈
    glScalef(10, 10, 10);            //平行投影时使用，图形显示比例
    GLfloat vtx[6][3]=               //二维数组，存放三棱柱顶点坐标
        {{0.5f, 0.5f, 0.0f},         //顶点①  每个顶点含三个坐标值，构成一个向量
        {-0.5f, 0.5f, 0.0f},         //顶点②
        {0.0f, 0.5f, 0.5f},          //顶点③
        {0.5f, -0.5f, 0.0f},         //顶点④
        {-0.5f, -0.5f, 0.0f},        //顶点⑤
        {0.0f, -0.5f, 0.5f}};        //顶点⑥
  GLfloat color[6][3] =              //二维数组，存放三棱柱顶点颜色(用 R、G、B 三个分量表示)
        {{0.0f, 0.0f, 1.0f},         //顶点① 蓝色   每个顶点颜色含 R、G、B 三个分量，构成一
                                       个向量
        {0.0f, 1.0f, 1.0f},          //顶点② 青色
        {1.0f, 1.0f, 1.0f},          //顶点③ 白色
        {1.0f, 0.0f, 1.0f},          //顶点④ 品红色
        {1.0f, 0.0f, 0.0f},          //顶点⑤ 红色
        {0.0f, 1.0f, 0.0f}};         //顶点⑥ 绿色
  GLfloat norm[5][3] =               //二维数组，三棱柱各面方向(用单位外法线矢量的三个分量表示)
        {{0.0f, 1.0f, 0.0f},         //顶面   每个面的单位外法线矢量含三个分量，构成一个向量
        {0.0f, -1.0f, 0.0f},         //底面
        {0.0f, 0.0f, -1.0f},         //背面
        {0.707f, 0.0f, 0.707f},      //右侧面
        {-0.707f, 0.0f, 0.707f}};    //左侧面
  glRotatef(30.0f, 1.0f, 0.0f, 0.0f);     //绕 x 轴正转 30 度(函数参数依次为转角和转轴矢
                                            量的三个分量)
  glBegin(GL_TRIANGLES);             //绘制顶面、底面的三角形
  glNormal3fv(norm[0]);              //顶面外法线矢量，顶点顺序①②③
  glColor3fv(color[0]);              //顶点①颜色
  glVertex3fv(vtx[0]);               //顶点①坐标
  glColor3fv(color[1]);
  glVertex3fv(vtx[1]);
  glColor3fv(color[2]);
  glVertex3fv(vtx[2]);
  glNormal3fv(norm[1]);              //底面外法线矢量，顶点顺序④⑥⑤
  glColor3fv(color[3]);
  glVertex3fv(vtx[3]);
  glColor3fv(color[5]);
  glVertex3fv(vtx[5]);
  glColor3fv(color[4]);
  glVertex3fv(vtx[4]);
  glEnd();
  glBegin(GL_QUADS);                 //绘制背面、右侧面、左侧面的四边形
```

```
glNormal3fv(norm[2]);          //背面外法线矢量，顶点顺序①④⑤②
glColor3fv(color[0]);
glVertex3fv(vtx[0]);
glColor3fv(color[3]);
glVertex3fv(vtx[3]);
glColor3fv(color[4]);
glVertex3fv(vtx[4]);
glColor3fv(color[1]);
glVertex3fv(vtx[1]);
glNormal3fv(norm[3]);  //右侧面外法线矢量，顶点顺序①③⑥④
glColor3fv(color[0]);
glVertex3fv(vtx[0]);
glColor3fv(color[2]);
glVertex3fv(vtx[2]);
glColor3fv(color[5]);
glVertex3fv(vtx[5]);
glColor3fv(color[3]);
glVertex3fv(vtx[3]);
glNormal3fv(norm[4]);  //左侧面外法线矢量，顶点顺序③②⑤⑥
glColor3fv(color[2]);
glVertex3fv(vtx[2]);
glColor3fv(color[1]);
glVertex3fv(vtx[1]);
glColor3fv(color[4]);
glVertex3fv(vtx[4]);
glColor3fv(color[5]);
glVertex3fv(vtx[5]);
glEnd();
glPopMatrix();
glFlush();                  //强制刷屏
}
void reshape(GLsizei cx, GLsizei cy)
{  //定义视口的大小等于窗体的大小
  glViewport(0, 0, cx, cy);
  glMatrixMode(GL_PROJECTION);
  glLoadIdentity();
  if (cx <= cy)
      glOrtho (-10, 10, -10 * (GLfloat)cy/(GLfloat)cx, 10 * (GLfloat)cy/(GLfloat)cx, -
  100, 100.0);
  else
      glOrtho (-10 * (GLfloat)cx/(GLfloat)cy, 10 * (GLfloat)cx/(GLfloat)cy, -10, 10,
  -100, 100.0);
  glMatrixMode(GL_MODELVIEW);
}
```

```
//初始化函数
void myinit()
{
  glClearColor(1.0, 1.0, 1.0, 1.0);      //指定窗口的清除色
}
void main()
{  //构造窗体
    glutInitDisplayMode(GLUT_SINGLE|GLUT_RGB);
    glutInitWindowSize(600, 450);
    glutInitWindowPosition(100, 100);
    glutCreateWindow("三棱柱");
    myinit();
    glutReshapeFunc(reshape);
    glutDisplayFunc(display);
    glutMainLoop();
}
```

2. 非凸多边形着色绘制

虽然在 OpenGL 中可以使用 glBegin(GL_POLYGON)来绘制多边形面片，但是它只能实现简单的凸多边形绘制。对于一些复杂的多边形，如凹多边形或者含有内环的多边形，OpenGL 所提供的 glBegin(GL_POLYGON)就不能满足需求了。若需要实现这种复杂多边形的绘制，需要将复杂多边形按 2.7 节分解为多个凸多边形或三角形。在 OpenGL 中，采用“分格化”的方法可以实现复杂多边形的着色绘制。

使用分格化方法绘制非凸多边形面的步骤如下：

(1) 用 gluNewTess()创建一个新的分格化对象。

(2) 用 gluTessCallback()注册回调函数，完成分格化的一些操作。

(3) 用 gluTessProperty()设置一些分格化的属性值，如环绕数和环绕规则，确定多边形的内部和外部。

(4) 用下述函数定义多边形：

```
gluTessBeginPolygon();              //开始画多边形
gluTessBeginContour(tessobj);       //开始设置多边形的
                                      边线 1(外环)
gluTessEndContour(tessobj);         //结束设置多边形边线 1
gluTessBeginContour(tessobj);       //若存在多边形边线 2,
                                      设置的边线 2(内环)
gluTessEndContour(tessobj);         //结束设置边线 2
gluTessEndPolygon();                //结束多边形绘制
```

(5) 用 gluDeleteTess()删除分格化对象。

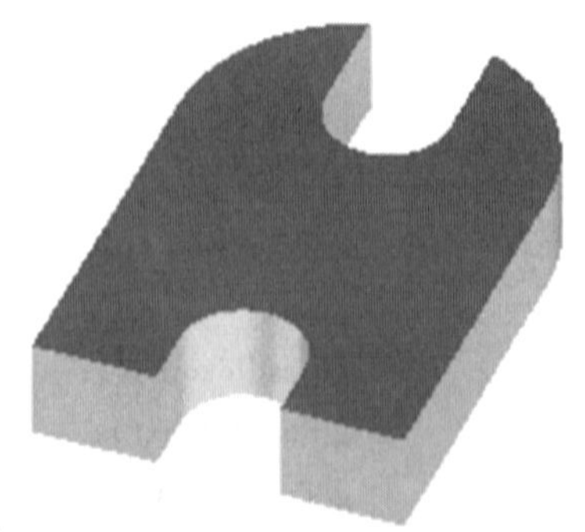
图 3.23　非凸多边形面的绘制

例如，绘制图 3.23，先将圆柱面离散为平面，这时立体上下底面均为凹多边形。在获得立体每个面的所有顶点序列后，绘制图 3.23 所示的着色立体的主要代码如下：

```
void drawGraphics(int type)
{  GLUtesselator * tessobj;
   tessobj=gluNewTess();
   //注册回调函数
   gluTessCallback(tessobj, GLU_TESS_VERTEX, (void(CALLBACK * )())vertexCallback);
   gluTessCallback(tessobj, GLU_TESS_BEGIN, (void(CALLBACK * )())beginCallback);
   gluTessCallback(tessobj, GLU_TESS_END, (void(CALLBACK * )())endCallback);
   gluTessCallback(tessobj, GLU_TESS_ERROR, (void(CALLBACK * )())errorCallback);
   gluTessBeginPolygon(tessobj, NULL);
   gluTessBeginContour(tessobj); //设置多边形的边线
   gluTessVertex(tessobj, g_vertex[i][j][k], g_vertex[i][j][k]);//描述顶点坐标的三维数组
   gluTessEndContour(tessobj);
   gluTessEndPolygon(tessobj);
   gluDeleteTess(tessobj);
}
```

3. 几何变换的运用

几何变换的运用代码如下：

```
include <GL/glut.h>
void init05 (void)
{  glClearColor (1.0, 1.0, 1.0, 0.0);
   glMatrixMode (GL_PROJECTION);
   gluOrtho2D (-5.0, 5.0, -5.0, 5.0); //设置显示的范围是 x 为-5.0～5.0, y 为-5.0～
                                        5.0
   glMatrixMode (GL_MODELVIEW);
}
void drawSquare(void)                   //绘制中心在原点，边长为 2 的正方形
{  glBegin (GL_POLYGON);
   glVertex2f (-1.0f, -1.0f);           //左下点
   glVertex2f (1.0f, -1.0f);            //右下点
   glVertex2f (1.0f, 1.0f);             //右上点
   glVertex2f (-1.0f, 1.0f);            //左上点
   glEnd ( );
}
void myDraw05 (void)
{  glClear (GL_COLOR_BUFFER_BIT);       //清空
   glLoadIdentity();                    //将当前矩阵设为单位矩阵
   glPushMatrix();
   glTranslatef(0.0f, 2.0f, 0.0f);
   glScalef(3.0, 0.5, 1.0);
   glColor3f (1.0, 0.0, 0.0);
   drawSquare();                        //上面红色矩形
```

```
    glPopMatrix();
    glPushMatrix();
    glTranslatef(-3.0, 0.0, 0.0);
    glPushMatrix();
    glRotatef(45.0, 0.0, 0.0, 1.0);
    glColor3f (0.0, 1.0, 0.0);
    drawSquare();                          //中间左菱形
    glPopMatrix();
    glTranslatef(3.0, 0.0, 0.0);
    glPushMatrix();
    glRotatef(45.0, 0.0, 0.0, 1.0);
    glColor3f (0.0, 0.7, 0.0);
    drawSquare();                          //中间中菱形
    glPopMatrix();
    glTranslatef(3.0, 0.0, 0.0);
    glPushMatrix();
    glRotatef(45.0, 0.0, 0.0, 1.0);
    glColor3f (0.0, 0.4, 0.0);
    drawSquare();                          //中间右菱形
    glPopMatrix();
    glPopMatrix();
    glTranslatef(0.0, -3.0, 0.0);
    glScalef(4.0, 1.5, 1.0);
    glColor3f (0.0, 0.0, 1.0);
    drawSquare();                          //下面蓝色矩形
    glFlush ( );
}
void main05 (int argc, char * argv[])
{   glutInit (&argc, argv);
    glutInitDisplayMode (GLUT_SINGLE | GLUT_RGB);
    glutInitWindowPosition (100, 100);
    glutInitWindowSize (600, 600);
    glutCreateWindow ("几何变换函数综合");
    init05();
    glutDisplayFunc (myDraw05);
    glutMainLoop ( );
}
```

4. 光照设置

光照设置的代码如下：

```
include <gl/glut.h>
#define WIDTH 400
```

```
#define HEIGHT 400
static GLfloat angle=0.0f;
void myDisplay15(void)
{   glClear(GL_COLOR_BUFFER_BIT | GL_DEPTH_BUFFER_BIT);
    // 创建透视效果视图
    glMatrixMode(GL_PROJECTION);
    glLoadIdentity();
    gluPerspective(90.0f, 1.0f, 1.0f, 20.0f);
    glMatrixMode(GL_MODELVIEW);
    glLoadIdentity();
    gluLookAt(0.0, 5.0, -10.0, 0.0, 0.0, 0.0, 0.0, 1.0, 0.0);
    // 定义太阳光源，它是一种白色的光源
    {   GLfloat sun_light_position[]={0.0f, 0.0f, 0.0f, 1.0f};
        GLfloat sun_light_ambient[]={0.0f, 0.0f, 0.0f, 1.0f};
        GLfloat sun_light_diffuse[]={1.0f, 1.0f, 1.0f, 1.0f};
        GLfloat sun_light_specular[]={1.0f, 1.0f, 1.0f, 1.0f};
        glLightfv(GL_LIGHT0, GL_POSITION, sun_light_position);
        glLightfv(GL_LIGHT0, GL_AMBIENT, sun_light_ambient);
        glLightfv(GL_LIGHT0, GL_DIFFUSE, sun_light_diffuse);
        glLightfv(GL_LIGHT0, GL_SPECULAR, sun_light_specular);
        glEnable(GL_LIGHT0);
        glEnable(GL_LIGHTING);
        glEnable(GL_DEPTH_TEST);
    }
    // 定义太阳的材质并绘制太阳
    {   GLfloat sun_mat_ambient[]={0.0f, 0.0f, 0.0f, 1.0f};
        GLfloat sun_mat_diffuse[]={0.0f, 0.0f, 0.0f, 1.0f};
        GLfloat sun_mat_specular[]={0.0f, 0.0f, 0.0f, 1.0f};
        GLfloat sun_mat_emission[]={0.5f, 0.0f, 0.0f, 1.0f};
        GLfloat sun_mat_shininess=0.0f;
        glMaterialfv(GL_FRONT, GL_AMBIENT, sun_mat_ambient);
        glMaterialfv(GL_FRONT, GL_DIFFUSE, sun_mat_diffuse);
        glMaterialfv(GL_FRONT, GL_SPECULAR, sun_mat_specular);
        glMaterialfv(GL_FRONT, GL_EMISSION, sun_mat_emission);
        glMaterialf (GL_FRONT, GL_SHININESS, sun_mat_shininess);
        glutSolidSphere(2.0, 40, 32);
    }
    // 定义地球的材质并绘制地球
    {   GLfloat earth_mat_ambient[]={0.0f, 0.0f, 0.5f, 1.0f};
        GLfloat earth_mat_diffuse[]={0.0f, 0.0f, 0.5f, 1.0f};
        GLfloat earth_mat_specular[]={0.0f, 0.0f, 1.0f, 1.0f};
        GLfloat earth_mat_emission[]={0.0f, 0.0f, 0.0f, 1.0f};
        GLfloat earth_mat_shininess=30.0f;
```

```
            glMaterialfv(GL_FRONT, GL_AMBIENT, earth_mat_ambient);
            glMaterialfv(GL_FRONT, GL_DIFFUSE, earth_mat_diffuse);
            glMaterialfv(GL_FRONT, GL_SPECULAR, earth_mat_specular);
            glMaterialfv(GL_FRONT, GL_EMISSION, earth_mat_emission);
            glMaterialf (GL_FRONT, GL_SHININESS, earth_mat_shininess);
            glRotatef(angle, 0.0f, -1.0f, 0.0f);
            glTranslatef(5.0f, 0.0f, 0.0f);
            glutSolidSphere(2.0, 40, 32);
        }
        glutSwapBuffers();
    }
    void myIdle15(void)
    {   angle += 1.0f;
        if( angle >= 360.0f )
        angle=0.0f;
        myDisplay15();
    }
    int main(int argc, char * argv[])
    {   glutInit(&argc, argv);
        glutInitDisplayMode(GLUT_RGBA | GLUT_DOUBLE);
        glutInitWindowPosition(200, 200);
        glutInitWindowSize(WIDTH, HEIGHT);
        glutCreateWindow("OpenGL 光照演示");
        glutDisplayFunc(&myDisplay15);
        glutIdleFunc(&myIdle15);
        glutMainLoop();
        return 0;
    }
```

5. 纹理实现

纹理实现的代码如下：

```
#include <GL/glut.h>
#include <stdlib.h>
#include <stdio.h>
#define stripeImageWidth 32
GLubyte stripeImage[4 * stripeImageWidth];
void makeStripeImage(void) //生成纹理
{   int j;
    for (j=0; j<stripeImageWidth; j++)
    {   stripeImage[4 * j+0]=(GLubyte) ((j<=4)? 255: 0);
        stripeImage[4 * j+1]=(GLubyte) ((j>4)? 255: 0);
        stripeImage[4 * j+2]=(GLubyte) 0;
        stripeImage[4 * j+3]=(GLubyte) 255;
```

```
    }
}
//平面纹理坐标生成
static GLfloat xequalzero[]={1.0, 1.0, 1.0, 1.0};
static GLfloat slanted[]={1.0, 1.0, 1.0, 0.0};
static GLfloat *currentCoeff;
static GLenum currentPlane;
static GLint currentGenMode;
static float roangles;
void init13(void)
{  glClearColor (1.0, 1.0, 1.0, 1.0);
   glEnable(GL_DEPTH_TEST);
   glShadeModel(GL_SMOOTH);
   makeStripeImage();
   glPixelStorei(GL_UNPACK_ALIGNMENT, 1);
   glTexParameteri(GL_TEXTURE_1D, GL_TEXTURE_WRAP_S, GL_REPEAT);
   glTexParameteri(GL_TEXTURE_1D, GL_TEXTURE_MAG_FILTER, GL_LINEAR);
   glTexParameteri(GL_TEXTURE_1D, GL_TEXTURE_MIN_FILTER, GL_LINEAR);
   glTexImage1D(GL_TEXTURE_1D, 0, 4, stripeImageWidth, 0,
   GL_RGBA, GL_UNSIGNED_BYTE, stripeImage);
   glTexEnvf(GL_TEXTURE_ENV, GL_TEXTURE_ENV_MODE, GL_MODULATE);
   currentCoeff=xequalzero;
   currentGenMode=GL_OBJECT_LINEAR;
   currentPlane=GL_OBJECT_PLANE;
   glTexGeni(GL_S, GL_TEXTURE_GEN_MODE, currentGenMode);
   glTexGenfv(GL_S, currentPlane, currentCoeff);
   glEnable(GL_TEXTURE_GEN_S);
   glEnable(GL_TEXTURE_1D);
   glEnable(GL_LIGHTING);
   glEnable(GL_LIGHT0);
   glEnable(GL_AUTO_NORMAL);
   glEnable(GL_NORMALIZE);
   glFrontFace(GL_CW);
   glMaterialf (GL_FRONT, GL_SHININESS, 64.0);
   roangles=45.0f;
}
void display13(void)
{  glClear(GL_COLOR_BUFFER_BIT | GL_DEPTH_BUFFER_BIT);
   glPushMatrix ();
   glRotatef(roangles, 0.0, 0.0, 1.0);
   glutSolidSphere(2.0, 32, 32 );
   glPopMatrix ();
```

```
    glFlush();
}
void reshape13(int w, inth)
{   glViewport(0, 0, (GLsizei) w, (GLsizei) h);
    glMatrixMode(GL_PROJECTION);
    glLoadIdentity();
    if (w <= h)
    glOrtho (-3.5, 3.5, -3.5 * (GLfloat)h/(GLfloat)w,
    3.5 * (GLfloat)h/(GLfloat)w, -3.5, 3.5);
    else
    glOrtho (-3.5 * (GLfloat)w/(GLfloat)h,
    3.5 * (GLfloat)w/(GLfloat)h, -3.5, 3.5, -3.5, 3.5);
    glMatrixMode(GL_MODELVIEW);
    glLoadIdentity();
}
void idle13()
{   roangles += 0.05f;
    glutPostRedisplay();
}
int main(int argc, char * * argv)
{   glutInit(&argc, argv);
    glutInitDisplayMode (GLUT_SINGLE | GLUT_RGB | GLUT_DEPTH);
    glutInitWindowSize(256, 256);
    glutInitWindowPosition(100, 100);
    glutCreateWindow (argv[0]);
    glutIdleFunc(idle13);
    init13 ();
    glutDisplayFunc(display13);
    glutReshapeFunc(reshape13);
    glutMainLoop();
    return 0;
}
```

6. 图形拾取操作

图形拾取操作的代码如下：

```
#include<GL/glut.h>
void SelectObject(GLint x, GLint y)
{   GLuint selectBuff[32]={0};//创建一个保存选择结果的数组
    GLint hits, viewport[4];
    glGetIntegerv(GL_VIEWPORT, viewport); //获得 viewport
    glSelectBuffer(64, selectBuff); //告诉 OpenGL 初始化  selectbuffer
    //进入选择模式
```

```
    glRenderMode(GL_SELECT);
    glInitNames();  //初始化名字栈
    glPushName(0);  //在名字栈中放入一个初始化名字，这里为0
    glMatrixMode(GL_PROJECTION);     //进入投影阶段准备拾取
    glPushMatrix();      //保存以前的投影矩阵
    glLoadIdentity();   //载入单位矩阵
    float m[16];
    glGetFloatv(GL_PROJECTION_MATRIX, m);  //监控当前的投影矩阵
    gluPickMatrix( x,   // 设定选择框的大小，建立拾取矩阵
    viewport[3]-y,      // viewport[3]保存的是窗口的高度，窗口坐标转换为OpenGL窗口坐
                           标系的坐标
    2, 2,                 //选择框的大小为2, 2
    viewport              //视口信息，包括视口的起始位置和大小
   );
   glGetFloatv(GL_PROJECTION_MATRIX, m);//查看当前的拾取矩阵
   //投影处理，并归一化处理
   glOrtho(-10, 10, -10, 10, -10, 10); //拾取矩阵乘以投影矩阵，让选择框放大为和视体
                                         一样大
   glGetFloatv(GL_PROJECTION_MATRIX, m);
   draw(GL_SELECT);     // 该函数中渲染物体，并且给物体设定名字
   glMatrixMode(GL_PROJECTION);
   glPopMatrix();  //返回正常的投影变换
   glGetFloatv(GL_PROJECTION_MATRIX, m);//即还原在选择操作之前的投影变换矩阵
   hits=glRenderMode(GL_RENDER); // 从选择模式返回正常模式，该函数返回选择到对象
                                    的个数
   if(hits > 0)
      processSelect(selectBuff); //选择结果处理
}
void draw(GLenum model=GL_RENDER)
{  if(model==GL_SELECT)
   {  glColor3f(1.0, 0.0, 0.0);
      glLoadName(100);  //第一个矩形命名
      glPushMatrix();
      glTranslatef(-5, 0.0, 10.0);
      glBegin(GL_QUADS);
         glVertex3f(-1, -1, 0);
         glVertex3f( 1, -1, 0);
         glVertex3f( 1, 1, 0);
         glVertex3f(-1, 1, 0);
     glEnd();
     glPopMatrix();
     glColor3f(0.0, 0.0, 1.0);
```

```
        glLoadName(101); //第二个矩形命名
        glPushMatrix();
        glTranslatef(5, 0.0, -10.0);
        glBegin(GL_QUADS);
            glVertex3f(-1, -1, 0);
            glVertex3f( 1, -1, 0);
            glVertex3f( 1, 1, 0);
            glVertex3f(-1, 1, 0);
        glEnd();
        glPopMatrix();
      }
      else //正常渲染
      {  glColor3f(1.0, 0.0, 0.0);
         glPushMatrix();
         glTranslatef(-5, 0.0, -5.0);
         glBegin(GL_QUADS);
            glVertex3f(-1, -1, 0);
            glVertex3f( 1, -1, 0);
            glVertex3f( 1, 1, 0);
            glVertex3f(-1, 1, 0);
         glEnd();
         glPopMatrix();
         glColor3f(0.0, 0.0, 1.0);
         glPushMatrix();
         glTranslatef(5, 0.0, -10.0);
         glBegin(GL_QUADS);
            glVertex3f(-1, -1, 0);
            glVertex3f( 1, -1, 0);
            glVertex3f( 1, 1, 0);
            glVertex3f(-1, 1, 0);
         glEnd();
         glPopMatrix();
      }
    }
```

7. 多视口设置

多视口设置的代码如下：

```
#pragma once
#include <gl/glut.h>
float g_RotAngle=0.5;
void TimerFunction(int value)
{  g_RotAngle += 1.0;
```

```
    if (g_RotAngle>=360)
    {
      g_RotAngle=0;
    }
    glutPostRedisplay();
    glutTimerFunc(10, TimerFunction, 1);
}
void display04()
{   glClear(GL_COLOR_BUFFER_BIT);
    glColor3f(1.0, 0.0, 0.0);
    //画分割线，分成四个视见区
    glViewport(0, 0, 800, 600);
    glBegin(GL_LINES);
        glVertex2f(-1.0, 0);
        glVertex2f(1.0, 0);
        glVertex2f(0.0, -1.0);
        glVertex2f(0.0, 1.0);
    glEnd();
    //定义在左下角的区域
    glColor3f(0.0, 1.0, 0.0);
    glViewport(0, 0, 400, 300);
    glPushMatrix();
    glRotatef(g_RotAngle, 0.0, 1.0, 0.0);
    glBegin(GL_POLYGON);
        glVertex2f(-0.5, -0.5);
        glVertex2f(-0.5, 0.5);
        glVertex2f(0.5, 0.5);
        glVertex2f(0.5, -0.5);
    glEnd();
    glPopMatrix();
    //定义在右上角的区域
    glColor3f(0.0, 0.0, 1.0);
    glViewport(400, 300, 400, 300);//一定要注意，后面这两个参数是高度和宽度，不是坐标
    glPushMatrix();
    glRotatef(-g_RotAngle, 0.0, 1.0, 0.0);
    glBegin(GL_POLYGON);
        glVertex2f(-0.5, -0.5);
        glVertex2f(-0.5, 0.5);
        glVertex2f(0.5, 0.5);
        glVertex2f(0.5, -0.5);
    glEnd();
    glPopMatrix();
```

```
    //定义在左上角的区域
    glColor3f(1.0, 0.0, 1.0);
    glViewport(0, 300, 400, 300);
    glPushMatrix();
    glRotatef(-2 * g_RotAngle, 0.0, 1.0, 0.0);
    glBegin(GL_POLYGON);
        glVertex2f(-0.5, -0.5);
        glVertex2f(-0.5, 0.5);
        glVertex2f(0.5, 0.5);
        glVertex2f(0.5, -0.5);
    glEnd();
    glPopMatrix();
    //定义在右下角的区域
    glColor3f(1.0, 1.0, 0.0);
    glViewport(400, 0, 400, 300);
    glPushMatrix();
    glRotatef(-3 * g_RotAngle, 0.0, 1.0, 0.0);
    glBegin(GL_POLYGON);
        glVertex2f(-0.5, -0.5);
        glVertex2f(-0.5, 0.5);
        glVertex2f(0.5, 0.5);
        glVertex2f(0.5, -0.5);
    glEnd();
    glPopMatrix();
    glFlush();
}
void init04()
{   glClearColor(0.0, 0.0, 0.0, 0.0);
    glColor3f(1.0, 1.0, 1.0);
    glMatrixMode(GL_PROJECTION);
    glLoadIdentity();
    //定义剪裁面
    gluOrtho2D(-1.0, 1.0, -1.0, 1.0);
}
int main04(int argc, char * * argv)
{   glutInit(&argc, argv);
    glutInitDisplayMode(GLUT_SINGLE | GLUT_RGB);
    glutInitWindowPosition(100, 100);
    glutInitWindowSize(800, 600);
    glutCreateWindow("OpenGL 多视口");
    glutDisplayFunc(display04);
    init04();
```

```
    glutTimerFunc(1, TimerFunction, 1);
    glutMainLoop();
    return 0;
}
```

习　题　3

1. 简述图形软件模块化设计的指标及其意义。

2. 什么是交互任务？它有哪些类型？

3. 论述直线段拾取的方法。

4. 在设计算法和数据结构的基础上，用C++编程实现交互拾取一个多边形。

5. 在设计算法和数据结构的基础上，用C++编程实现用橡皮筋技术画直线段，要求该直线段的端点可自动约束在离光标中心最近的已有图线的端点。

6. 简述用户接口的设计目标和设计原则。

7. 用户接口有哪几种风格？

8. 图形软件主界面的作用是什么？它包含哪些组成部分？

9. 模式对话框和非模式对话框的区别是什么？列出6种对话框组成元素。

10. 什么是图形软件标准？图形软件标准有哪些类型？列出3个面向图形软件应用的接口标准名称，列出3个面向图形系统和应用系统的数据交换接口名称。

11. 简述OpenGL的主要功能，说明其在建模和消隐方面有哪些不足？

12. 参照3.7.5节的程序，编程实现三棱柱的绘制。

13. 参照3.7.5节的程序，编程实现非凸多边形的着色绘制。

14. 参照3.7.5节的程序，编程实现图形的几何变换。

15. 参照3.7.5节的程序，编程实现图形的拾取操作。

16. 参照3.7.5节的程序，编程实现多视口设置。

第 4 章　图形变换与裁剪

图形与图形之间(2D-2D)、物体与物体之间(3D-3D)、物体与图形之间(3D-2D)、图形或物体在不同的坐标系之间(2D-2D、3D-3D)的相互转换称为图形变换。图形变换是计算机图形处理的关键技术之一。图形变换包括物体(图形)位置、方向、大小的改变或形状的几何变换(如平移、旋转、缩放、镜像、错切变换及其组合变换),产生物体视图的投影变换(如平行投影变换、透视投影变换)以及物体(图形)在两种坐标系下的坐标转换(如窗口到视区的坐标转换、局部坐标系与世界坐标系的坐标转换)。通常,图形变换只改变物体的位置、形状和大小,而不改变其拓扑结构。图形变换分为二维图形变换和三维图形变换。

图形变换总是与相关的坐标系紧密相连,从相对运动的观点来看,图形变换既可以看作是图形相对于坐标系的变动,即坐标系固定不动,图形改变,图形在坐标系中的坐标值发生变化;也可以看作是图形不动,坐标系相对于图形发生了变动,从而使得图形在新的坐标系下具有新的坐标值。前一种图形变换的几何意义更为明显,是图形变换讨论的重点。若把坐标系看作特殊的物体或图形,则后一种变换可转换为前一种变换。

由于曲面可以用平面逼近,曲线可以用直线段逼近,因此,不论二维图形还是三维图形,最终都可以用点集表示。于是,图形变换归结为点集的变换,图形变换的实质就是改变图形点集的坐标。

推导图形变换后坐标的数学方法有变换矩阵法、矢量代数法和解析几何法。利用变换矩阵法推导点集变换后的坐标直观、方便,是计算机图形学研究图形变换的主要方法。二维空间点可以用行矩阵$[x\ y]$或列矩阵$[x\ y]^{T}$表示,三维空间点也可以用行矩阵$[x\ y\ z]$或列矩阵$[x\ y\ z]^{T}$表示。这里一律采用行矩阵表示。

从整体图中取出局部图的变换称为裁剪。裁剪分为二维裁剪和三维裁剪。裁剪是观察图形必不可少的操作。

本章介绍二维、三维图形的几何变换,窗口到视区的坐标变换,二维、三维图形的裁剪,投影变换,局部坐标系与世界坐标系的坐标变换等内容。

课程思政:

解决一个图形问题的算法一般有多个,通过以时间复杂度和空间复杂度为度量来寻求最优算法,培养学生追求卓越的科学精神;在介绍直线段裁剪算法时,以我国著名图学专家梁友栋教授提出的"梁友栋—Basky算法"为事例,增强学生的科技自信和民族文化自信;在重点介绍编码裁剪算法时,通过将复杂位置情况转化为完全窗内和窗外同侧两种简单情况,巧妙地运用矛盾转化哲学思想解决问题;以编者发表在《图学学报》的成果"局部坐标系与世界坐标系的坐标变换"为案例,通过详细数学推导和分析,引导学生克服学习数学的畏难情绪,改变学生盲目崇拜的价值观念,培养学生探索、追求真理的科学精神。

4.1 二维图形的几何变换

4.1.1 点的变换与仿射变换

设二维图形上任一点 $P(x, y)$变换到另一位置 $P^*(x^*, y^*)$，则两点坐标之间一般有如下关系：

$$\begin{cases} x^* = ax + cy + l \\ y^* = bx + dy + m \end{cases}$$

即变换后的坐标 x^*、y^* 都是原始坐标 x、y 的线性函数(组合)，此坐标变换称为二维仿射变换。

仿射变换是线性变换，它具有保持相对比例、平行性的特点(平行线变换后仍为平行线)，因此，点、线段、面仿射变换后仍然分别是点、线段、面。

仿射变换是计算机图形学中最常用的变换，它是平移、旋转、比例、反射和错切等基本变换的组合，其中，系数 a、b、c、d、l、m 决定了这些基本变换的类型。

4.1.2 基本变换

1. 比例变换

比例变换就是将图形大幅度放大或缩小。比例变换通过对平面上任意一点的 x 坐标及 y 坐标分别乘以比例因子 a 和 d 来实现，即

$$\begin{cases} x^* = a \cdot x \\ y^* = d \cdot y \end{cases}$$

上式用矩阵运算表示为

$$[x^* \quad y^*] = [a \cdot x \quad d \cdot y] = [x \quad y] \cdot \begin{bmatrix} a & 0 \\ 0 & d \end{bmatrix}$$

其中，$\boldsymbol{T} = \begin{bmatrix} a & 0 \\ 0 & d \end{bmatrix}$为比例变换矩阵。

比例变换分为以下两种情况：

(1) 当 $a=d$ 时，点的 x、y 坐标按等比例放大或缩小，这种比例变换叫作等比变换(或相似变换)。如图 4.1(a)所示，$a=d=3$，变换前后的图形是以坐标原点为相似中心的相似形，变换后的四边形 $A^*B^*C^*D^*$ 离开了原来的位置，成比例地放大 3 倍(如 $OC^* = 3OC$)，因此这种变换是以原点为中心的相似变换。

(2) 当 $a \neq d$ 时，如图 4.1(b)所示，$a=2$，$d=1.5$，点的 x、y 坐标按不等比变换，圆变换后成为椭圆。

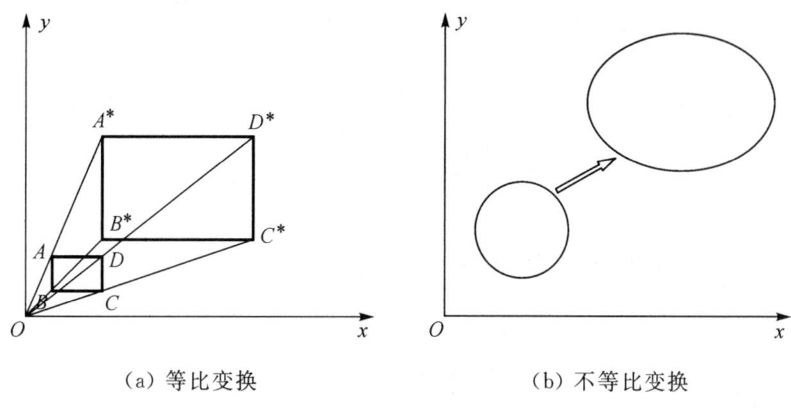

图 4.1　平面图形的比例变换

2. 旋转变换

平面上一点 $P(x, y)$ 绕原点逆时针旋转 θ 角后变为 $P^*(x^*, y^*)$，如图 4.2 所示。由几何关系可推出：

$$\begin{cases} x^* = OP^* \cos(\theta+\alpha) = OP\cos\alpha\cos\theta - OP\sin\alpha\sin\theta = x \cdot \cos\theta - y \cdot \sin\theta \\ y^* = OP^* \sin(\theta+\alpha) = OP\cos\alpha\sin\theta + OP\sin\alpha\cos\theta = x \cdot \sin\theta + y \cdot \cos\theta \end{cases}$$

上式用矩阵运算表示为

$$[x^* \quad y^*] = [x \cdot \cos\theta - y \cdot \sin\theta \quad x \cdot \sin\theta + y \cdot \cos\theta] = [x \quad y] \cdot \begin{bmatrix} \cos\theta & \sin\theta \\ -\sin\theta & \cos\theta \end{bmatrix}$$

因此，$\boldsymbol{T} = \begin{bmatrix} \cos\theta & \sin\theta \\ -\sin\theta & \cos\theta \end{bmatrix}$为旋转变换矩阵。规定逆时针方向旋转时，$\theta$ 角取正值；顺时针旋转时，θ 角取负值。

图 4.3 中的四边形 $A^*B^*C^*D^*$ 就是将原四边形 $ABCD$ 绕原点逆时针旋转 80°后的结果，图形绕原点旋转后形状不变。

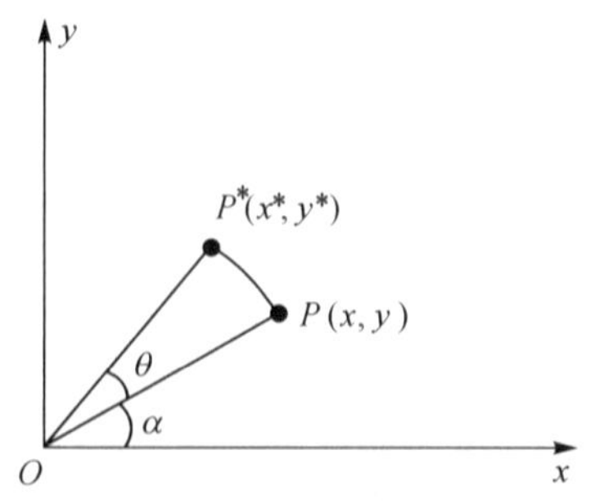

图 4.2　点 P 绕原点 O 旋转

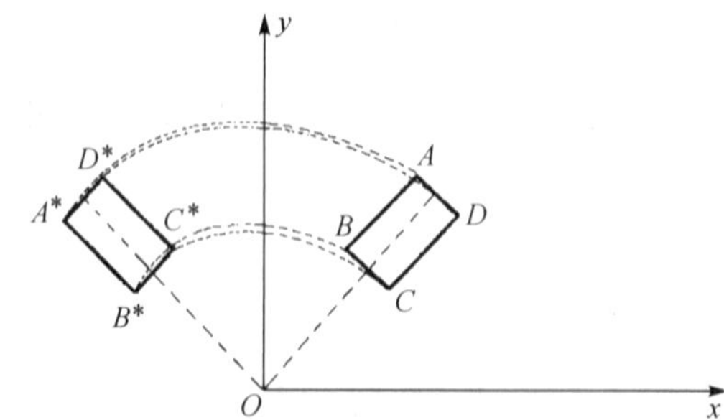

图 4.3　平面图形的旋转变换

3. 镜像(对称、反射)变换

变换后与变换前的图形相对于某一条线或原点对称的变换称为镜像变换。镜像变换可用于产生对称图。镜像变换有下面 3 种基本变换：

(1) x 轴镜像变换，如图 4.4(a)所示。点相对 x 轴镜像后，x 坐标值不变，y 坐标值反向，即

$$\begin{cases} x^* = x \\ y^* = -y \end{cases}$$

上式用矩阵运算表示为

$$[x^* \quad y^*] = [x \quad -y] = [x \quad y] \cdot \begin{bmatrix} 1 & 0 \\ 0 & -1 \end{bmatrix}$$

其中，$\boldsymbol{T} = \begin{bmatrix} 1 & 0 \\ 0 & -1 \end{bmatrix}$为 x 轴镜像变换矩阵。

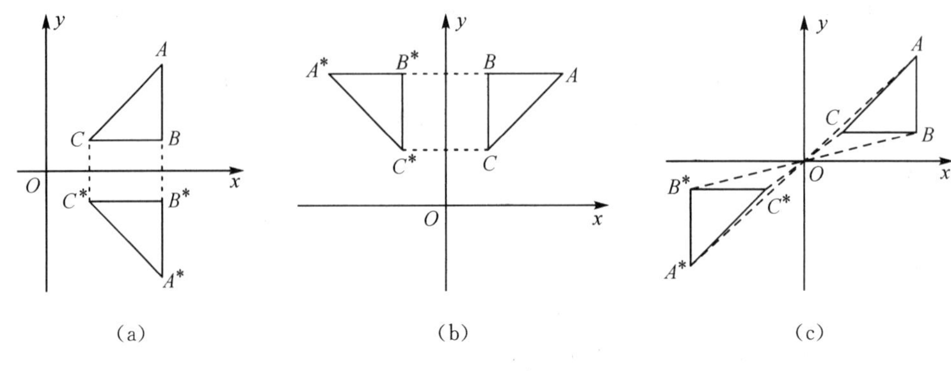

图 4.4　镜像变换

(2) y 轴镜像变换，如图 4.4(b)所示。点相对 y 轴镜像后，x 坐标值反向，y 坐标值不变，即

$$\begin{cases} x^* = -x \\ y^* = y \end{cases}$$

上式用矩阵运算表示为

$$[x^* \quad y^*] = [-x \quad y] = [x \quad y] \cdot \begin{bmatrix} -1 & 0 \\ 0 & 1 \end{bmatrix}$$

其中，$\boldsymbol{T} = \begin{bmatrix} -1 & 0 \\ 0 & 1 \end{bmatrix}$为 y 轴镜像变换矩阵。

(3) 原点镜像变换，如图 4.4(c)所示。点相对原点镜像后，x、y 坐标值均反向，即

$$\begin{cases} x^* = -x \\ y^* = -y \end{cases}$$

上式用矩阵运算表示为

$$[x^* \quad y^*] = [-x \quad -y] = [x \quad y] \cdot \begin{bmatrix} -1 & 0 \\ 0 & -1 \end{bmatrix}$$

其中，$\boldsymbol{T} = \begin{bmatrix} -1 & 0 \\ 0 & -1 \end{bmatrix}$为原点镜像变换矩阵。

4. 错切变换

错切变换就是图形各点沿某一坐标轴方向产生不等量的移动从而使图形变形的变换，如正方形可以错切成平行四边形。错切变换可用于产生变形图、斜体字等。错切变换分为沿 x 向错切变换和沿 y 向错切变换两种。

1）沿 x 向错切变换

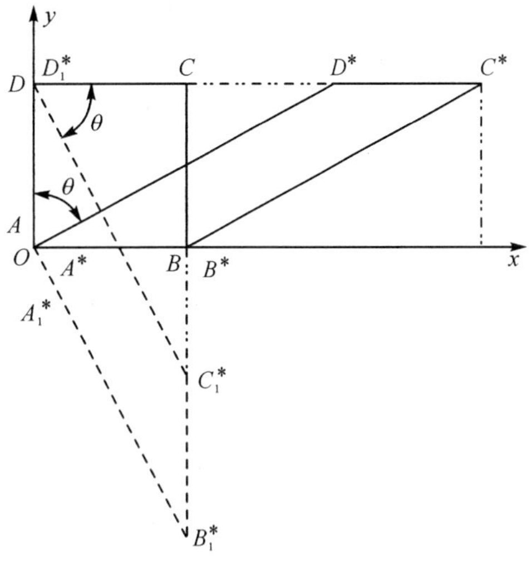

图 4.5　平面图形的错切变换

沿 x 向错切变换就是在 x 轴方向产生不等量的移动，而 y 坐标不变。图 4.5 中，使正方形 $ABCD$ 沿 x 轴方向错切成平行四边形 $A^*B^*C^*D^*$。错切后图形与 y 轴间有一错切角 θ（规定沿 x 轴正向错切 $\theta>0$，沿 x 轴负向错切 $\theta<0$），由图中几何关系可推出各点错切后的坐标为

$$\begin{cases} x^* = x + y \cdot \tan\theta = x + c \cdot y (c = \tan\theta) \\ y^* = y \end{cases}$$

上式用矩阵运算表示为

$$[x^* \quad y^*] = [x + c \cdot y \quad y] = [x \quad y] \cdot \begin{bmatrix} 1 & 0 \\ c & 1 \end{bmatrix}$$

其中，$\boldsymbol{T} = \begin{bmatrix} 1 & 0 \\ c & 1 \end{bmatrix}$为 x 向错切变换矩阵。

图 4.5 中的平行四边形 $A^*B^*C^*D^*$ 是由正方形 $ABCD$ 经变换矩阵 $\boldsymbol{T} = \begin{bmatrix} 1 & 0 \\ 2 & 1 \end{bmatrix}$错切而成的。显然，图形上平行于 y 轴的直线错切与 y 轴成 θ 角，而 $y=0$ 的点不动。

2）沿 y 向错切变换

沿 y 向错切变换就是在 y 轴方向产生不等量的移动，而 x 坐标值不变。图形沿 y 轴方向错切后与 x 轴之间形成错切角 θ（规定沿 y 轴正向错切 $\theta>0$，沿 y 轴负向错切 $\theta<0$），如图 4.5 中的正方形 $ABCD$ 沿 y 轴方向错切成平行四边形 $A_1^*B_1^*C_1^*D_1^*$，同样可推出各点经错切后的坐标为

$$\begin{cases} x^* = x \\ y^* = b \cdot x + y \quad (b = \tan\theta) \end{cases}$$

上式用矩阵运算表示为

$$[x^* \quad y^*] = [x \quad b \cdot x + y] = [x \quad y] \cdot \begin{bmatrix} 1 & b \\ 0 & 1 \end{bmatrix}$$

其中，$\boldsymbol{T} = \begin{bmatrix} 1 & b \\ 0 & 1 \end{bmatrix}$为 y 向错切变换矩阵。

由图 4.5 可以看出，图形上凡是与 x 轴平行的直线沿 y 方向错切后都与 x 轴成 θ 角，而 $x=0$ 的点不动。

5. 平移变换

平移变换就是图形沿 x 轴方向移动 l，沿 y 轴方向移动 m（如图 4.6 所示），其形状不变，各点的坐标分别增加了平移量 l 和 m，即

$$\begin{cases} x^* = x + l \\ y^* = y + m \end{cases}$$

上式的平移变换不能用$[x\ y]\cdot\begin{bmatrix}a & b\\c & d\end{bmatrix}$的矩阵运算形式表示。把$\boldsymbol{T}_{2\times2}$矩阵扩展为$\boldsymbol{T}_{3\times3}$的方阵可得

$$\boldsymbol{T}=\begin{bmatrix}a & b & p\\c & d & q\\l & m & s\end{bmatrix}$$

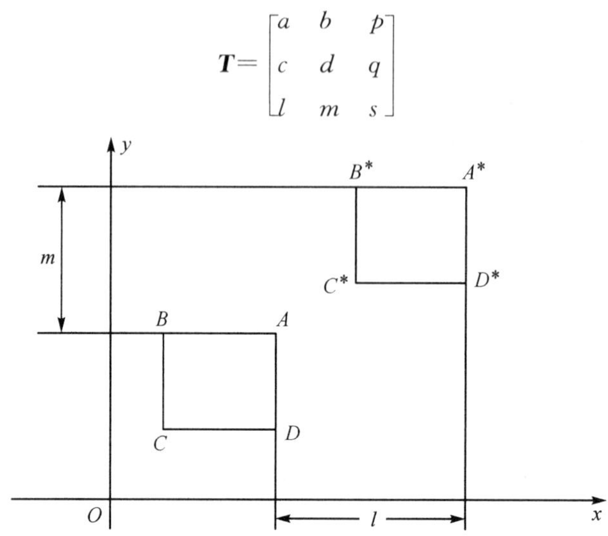

图 4.6　平面图形的平移变换

根据矩阵乘法定义，只有当第一个矩阵的列数等于第二个矩阵的行数时才能相乘。我们再把二维点扩展为三维向量$[x\quad y\quad 1]$后，就可与$\boldsymbol{T}_{3\times3}$的矩阵相乘了。

如果改变上述$\boldsymbol{T}_{3\times3}$矩阵中相应元素的取值，将会得到不同的变换矩阵，如平移变换用矩阵运算表示为

$$[x\quad y\quad 1]\cdot\begin{bmatrix}1 & 0 & 0\\0 & 1 & 0\\l & m & 1\end{bmatrix}=[x+l\quad y+m\quad 1]=[x^*\quad y^*\quad 1]$$

其中，$\boldsymbol{T}=\begin{bmatrix}1 & 0 & 0\\0 & 1 & 0\\l & m & 1\end{bmatrix}$为平移变换矩阵。

同样，我们可以把前面的基本变换矩阵用统一的$\boldsymbol{T}_{3\times3}$矩阵表示，则有$\boldsymbol{T}=\begin{bmatrix}\cos\theta & \sin\theta & 0\\-\sin\theta & \cos\theta & 0\\0 & 0 & 1\end{bmatrix}$为旋转变换矩阵，$\boldsymbol{T}=\begin{bmatrix}a & 0 & 0\\0 & d & 0\\0 & 0 & 1\end{bmatrix}$为比例变换矩阵。

镜像和错切变换矩阵也可类似得出。

4.1.3　齐次坐标

上节我们用$[x\quad y\quad 1]$表示平面上的一点，成功地解决了平移变换的矩阵表示，使各种变换矩阵形式统一为$\boldsymbol{T}_{3\times3}$的方阵。我们称$[x\quad y\quad 1]$为二维点的齐次坐标形式。

一般地，用三维向量表示二维向量，或者说用 $n+1$ 维向量表示 n 维向量的方法称为齐次坐标表示法。

二维点用齐次坐标表示的一般形式是 $[hx \quad hy \quad h]=[X \quad Y \quad h]$，其中 $h\neq 0$。显然一个二维点的齐次坐标不是唯一的，h 取不同的值就得到不同的齐次坐标。如 $[6\ 4\ 2]$、$[12\ 8\ 4]$…都表示同一个二维点 $[3 \quad 2]$，它们只是 h 取值不同罢了。

当 $h\neq 1$ 时，我们用 h 去除各个齐次坐标分量，即 $\begin{bmatrix}\frac{X}{h} & \frac{Y}{h} & 1\end{bmatrix}\Rightarrow[x \quad y \quad 1]$，这个过程称为齐次坐标正常化(或规范化)。正常化后的齐次坐标的第三分量是 1，它表示的点是唯一的。正常化的齐次坐标几何意义如图 4.7 所示，相当于在 $z=h=1$ 的平面上的二维点。

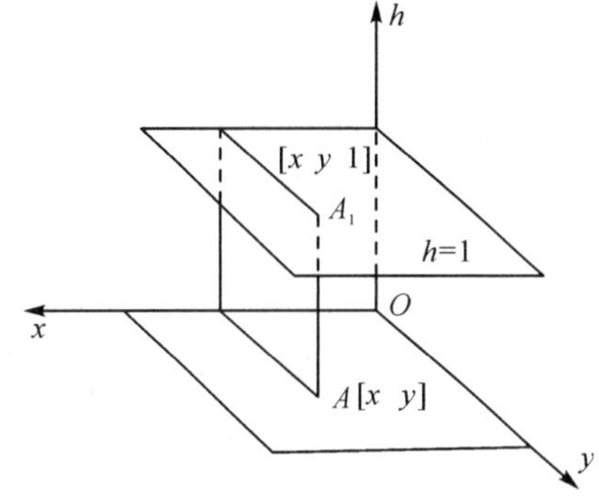

图 4.7　$h=1$ 的齐次坐标点

在 $\boldsymbol{T}_{3\times 3}$ 方阵中，第三列元素 p、q 在变换中的作用是什么？我们通过使方阵中的 $a=d=1$，$b=c=l=m=0$，即 $\boldsymbol{T}=\begin{bmatrix}1 & 0 & p\\0 & 1 & q\\0 & 0 & s\end{bmatrix}$ 来讨论。

参见图 4.8，设对平面图形△ABC 进行变换，其矩阵运算为

$$[x \quad y \quad 1]\cdot\begin{bmatrix}1 & 0 & p\\0 & 1 & q\\0 & 0 & s\end{bmatrix}=[x \quad y \quad p\cdot x+q\cdot y+s]$$

变换后各点的 x、y 坐标不变，第三列元素 $h=px+qy+s$。这相当于把 $h=1$ 平面上的点变到了 $h=px+qy+s$ 的空间一般位置平面上，如点 A_1 变到点 A'。

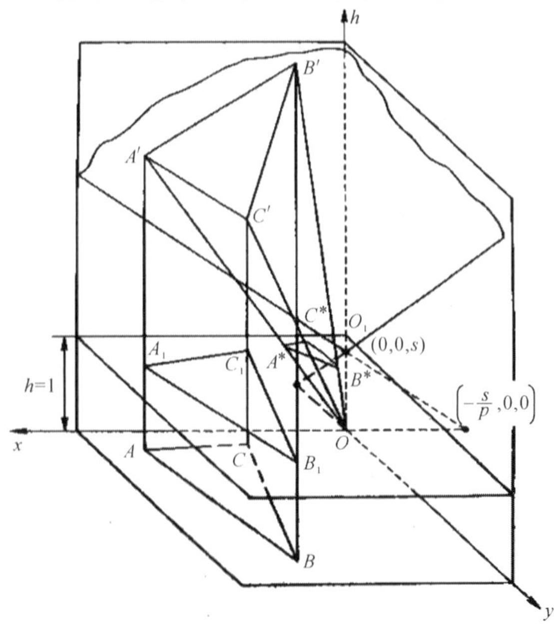

图 4.8　齐次坐标变换的几何意义

空间平面 $h=px+qy+s$ 在 x 轴、y 轴、h 轴上的点分别为 $\left(-\frac{s}{p}, 0, 0\right)$、$\left(0, -\frac{s}{q}, 0\right)$、$(0, 0, s)$。

显然，变换到 $h=px+qy+s$ 平面上的点作图很不方便。为了简便，再把这些点返回到 $h=1$ 的平面上，其方法正是齐次坐标正常化，即

$$[x \quad y \quad px+qy+s] \Rightarrow \left[\frac{x}{px+qy+s} \quad \frac{y}{px+qy+s} \quad 1\right]=[x^* \quad y^* \quad 1]$$

正常化后，在 $h=1$ 平面上得到了平面图形 $\triangle ABC$ 的最终变换结果 $\triangle A^*B^*C^*$。可以证明 A^*、B^*、C^* 是 A'、B'、C' 与原点 O 的连线与 $h=1$ 平面的交点。现以点 A' 正常化后变到 A^* 为例作如下证明（见图 4.9），即证明按此作图可得到

$$x^*=\frac{x}{px+qy+s}$$

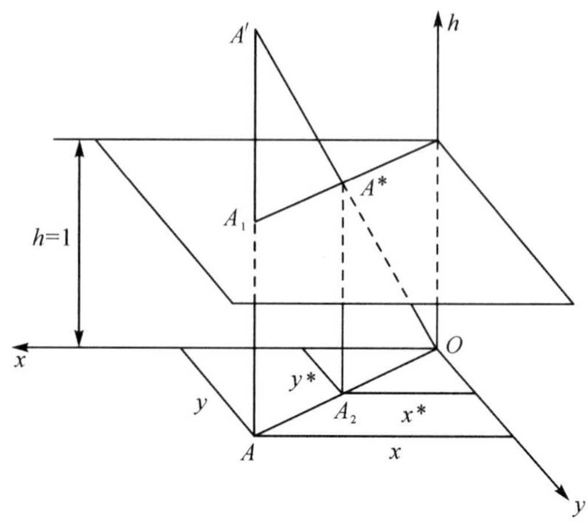

图 4.9　齐次坐标正常化

由图 4.9 得出，$\triangle AA'O \backsim \triangle A_2A^*O$，则

$$\frac{A_2A^*}{AA'}=\frac{OA_2}{OA}=\frac{x^*}{x}$$

由于　$A_2A^*=1$，$AA'=px+qy+s$，因此

$$x^*=\frac{x}{px+qy+s}$$

同理可证

$$y^*=\frac{y}{px+qy+s}$$

以上变换过程说明了 p、q 两个元素的作用是在 $h=1$ 的平面上产生了一个以原点 O 为中心的中心投影变换（透视变换）。

由于二维图形变换无透视，因此令 $p=0$、$q=0$，这样就得到二维图形变换矩阵的一般式：

$$\boldsymbol{T}=\begin{bmatrix} a & b & 0 \\ c & d & 0 \\ l & m & 1 \end{bmatrix}$$

其中，a、b、c、d 四个元素产生旋转、比例、镜像以及错切变换，l、m 两个元素产生平移变换。

4.1.4　组合变换

实际问题所对应的图形变换往往比较复杂，但都可以通过一系列的基本变换组合而成。这种基本变换的组合称为组合变换。OpenGL 正是利用这一原理来实现图形的变换与处理的。这是一种将复杂问题转化为简单问题的矛盾转化辩证思想的运用。解决这一类问题的关键是要确定图形变换是由哪些基本变换以及按照什么样的变换顺序形成的，然后按变换顺序求出基本变换矩阵的乘积就可以得到组合变换矩阵。

1. 组合变换矩阵

设平面图形用点集矩阵 $\boldsymbol{G}(n\times 3)$ 表示，该图形连续经过 $\boldsymbol{T}_1$，$\boldsymbol{T}_2$，…，$\boldsymbol{T}_n$ 个基本变换得到图形 $\boldsymbol{G}_n$，则有

$$\boldsymbol{G}_1=\boldsymbol{G}\cdot\boldsymbol{T}_1$$
$$\boldsymbol{G}_2=\boldsymbol{G}_1\cdot\boldsymbol{T}_2=\boldsymbol{G}\cdot\boldsymbol{T}_1\cdot\boldsymbol{T}_2$$
$$\vdots$$
$$\boldsymbol{G}_{n-1}=\boldsymbol{G}_{n-2}\cdot\boldsymbol{T}_{n-1}=\boldsymbol{G}\cdot\boldsymbol{T}_1\cdot\boldsymbol{T}_2\cdots\boldsymbol{T}_{n-2}\cdot\boldsymbol{T}_{n-1}$$
$$\boldsymbol{G}_n=\boldsymbol{G}_{n-1}\cdot\boldsymbol{T}_n=\boldsymbol{G}\cdot\boldsymbol{T}_1\cdot\boldsymbol{T}_2\cdots\boldsymbol{T}_{n-2}\cdot\boldsymbol{T}_{n-1}\cdot\boldsymbol{T}_n=\boldsymbol{G}\cdot\boldsymbol{T}$$

矩阵 $\boldsymbol{T}=\boldsymbol{T}_1\cdot\boldsymbol{T}_2\cdots\boldsymbol{T}_{n-2}\cdot\boldsymbol{T}_{n-1}\cdot\boldsymbol{T}_n$ 称为组合变换矩阵，它等于基本变换矩阵的连乘积。

2. 组合变换的顺序

由于矩阵乘法不满足交换律，因此，一般情况下，组合变换的顺序不能颠倒。组合变换中，变换的先后顺序不同，结果一般也不同。如图 4.10 所示，△ABC 先进行平移变换后再进行旋转变换(见图 4.10(a))，与先进行旋转变换再进行平移(见图 4.10(b))的结果完全不同。

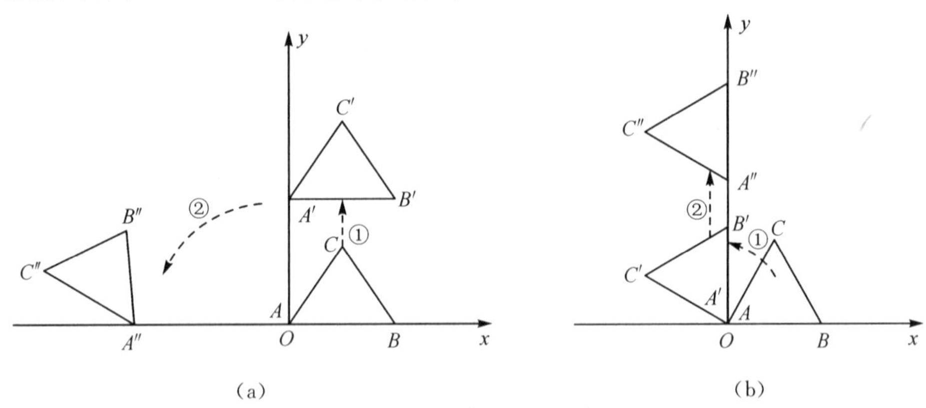

图 4.10　组合变换的顺序

3. 组合变换举例

【例 4.1】　如图 4.11 所示，△ABC 绕原点之外的任意点 $P(m,n)$ 逆时针旋转 θ 角到△$A^*B^*C^*$，求其变换矩阵。

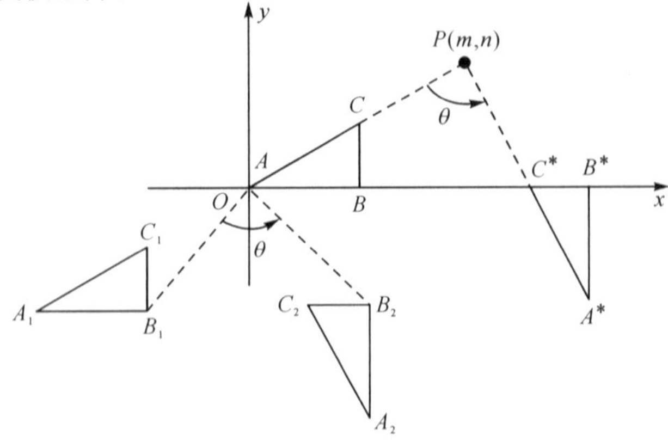

图 4.11　绕任意点旋转的组合变换形成

【解】 图中的变换可分解为由以下几种变换组合而成，其中$\triangle A_1B_1C_1$和$\triangle A_2B_2C_2$为中间变换结果。

(1) 把$\triangle ABC$及旋转中心P一起平移到坐标原点，变换至$\triangle A_1B_1C_1$，其变换矩阵为

$$\boldsymbol{T}_1=\begin{bmatrix}1 & 0 & 0\\0 & 1 & 0\\-m & -n & 1\end{bmatrix}$$

(2) 使平移后的图形绕原点逆时针旋转θ角到$\triangle A_2B_2C_2$，其变换矩阵为

$$\boldsymbol{T}_2=\begin{bmatrix}\cos\theta & \sin\theta & 0\\-\sin\theta & \cos\theta & 0\\0 & 0 & 1\end{bmatrix}$$

(3) 再把旋转中心平移回原来的位置$P(m, n)$处，$\triangle A_2B_2C_2$也作同样的平移，变换至$\triangle A^*B^*C^*$，变换矩阵为

$$\boldsymbol{T}_3=\begin{bmatrix}1 & 0 & 0\\0 & 1 & 0\\m & n & 1\end{bmatrix}$$

以上三种变换组合在一起就是题目所要求的变换矩阵

$$\boldsymbol{T}=\boldsymbol{T}_1\cdot\boldsymbol{T}_2\cdot\boldsymbol{T}_3=\begin{bmatrix}\cos\theta & \sin\theta & 0\\-\sin\theta & \cos\theta & 0\\m-m\cos\theta+n\sin\theta & n-m\sin\theta-n\cos\theta & 1\end{bmatrix}$$

【例 4.2】 利用组合变换推导平面图形关于镜像线$ax+by+c=0$镜像后与镜像前坐标之间的关系式。

【解】 设$P(x, y)$为二维图形上的任一点，它关于镜像线$ax+by+c=0$的镜像点为$P^*(x^*, y^*)$，如图4.12所示。为了便于推导，引入镜像线的倾角α，α满足$\tan\alpha=-a/b$。

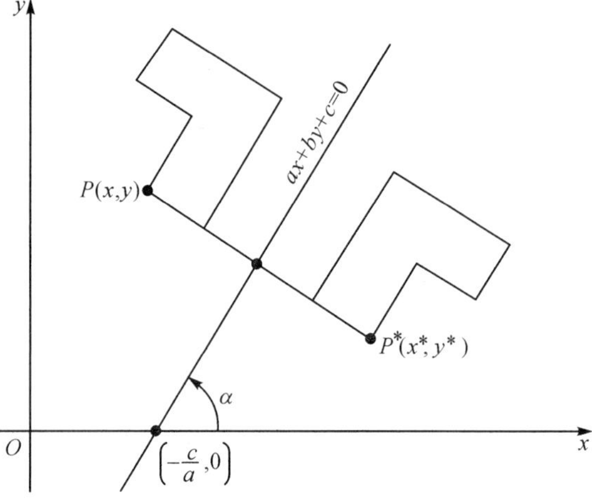

图 4.12　镜像变换关系

从图4.12可看出，P到P^*的变换实际上是下面变换的组合变换：沿x轴反向移动的平移变换、绕原点O顺时针转α角的旋转变换、关于x轴的镜像变换、绕原点O逆时针转α角的旋转变换以及沿x轴正向移动的平移变换。设上述五个变换的变换矩阵依次为$\boldsymbol{T}_1$、$\boldsymbol{T}_2$、$\boldsymbol{T}_3$、$\boldsymbol{T}_4$、$\boldsymbol{T}_5$，它们分别为

$$\boldsymbol{T}_1=\begin{bmatrix}1 & 0 & 0\\0 & 1 & 0\\\dfrac{a}{c} & 0 & 1\end{bmatrix},\ \boldsymbol{T}_2=\begin{bmatrix}\cos\alpha & -\sin\alpha & 0\\\sin\alpha & \cos\alpha & 0\\0 & 0 & 1\end{bmatrix},\ \boldsymbol{T}_3=\begin{bmatrix}1 & 0 & 0\\0 & -1 & 0\\0 & 0 & 1\end{bmatrix}$$

$$\boldsymbol{T}_4=\begin{bmatrix}\cos\alpha & \sin\alpha & 0\\-\sin\alpha & \cos\alpha & 0\\0 & 0 & 1\end{bmatrix},\ \boldsymbol{T}_5=\begin{bmatrix}1 & 0 & 0\\0 & 1 & 0\\-\dfrac{c}{a} & 0 & 1\end{bmatrix}$$

组合变换矩阵为

$$T=T_1 \cdot T_2 \cdot T_3 \cdot T_4 \cdot T_5=\begin{bmatrix} \cos 2\alpha & \sin 2\alpha & 0 \\ \sin 2\alpha & -\cos 2\alpha & 0 \\ \dfrac{c}{a}(\cos 2\alpha-1) & \dfrac{c}{a}\sin 2\alpha & 1 \end{bmatrix}$$

将 $\cos 2\alpha=\dfrac{1-\tan^2\alpha}{1+\tan^2\alpha}$，$\sin 2\alpha=\dfrac{2\tan\alpha}{1+\tan^2\alpha}$及 $\tan\alpha=-\dfrac{a}{b}$代入 $\boldsymbol{T}$ 得

$$T=\begin{bmatrix} \dfrac{b^2-a^2}{a^2+b^2} & -\dfrac{2ab}{a^2+b^2} & 0 \\ -\dfrac{2ab}{a^2+b^2} & -\dfrac{b^2-a^2}{a^2+b^2} & 0 \\ -\dfrac{2ac}{a^2+b^2} & -\dfrac{2bc}{a^2+b^2} & 1 \end{bmatrix}$$

镜像后的坐标 x^* 和 y^* 用$[x \quad y \quad 1]\cdot \boldsymbol{T}$ 求出，结果为

$$\begin{cases} x^*=-\dfrac{a^2-b^2}{a^2+b^2}x-\dfrac{2ab}{a^2+b^2}y-\dfrac{2ac}{a^2+b^2} \\ y^*=-\dfrac{2ab}{a^2+b^2}x+\dfrac{a^2-b^2}{a^2+b^2}y-\dfrac{2bc}{a^2+b^2} \end{cases}$$

4.2 窗口到视区的坐标变换

窗口到视区的坐标变换也称为视口变换。

1. 窗口与视区的概念

参见图 4.13，窗口是在二维世界坐标系或观察坐标系中的观察平面(一个与观察坐标系坐标平面平行的投影面，也称为画面)中定义的一个矩形区域，图形坐标值为实数。视区是在屏幕坐标系(它是设备坐标系)中定义的一个矩形区域，图形坐标值为正整数。通常人们在世界坐标系中描述图形，为了把所描述或观察的图形全部或部分地显示在屏幕上，必须将世界坐标或观察坐标变换为显示设备的屏幕坐标。变换时需要在世界坐标系或观察平面中定义一个平行于坐标轴的窗口，框住自己感兴趣的图形区域，然后映射到屏幕视区中显示。

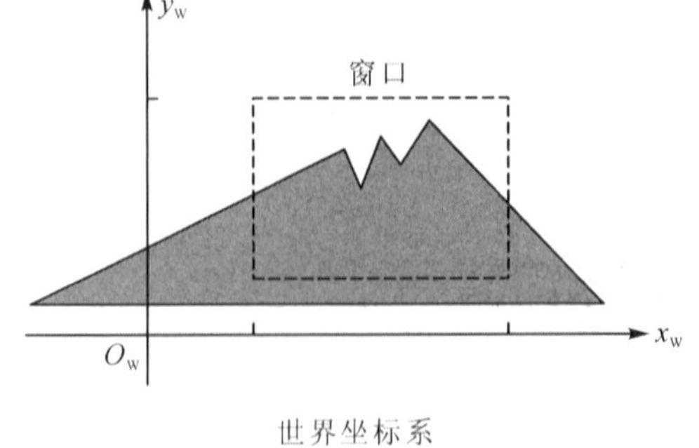

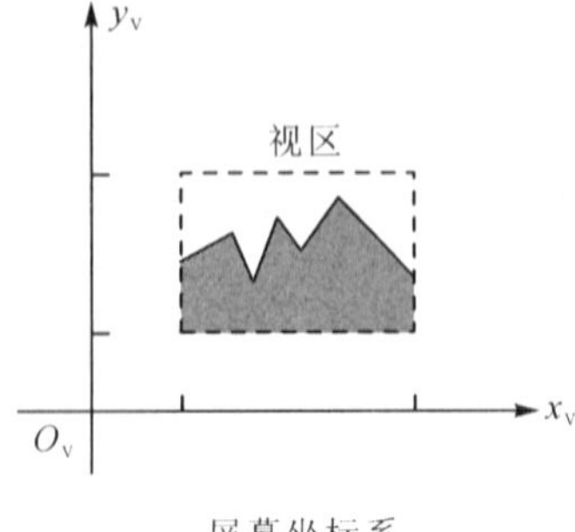

图 4.13　窗口与视区

2. 窗口坐标到视区坐标的变换

把窗口内的图形映射到视区中显示，实质上是一种图形变换。窗口与视区可分别用其四条边界的坐标来表示，如图 4.14 所示。

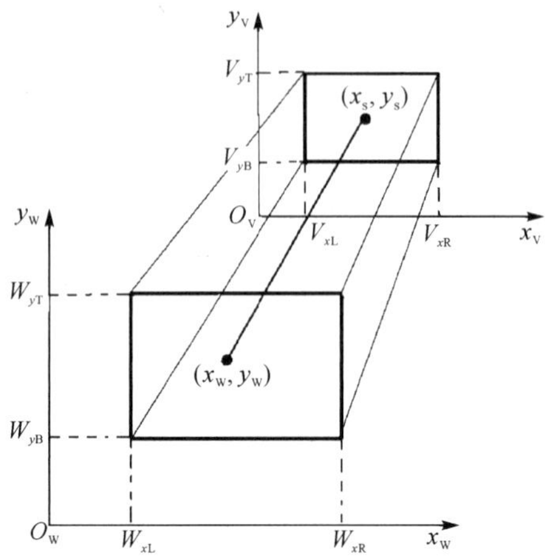

图 4.14 窗口到视区的变换

设窗口内图形上的点为(x_W, y_W)，映射到屏幕视区中为(x_s, y_s)，映射规则遵循 x 方向(y 方向)的图线变换前与变换后比例相等。参见图 4.14，有以下关系式：

$$\frac{x_W - W_{xL}}{W_{xR} - W_{xL}} = \frac{x_s - V_{xL}}{V_{xR} - V_{xL}}, \quad \frac{y_W - W_{yB}}{W_{yT} - W_{yB}} = \frac{y_s - V_{yB}}{V_{yT} - V_{yB}}$$

$$\begin{cases} x_s = \dfrac{(x_W - W_{xL})(V_{xR} - V_{xL})}{(W_{xR} - W_{xL})} + V_{xL} \\ y_s = \dfrac{(y_W - W_{yB})(V_{yT} - V_{yB})}{(W_{yT} - W_{yB})} + V_{yB} \end{cases}$$

设 $a = \dfrac{V_{xR} - V_{xL}}{W_{xR} - W_{xL}}$，$m = V_{xL} - \dfrac{W_{xL}(V_{xR} - V_{xL})}{W_{xR} - W_{xL}}$，$d = \dfrac{V_{yT} - V_{yB}}{W_{yT} - W_{yB}}$，$n = V_{yB} - \dfrac{W_{yB}(V_{yT} - V_{yB})}{W_{yT} - W_{yB}}$，则$(x_s, y_s)$与$(x_w, y_w)$间的变换关系为

$$\begin{cases} x_s = a \cdot x_W + m \\ y_s = d \cdot y_W + n \end{cases}$$

由此可见，窗口到视区的变换是比例变换与平移变换的组合变换。

具体变换时，应使视区的宽高比与窗口的宽高比保持一致，即要求 $a=d$，以免显示的图形变形失真。方法是从计算出的 a、d 中取较小者 $s=\mathrm{Min}\{a, d\}$，令 $a=d=s$。通过修改窗口的位置及大小，可以在屏幕上观察到图形的不同部位。

4.3 二维图形的裁剪问题

在世界坐标系中定义的图形往往是大而复杂的，而输出设备(如显示屏幕)的尺寸及其分辨率却是有限的，为了能够清晰地观察某一部分或对其进行某些图形操作，就需要将所关心的这一局部区域的图形从整个图形中切分取出，这个过程称为裁剪，所指定的区域称为裁剪窗口。

裁剪可以在世界坐标系中进行，即相对于窗口进行，先用窗口边界进行裁剪，然后把窗口内的部分映射到视区中；也可以先将世界坐标系的图形映射到设备坐标系或规范化设备坐标系中，然后用视区边界裁剪。前者可以把不在窗口范围内的部分剪掉，避免了不必要的变换处理，后者在设备坐标系中裁剪更易于用硬件实现。通常情况下采用前者，即先开窗裁剪，然后采用窗口到视区的坐标变换实现窗内图形的显示。

1. 裁剪窗口形状

裁剪窗口形状通常为矩形，也有圆形窗口、凸多边形窗口、一般多边形窗口、带内环多边形窗口等。

2. 被裁剪图形的类型

依据图形性质的不同，被裁剪图形可分为填充类图形、字符串和非填充类图形。填充类图形是指边界符合图案或颜色填充算法要求的封闭多边形，如填剖面线的话，边界与剖面线所在直线的交点个数处处为偶数个的多边形就是填充类图形；字符串是指用矢量字体或点阵字体绘制的单个或多个字符；除填充类图形和字符串之外的图形，称为非填充类图形。

3. 内裁剪与外裁剪

保留窗口内图形的裁剪称为内裁剪，保留窗口外图形的裁剪称为外裁剪。图 4.15(a)中的 A 图为被裁剪图形，B 图为裁剪窗口，图 4.15(b)为内裁剪结果，图 4.15(c)为外裁剪结果。

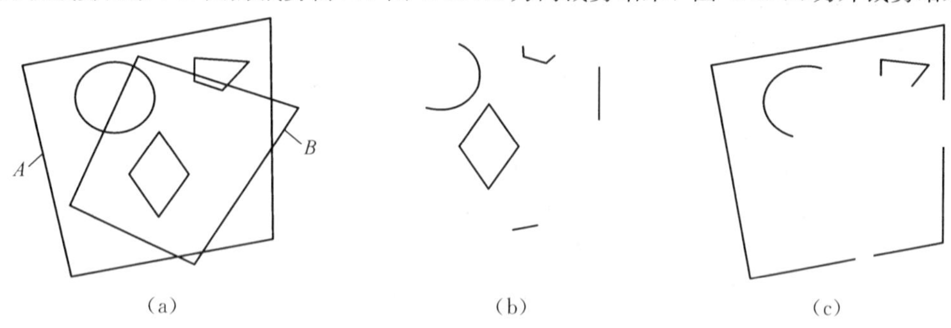

图 4.15　内裁剪与外裁剪

通常使用内裁剪。外裁剪一般用于图形之间有覆盖的情况，如二维装配图的遮盖消隐，图形、图像、简图等的合成，参见图 4.16。Word 中图片、文本框等的层设置也使用了外裁剪。

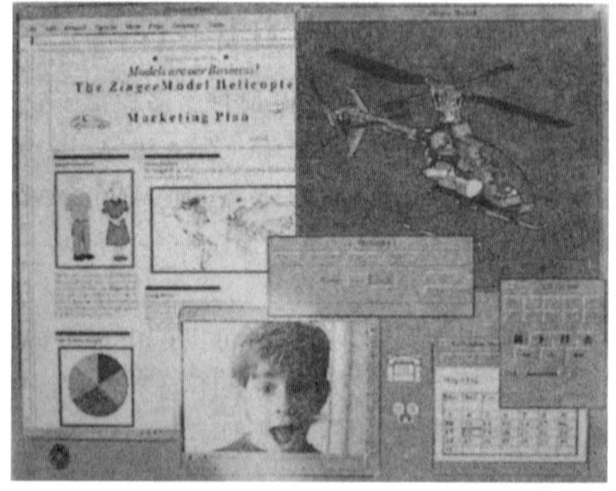

图 4.16　外裁剪的应用

4. 裁剪算法

解决图形问题的算法可能有多个，以时间复杂度和空间复杂度为衡量指标寻求最优算法是科学研究追求的目标，从而培养学生追求卓越的科学精神。

裁剪处理的主要运算是：点在窗口区域内外的判断以及图形元素与窗口区域边界的交点计算。裁剪原理虽然简单，但因涉及的图形元素多，快速判断、减少求交次数和求交计算量以提高裁剪速度是算法应考虑的主要问题。按照被裁剪图形的类型不同，裁剪算法分为直线段裁剪算法、多边形裁剪算法和字符串裁剪算法。

1）直线段裁剪算法

直线段裁剪算法适用于非填充类图形（如曲线，因曲线可用直线段逼近）的裁剪，主要算法包括直接求交算法、Cohen-Sutherland 算法、中点再分裁剪算法、梁友栋（Liang）-Basky 算法、Cyrus-Beck 算法等。直接求交算法对窗口形状不限，利用两线段求交及点在多边形内的判断，算法简单，但判断和求交的计算量大；Cohen-Sutherland 算法适用于矩形窗口，算法简单；中点再分裁剪算法适用于矩形窗口，对线段每个端点找出离端点最远的窗内的点，该点可能是线段位于窗内的端点，也可能是用中点迭代逼近而得到的直线段与窗口边线的交点，计算主要为加法和除 2 运算，算法简单，适合采用硬件实现；Liang-Basky 算法属于参数化线段裁剪算法，适用于矩形窗口，其思想是将二维裁剪转化为一维裁剪，即将直线段和窗口分别向 x 轴、y 轴投影，得到一维坐标（x 坐标、y 坐标）线段，通过比较线段和窗口的坐标范围以及求线段与窗口边界交点的参数来实现裁剪，此算法比 Cohen-Sutherland 算法更有效，因为需要计算的交点数目减少了；Cyrus-Beck 算法属于参数化线段裁剪算法，适用于凸多边形窗口。

梁友栋为浙江大学数学系教授，早年师从苏步青先生学习几何理论，一直致力于计算机辅助几何设计与计算机图形学方面的研究，在几何设计的理论与方法上取得了一系列重要成果。20 世纪 80 年代初梁友栋先生提出了著名的 Liang-Barskey 裁剪算法，通过线段的参数化表示实现快速裁剪，至今仍是计算机图形学中最经典的算法之一，在国际图形学界有重要的影响。

2）多边形裁剪算法

多边形裁剪算法适用于填充类图形的裁剪。填充类图形开窗裁剪后，当重新显示时需要再次填充，应填充算法的要求，裁剪后的图形必须为封闭多边形，而直线段裁剪算法对填充类图形裁剪后无法得到封闭多边形，故其不能用于填充类图形的裁剪。

多边形裁剪算法采用加入窗口边线的方法得到封闭多边形，故其适用于填充类图形的裁剪。多边形裁剪算法主要有 Sutherland-Hodgman 算法和 Weiler-Atherton 算法。Sutherland-Hodgman 算法适用于矩形窗口、凸多边形窗口，而 Weiler-Atherton 算法的窗口和被裁剪图形均为简单多边形（凸多边形、凹多边形、带内环多边形）。

3）字符串裁剪算法

字符串裁剪算法适用于字符串的裁剪。字符既可以是由单个的线段（笔划）构成的矢量字，也可以是由点阵构成的点阵字。根据裁剪精度的不同要求，字符裁剪分为精确裁剪、逐字裁剪和整体裁剪。以图 4.17 为例，图（a）为被裁剪字符串和裁剪窗口，图（b）为字符串的边框（即字符定义框的并集）。

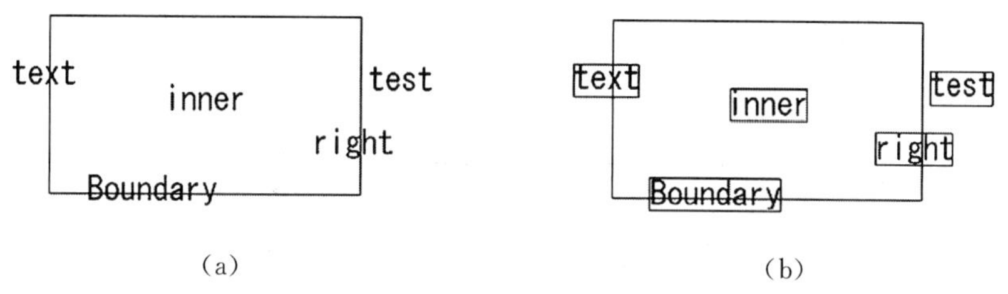

图 4.17　被裁剪字符串、裁剪窗口及字符串边框

精确裁剪是对单个字符的笔画进行裁剪的，此时矢量式字符可看作是短直线段的集合，用裁剪线段的方法进行裁剪。点阵式字符必须将字符定义方框中的每一像素同裁剪窗口进行比较，以确定它是位于窗口内还是窗口外。若位于窗口内，则该像素被激活(“点亮”)，否则不予考虑。图 4.18(a)为精确裁剪的结果。

如果把每个字符看作是不可分割的整体，那么对每一个字符串可采用逐字裁剪的方法。逐字裁剪就是将字符框同裁剪窗口进行比较，若整个字符框位于窗口内，则显示相应字符，否则不予显示。图 4.18(b)为逐字裁剪的结果。

如果把一个字符串作为不可分割的整体来处理，或者全部显示，或者全部不显示，则称其为整串裁剪。整串裁剪就是将字符串的边框同裁剪窗口进行比较，若边框位于窗口内，则显示整串字符，否则整串字符将不显示。图 4.18(c)为整串裁剪的结果。

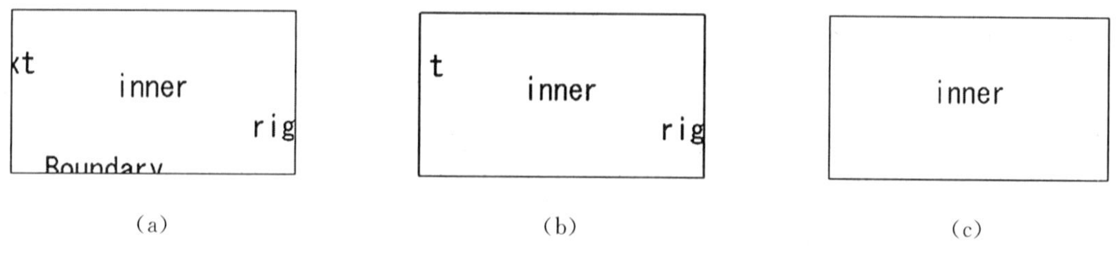

图 4.18　字符串的三种裁剪结果

下面重点介绍三种经典的裁剪算法：Cohen-Sutherland 算法、Sutherland-Hodgman 算法和 Weiler-Atherton 算法。

4.4　二维图形裁剪的经典算法

4.4.1　直线段裁剪与 Cohen-Sutherland 算法

1. 线段裁剪的四种情况

设矩形窗口四条边界的位置如图 4.19 所示，则点在窗口内的条件满足下列不等式：

$$\begin{cases} x_L < x < x_R \\ y_B < y < y_T \end{cases}$$

y
e
c
a
y_T
b
d
P_2
P_4
P_3
y_B
P_1
O
x_L
x_R
x

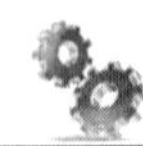

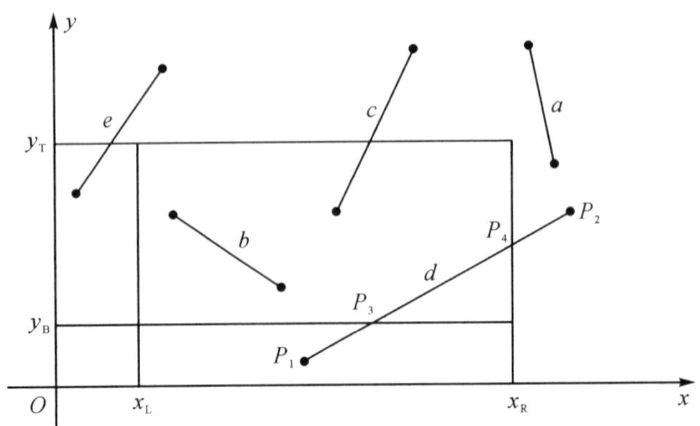

图 4.19 线段与窗口的位置

参见图 4.19 所示，线段相对于窗口的位置有下面四种情况：

(1) 线段在窗外同侧，如线段 a，裁剪时应舍去。

(2) 线段在窗内，如线段 b，裁剪时应保留。

(3) 线段在窗外两侧，如线段 e，裁剪时应舍去。

(4) 线段与窗口边界相交(如线段 c、d)，裁剪时保留窗内部分，舍去窗外部分。

直线段的裁剪算法就是依据上述四种情况设计的。

2. Cohen-Sutherland 算法

这个算法是由 Cohen 和 Sutherland 提出来的，称为 Cohen-Sutherland 裁剪方法，又称为编码裁剪算法、分割线算法。该算法通过将直线段的复杂位置情况转化为完全在窗内和窗外同侧两种简单情况，巧妙地运用矛盾转化思想来解决问题。

该算法主要通过端点编码实现裁剪，也称为编码裁剪算法。算法主要分三步进行：

1) 求两端点编码

矩形窗口的 4 条边界延长后，将图形所在的平面分成 9 个区域，如图 4.20 所示，每个区域内的点都有一个 4 位二进制编码对应，即 $C_4C_3C_2C_1$。

1001
1000
1010
y_T
0001
0000
窗口
0010
y_B
0101
0100
0110
x_L
x_R

图 4.20 区域划分与编码

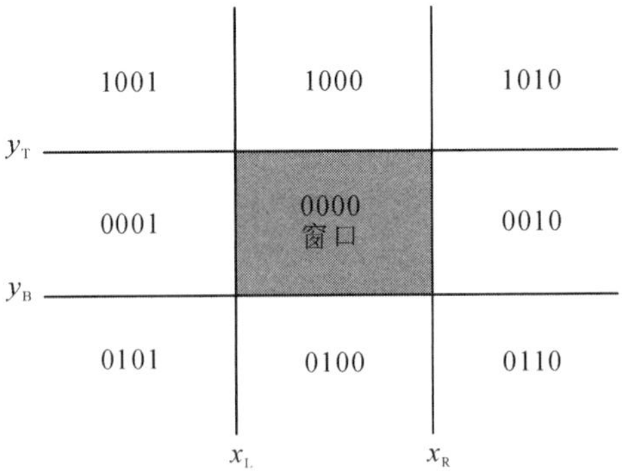

C_1、C_2、C_3、C_4 的取值规定为：

端点在窗口的左边界之左，即 $x<x_L$，$C_1=1$；否则 $C_1=0$；

端点在窗口的右边界之右，即 $x>x_R$，$C_2=1$；否则 $C_2=0$；

端点在窗口的下边界之下，即 $y<y_B$，$C_3=1$；否则 $C_3=0$；

端点在窗口的上边界之上，即 $y>y_T$，$C_4=1$；否则 $C_4=0$。

按此规则即可求出被裁剪线段 P_1P_2 的端点 P_1、P_2 编码值。图 4.20 所示为各区域点的编码。

2）对两端点的编码进行判断

若 P_1、P_2 的编码全为零，则线段在窗内(如线段 b)，保留线段 P_1P_2，裁剪结束；否则，对两端点编码求逻辑与(1 和 1 逻辑与为 1，1 和 0、0 和 0 逻辑与均为 0)，若逻辑与结果为非零，则线段在窗外同侧(如线段 a)，舍去，裁剪结束；若逻辑与为零，则线段在窗外两侧(如线段 e)或与窗口边界相交(如线段 c、d)，线段必有一点在窗外，令该点为 P_1，转下一步。

3）分割求交

根据 P_1 点的编码确定其在哪条边界线之外(可按 $C_1 \to C_2 \to C_3 \to C_4$ 顺序找，哪个先为 1，端点就在该边界线之外)，求线段与该边界的交点 P，交点把线段分成两段，舍去 P_1P 段，把交点 P 作为剩余线段的 P_1 端点并求出其编码，转入第二步。

图 4.19 中，线段 b 经第二步测试为窗内线段；线段 a 为窗外同侧线段，舍去；线段 d 需在第三步求出与窗口边界的交点 P_3，舍去 P_1P_3 段。P_3P_2 段再进行第二步测试，又到第三步求出与窗口边界的交点 P_4，舍去 P_4P_2 段，P_3P_4 段再经第二步测试为窗内线段，保留；线段 e 也要进入第三步测试的求交运算，再进入第二步最后全部舍去。

4.4.2　多边形裁剪与 Sutherland-Hodgman 算法

1. 多边形区域(填充类图形)裁剪的要求

用直线段裁剪法可以解决折线以及封闭折线(多边形)的裁剪问题，但对多边形区域的裁剪则不适用。因为多边形区域裁剪后应该仍然是多边形区域(见图 4.21)，裁剪后的多边形区域的边界由原来的多边形经裁剪得到的线段及窗口边界的若干线段组成。设计裁剪算法时，如何选择窗口边界线段去形成封闭的多边形区域是必须要考虑的问题，选得不当会产生错误，图 4.22(a)是正确的连接，图 4.22(b)是不正确的连接。

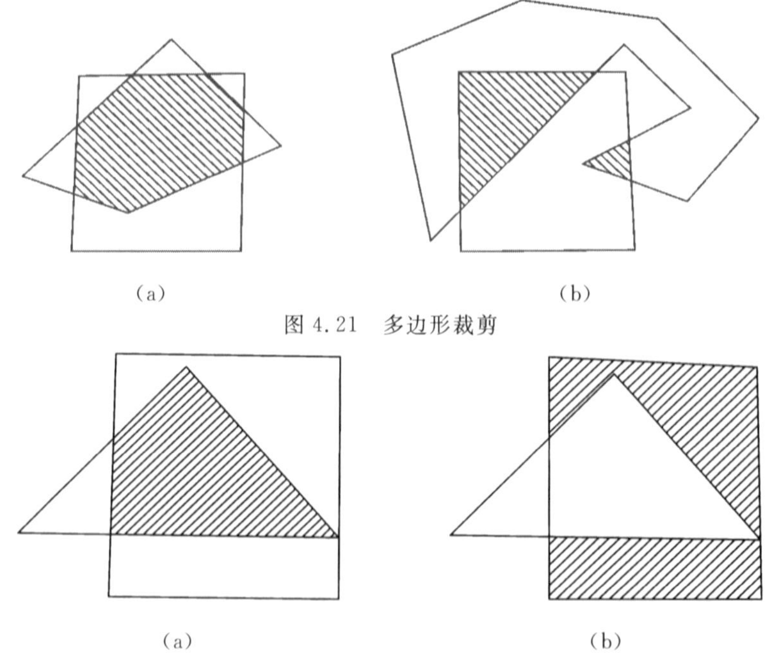

(a)　(b)

图 4.21　多边形裁剪

(a)　(b)

图 4.22　边界线段的连接

2. Sutherland-Hodgman 算法

这个算法是由 Sutherland 和 Hodgman 提出来的，称为 Sutherland-Hodgman 多边形裁剪方法，又称为逐边裁剪法。假定裁剪窗口是矩形窗口，则该算法依次用窗口的一边去裁剪多边形，裁剪 4 次即得裁剪结果，故又称为逐边裁剪法。

对于矩形裁剪窗口的一条边界线而言，窗口区域所在的一侧为内侧，另一侧为外侧，内侧、外侧可用窗口边界矢量与边界线外点矢量叉乘的符号来确定。对于沿窗口边界顺时针次序裁剪而言，窗口内侧与外侧的定义如图 4.23 所示。

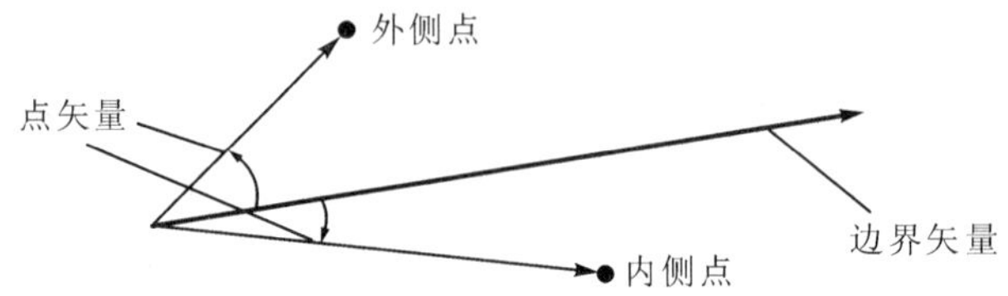

图 4.23　窗口内侧与外侧的定义

参见图 4.24，该算法的思想是用窗口的 4 条边界直线依次裁剪多边形，把落在此边界线外侧的多边形部分去掉，只保留内侧部分，形成一个新的多边形，并把它作为下一次待裁剪的多边形。依次用裁剪窗口的 4 条边界对要裁剪的原始多边形进行多次裁剪，最后可形成裁剪出来的多边形。

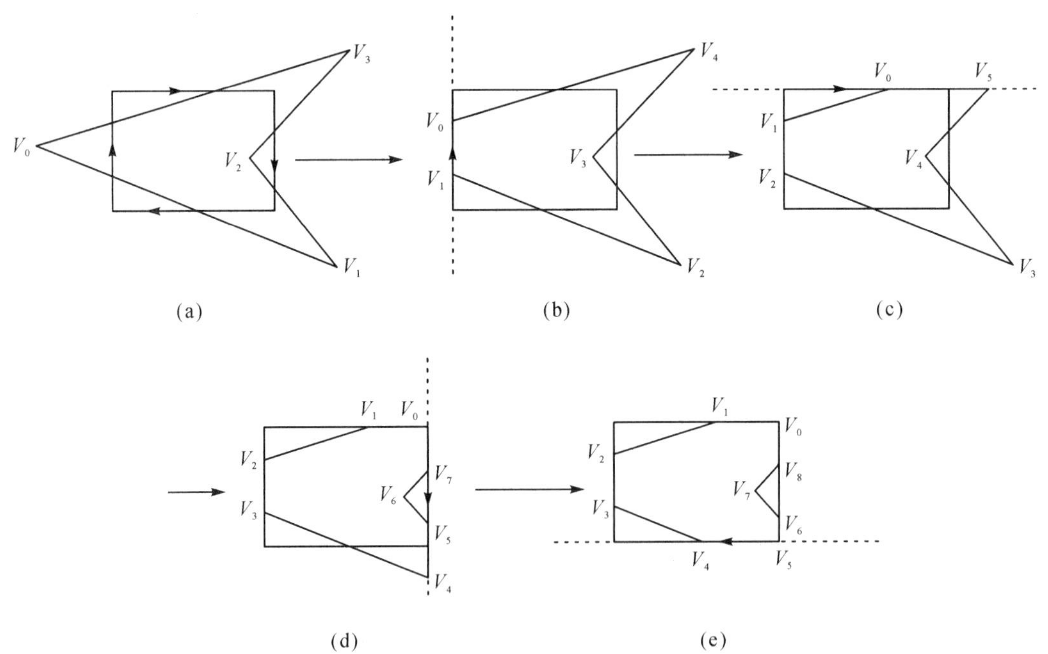

图 4.24　Sutherland-Hodgman 算法的裁剪过程

参见图 4.25，设被裁剪的多边形顶点序列为 $A_1A_2\cdots A_n$。

用一条边界线 $L_j(j=1, 2, 3, 4)$（L_j 表示窗口边界所在直线，而非线段）裁剪多边形的算法步骤如下：

(1) 对多边形的顶点 $A_i(i=1, 2, \cdots, n)$，测试边 $A_{i-1}A_i$(注意，令 $A_0=A_n$)与窗口边界 L_j 是否相交(指线段与直线相交)，若相交，求出交点 B_{i-1}，转下一步；若不相交，也转下一步；

(2) 若 $A_{i-1}A_i$ 与窗口边界 L_j 不相交且 A_i 在边界 L_j 外侧，则舍去 A_i，转第(1)步；若 $A_{i-1}A_i$ 与窗口边界 L_j 相交且 A_i 在边界 L_j 内侧，则按顺序输出 B_{i-1}、A_i，转第(1)步；若 $A_{i-1}A_i$ 与窗口边界 L_j 不相交且 A_i 在边界 L_j 内侧，则输出 A_i，转第(1)步；若 $A_{i-1}A_i$ 与窗口边界 L_j 相交且 A_i 在边界 L_j 外侧，则舍去 A_i，输出 B_{i-1}，转第(1)步。

图 4.25 为用 4 条边界线裁剪 4 次的裁剪过程。

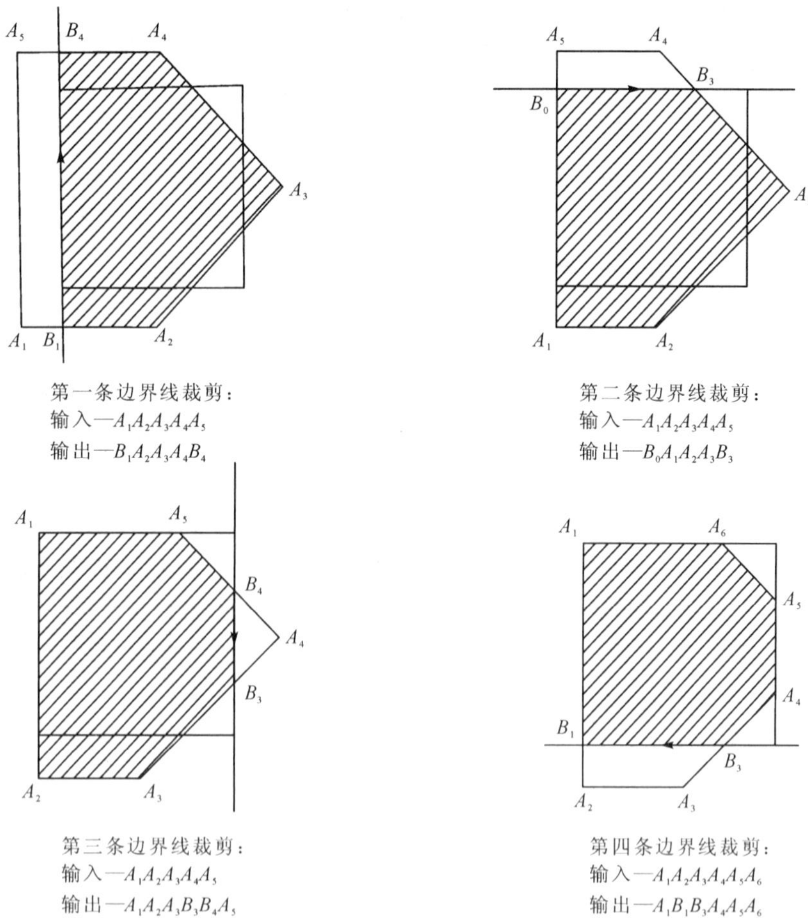

图 4.25　Sutherland-Hodgman 算法

3. Sutherland-Hodgman 算法存在的问题

逐边裁剪法对凹多边形裁剪时，裁剪后会分裂为几个多边形，且这几个多边形沿边界会产生重复、多余的线段，如图 4.26 所示，这是该算法的不足之处。对这种情况，可采取后续的消冗余边处理。

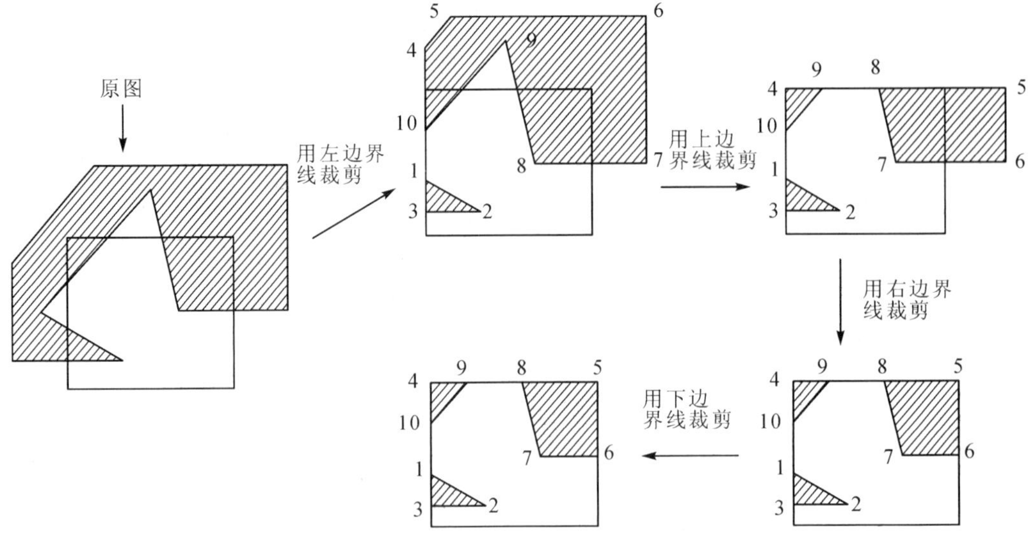

图 4.26 逐边裁剪法对凹多边形裁剪时出现的问题

4.4.3 Weiler-Atherton 算法

此算法是由 Weiler 和 Atherton 提出的，其裁剪窗口和被裁剪多边形均为简单多边形(凸多边形、凹多边形、带内环多边形)，因此，该算法是一个通用的多边形裁剪算法，适应性很强。Weiler-Atherton 算法的基本做法是：有时沿着窗口的边界方向来裁剪，有时沿着被裁剪多边形边的方向来裁剪，从而避免产生多余的连线，故该算法又称为双边裁剪法。

Weiler-Atherton 算法本身属于内裁剪，与二维布尔运算中的交运算完全等价，即裁剪结果为窗口多边形和被裁剪多边形的交集。如图 4.27(a)所示，*A* 图为被裁剪多边形，*B* 图为窗口多边形，裁剪结果如图 4.27(b)所示，它是 *A* 图与 *B* 图的交集。

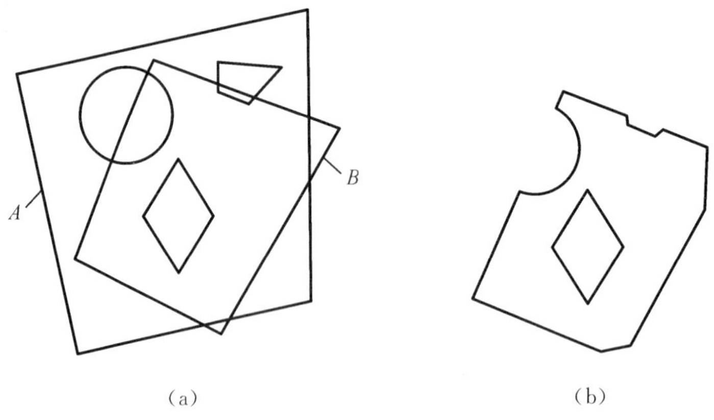

图 4.27 多边形裁剪与布尔交运算

设被裁剪多边形和窗口多边形的外环都按逆时针排列，内环按顺时针排列。为叙述方便，被裁剪多边形称为主多边形，窗口多边形称为裁剪多边形。

该算法的主要步骤如下：

(1) 求出两个多边形边的交点(线段与线段相交)，并确定交点是入点还是出点。

对主多边形而言，入点与出点的定义为：

入点：主多边形边界由此进入裁剪多边形内的交点。

出点：主多边形边界由此离开裁剪多边形区域的交点。

入点和出点可用主多边形和裁剪多边形边矢量叉乘的符号来区分。如图 4.28 所示，叉乘为负记为入点，叉乘为正记为出点。

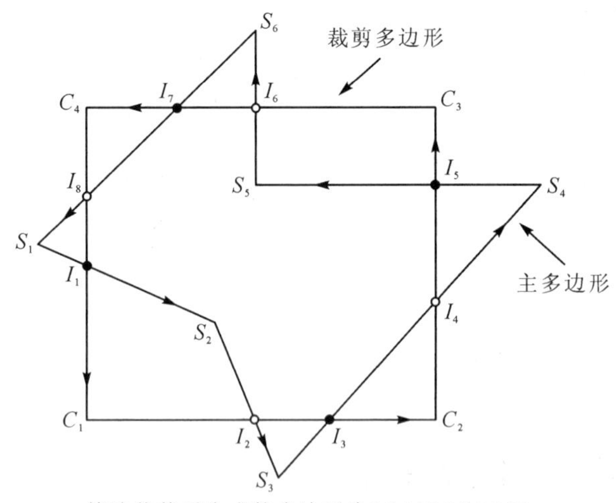

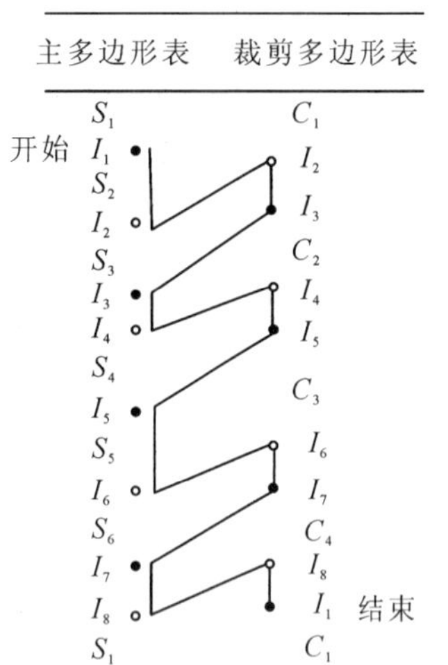

主多边形表	裁剪多边形表
S_1	C_1
开始 I_1	I_2
S_2	I_3
I_2	C_2
S_3	I_4
I_3	I_5
I_4	C_3
S_4	I_6
I_5	I_7
S_5	C_4
I_6	I_8
S_6	I_1 结束
I_7	C_1
I_8	
S_1	

图 4.28　Weiler-Atherton 算法示例

对裁剪多边形而言，入点和出点与主多边形规定相反，即裁剪多边形的入点为主多边形的出点，裁剪多边形的出点为主多边形的入点。

对两个多边形而言，入点和出点在每一交点处成对存在。

(2) 将带有入点、出点性质的交点插入各自的顶点链表中，如图 4.28 所示(对主多边形，入点用黑点表示，出点用空心点表示；对裁剪多边形，入点用空心点表示，出点用黑点表示)。

(3) 形成裁剪结果时，裁剪规则为：先从主多边形链表的第 1 个交点开始(本例从 I_1 开始)，遇到交点时，若交点为入点，则沿主多边形的环前进取点，若交点为出点，则转入裁剪多边形链表中的同位置交点；接着沿裁剪多边形的环前进，遇到交点时，若交点为入点，继续沿裁剪多边形的环前进取点，若交点为出点，则转入主多边形链表中的同位置交点。这样交替进行取点，直到遇到开始点结束。

可以看出，裁剪结果区域的边界由主多边形的部分边界和裁剪多边形的部分边界两部分构成，并且在交点处边界发生交替，即由主多边形的边界转至裁剪多边形的边界，或由裁剪多边形的边界转至主多边形的边界。

图 4.29 是用 Weiler-Atherton 算法实现带内环的裁剪多边形裁剪带内环的主多边形的情况。

对上述 Weiler-Atherton 算法进行扩展，若将裁剪规则与内裁剪相反(即入点跳出，出点前进)，并将裁剪多边形的遍历方向逆向(即遍历方向与所在环的方向相反，也就是在外环中按照顺时针方向遍历，在内环中按照逆时针方向遍历)，则可实现裁剪多边形对主多边形的外裁剪。外裁剪与二维布尔运算中的差运算完全等价。

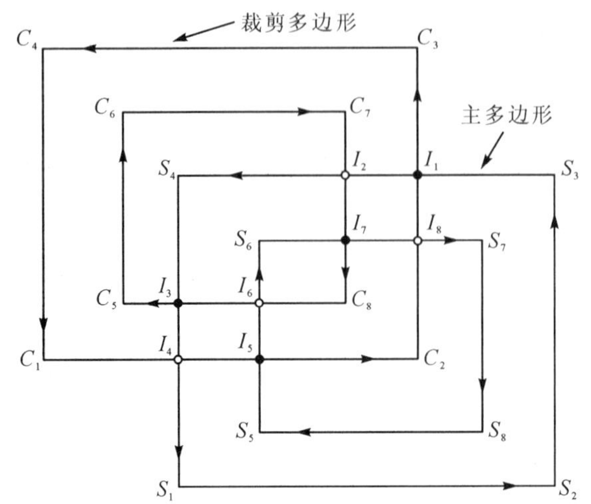

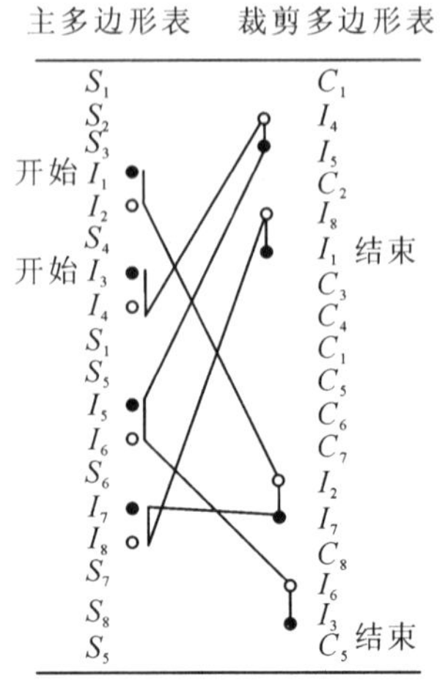

图 4.29　Weiler-Atherton 算法用于复杂多边形的裁剪

4.5　三维图形的处理流程

如前面 OpenGL 中所述，三维图形系统中的图形处理流程包括建模、观察、裁剪、投影、渲染和绘制六个过程，如图 4.30 所示。其中，裁剪、投影、渲染常常交织在一起。对于光照图形生成而言，渲染与绘制也交织在一起，通过窗口到视区的反变换进行关联。

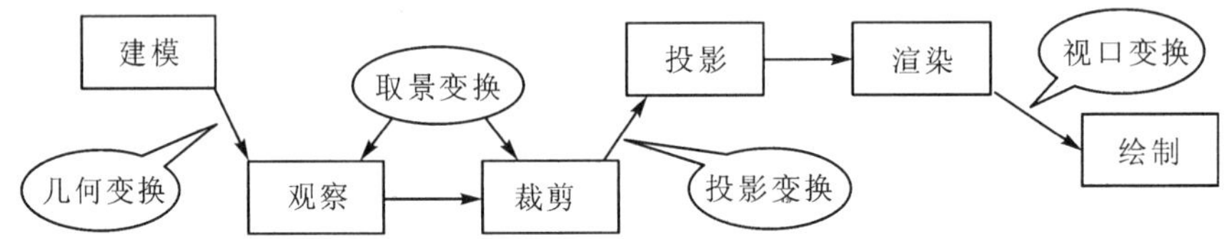

图 4.30　三维图形处理流程

(1) 建模。建模包括定义世界坐标系以及在坐标系中描述物体。对物体的描述或表示有线框模式、表面模式和实体模式。后续介绍的曲面造型属于表面模式，实体造型属于实体模式。

(2) 观察。观察包括定义观察坐标系以及世界坐标系到观察坐标系的变换，以得到物体在观察坐标系中的描述。为得到某一观察效果，有两种途径：一是视点不动(即观察坐标系不变)，通过物体的平移、旋转、比例、镜像等变换(称为模型变换)实现观察；二是物体不动，改变视点和调焦(放大缩小，即观察变换或视点变换)实现观察。模型变换和观察变换互为逆变换，它们都属于几何变换。先进的三维图形系统(如 AutoCAD 等)同时提供这两种观察手段。

(3) 投影。投影分为平行投影和透视投影。其中，平行投影包括正平行投影(正平行投影也称为正交投影，可产生主视图、俯视图、左视图、后视图、仰视图、右视图等基本视图和正等轴测图、正二等轴测图等正轴测图)和斜平行投影(斜平行投影可产生斜二等轴测图等斜轴测图)。透视投影可产生一点透视图、两点透视图、三点透视图等透视图。由物体产生其投影的变换称为投影变换。三维图形系统中，一般采用正交投影和透视投影。

投影与视景体(观察空间称为视景体)密不可分，正交投影的视景体为长方体，透视投影的视景体为四棱台。

(4) 裁剪。有时为了突出物体的一部分，需要把物体的该部分显示出来，可以通过定义视景体来实现，只有视景体内的物体才能被投影在观察平面上，其他部分则不能，实现这一目标的操作称为三维裁剪。观察变换与裁剪的结合称为取景变换。

裁剪与投影密不可分，裁剪是在某一投影方式下的裁剪，而最终看到的图形是经过裁剪的物体进行渲染后再被投影在投影面(也称为成像面或观察平面，投影面与观察坐标系的正 z 轴方向垂直，并由视点到投影面的距离定义，如 OpenGL 中视景体的近平面为投影面)上的结果。

(5) 渲染。这里的渲染是指以轮廓线表示的物体的隐藏线消除和以光照明暗、色彩表示的物体的隐藏面消除。通过渲染可得到真实感和表现力较强的图形处理效果。

(6) 绘制。将投影面坐标系下的二维投影图形映射到图形设备(屏幕、绘图机等)上称为绘制。这个过程就是窗口到视区的坐标转换，即视口变换。通过绘制，用户就可以在屏幕或绘图机上看到希望得到的物体图形。

在前面引入齐次坐标后，三维空间点可同样用齐次坐标表示为$[x \quad y \quad z \quad 1]$。上述几何变换、投影变换的变换矩阵应为 $\boldsymbol{T}_{4\times4}$ 的方阵，即

$$\boldsymbol{T}_{4\times4}=\left[\begin{array}{ccc:c} a & b & c & p \\ d & e & f & q \\ h & i & j & r \\ \hdashline l & m & n & s \end{array}\right]=\left[\begin{array}{c:c} [\quad]_{3\times3} & [\quad]_{3\times1} \\ \hdashline [\quad]_{1\times3} & [\quad]_{1\times1} \end{array}\right]$$

把 $\boldsymbol{T}_{4\times4}$ 的矩阵分成四个子矩阵，各子阵及作用分别是：左上角 3×3 子阵，产生比例、旋转、镜像及错切变换；左下角 1×3 子阵，产生平移变换；右上角 3×1 子阵，产生透视变换；右下角 1×1 子阵，产生整体比例变换。由此可见，只要改变矩阵各子阵中对应元素的值便可得到不同的三维变换矩阵。另外，由矩阵乘法可知，$\boldsymbol{T}_{4\times4}$ 矩阵中第 1、2、3 列元素分别影响变换后 x、y、z 坐标的变化。

4.6　三维图形几何变换之模型变换

4.6.1　三维基本变换

三维基本变换有平移、比例、镜像、错切、旋转等变换。

1. 平移变换

空间点沿 x、y、z 轴方向分别平移 l、m、n 后坐标变为

$$\begin{cases} x^*=x+l \\ y^*=y+m \\ z^*=z+n \end{cases}$$

平移后空间点的坐标各自增加了平移量 l、m、n。其变换矩阵由上式可反推为

$$T=\begin{bmatrix}1 & 0 & 0 & 0\\0 & 1 & 0 & 0\\0 & 0 & 1 & 0\\l & m & n & 1\end{bmatrix}$$

图 4.31 是一个立方体作平移变换的情况：图(a)是平移前的情况，图(b)是平移后的情况。

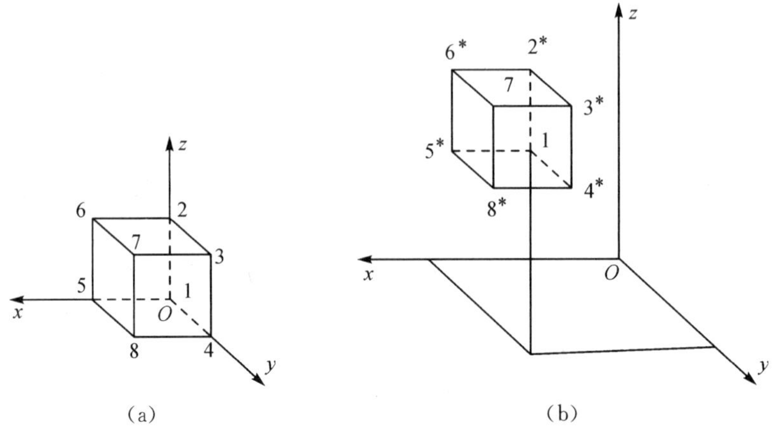

图 4.31　平移变换

2. 比例变换

比例变换中的基本变换的比例中心为坐标原点。比例变换有两种基本变换：

1）局部比例变换

把空间点的坐标分别沿 x、y、z 方向按比例放缩 a、e、j 倍后变为

$$\begin{cases}x^*=ax\\y^*=ey\\z^*=jz\end{cases}$$

其变换矩阵为

$$T=\begin{bmatrix}a & 0 & 0 & 0\\0 & e & 0 & 0\\0 & 0 & j & 0\\0 & 0 & 0 & 1\end{bmatrix}$$

特别地，当 $a=e=j\neq0$ 时，这种等比变换是以坐标原点为相似中心的三维相似变换。

2）整体比例变换

$T_{4\times4}$ 方阵中 s 起全局比例变换的作用，当主对角线 $a=e=j=1$，$s\neq1$ 时，可得到整体比例变换矩阵：

$$T=\begin{bmatrix}1 & 0 & 0 & 0\\0 & 1 & 0 & 0\\0 & 0 & 1 & 0\\0 & 0 & 0 & s\end{bmatrix}$$

对图形施加变换 T 得

$$[x\quad y\quad z\quad 1]\cdot T=[x\quad y\quad z\quad s]\xrightarrow{\text{正常化}}\left[\frac{x}{s}\quad \frac{y}{s}\quad \frac{z}{s}\quad 1\right]=[x^*\quad y^*\quad z^*\quad 1]$$

即变换后的图形坐标为

$$\begin{cases} x^* = \dfrac{x}{s} \\ y^* = \dfrac{y}{s} \\ z^* = \dfrac{z}{s} \end{cases}$$

当 $s>1$ 时，立体缩小；当 $s<1$ 时，立体放大。

图 4.32 是立方体作比例变换的情况：图(a)是原立方体，图(b)是立方体作局部比例变换($a=1$，$e=3$，$j=2$，$s=1$，不等比变换)后的结果，图(c)是立方体作整体比例变换($a=e=j=1$，$s=0.5$)后的结果。

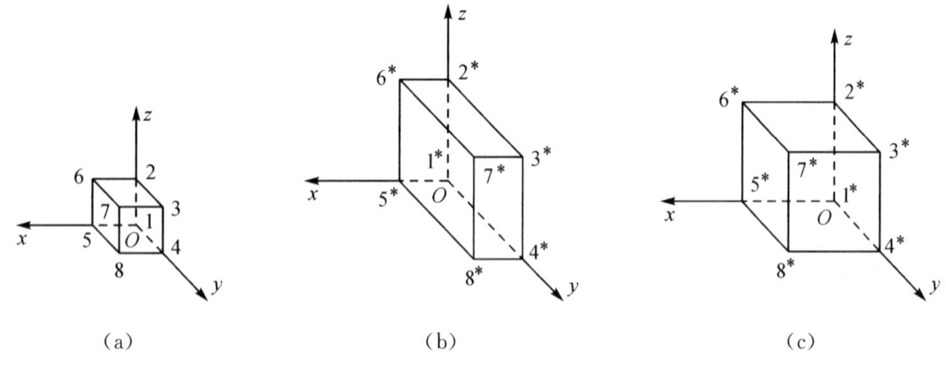

图 4.32　比例变换

3. 镜像(对称)变换

镜像变换中的基本变换的镜像(对称)平面为坐标平面，镜像前后的图形对称于该坐标平面。基本镜像变换有三种类型。

1) 关于 xOy 坐标平面的镜像变换

镜像前后点的 x、y 坐标不变，z 坐标取反，即

$$\begin{cases} x^* = x \\ y^* = y \\ z^* = -z \end{cases}$$

其变换矩阵为

$$\boldsymbol{T} = \begin{bmatrix} 1 & 0 & 0 & 0 \\ 0 & 1 & 0 & 0 \\ 0 & 0 & -1 & 0 \\ 0 & 0 & 0 & 1 \end{bmatrix}$$

2) 关于 xOz 坐标平面的镜像变换

镜像前后点的 x、z 坐标不变，y 坐标取反，即

$$\begin{cases} x^* = x \\ y^* = -y \\ z^* = z \end{cases}$$

其变换矩阵为

$$T=\begin{bmatrix}1 & 0 & 0 & 0\\0 & -1 & 0 & 0\\0 & 0 & 1 & 0\\0 & 0 & 0 & 1\end{bmatrix}$$

3）关于 yOz 坐标平面的镜像变换

镜像前后点的 y、z 坐标不变，x 坐标取反，即

$$\begin{cases}x^*=-x\\y^*=y\\z^*=z\end{cases}$$

其变换矩阵为

$$T=\begin{bmatrix}-1 & 0 & 0 & 0\\0 & 1 & 0 & 0\\0 & 0 & 1 & 0\\0 & 0 & 0 & 1\end{bmatrix}$$

图 4.33 为立方体关于 yOz 坐标平面的镜像变换。

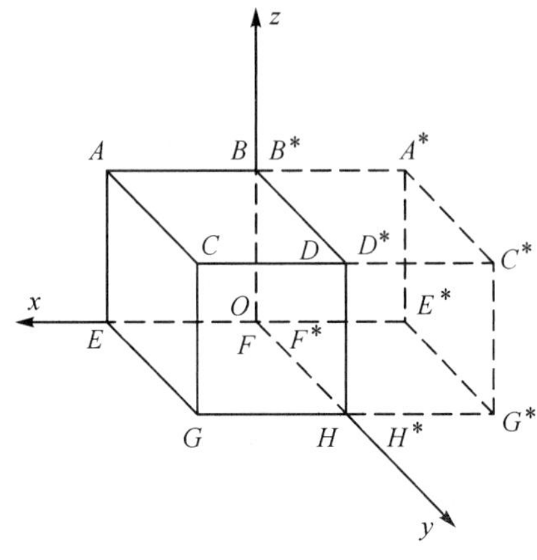

图 4.33　关于 yOz 坐标平面的镜像变换

4. 错切变换

错切变换中的基本变换有沿 x 轴的错切、沿 y 轴的错切、沿 z 轴的错切三种情况。

1）沿 x 轴的错切变换

沿 x 轴错切变换时仅 x 坐标变化，而 y 和 z 坐标不变。如图 4.34 所示，沿 x 轴错切时，有沿 x 含 y 错切和沿 x 含 z 错切两种情况。

(1) 沿 x 含 y 错切。

沿 x 含 y 错切时，x 坐标的变化与 y 有关，即为上、下底面错切，如图 4.34(a)所示。此时，错切平面沿 x 方向移动且离开 y 轴，其坐标变化为

$$\begin{cases} x^* = x + dy \\ y^* = y \\ z^* = z \end{cases}$$

这里 $d=\tan\theta$，θ 为错切角。其变换矩阵为

$$T=\begin{bmatrix} 1 & 0 & 0 & 0 \\ d & 1 & 0 & 0 \\ 0 & 0 & 1 & 0 \\ 0 & 0 & 0 & 1 \end{bmatrix}$$

(2) 沿 x 含 z 错切。

沿 x 含 z 错切时，x 坐标的变化与 z 有关，即为前、后侧面错切，如图 4.34(b)所示。此时，错切平面沿 x 方向移动且离开 z 轴，其坐标变化为

$$\begin{cases} x^* = x + hz \\ y^* = y \\ z^* = z \end{cases}$$

这里 $h=\tan\theta$，θ 为错切角。其变换矩阵为

$$T=\begin{bmatrix} 1 & 0 & 0 & 0 \\ 0 & 1 & 0 & 0 \\ h & 0 & 1 & 0 \\ 0 & 0 & 0 & 1 \end{bmatrix}$$

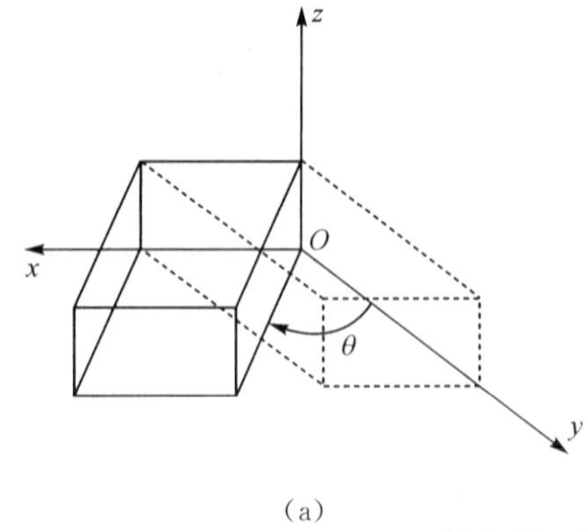

(a)

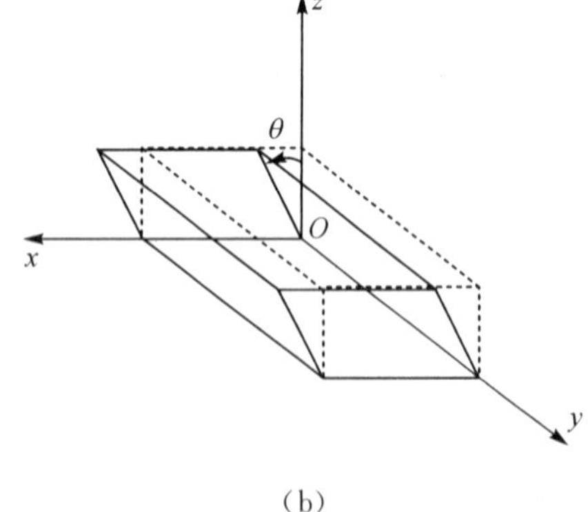

(b)

图 4.34　沿 x 轴的错切变换

2) 沿 y 轴的错切变换

沿 y 轴错切变换时，仅 y 坐标变化，而 x 和 z 坐标不变。如图 4.35 所示，沿 y 轴错切时，有沿 y 含 x 错切和沿 y 含 z 错切两种情况。

(1) 沿 y 含 x 错切。

沿 y 含 x 错切时，y 坐标的变化与 x 有关，即为上、下底面错切，如图 4.35(a)所示。此时，错切平面沿 y 方向移动且离开 x 轴，其坐标变化为

$$\begin{cases} x^* = x \\ y^* = bx + y \\ z^* = z \end{cases}$$

这里 $b=\tan\theta$，θ 为错切角。其变换矩阵为

$$T=\begin{bmatrix}1 & b & 0 & 0\\0 & 1 & 0 & 0\\0 & 0 & 1 & 0\\0 & 0 & 0 & 1\end{bmatrix}$$

(2) 沿 y 含 z 错切。

沿 y 含 z 错切时，y 坐标的变化与 z 有关，即为左、右侧面错切，如图 4.35(b)所示。此时，错切平面沿 y 方向移动且离开 z 轴，其坐标变化为

$$\begin{cases}x^*=x\\y^*=y+iz\\z^*=z\end{cases}$$

这里 $i=\tan\theta$，θ 为错切角。其变换矩阵为

$$T=\begin{bmatrix}1 & 0 & 0 & 0\\0 & 1 & 0 & 0\\0 & i & 1 & 0\\0 & 0 & 0 & 1\end{bmatrix}$$

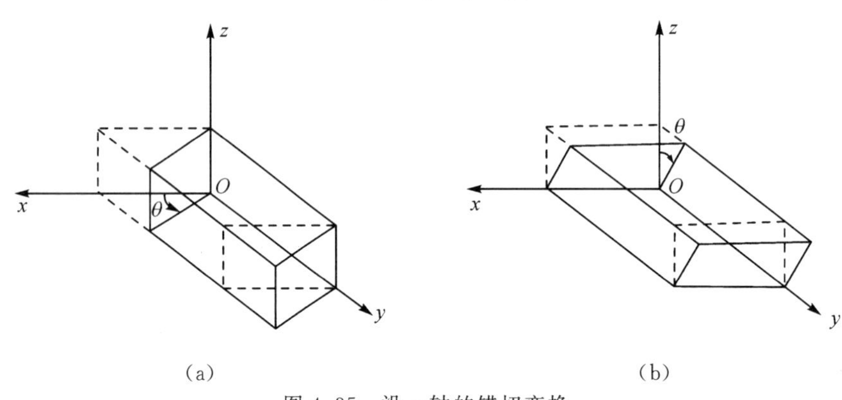

图 4.35　沿 y 轴的错切变换

3) 沿 z 轴的错切变换

沿 z 轴错切变换时，仅 z 坐标变化，x 和 y 坐标不变。如图 4.36 所示，沿 z 轴错切时，分有沿 z 含 x 错切和沿 z 含 y 错切两种情况。

(1) 沿 z 含 x 错切。

沿 z 含 x 错切时，z 坐标的变化与 x 有关，即为前、后侧面错切，如图 4.36(a)所示。此时，错切平面沿 z 方向移动且离开 x 轴，其坐标变化为

$$\begin{cases}x^*=x\\y^*=y\\z^*=cx+z\end{cases}$$

这里 $c=\tan\theta$，θ 为错切角。其变换矩阵为

$$T=\begin{bmatrix}1&0&c&0\\0&1&0&0\\0&0&1&0\\0&0&0&1\end{bmatrix}$$

(2) 沿 z 含 y 错切。

沿 z 含 y 错切时，z 坐标的变化与 y 有关，即为左、右侧面错切，如图 4.36(b)所示。此时，错切平面沿 z 方向移动且离开 y 轴，其坐标变化为

$$\begin{cases}x^*=x\\y^*=y\\z^*=fy+z\end{cases}$$

这里 $f=\tan\theta$，θ 为错切角。其变换矩阵为

$$T=\begin{bmatrix}1&0&0&0\\0&1&f&0\\0&0&1&0\\0&0&0&1\end{bmatrix}$$

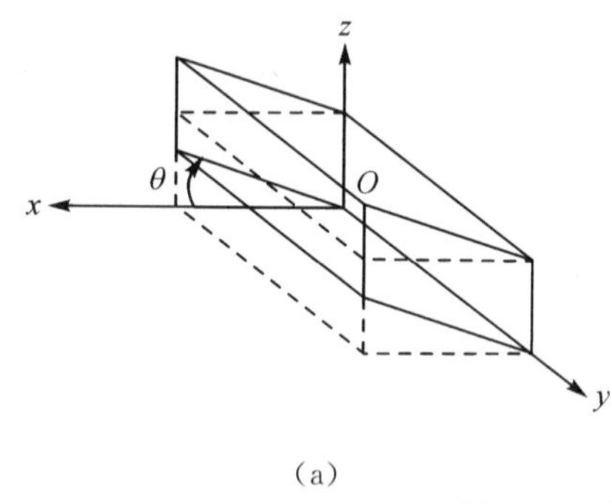

(a)

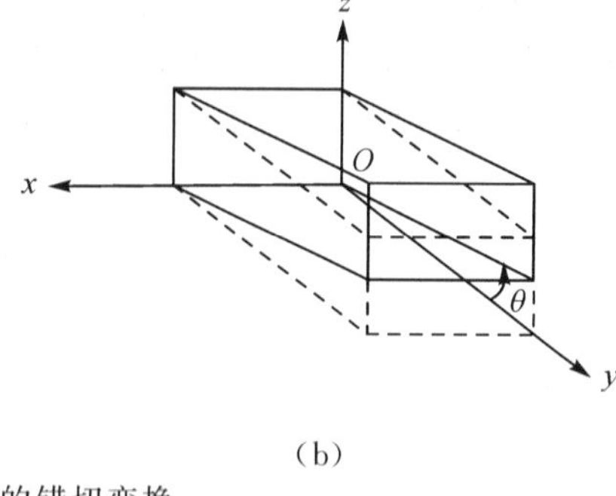

(b)

图 4.36　沿 z 轴的错切变换

上述六种基本错切变换的组合即为一般错切变换，其坐标满足：

$$\begin{cases}x^*=x+dy+hz\\y^*=bx+y+iz\\z^*=cx+fy+z\end{cases}$$

其变换矩阵为

$$T=\begin{bmatrix}1&b&c&0\\d&1&f&0\\h&i&1&0\\0&0&0&1\end{bmatrix}$$

错切变换可用于产生斜轴测图(先错切再正交投影)及需要产生变形物体(如动画场景)的情况。

5. 旋转变换

物体绕某个三维轴线旋转称为三维旋转变换。转轴可以是坐标轴，也可以是任意位置

的直线。转轴分别为 x、y、z 坐标轴时的旋转变换称为基本旋转变换。转轴是任意位置的直线时，可通过基本变换的组合来完成。

转角正负的规定：按右手定则确定，用大拇指指向转轴正向，则四指环绕的方向为正向旋转，其转角取正值；反之为负向旋转，转角取负值。

三维基本旋转变换由于空间点在旋转过程中沿转轴(即坐标轴)方向的坐标不变，因此其本质仍是二维旋转变换。下面分别介绍绕 z、x、y 轴旋转的情况。

1）绕 z 轴旋转 θ_z 角

空间点绕 z 轴旋转 θ_z 角后，z 坐标不变，x、y 坐标改变(同二维旋转代数式)，即得

$$\begin{cases} x^* = x\cos\theta_z - y\sin\theta_z \\ y^* = x\sin\theta_z + y\cos\theta_z \\ z^* = z \end{cases}$$

其旋转变换矩阵为

$$\boldsymbol{T}_{\theta_z} = \begin{bmatrix} \cos\theta_z & \sin\theta_z & 0 & 0 \\ -\sin\theta_z & \cos\theta_z & 0 & 0 \\ 0 & 0 & 1 & 0 \\ 0 & 0 & 0 & 1 \end{bmatrix}$$

2）绕 x 轴旋转 θ_x 角

空间点绕 x 轴正向旋转 θ_x 角后，x 坐标不变，y、z 坐标变化。将二维旋转变换代数式中的 $x\to y$，$y\to z$，$x^*\to y^*$，$y^*\to z^*$，即得

$$\begin{cases} x^* = x \\ y^* = y\cos\theta_x - z\sin\theta_x \\ z^* = y\sin\theta_x + z\cos\theta_x \end{cases}$$

其旋转变换矩阵为

$$\boldsymbol{T}_{\theta_x} = \begin{bmatrix} 1 & 0 & 0 & 0 \\ 0 & \cos\theta_x & \sin\theta_x & 0 \\ 0 & -\sin\theta_x & \cos\theta_x & 0 \\ 0 & 0 & 0 & 1 \end{bmatrix}$$

3）绕 y 轴旋转 θ_y 角

空间点绕 y 轴旋转 θ_y 角后，y 坐标不变，x、z 坐标改变。将二维旋转变换代数式中的 $x\to z$，$y\to x$，$x^*\to z^*$，$y^*\to x^*$，即得

$$\begin{cases} x^* = x\cos\theta_y + z\sin\theta_y \\ y^* = y \\ z^* = -x\sin\theta_y + z\cos\theta_y \end{cases}$$

其旋转变换矩阵为

$$\boldsymbol{T}_{\theta_y} = \begin{bmatrix} \cos\theta_y & 0 & -\sin\theta_y & 0 \\ 0 & 1 & 0 & 0 \\ \sin\theta_y & 0 & \cos\theta_y & 0 \\ 0 & 0 & 0 & 1 \end{bmatrix}$$

图 4.37 为立方体分别绕 x、y、z 轴旋转 90°的变换。

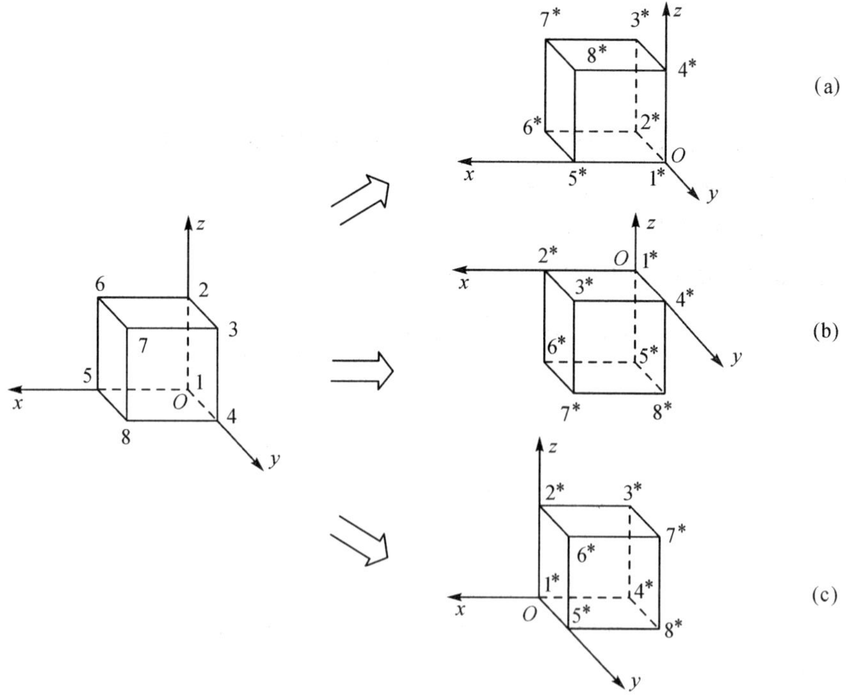

(a) 绕 x 轴旋转 90°　(b) 绕 y 轴旋转 90°　(c) 绕 z 轴旋转 90°

图 4.37　立方体绕各坐标轴的旋转变换

4.6.2　三维组合变换

同二维组合变换一样，三维组合变换矩阵等于依变换次序形成的基本变换矩阵的乘积。这里以转轴为过原点的一般位置直线为例介绍组合变换矩阵的推导。

如图 4.38(a)所示，设转轴为 ON，空间点 P 绕 ON 旋转 θ 角到 P^* 点。转轴 ON 由其与 x、y、z 坐标轴的夹角 α、β、γ(方向角)定义，它对三个坐标轴的方向余弦为

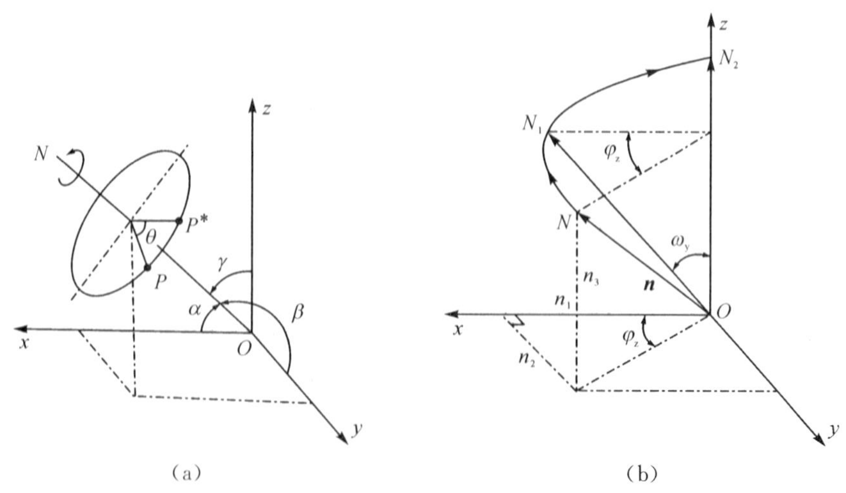

图 4.38　点 P 绕过原点的 ON 轴旋转

$$\begin{cases} n_1 = \cos\alpha \\ n_2 = \cos\beta \\ n_3 = \cos\gamma \end{cases}$$

参见图 4.38(b)，设 $\boldsymbol{n}$ 为 ON 轴上的单位矢量，则其分量分别为 n_1、n_2、n_3。求 P 点旋转到 P^* 点的变换矩阵 $\boldsymbol{T}_R$ 的变换步骤如下：

(1) ON 轴绕 z 轴旋转 $-\varphi_z$ 角，使 ON 轴转到 xOz 坐标面上的 ON_1 位置。此时 P 点随之转到 P_1 处(图中未画出)，由图中的几何关系可得

$$\cos\varphi_z = \frac{n_1}{\sqrt{n_1^2 + n_2^2}}, \quad \sin\varphi_z = \frac{n_2}{\sqrt{n_1^2 + n_2^2}}$$

变换矩阵为

$$\boldsymbol{T}_{-\varphi_z} = \begin{bmatrix} \cos\varphi_z & -\sin\varphi_z & 0 & 0 \\ \sin\varphi_z & \cos\varphi_z & 0 & 0 \\ 0 & 0 & 1 & 0 \\ 0 & 0 & 0 & 1 \end{bmatrix}$$

(2) 把在 xOz 坐标面上的 ON_1 绕 y 轴旋转 $-\omega_y$ 角，与 z 轴重合在 ON_2 处。此时 P_1 点随之转到 P_2 点的位置(图中未画出)，由图可得

$$\cos\omega_y = n_3, \quad \sin\omega_y = \sqrt{n_1^2 + n_2^2}$$

变换矩阵为

$$\boldsymbol{T}_{-\omega_y} = \begin{bmatrix} \cos\omega_y & 0 & \sin\omega_y & 0 \\ 0 & 1 & 0 & 0 \\ -\sin\omega_y & 0 & \cos\omega_y & 0 \\ 0 & 0 & 0 & 1 \end{bmatrix}$$

(3) P_2 点绕 ON_2(z 轴)旋转 θ 角，转到 P_3 点(图中未画出)，其变换矩阵为

$$\boldsymbol{T}_{\theta} = \begin{bmatrix} \cos\theta & \sin\theta & 0 & 0 \\ -\sin\theta & \cos\theta & 0 & 0 \\ 0 & 0 & 1 & 0 \\ 0 & 0 & 0 & 1 \end{bmatrix}$$

(4) 对步骤(2)作逆变换，返回位置 ON_1 处，其变换矩阵为

$$\boldsymbol{T}_{\omega_y} = \begin{bmatrix} \cos\omega_y & 0 & -\sin\omega_y & 0 \\ 0 & 1 & 0 & 0 \\ \sin\omega_y & 0 & \cos\omega_y & 0 \\ 0 & 0 & 0 & 1 \end{bmatrix}$$

(5) 对步骤(1)作逆变换，返回原位置 ON 处，其变换矩阵为

$$\boldsymbol{T}_{\varphi_z} = \begin{bmatrix} \cos\varphi_z & \sin\varphi_z & 0 & 0 \\ -\sin\varphi_z & \cos\varphi_z & 0 & 0 \\ 0 & 0 & 1 & 0 \\ 0 & 0 & 0 & 1 \end{bmatrix}$$

以上变换的组合变换就是绕过原点的一般位置直线的旋转变换，其变换矩阵为

$$\boldsymbol{T}_{\mathrm{R}}=\boldsymbol{T}_{-\varphi_z}\cdot\boldsymbol{T}_{-\omega_y}\cdot\boldsymbol{T}_{\theta}\cdot\boldsymbol{T}_{\omega_y}\cdot\boldsymbol{T}_{\varphi_z}$$

相乘化简，并代入 $\cos\omega_y$、$\sin\omega_y$、$\cos\varphi_z$、$\sin\varphi_z$ 的值，得

$$\boldsymbol{T}_{\mathrm{R}}=\begin{bmatrix} n_1^2+(1-n_1^2)\cos\theta & n_1n_2(1-\cos\theta)+n_3\sin\theta & n_1n_3(1-\cos\theta)-n_2\sin\theta & 0 \\ n_1n_2(1-\cos\theta)-n_3\sin\theta & n_2^2+(1-n_2^2)\cos\theta & n_2n_3(1-\cos\theta)+n_1\sin\theta & 0 \\ n_1n_3(1-\cos\theta)+n_2\sin\theta & n_2n_3(1-\cos\theta)-n_1\sin\theta & n_3^2+(1-n_3^2)\cos\theta & 0 \\ 0 & 0 & 0 & 1 \end{bmatrix}$$

4.7 正平行投影变换

正平行投影变换也称为正交投影变换。如前所述，采用模型变换或视点变换都可获得正交投影模式下的基本视图和正轴测图。本节介绍视点和投影面不动而通过模型变换以获得投影图的方法。

为直观起见，取 xOz 坐标平面（V 面）为投影面，观察方向与 xOz 面垂直即为 y 轴方向，如图 4.39 所示。若以其他坐标平面和坐标轴方向构成投影体系，则变换矩阵的推导方法与下面类似。

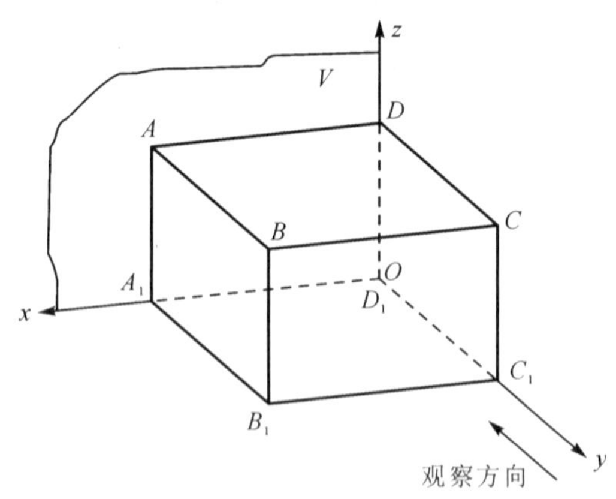

图 4.39 正交投影体系

1. 正交投影矩阵

当模型变换完成后或透视变换（后面介绍）完成后，都需要将物体向投影面（成像面）正交投射得到物体的投影图（视图），如图 4.39 所示，正交投影后，点的 x、z 坐标不变，y 坐标为 0，即

$$\begin{cases} x^*=x \\ y^*=0 \\ z^*=z \end{cases}$$

其变换矩阵推导如下：

$$[x^* \quad y^* \quad z^* \quad 1]=[x \quad 0 \quad z \quad 1]=[x \quad y \quad z \quad 1]\begin{bmatrix}1 & 0 & 0 & 0\\0 & 0 & 0 & 0\\0 & 0 & 1 & 0\\0 & 0 & 0 & 1\end{bmatrix}$$

正交投影矩阵为

$$\boldsymbol{T}_V=\begin{bmatrix}1 & 0 & 0 & 0\\0 & 0 & 0 & 0\\0 & 0 & 1 & 0\\0 & 0 & 0 & 1\end{bmatrix}$$

这是所有向 V 面投影的一个基本变换矩阵。

2. 正轴测投影变换

正轴测投影变换即一般的正交投影变换，可产生正轴测图。

1）正轴测投影变换矩阵

几何建模时，为了便于描述物体，一般将物体相对于坐标平面(投影面)正放建模。这里以 V 面为轴测投影面，空间物体相对 V 面正放作为初始位置。

根据正轴测图的形成，先把物体绕 z 轴旋转 θ_z(正转时角度为正值，反转时角度为负值，下同)，再绕 x 轴旋转 θ_x，最后向 V 面作正交投影得到正轴测图，如图 4.40 所示。其变换矩阵为

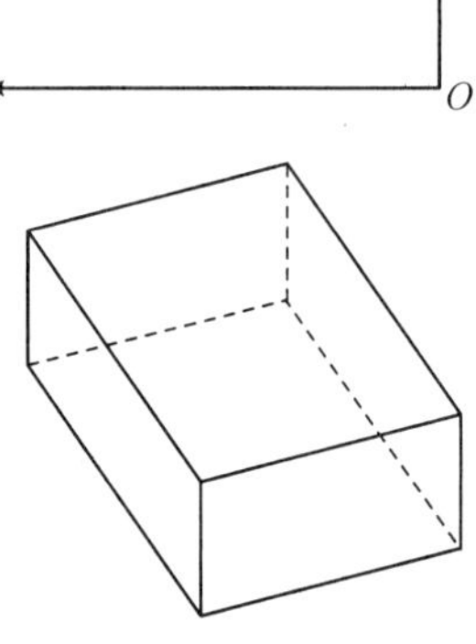

图 4.40　正轴测图

$$\boldsymbol{T}_{正}=\underset{(绕\ z\ 轴旋转\ \theta_z)}{\begin{bmatrix}\cos\theta_z & \sin\theta_z & 0 & 0\\-\sin\theta_z & \cos\theta_z & 0 & 0\\0 & 0 & 1 & 0\\0 & 0 & 0 & 1\end{bmatrix}}\cdot\underset{(绕\ x\ 轴旋转\ \theta_x)}{\begin{bmatrix}1 & 0 & 0 & 0\\0 & \cos\theta_x & \sin\theta_x & 0\\0 & -\sin\theta_x & \cos\theta_x & 0\\0 & 0 & 0 & 1\end{bmatrix}}\cdot\underset{(向\ V\ 面投影)}{\begin{bmatrix}1 & 0 & 0 & 0\\0 & 0 & 0 & 0\\0 & 0 & 1 & 0\\0 & 0 & 0 & 1\end{bmatrix}}$$

$$=\begin{bmatrix}\cos\theta_z & 0 & \sin\theta_z\sin\theta_x & 0\\-\sin\theta_z & 0 & \cos\theta_z\sin\theta_x & 0\\0 & 0 & \cos\theta_x & 0\\0 & 0 & 0 & 1\end{bmatrix}$$

2）两种常用正轴测图的变换矩阵

(1) 正等轴测图的变换矩阵。

根据正等轴测图的形成，当 $\theta_z=45°$，$\theta_x=-35°16'=-35.26°$时即可形成正等轴测图(轴间角为 120°，实际轴向伸缩系数为 0.82)，将其代入 $\boldsymbol{T}_{正}$ 中得变换矩阵为

$$\boldsymbol{T}_{正等测}=\begin{bmatrix}0.7071 & 0 & -0.4082 & 0\\-0.7071 & 0 & -0.4082 & 0\\0 & 0 & 0.8165 & 0\\0 & 0 & 0 & 1\end{bmatrix}$$

(2) 正二等轴测图的变换矩阵。

根据正二等轴测图轴间角、轴向伸缩系数的规定，当 $\theta_z=20°42'=20.7°$，$\theta_x=-19°28'=-19.47°$时即可形成正二等轴测图，将其代入 $\boldsymbol{T}_{正}$ 中得变换矩阵为

$$\boldsymbol{T}_{正二等测}=\begin{bmatrix}0.9345 & 0 & -0.1178 & 0\\ -0.3535 & 0 & -0.3118 & 0\\ 0 & 0 & 0.9428 & 0\\ 0 & 0 & 0 & 1\end{bmatrix}$$

3. 正投影变换

正投影变换为一般正交投影变换的特例，可用于产生三视图。

1) 正面投影变换

利用正面投影变换可产生主视图。物体在正放位置不动，直接向 V 面投影即为正面投影变换。令 $\theta_z=0°$，$\theta_x=0°$，将它们代入 $\boldsymbol{T}_{正}$ 中得正面投影变换矩阵为

$$\boldsymbol{T}_V=\begin{bmatrix}1 & 0 & 0 & 0\\ 0 & 0 & 0 & 0\\ 0 & 0 & 1 & 0\\ 0 & 0 & 0 & 1\end{bmatrix}$$

这就是上面的正交投影矩阵。由此变换产生的主视图如图 4.41(a)所示。

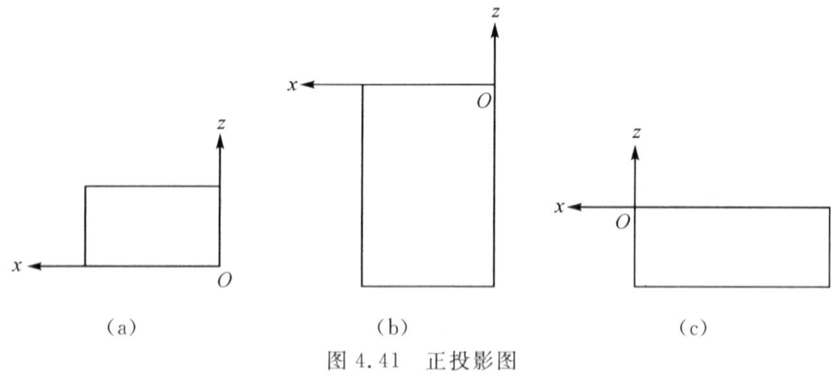

图 4.41　正投影图

2) 水平投影变换

利用水平投影变换可产生俯视图。令 $\theta_z=0°$，$\theta_x=-90°$，将它们代入 $\boldsymbol{T}_{正}$ 中得水平投影变换矩阵为

$$\boldsymbol{T}_H=\begin{bmatrix}1 & 0 & 0 & 0\\ 0 & 0 & -1 & 0\\ 0 & 0 & 0 & 0\\ 0 & 0 & 0 & 1\end{bmatrix}$$

由此变换产生的俯视图如图 4.41(b)所示。

3) 侧面投影变换

利用侧面投影变换可产生左视图。令 $\theta_z=90°$，$\theta_x=0°$，将它们代入 $\boldsymbol{T}_{正}$ 中得侧面投影变换矩阵为

$$T_W = \begin{bmatrix} 0 & 0 & 0 & 0 \\ -1 & 0 & 0 & 0 \\ 0 & 0 & 1 & 0 \\ 0 & 0 & 0 & 1 \end{bmatrix}$$

由此变换产生的左视图如图 4.41(c)所示。

4.8　透视投影变换

透视投影采用的是中心投影法的原理，如图 4.42 所示。进行透视投影时，为了得到好的投影效果，一般把投影面放在视点(投影中心、观察者)与物体之间，由视点向物体发出的投射线与投影面的交点形成物体的透视图。透视图符合人们的视觉习惯，立体感强、逼真，常用于产品设计、建筑工程、艺术等领域。

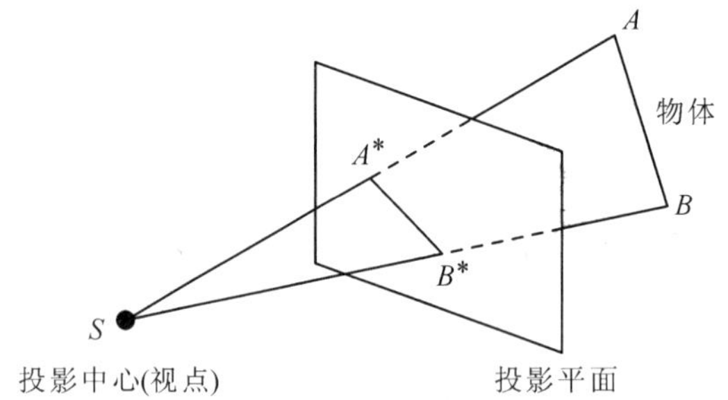

图 4.42　透视投影

4.8.1　灭点与透视投影特性

1. 灭点的概念

倾斜于投影面的直线上无穷远点的透视投影称为灭点。参见图 4.43，从极限的角度可以证明，直线的灭点可通过由视点(如 S)引平行于该直线(如 AB)的直线(如 SM)，然后与投影面相交得到。O 点就是直线 AB 的灭点。

任何一组平行线，只要其不平行于投影面，它们便有共同的灭点。灭点是客观存在的，生活中我们看到远去的公路消失在地平线上就是这个道理。

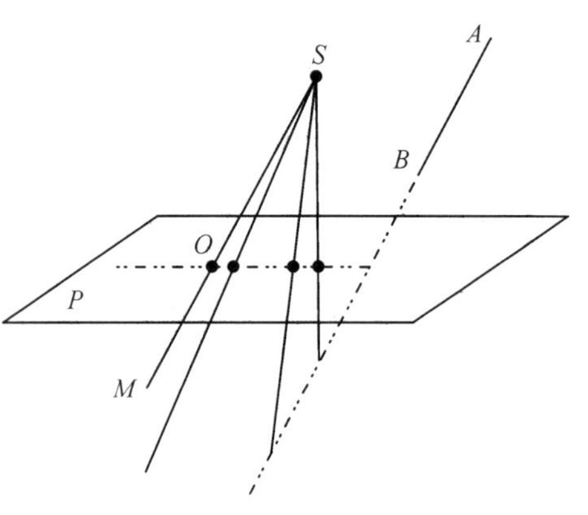

图 4.43　灭点的产生

2. 透视投影特性

假设投影面在视点和物体之间，透视投影有以下特性：

(1) 空间线段的透视投影均缩短，距投影面越远，缩短得越厉害，如图 4.42 所示。

(2) 空间相交直线的透视投影必然相交，投影的交点就是空间交点的投影。

(3) 平行于投影面的一组平行线，其透视投影也平行。

(4) 不平行于投影面的任何一组平行线，其透视投影将汇集于灭点。这可通过把平行线看作是交点在无穷远处的一组相交直线(如几何光学中将照在地表面的太阳光按平行光线处理)来理解。

3. 主灭点与透视投影的种类

在透视投影中，物体上与坐标轴平行的轮廓线的灭点称为主灭点。主灭点最多可以有三个。按主灭点数目的多少，透视投影分为一点透视、两点透视和三点透视三种。相应的透视图分别称为一点透视图、两点透视图、三点透视图。灭点个数越多，透视图的立体感越强。

4.8.2　点的透视变换

如前所述，在三维图形系统中，投影在观察坐标系中进行。利用 4.9 节的坐标系之间的坐标变换，便可得到物体在观察坐标系下的坐标。图 4.44 为本书建立的透视投影体系(等价于观察坐标系)，投影面为 xOz 坐标面，在 y 轴上有一视点 $V_P(0, y_{V_P}, 0)$，通过视点和投影面不动而进行模型变换的途径产生不同效果的透视图。

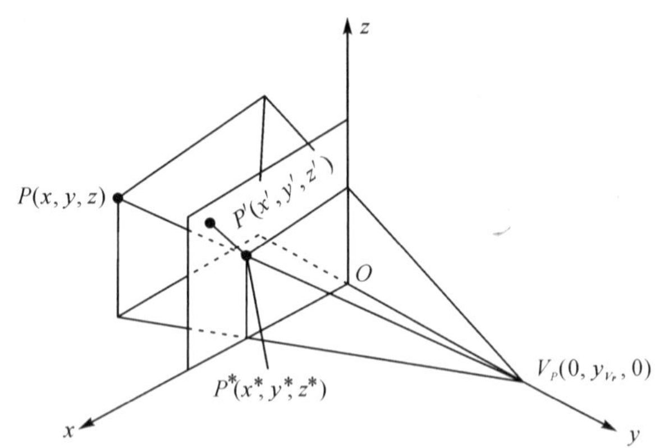

图 4.44　透视投影体系与点的透视变换

其他透视投影体系下(如 xOy 坐标面为投影面、z 轴为观察方向的投影体系)的透视变换推导方法类同。

设 P 为物体上任一点，P 和 V_P 点的连线 PV_P 与投影面 xOz 相交于 P^*，P^* 就是 P 点的透视投影，其变换矩阵推导如下：

投射线 PV_P 的参数方程为

$$\begin{cases} x = 0 + (x-0)t \\ y = y_{V_P} + (y - y_{V_P})t \\ z = 0 + (z-0)t \end{cases}$$

投影面 xOz 的方程为 $y=0$。

将上述方程联立求解得到 $t=\dfrac{y_{V_P}}{y_{V_P}-y}$，把 t 代入投射线方程得投影点 P^* 的坐标为

$$\begin{cases} x^* = xt = \dfrac{y_{V_P} x}{y_{V_P} - y} = \dfrac{x}{1 - y/y_{V_P}} \\ y^* = 0 \\ z^* = zt = \dfrac{y_{V_P} z}{y_{V_P} - y} = \dfrac{z}{1 - y/y_{V_P}} \end{cases}$$

上述变换 y 坐标为 0，而 y 坐标在此投影体系下反映的是深度坐标，是隐藏线、隐藏面消除必须依赖的坐标，为保留用于消隐的深度信息，特引入透视变换点 $P'(x', y', z')$，其坐标为

$$\begin{cases} x' = x^* = xt = \dfrac{y_{V_P} x}{y_{V_P} - y} = \dfrac{x}{1 - y/y_{V_P}} \\ y' = yt = \dfrac{y_{V_P} y}{y_{V_P} - y} = \dfrac{y}{1 - y/y_{V_P}} \\ z' = z^* = zt = \dfrac{y_{V_P} z}{y_{V_P} - y} = \dfrac{z}{1 - y/y_{V_P}} \end{cases}$$

由于 $\dfrac{\mathrm{d}y'}{\mathrm{d}y} = \dfrac{{y_{V_P}}^2}{(y_{V_P} - y)^2} > 0$，即 y' 是 y 的增函数，因此 y' 保留了深度信息，且 $P'(x', y', z')$ 位于 $P^*(x^*, y^*, z^*)$ 的正后方。由 P' 构成的物体称为透视变换体。

用 $P'(x', y', z')$ 代替 $P^*(x^*, y^*, z^*)$ 研究透视变换，一方面能进行消隐处理，另一方面也能绘制透视图(用 x'、z' 坐标绘图即可)。

上式的矩阵形式为

$$[x' \quad y' \quad z' \quad 1] = \left[x \cdot \frac{1}{1 - y/y_{V_P}} \quad y \cdot \frac{1}{1 - y/y_{V_P}} \quad z \cdot \frac{1}{1 - y/y_{V_P}} \quad 1\right] \xleftarrow{\text{正常化}}$$

$$[x \quad y \quad z \quad 1 - y/y_{V_P}] = [x \quad y \quad z \quad 1] \cdot \begin{bmatrix} 1 & 0 & 0 & 0 \\ 0 & 1 & 0 & -\dfrac{1}{y_{V_P}} \\ 0 & 0 & 1 & 0 \\ 0 & 0 & 0 & 1 \end{bmatrix} = [x \quad y \quad z \quad 1] \cdot \boldsymbol{T}_P$$

矩阵 $\boldsymbol{T}_P = \begin{bmatrix} 1 & 0 & 0 & 0 \\ 0 & 1 & 0 & -\dfrac{1}{y_{V_P}} \\ 0 & 0 & 1 & 0 \\ 0 & 0 & 0 & 1 \end{bmatrix}$ 称为透视变换矩阵。

$\boldsymbol{T}_P$ 就是以 $V_P(0, y_{V_P}, 0)$ 为视点、xOz 面(V 面)为投影面得到的透视变换矩阵，它是我们下面研究各种透视变换的基本变换矩阵。

点 $P(x, y, z)$ 经透视变换矩阵 $\boldsymbol{T}_P$ 变换，得

$$[x \quad y \quad z \quad 1] \cdot \boldsymbol{T}_P = \left[x \quad y \quad z \quad \frac{y_{V_P} - y}{y_{V_P}}\right] \xrightarrow{\text{正常化}} \left[\frac{x y_{V_P}}{y_{V_P} - y} \quad \frac{y y_{V_P}}{y_{V_P} - y} \quad \frac{z y_{V_P}}{y_{V_P} - y} \quad 1\right]$$
$$= [x' \quad y' \quad z' \quad 1]$$

可以看出，透视变换后得到一个变形的物体，其上任一点为 $P'(x', y', z')$。这里的 y'

为深度坐标，对判断可见性(也就是处理隐藏线、隐藏面)有用。

画投影图时，还要作正交投影变换，即

$$[x' \quad y' \quad z' \quad 1]\cdot \boldsymbol{T}_V=[x' \quad 0 \quad z' \quad 1]=[x^* \quad 0 \quad z^* \quad 1]$$

投影后 x'、z'不变并与 x^*、z^* 分别相等，故可直接取 x'、z'坐标画图。

4.8.3　物体的透视变换与透视图

如前所述，在建模时，物体相对于坐标平面处于正放位置，如图 4.45 所示。

1. 一点透视(平行透视)变换

按照图 4.45，物体上只有一组棱线(如 y 轴方向的棱线)不平行于投影面，这组棱线的透视投影出现灭点，形成一点透视。但这个位置直接产生透视图效果不好，为增强透视图的立体感，通常将物体置于 V 面后、H 面(水平投影面)下。故一点透视变换是先把物体平移到合适的位置，然后进行透视变换。这是一个组合变换，其变换矩阵为

$$\boldsymbol{T}_1=\begin{bmatrix}1 & 0 & 0 & 0\\0 & 1 & 0 & 0\\0 & 0 & 1 & 0\\l & m & n & 1\end{bmatrix}\cdot\begin{bmatrix}1 & 0 & 0 & 0\\0 & 1 & 0 & -\dfrac{1}{y_{V_P}}\\0 & 0 & 1 & 0\\0 & 0 & 0 & 1\end{bmatrix}=\begin{bmatrix}1 & 0 & 0 & 0\\0 & 1 & 0 & -\dfrac{1}{y_{V_P}}\\0 & 0 & 1 & 0\\l & m & n & 1-\dfrac{m}{y_{V_P}}\end{bmatrix}$$

利用$[x \quad y \quad z \quad 1]\cdot \boldsymbol{T}_1$不难推出一点透视变换后点的坐标为 x'、y'、z'。

图 4.46 是图 4.45 中单位立方体经一点透视变换再正交投影后得到的一点透视图。图中，变换前物体上所有平行于 y 轴的轮廓线变换后都汇交于原点(灭点)，而 x、z 方向的轮廓线仍保持与 x、z 轴平行的关系。这种现象可作以下验证：

x、y、z 轴方向的平行线可用该轴上无穷远点来表示，平行线或无穷远点用齐次坐标表示为

$$\begin{bmatrix}1 & 0 & 0 & 0\\0 & 1 & 0 & 0\\0 & 0 & 1 & 0\end{bmatrix}$$

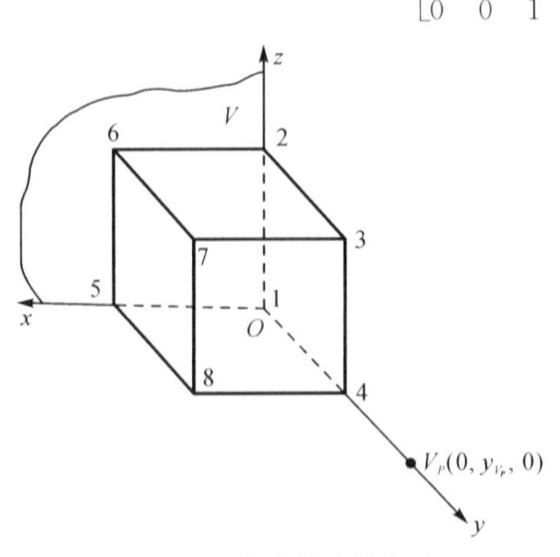

图 4.45　物体的建模位置

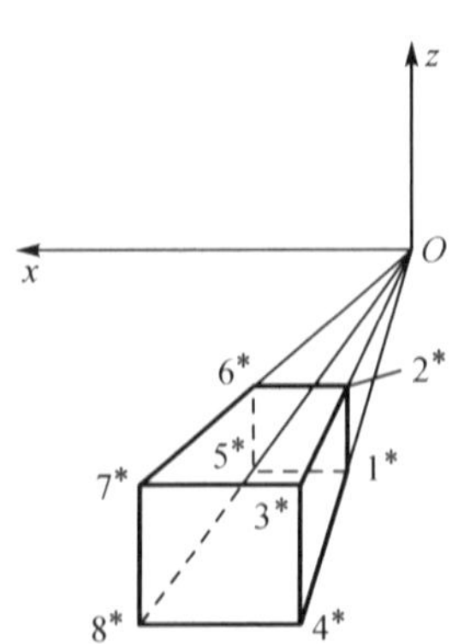

图 4.46　一点透视图

对无穷远点进行一点透视变换，则有

$$\begin{bmatrix}1&0&0&0\\0&1&0&0\\0&0&1&0\end{bmatrix}\cdot \boldsymbol{T}_1\begin{bmatrix}1&0&0&0\\0&1&0&-\dfrac{1}{y_{V_P}}\\0&0&1&0\end{bmatrix}\xrightarrow{\text{正常化}}\begin{bmatrix}\infty&\text{不定式}&\text{不定式}&1\\0&-y_{V_P}&0&1\\\text{不定式}&\text{不定式}&\infty&1\end{bmatrix}$$

可见，x、z 轴上无穷远点变换后仍在无穷远处，说明原平行于 x、z 轴的轮廓线变换后仍保持与 x、z 轴平行；y 轴上的无穷远点变换后为$[0\quad -y_{V_P}\quad 0\quad 1]$，该点向 xOz 面正交投影，也就是取其 x、z 值，即灭点与原点重合。

2. 两点透视(成角透视)变换

为了使物体的透视投影产生两个灭点，并获得较好的投影效果，两点透视变换为先使物体在初始位置的基础上绕 z 轴转 θ 角使两组棱线不平行于投影面，然后平移至 V 面的后面，最后进行透视变换，这也是一个组合变换，其变换矩阵为

$$\boldsymbol{T}_2=\begin{bmatrix}\cos\theta&\sin\theta&0&0\\-\sin\theta&\cos\theta&0&0\\0&0&1&0\\0&0&0&1\end{bmatrix}\cdot\begin{bmatrix}1&0&0&0\\0&1&0&0\\0&0&1&0\\l&m&n&1\end{bmatrix}\cdot\begin{bmatrix}1&0&0&0\\0&1&0&-\dfrac{1}{y_{V_P}}\\0&0&1&0\\0&0&0&1\end{bmatrix}$$

$$=\begin{bmatrix}\cos\theta&\sin\theta&0&-\dfrac{\sin\theta}{y_{V_P}}\\-\sin\theta&\cos\theta&0&-\dfrac{\cos\theta}{y_{V_P}}\\0&0&1&0\\l&m&n&1-\dfrac{m}{y_{V_P}}\end{bmatrix}$$

利用$[x\quad y\quad z\quad 1]\cdot \boldsymbol{T}_2$不难推出两点透视变换后点的坐标 x'、y'、z'。

三组平行线即三个轴上的无穷远点经 $\boldsymbol{T}_2$变换后为

$$\begin{bmatrix}1&0&0&0\\0&1&0&0\\0&0&1&0\end{bmatrix}\cdot \boldsymbol{T}_2=\begin{bmatrix}\cos\theta&\sin\theta&0&-\dfrac{\sin\theta}{y_{V_P}}\\-\sin\theta&\cos\theta&0&-\dfrac{\cos\theta}{y_{V_P}}\\0&0&1&0\end{bmatrix}$$

$$\xrightarrow{\text{正常化}}\begin{bmatrix}-y_{V_P}\cot\theta&-y_{V_P}&0&1\\y_{V_P}\tan\theta&-y_{V_P}&0&1\\\text{不定式}&\text{不定式}&\infty&1\end{bmatrix}$$

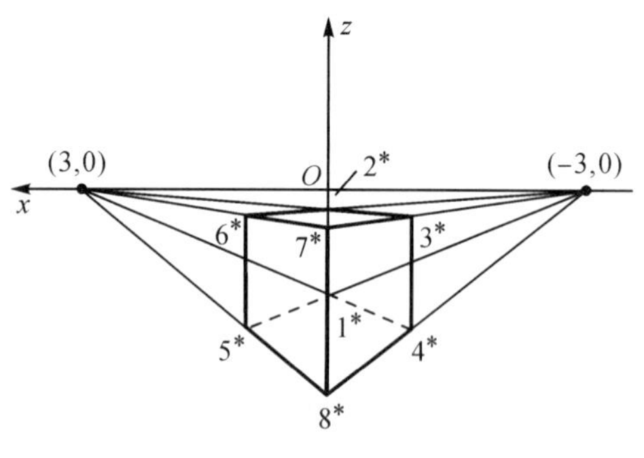

图 4.47　两点透视图

可见 x 方向轮廓线产生一个灭点$(-y_{V_P}\cot\theta,\ 0)$，y 方向轮廓线产生另一个灭点$(y_{V_P}\tan\theta,\ 0)$，而 z 方向轮廓线没有灭点，仍保持彼此平行关系。图 4.47 是图 4.45 中立方体经两点透视投影后得到的两点透视图。

3. 三点透视(斜透视)变换

三点透视变换是物体先绕 z 轴转 θ 角、再绕 x 轴转 φ 角使三组棱线不平行于投影面，然后适当平移，最后作透视变换而得到。其组合变换矩阵为

$$\boldsymbol{T}_3=\begin{bmatrix}\cos\theta & \sin\theta & 0 & 0\\ -\sin\theta & \cos\theta & 0 & 0\\ 0 & 0 & 1 & 0\\ 0 & 0 & 0 & 1\end{bmatrix}\cdot\begin{bmatrix}1 & 0 & 0 & 0\\ 0 & \cos\varphi & \sin\varphi & 0\\ 0 & -\sin\varphi & \cos\varphi & 0\\ 0 & 0 & 0 & 1\end{bmatrix}\cdot\begin{bmatrix}1 & 0 & 0 & 0\\ 0 & 1 & 0 & 0\\ 0 & 0 & 1 & 0\\ l & m & n & 1\end{bmatrix}\cdot\begin{bmatrix}1 & 0 & 0 & 0\\ 0 & 1 & 0 & -\dfrac{1}{y_{V_P}}\\ 0 & 0 & 1 & 0\\ 0 & 0 & 0 & 1\end{bmatrix}$$

$$=\begin{bmatrix}\cos\theta & \sin\theta\cos\varphi & \sin\theta\sin\varphi & -\dfrac{\sin\theta\cos\varphi}{y_{V_P}}\\ -\sin\theta & \cos\theta\cos\varphi & \cos\theta\sin\varphi & -\dfrac{\cos\theta\cos\varphi}{y_{V_P}}\\ 0 & -\sin\varphi & \cos\varphi & \dfrac{\sin\varphi}{y_{V_P}}\\ l & m & n & \dfrac{y_{V_P}-m}{y_{V_P}}\end{bmatrix}$$

三组平行线即三个轴上的无穷远点经 $\boldsymbol{T}_3$ 变换得到三个灭点：

x 向轮廓线灭点 $O_1\left(-\dfrac{y_{V_P}\cot\theta}{\cos\varphi},\ -y_{V_P}\tan\varphi\right)$

y 向轮廓线灭点 $O_2\left(\dfrac{y_{V_P}\tan\theta}{\cos\varphi},\ -y_{V_P}\tan\varphi\right)$

z 向轮廓线灭点 $O_3(0,\ y_{V_P}\cot\varphi)$

图 4.48 就是三点透视图，物体沿 x、y、z 方向的轮廓线各自交汇形成三个灭点。

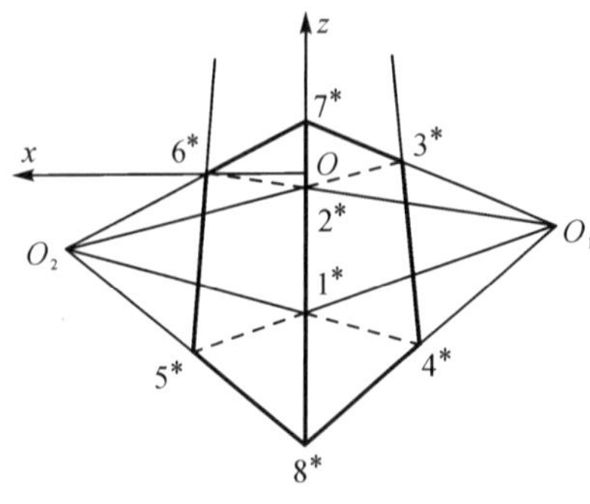

图 4.48　三点透视图

4.9　局部坐标系与世界坐标系之间的坐标变换

局部坐标系与世界坐标系之间的坐标变换广泛用于三维建模、有限元分析中的刚度矩阵形成、机构或机器人的运动控制、飞行器的姿态调整与控制、多轴数控加工等。

本节内容主要取自编者发表于 2004 年第 1 期的《图学学报》中的一篇论文，通过详细的数学推导和分析，引导学生克服怕数学的畏难情绪，改变学生盲目崇拜的价值观念，培养学生探索、追求真理的科学精神。这里的局部坐标系的坐标轴方位是任意的，不像其他公开文献有局部坐标系的 x 轴要平行于世界坐标系 xOy 平面的限制，因此研究具有一般性，而且坐标变换矩阵以局部坐标系坐标轴的方向余弦为参量，有很强的实用性。

推导两坐标系坐标变换的方法有变换矩阵法(即把坐标系当作特殊的物体，利用平移、旋转等形成的组合变换进行推导)、矢量代数法等。这里介绍以矢量代数和矩阵求逆相结合的方法求取坐标变换矩阵。

1. 局部坐标系的建立及其坐标轴的方向余弦

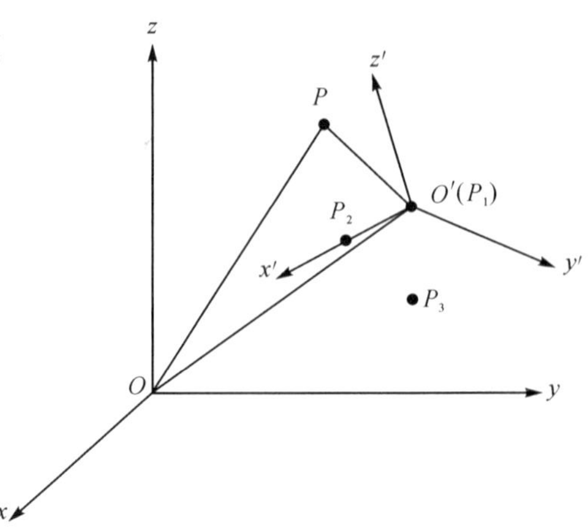

图 4.49 局部坐标系的建立

若给定物体上三个不共线的点 $P_i(x_i, y_i, z_i)$ $(i=1, 2, 3)$，则可建立图 4.49 所示的局部坐标系。其中，局部坐标系的原点为 P_1，x' 轴的正向为 $\overrightarrow{P_1P_2}$ 的方向，z' 轴的正向为 $\overrightarrow{P_1P_2}\times\overrightarrow{P_1P_3}$ 的方向，y' 轴的正向为 $(\overrightarrow{P_1P_2}\times\overrightarrow{P_1P_3})\times\overrightarrow{P_1P_2}$ 的方向。

设 x'、y'、z' 轴的单位矢量分别为 $\boldsymbol{i}'$、$\boldsymbol{j}'$、$\boldsymbol{k}'$，三根轴在世界坐标系中的方向余弦用 u_{i1}、u_{i2}、u_{i3} $(i=1, 2, 3$ 分别对应 x'、y'、z' 轴$)$表示。

对 x' 轴，u_{11}、u_{12}、u_{13} 可按下式求出：

$$\boldsymbol{i}'=\frac{\overrightarrow{P_1P_2}}{|\overrightarrow{P_1P_2}|}=u_{11}\boldsymbol{i}+u_{12}\boldsymbol{j}+u_{13}\boldsymbol{k} \tag{4-1}$$

$\boldsymbol{i}$、$\boldsymbol{j}$、$\boldsymbol{k}$ 为世界坐标系三根轴的单位矢量。

对 z' 轴，u_{31}、u_{32}、u_{33} 可按下式求出：

$$\boldsymbol{k}'=\frac{\overrightarrow{P_1P_2}\times\overrightarrow{P_1P_3}}{|\overrightarrow{P_1P_2}\times\overrightarrow{P_1P_3}|}=u_{31}\boldsymbol{i}+u_{32}\boldsymbol{j}+u_{33}\boldsymbol{k} \tag{4-2}$$

对 y' 轴，u_{21}、u_{22}、u_{23} 可按下式求出：

$$\boldsymbol{j}'=\boldsymbol{k}'\times\boldsymbol{i}'=\begin{vmatrix}\boldsymbol{i} & \boldsymbol{j} & \boldsymbol{k}\\ u_{31} & u_{32} & u_{33}\\ u_{11} & u_{12} & u_{13}\end{vmatrix}=u_{21}\boldsymbol{i}+u_{22}\boldsymbol{j}+u_{23}\boldsymbol{k}$$

$$\begin{cases}u_{21}=u_{32}u_{13}-u_{12}u_{33}\\ u_{22}=u_{11}u_{33}-u_{31}u_{13}\\ u_{23}=u_{31}u_{12}-u_{11}u_{32}\end{cases} \tag{4-3}$$

2. 局部坐标系到世界坐标系的坐标变换

如图 4.49 所示，设点 P 为空间中任一点，其在局部坐标系中的坐标为(x', y', z')，在世界坐标系中的坐标为(x, y, z)。由于 $\overrightarrow{OP}=\overrightarrow{OO'}+\overrightarrow{O'P}$，而

$$\overrightarrow{OP}=x\boldsymbol{i}+y\boldsymbol{j}+z\boldsymbol{k}\ ,\ \overrightarrow{OO'}=x_1\boldsymbol{i}+y_1\boldsymbol{j}+z_1\boldsymbol{k}$$

$$\begin{aligned}\overrightarrow{O'P}&=x'\boldsymbol{i}'+y'\boldsymbol{j}'+z'\boldsymbol{k}'\\ &=x'(u_{11}\boldsymbol{i}+u_{12}\boldsymbol{j}+u_{13}\boldsymbol{k})+y'(u_{21}\boldsymbol{i}+u_{22}\boldsymbol{j}+u_{23}\boldsymbol{k})+z'(u_{31}\boldsymbol{i}+u_{32}\boldsymbol{j}+u_{33}\boldsymbol{k})\\ &=(u_{11}x'+u_{21}y'+u_{31}z')\boldsymbol{i}+(u_{12}x'+u_{22}y'+u_{32}z')\boldsymbol{j}+(u_{13}x'+u_{23}y'+u_{33}z')\boldsymbol{k}\end{aligned}$$

因此

$$\begin{cases}x=x_1+u_{11}x'+u_{21}y'+u_{31}z'\\ y=y_1+u_{12}x'+u_{22}y'+u_{32}z'\\ z=z_1+u_{13}x'+u_{23}y'+u_{33}z'\end{cases}$$

写成矩阵形式为

$$[x \quad y \quad z \quad 1]=[u_{11}x'+u_{21}y'+u_{31}z'+x_1 \quad u_{12}x'+u_{22}y'+u_{32}z'+y_1 \quad u_{13}x'+u_{23}y'+u_{33}z'+z_1 \quad 1]$$

$$=[x' \; y' \; z' \quad 1]\cdot \boldsymbol{T} \tag{4-4}$$

$$\boldsymbol{T}=\begin{bmatrix} u_{11} & u_{12} & u_{13} & 0 \\ u_{21} & u_{22} & u_{23} & 0 \\ u_{31} & u_{32} & u_{33} & 0 \\ x_1 & y_1 & z_1 & 1 \end{bmatrix}$$

矩阵 $\boldsymbol{T}$ 就是由局部坐标系到世界坐标系的坐标变换矩阵。

3. 世界坐标系到局部坐标系的坐标变换

世界坐标系到局部坐标系的坐标变换是局部坐标系到世界坐标系坐标变换的逆变换，由式(4－4)得

$$[x' \quad y' \quad z' \quad 1]=[x \quad y \quad z \quad 1]\cdot \boldsymbol{T}^{-1}$$

可见，世界坐标系到局部坐标系的坐标变换矩阵可通过对矩阵 $\boldsymbol{T}$ 求逆矩阵得到。求逆阵的过程如下：

$$|\boldsymbol{T}|=u_{21}(u_{32}u_{13}-u_{12}u_{33})+u_{22}(u_{11}u_{33}-u_{31}u_{13})+u_{23}(u_{31}u_{12}-u_{11}u_{32})$$

将式(4－3)代入上式得

$$|\boldsymbol{T}|=u_{21}{}^2+u_{22}{}^2+u_{23}{}^2=1$$

矩阵 $\boldsymbol{T}$ 的伴随矩阵的各元素分别为

$$T_{11}=u_{22}u_{33}-u_{32}u_{23} \quad T_{12}=u_{31}u_{23}-u_{21}u_{33} \quad T_{13}=u_{21}u_{32}-u_{31}u_{22}$$

$$T_{14}=-x_1(u_{22}u_{33}-u_{32}u_{23})-y_1(u_{31}u_{23}-u_{21}u_{33})-z_1(u_{21}u_{32}-u_{31}u_{22})$$

$$T_{21}=u_{32}u_{13}-u_{12}u_{33} \quad T_{22}=u_{11}u_{33}-u_{31}u_{13} \quad T_{23}=u_{31}u_{12}-u_{11}u_{32}$$

$$T_{24}=-x_1(u_{32}u_{13}-u_{12}u_{33})-y_1(u_{11}u_{33}-u_{31}u_{13})-z_1(u_{31}u_{12}-u_{11}u_{32})$$

$$T_{31}=u_{12}u_{23}-u_{22}u_{13} \quad T_{32}=u_{21}u_{13}-u_{11}u_{23} \quad T_{33}=u_{11}u_{22}-u_{21}u_{12}$$

$$T_{34}=-x_1(u_{12}u_{23}-u_{22}u_{13})-y_1(u_{21}u_{13}-u_{11}u_{23})-z_1(u_{11}u_{22}-u_{21}u_{12})$$

$$T_{41}=0,\ T_{42}=0,\ T_{43}=0,\ T_{44}=|\boldsymbol{T}|=1$$

由于

$$\boldsymbol{i}'=\boldsymbol{j}'\times\boldsymbol{k}'=\begin{vmatrix} \boldsymbol{i} & \boldsymbol{j} & \boldsymbol{k} \\ u_{21} & u_{22} & u_{23} \\ u_{31} & u_{32} & u_{33} \end{vmatrix}=(u_{22}u_{33}-u_{32}u_{23})\boldsymbol{i}+(u_{31}u_{23}-u_{21}u_{33})\boldsymbol{j}+(u_{21}u_{32}-u_{31}u_{22})\boldsymbol{k}$$

因此

$$\begin{cases} u_{11}=u_{22}u_{33}-u_{32}u_{23} \\ u_{12}=u_{31}u_{23}-u_{21}u_{33} \\ u_{13}=u_{21}u_{32}-u_{31}u_{22} \end{cases} \tag{4-5}$$

又由于

$$\boldsymbol{k}'=\boldsymbol{i}'\times\boldsymbol{j}'=\begin{vmatrix} \boldsymbol{i} & \boldsymbol{j} & \boldsymbol{k} \\ u_{11} & u_{12} & u_{13} \\ u_{21} & u_{22} & u_{23} \end{vmatrix}$$

$$=(u_{12}u_{23}-u_{22}u_{13})\boldsymbol{i}+(u_{21}u_{13}-u_{11}u_{23})\boldsymbol{j}+(u_{11}u_{22}-u_{21}u_{12})\boldsymbol{k}$$

因此

$$\begin{cases} u_{31}=u_{12}u_{23}-u_{22}u_{13} \\ u_{32}=u_{21}u_{13}-u_{11}u_{23} \\ u_{33}=u_{11}u_{22}-u_{21}u_{12} \end{cases} \tag{4-6}$$

将式(4－5)代入 T_{11}、T_{12}、T_{13}、T_{14}，式(4－3)代入 T_{21}、T_{22}、T_{23}、T_{24}，式(4－6)代入 T_{31}、T_{32}、T_{33}、T_{34}得

$$T_{11}=u_{11},\ T_{12}=u_{12},\ T_{13}=u_{13},\ T_{14}=-x_1u_{11}-y_1u_{12}-z_1u_{13}$$
$$T_{21}=u_{21},\ T_{22}=u_{22},\ T_{23}=u_{23},\ T_{24}=-x_1u_{21}-y_1u_{22}-z_1u_{23}$$
$$T_{31}=u_{31},\ T_{32}=u_{32},\ T_{33}=u_{33},\ T_{34}=-x_1u_{31}-y_1u_{32}-z_1u_{33}$$

于是可得

$$\boldsymbol{T}^{-1}=\begin{bmatrix} u_{11} & u_{21} & u_{31} & 0 \\ u_{12} & u_{22} & u_{32} & 0 \\ u_{13} & u_{23} & u_{33} & 0 \\ -x_1u_{11}-y_1u_{12}-z_1u_{13} & -x_1u_{21}-y_1u_{22}-z_1u_{23} & -x_1u_{31}-y_1u_{32}-z_1u_{33} & 1 \end{bmatrix}$$

矩阵 $\boldsymbol{T}^{-1}$就是由世界坐标系到局部坐标系的坐标变换矩阵。可见，局部坐标系与世界坐标系坐标转换的关键是求取局部坐标系坐标轴的方向余弦。

4. 坐标轴方向余弦的求取方法

1）由物体上三点 P_1、P_2、P_3求 x'轴、z'轴、y'轴的方向余弦(三点法)

(1) 由 P_1、P_2求 x'轴的方向余弦 u_{11}、u_{12}、u_{13}，由式(4－1)得

$$\begin{cases} u_{11}=\dfrac{x_2-x_1}{\sqrt{(x_2-x_1)^2+(y_2-y_1)^2+(z_2-z_1)^2}} \\ u_{12}=\dfrac{y_2-y_1}{\sqrt{(x_2-x_1)^2+(y_2-y_1)^2+(z_2-z_1)^2}} \\ u_{13}=\dfrac{z_2-z_1}{\sqrt{(x_2-x_1)^2+(y_2-y_1)^2+(z_2-z_1)^2}} \end{cases} \tag{4-7}$$

(2) 由 P_1、P_2、P_3求 z'轴的方向余弦 u_{31}、u_{32}、u_{33}，由式(4－2)得

$$\begin{cases} u_{31}=\dfrac{k_x}{\sqrt{k_x^2+k_y^2+k_z^2}} \\ u_{32}=\dfrac{k_y}{\sqrt{k_x^2+k_y^2+k_z^2}} \\ u_{33}=\dfrac{k_z}{\sqrt{k_x^2+k_y^2+k_z^2}} \end{cases} \tag{4-8}$$

其中：

$$k_x=(y_2-y_1)(z_3-z_1)-(y_3-y_1)(z_2-z_1)$$
$$k_y=(x_3-x_1)(z_2-z_1)-(x_2-x_1)(z_3-z_1)$$
$$k_z=(x_2-x_1)(y_3-y_1)-(x_3-x_1)(y_2-y_1)$$

(3) 由 x'轴和 z'轴的方向余弦求 y'轴的方向余弦，由式(4－3)得

$$\begin{cases} u_{21}=u_{32}u_{13}-u_{12}u_{33} \\ u_{22}=u_{11}u_{33}-u_{31}u_{13} \\ u_{23}=u_{31}u_{12}-u_{11}u_{32} \end{cases} \tag{4-9}$$

2）由 x'轴、y'轴和 z'轴中任意两轴的方向余弦求第三轴的方向余弦

（1）由 y'轴和 z'轴的方向余弦求 x'轴的方向余弦，由式(4－5)得

$$\begin{cases} u_{11}=u_{22}u_{33}-u_{32}u_{23} \\ u_{12}=u_{31}u_{23}-u_{21}u_{33} \\ u_{13}=u_{21}u_{32}-u_{31}u_{22} \end{cases} \tag{4-10}$$

（2）由 x'轴和 z'轴的方向余弦求 y'轴的方向余弦，如式(4－9)所示。

（3）由 x'轴和 y'轴的方向余弦求 z'轴的方向余弦，由式(4－6)得

$$\begin{cases} u_{31}=u_{12}u_{23}-u_{22}u_{13} \\ u_{32}=u_{21}u_{13}-u_{11}u_{23} \\ u_{33}=u_{11}u_{22}-u_{21}u_{12} \end{cases} \tag{4-11}$$

3）以两平面交线为坐标轴的该轴方向余弦的求取

可用两平面法线矢量叉乘后再单位化得到，见下面坐标变换应用(二)、(三)。

下面介绍的坐标系平移的坐标变换、给定局部坐标系原点和 z'轴方向的坐标变换、观察变换等均可看作是上述局部坐标系与世界坐标系坐标变换的特殊情况，亦即为具体应用，其关键是要求取局部坐标系坐标轴的方向余弦。

5. 坐标变换的应用(一)——坐标系平移的坐标变换

如图 4.50 所示，当$\overrightarrow{P_1P_2}$与 x 轴正向一致且 P_1、P_2、P_3在水平面上时，局部坐标系可看作是由世界坐标系位置平移得到的。这时，$y_2=y_1$，$z_1=z_2=z_3$。用三点法或轴向夹角求坐标轴的方向余弦。

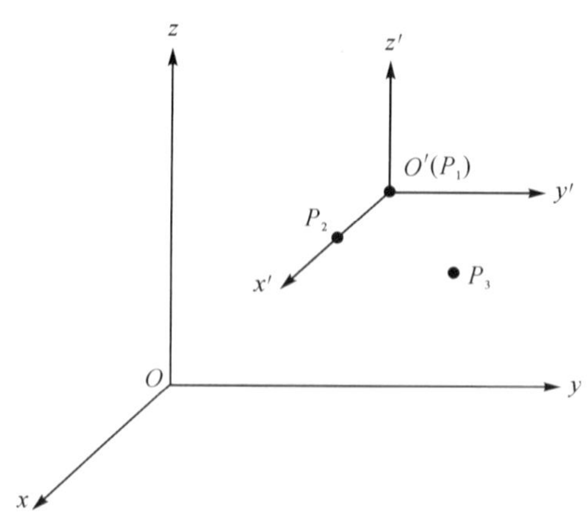

图 4.50　平移形成的局部坐标系

由式(4－7)得 $u_{11}=1$，$u_{12}=0$，$u_{13}=0$；由式(4－8)得 $u_{31}=0$，$u_{32}=0$，$u_{33}=1$；由式(4－9)得 $u_{21}=0$，$u_{22}=1$，$u_{23}=0$。于是有

$$\boldsymbol{T}=\begin{bmatrix} 1 & 0 & 0 & 0 \\ 0 & 1 & 0 & 0 \\ 0 & 0 & 1 & 0 \\ x_1 & y_1 & z_1 & 1 \end{bmatrix},\quad \boldsymbol{T}^{-1}=\begin{bmatrix} 1 & 0 & 0 & 0 \\ 0 & 1 & 0 & 0 \\ 0 & 0 & 1 & 0 \\ -x_1 & -y_1 & -z_1 & 1 \end{bmatrix}$$

这就是我们熟知的平移矩阵。

6. 坐标变换的应用(二)——给定局部坐标系原点和 z' 轴方向的坐标变换

如图 4.51 所示，设局部坐标系的原点为 $O'(x_0, y_0, z_0)$，z' 轴与世界坐标系 x、y、z 轴的夹角分别为 α、β、γ 且 y' 轴平行于坐标平面 xOy，y' 轴正向指向前方。显然，$u_{31}=\cos\alpha$，$u_{32}=\cos\beta$，$u_{33}=\cos\gamma$。

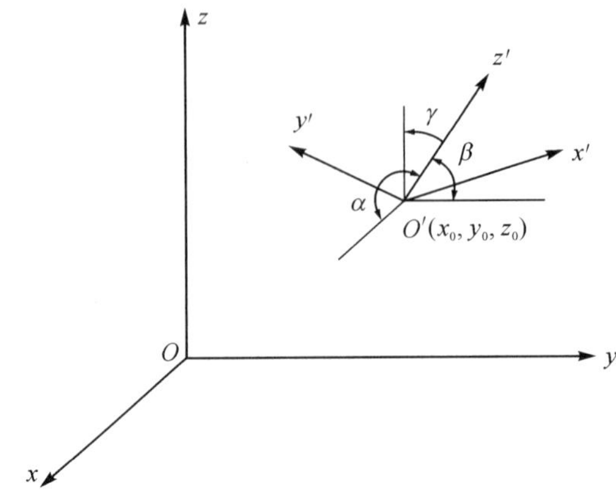

图 4.51　由坐标原点和 z' 轴方向定义的局部坐标系

根据已知条件可知，y' 轴就是 $z=z_0$ 的平面与过 $O'(x_0, y_0, z_0)$ 且垂直于 z' 轴的平面的交线，y' 轴的方向矢量可用两平面法线矢量(可取单位矢量)叉乘得到，即

$$\begin{vmatrix} \boldsymbol{i} & \boldsymbol{j} & \boldsymbol{k} \\ 0 & 0 & 1 \\ u_{31} & u_{32} & u_{33} \end{vmatrix} = -u_{32}\boldsymbol{i}+u_{31}\boldsymbol{j}$$

则 y' 轴的方向余弦为

$$\begin{cases} u_{21}=-\dfrac{u_{32}}{\sqrt{u_{31}{}^2+u_{32}{}^2}}=-\dfrac{\cos\beta}{\sqrt{\cos^2\alpha+\cos^2\beta}} \\ u_{22}=\dfrac{u_{31}}{\sqrt{u_{31}{}^2+u_{32}{}^2}}=\dfrac{\cos\alpha}{\sqrt{\cos^2\alpha+\cos^2\beta}} \\ u_{23}=0 \end{cases}$$

由式(4－10)可得

$$\begin{cases} u_{11}=\dfrac{u_{31}u_{33}}{\sqrt{u_{31}^2+u_{32}^2}}=\dfrac{\cos\alpha\cos\gamma}{\sqrt{\cos^2\alpha+\cos^2\beta}} \\ u_{12}=\dfrac{u_{32}u_{33}}{\sqrt{u_{31}^2+u_{32}^2}}=\dfrac{\cos\beta\cos\gamma}{\sqrt{\cos^2\alpha+\cos^2\beta}} \\ u_{13}=-\sqrt{u_{31}^2+u_{32}^2}=-\sqrt{\cos^2\alpha+\cos^2\beta} \end{cases}$$

于是

$$\boldsymbol{T}=\begin{bmatrix} \dfrac{\cos\alpha\cos\gamma}{\sqrt{\cos^2\alpha+\cos^2\beta}} & \dfrac{\cos\beta\cos\gamma}{\sqrt{\cos^2\alpha+\cos^2\beta}} & -\sqrt{\cos^2\alpha+\cos^2\beta} & 0 \\ -\dfrac{\cos\beta}{\sqrt{\cos^2\alpha+\cos^2\beta}} & \dfrac{\cos\alpha}{\sqrt{\cos^2\alpha+\cos^2\beta}} & 0 & 0 \\ \cos\alpha & \cos\beta & \cos\gamma & 0 \\ x_0 & y_0 & z_0 & 1 \end{bmatrix}$$

$$
T^{-1}=\begin{bmatrix}
\dfrac{\cos\alpha\cos\gamma}{\sqrt{\cos^2\alpha+\cos^2\beta}} & -\dfrac{\cos\beta}{\sqrt{\cos^2\alpha+\cos^2\beta}} & \cos\alpha & 0 \\
\dfrac{\cos\beta\cos\gamma}{\sqrt{\cos^2\alpha+\cos^2\beta}} & \dfrac{\cos\alpha}{\sqrt{\cos^2\alpha+\cos^2\beta}} & \cos\beta & 0 \\
-\sqrt{\cos^2\alpha+\cos^2\beta} & 0 & \cos\gamma & 0 \\
A & B & C & 1
\end{bmatrix}
$$

其中：

$$
\begin{cases}
A=-x_0\cdot\dfrac{\cos\alpha\cos\gamma}{\sqrt{\cos^2\alpha+\cos^2\beta}}-y_0\cdot\dfrac{\cos\beta\cos\gamma}{\sqrt{\cos^2\alpha+\cos^2\beta}}+z_0\cdot\sqrt{\cos^2\alpha+\cos^2\beta} \\
B=x_0\cdot\dfrac{\cos\beta}{\sqrt{\cos^2\alpha+\cos^2\beta}}-y_0\cdot\dfrac{\cos\alpha}{\sqrt{\cos^2\alpha+\cos^2\beta}} \\
C=-x_0\cdot\cos\alpha-y_0\cdot\cos\beta-z_0\cdot\cos\gamma
\end{cases}
$$

7. 坐标变换的应用(三)——世界坐标系到观察坐标系的坐标变换(观察变换)

如图 4.52 所示，设观察坐标系的原点为 $O_e(x_e, y_e, z_e)$，z_e轴正向由 O_e指向世界坐标系的原点且 x_e轴平行于坐标平面 xOy，x_e轴正向指向后方。

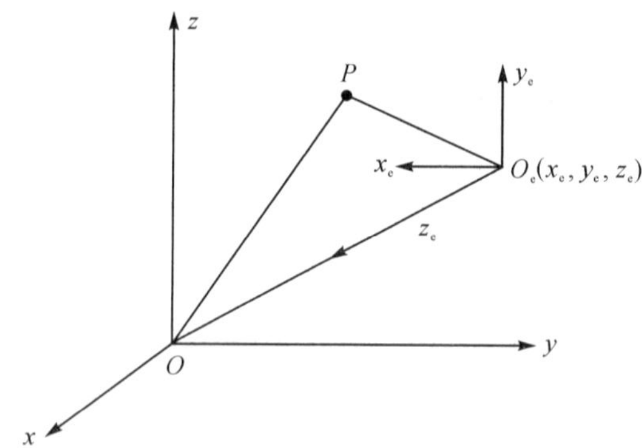

图 4.52　世界坐标系到观察坐标系的变换

由题目设定的 z_e条件，利用式(4-7)得

$$
\begin{cases}
u_{31}=-\dfrac{x_e}{\sqrt{x_e^2+y_e^2+z_e^2}} \\
u_{32}=-\dfrac{y_e}{\sqrt{x_e^2+y_e^2+z_e^2}} \\
u_{33}=-\dfrac{z_e}{\sqrt{x_e^2+y_e^2+z_e^2}}
\end{cases}
$$

根据已知条件可知，x_e轴就是 $z=z_e$的平面与过 $O_e(x_e, y_e, z_e)$且垂直于 z_e轴的平面的交线，x_e轴的方向矢量可用两平面法线矢量叉乘得到，即

$$
\begin{vmatrix}
\boldsymbol{i} & \boldsymbol{j} & \boldsymbol{k} \\
u_{31} & u_{32} & u_{33} \\
0 & 0 & 1
\end{vmatrix}=u_{32}\boldsymbol{i}-u_{31}\boldsymbol{j}
$$

则 x_e 轴的方向余弦为

$$\begin{cases} u_{11}=\dfrac{u_{32}}{\sqrt{u_{31}^2+u_{32}^2}} \\ u_{12}=-\dfrac{u_{31}}{\sqrt{u_{31}^2+u_{32}^2}} \\ u_{13}=0 \end{cases}$$

假定观察坐标系为左手系。在左手坐标系中，满足 $\boldsymbol{j}'=\boldsymbol{i}'\times\boldsymbol{k}'$。于是，$y_e$ 轴的方向余弦为

$$\boldsymbol{j}'=\boldsymbol{i}'\times\boldsymbol{k}'=\begin{vmatrix} \boldsymbol{i} & \boldsymbol{j} & \boldsymbol{k} \\ u_{11} & u_{12} & u_{13} \\ u_{31} & u_{32} & u_{33} \end{vmatrix}=\begin{vmatrix} \boldsymbol{i} & \boldsymbol{j} & \boldsymbol{k} \\ u_{11} & u_{12} & 0 \\ u_{31} & u_{32} & u_{33} \end{vmatrix}$$

$$=u_{12}u_{33}\boldsymbol{i}-u_{11}u_{33}\boldsymbol{j}+(u_{11}u_{32}-u_{31}u_{12})\boldsymbol{k}$$

$$\begin{cases} u_{21}=u_{12}u_{33}=-\dfrac{u_{31}u_{33}}{\sqrt{u_{31}^2+u_{32}^2}} \\ u_{22}=-u_{11}u_{33}=-\dfrac{u_{32}u_{33}}{\sqrt{u_{31}^2+u_{32}^2}} \\ u_{23}=u_{11}u_{32}-u_{31}u_{12}=\sqrt{u_{31}^2+u_{32}^2} \end{cases}$$

因此，世界坐标系到观察坐标系的变换为

$$\boldsymbol{T}^{-1}=\begin{bmatrix} u_{11} & u_{21} & u_{31} & 0 \\ u_{12} & u_{22} & u_{32} & 0 \\ 0 & u_{23} & u_{33} & 0 \\ -x_e u_{11}-y_e u_{12} & -x_e u_{21}-y_e u_{22}-z_e u_{23} & -x_e u_{31}-y_e u_{32}-z_e u_{33} & 1 \end{bmatrix}$$

$$=\begin{bmatrix} -\dfrac{y_e}{\sqrt{x_e{}^2+y_e{}^2}} & -\dfrac{x_e z_e}{\sqrt{x_e{}^2+y_e{}^2}\sqrt{x_e{}^2+y_e{}^2+z_e{}^2}} & -\dfrac{x_e}{\sqrt{x_e{}^2+y_e{}^2+z_e{}^2}} & 0 \\ \dfrac{x_e}{\sqrt{x_e{}^2+y_e{}^2}} & -\dfrac{y_e z_e}{\sqrt{x_e{}^2+y_e{}^2}\sqrt{x_e{}^2+y_e{}^2+z_e{}^2}} & -\dfrac{y_e}{\sqrt{x_e{}^2+y_e{}^2+z_e{}^2}} & 0 \\ 0 & \dfrac{\sqrt{x_e{}^2+y_e{}^2}}{\sqrt{x_e{}^2+y_e{}^2+z_e{}^2}} & -\dfrac{z_e}{x_e{}^2+y_e{}^2+z_e{}^2} & 0 \\ 0 & 0 & \sqrt{x_e{}^2+y_e{}^2+z_e{}^2} & 1 \end{bmatrix}$$

若观察坐标系为右手系，则使用式(4-3)推导 u_{21}、u_{22}、u_{23}。

4.10 三维裁剪

1. 三维裁剪空间

三维图形的显示需要投射到二维投影面(成像面)上实现。但在投影之前应对三维图形进行裁剪，把图形中不关心的部分去掉，留下感兴趣的部分投射到投影面上显示出来。这就需要在世界坐标系中指定一个观察空间，将这个观察空间以外的图形裁剪掉，只对落在

这个空间内的图形部分作投影变换并予以显示。

观察空间的确定取决于投影类型、投影平面的位置和投影中心(视点)的位置。对于透视投影，观察空间是顶点在视点、其棱边穿过投影平面四个角点、没有底面的四棱锥，如图4.53(a)所示。对于平行投影，观察空间是一个四边平行于投射方向、两端没有底面的四棱柱，如图4.53(b)所示。

在大多数场合，希望观察空间是有限的。通常使用平行于投影平面的一截面将无限的观察空间截成有限的观察空间。截面的位置由从投影中心沿投影平面法向的距离 $z=E$ 确定。对于透视投影，投影平面与截面之间的观察空间是一个直四棱台，如图4.53(c)所示。对于平行投影，投影平面与截面之间的观察空间是一个直四棱柱，如图4.53(d)所示。

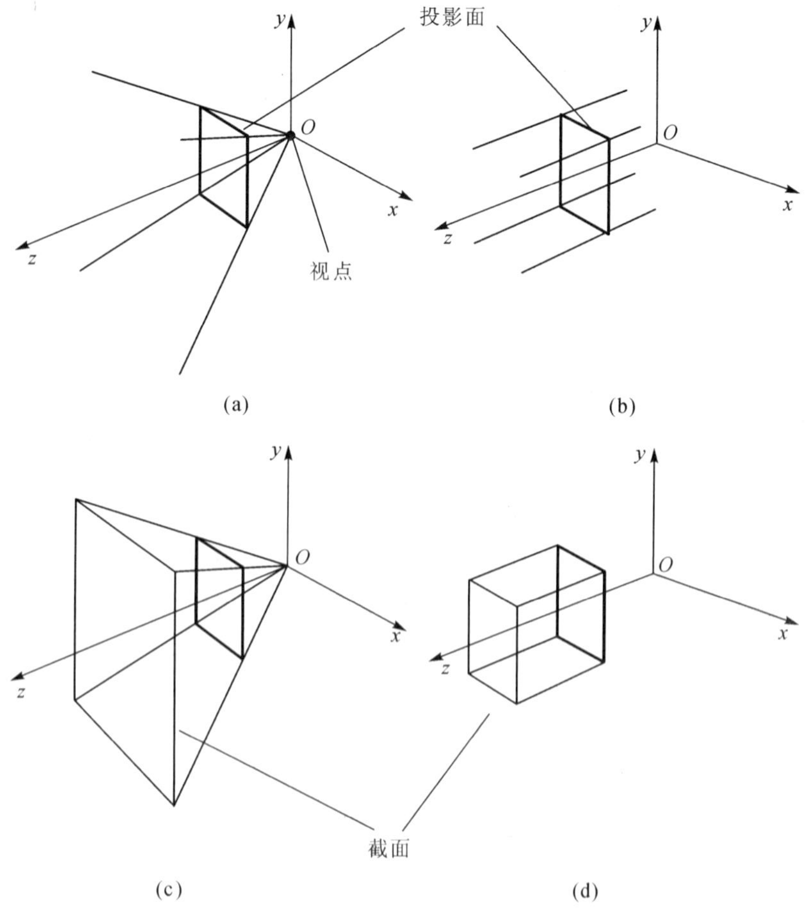

图 4.53　三维裁剪空间

有限的观察空间称为裁剪空间。裁剪空间具有六个边界平面，相对于视点而言有左平面、右平面、顶平面、底平面、前(近)平面和后(远)平面。这六个边界平面把整个三维空间分割成裁剪空间内部和裁剪空间外部两部分。把落在裁剪空间内的图形从整个空间图形中分离出来，这就是三维裁剪要做的工作。

假设投影面为正方形，边长为 $2f$，投影面到坐标原点(对应视点)的距离是 d。平行投影观察空间正四棱柱的左、右、顶、底、前、后六个边界平面的平面方程分别为

$$\begin{cases} x=f \\ x=-f \\ y=f \\ y=-f \\ z=d \\ z=E \end{cases}$$

对于透视投影，观察空间正四棱台的六个边界平面的平面方程分别为

$$\begin{cases} x=\dfrac{f}{d}z \\ x=-\dfrac{f}{d}z \\ y=\dfrac{f}{d}z \\ y=-\dfrac{f}{d}z \\ z=d \\ z=E \end{cases}$$

2. 三维编码裁剪算法

二维图形的编码裁剪算法可以推广到三维情况。对三维图形进行裁剪，即用6个边界平面把空间分为27个区域，相对于裁剪空间的6个边界平面需要6位二进制码来标示空间点的位置关系。设最左边的位是第一位，依次向右为第二位、第三位……。被裁剪线段的两端点记为 $P_1(x_1, y_1, z_1)$、$P_2(x_2, y_2, z_2)$，用 $P(x, y, z)$表示任一端点。

对于平行投影，端点 P 的二进制编码规则如下：

若端点在裁剪空间的上方，即 $y>f$，则第一位为1，否则为0；

若端点在裁剪空间的下方，即 $y<-f$，则第二位为1，否则为0；

若端点在裁剪空间的左方，即 $x>f$，则第三位为1，否则为0；

若端点在裁剪空间的右方，即 $x<-f$，则第四位为1，否则为0；

若端点在裁剪空间的后边，即 $z>E$，则第五位为1，否则为0；

若端点在裁剪空间的前边，即 $z<d$，则第六位为1，否则为0。

对于透视投影，端点 P 的二进制编码规则如下：

若端点在裁剪空间的上方，即 $y>fz/d$，则第一位为1，否则为0；

若端点在裁剪空间的下方，即 $y<-fz/d$，则第二位为1，否则为0；

若端点在裁剪空间的左方，即 $x>fz/d$，则第三位为1，否则为0；

若端点在裁剪空间的右方，即 $x<-fz/d$，则第四位为1，否则为0；

若端点在裁剪空间的后边，即 $z>E$，则第五位为1，否则为0；

若端点在裁剪空间的前边，即 $z<d$，则第六位为1，否则为0。

例如，编码100010表示端点在裁剪空间的上面且中部靠后面的区域，编码000000表示端点在裁剪空间内部。

与二维裁剪类似，如果直线段的两端点的编码均为000000，则表明此线段完全位于裁剪区域之内，应当保留。否则，对线段的两端点的编码执行逻辑与操作，若结果为非0，则表明此线段的两端点均在某一边界平面外侧，应当舍弃。

如果上述两种情况都不满足，则要计算线段与裁剪空间边界平面的交点来确定线段的可见性和可见部分(对应二维裁剪的分割求交)。对任意一条三维线段，参数方程可写成

$$\begin{cases} x=x_1+(x_2-x_1)t \\ y=y_1+(y_2-y_1)t \quad 0\leqslant t\leqslant 1 \\ z=z_1+(z_2-z_1)t \end{cases}$$

裁剪空间六个边界平面方程的一般表达式为 $Ax+By+Cz+D=0$，为了找出线段与裁剪空间边界平面的交点，把直线方程代入平面方程，求得

$$t=-\frac{Ax_1+By_1+Cz_1+D}{A(x_2-x_1)+B(y_2-y_1)+C(z_2-z_1)}$$

上式中，若 $A(x_2-x_1)+B(y_2-y_1)+C(z_2-z_1)=0$，则说明线段在边界平面上或与边界平面平行，与边界平面无交点；若 t 值不在[0，1]区间，则说明交点在裁剪空间以外，所以是无效交点；若 t 值在[0，1]区间范围内，则将 t 代入方程便可得到交点坐标。

三维编码裁剪算法可实现直线段的裁剪。若希望物体裁剪后仍是封闭的几何体，则使用三维物体布尔运算是一个不错的选择。如前所述，内裁剪与布尔交运算等价。对于平行投影，将三维物体与裁剪空间直四棱柱进行交运算，其结果就是物体三维裁剪的结果；对于透视投影，将三维物体与裁剪空间直四棱台进行交运算，其结果就是物体三维裁剪的结果。

习　题　4

1. 什么是齐次坐标？齐次坐标规范化的意义是什么？

2. 设二维矢量 $\mathbf{A}=\{6, 4\}$，求与 $\mathbf{A}$ 垂直且长度相等的两个矢量。

3. 利用组合变换求解复杂图形变换问题的基本思路是什么？

4. 推导二维图形相对于点(x_0, y_0)进行等比变换(设比例因子为 s)前后坐标之间的关系式。

5. 设世界坐标系为 Oxy，局部坐标系为 $O'x'y'$，局部坐标系原点为(x_0, y_0)，局部坐标系 x' 轴与世界坐标系 x 轴的夹角为 α，试推导以下坐标转换式：

(1) 已知图形上的点 P 在局部坐标系中的坐标为(x', y')，求其在世界坐标系中的坐标(x, y)；

(2) 已知图形上的点 P 在世界坐标系中的坐标为(x, y)，求其在局部坐标系中的坐标(x', y')。

6. 推导窗口坐标到视区坐标转换的关系式，要求图形不变形，且视区在原点为屏幕左上角、x 轴正向朝右、y 轴正向朝下的屏幕坐标系中定义。

7. 写出图 4.54 所示的线段 AB 采用 Cohen-Sutherland 算法的裁剪过程。

8. 写出图 4.55 所示的多边形 123456 采用 Sutherland-Hodgman 算法的裁剪过程，要求绘图并给出窗口每边裁剪(裁剪顺序为左边界、上边界、右边界、下边界)时的输入多边形和输出多边形。

9. 图 4.56 所示主多边形 $S_1S_2S_3S_4S_5S_6$ 被裁剪多边形 $C_1C_2C_3C_4C_5C_6$ 内裁剪，写出用

Weiler-Atherton 算法裁剪时的主多边形顶点表、裁剪多边形顶点表，并给出内裁剪结果。

10. 图 4.56 所示主多边形 $S_1S_2S_3S_4S_5S_6$ 被裁剪多边形 $C_1C_2C_3C_4C_5C_6$ 外裁剪，写出用 Weiler-Atherton 算法裁剪时的主多边形顶点表、裁剪多边形顶点表，并给出外裁剪结果。

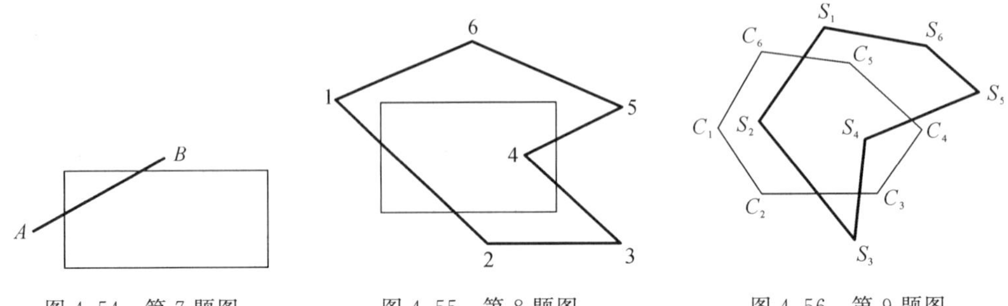

图 4.54　第 7 题图　　图 4.55　第 8 题图　　图 4.56　第 9 题图

11. 设 $\boldsymbol{T}$ 是三维几何变换矩阵，若已知空间四点的变换关系：$\boldsymbol{A}^*=\boldsymbol{A}\cdot\boldsymbol{T}$，$\boldsymbol{B}^*=\boldsymbol{B}\cdot\boldsymbol{T}$，$\boldsymbol{C}^*=\boldsymbol{C}\cdot\boldsymbol{T}$ 和 $\boldsymbol{D}^*=\boldsymbol{D}\cdot\boldsymbol{T}$，如何求出该变换矩阵 $\boldsymbol{T}$？

12. 若 $\boldsymbol{T}$ 的逆变换矩阵 $\boldsymbol{T}^{-1}$ 已知，$\boldsymbol{N}$ 是平移、比例和旋转基本变换矩阵的一种且已知，问是否能不用对 $\boldsymbol{T}\cdot\boldsymbol{N}$ 直接求逆阵而求得 $[\boldsymbol{T}\cdot\boldsymbol{N}]^{-1}$？为什么？

13. 设 $A(x_a, y_a, z_a)$、$B(x_b, y_b, z_b)$ 为物体上的两点，$M(x_m, y_m, z_m)$、$N(x_n, y_n, z_n)$ 为对准线上的两点，求将物体按点 A 与点 M 对准且 $\overrightarrow{AB}$ 与 $\overrightarrow{MN}$ 对准的变换矩阵。

14. 设 $P(x_0, y_0, z_0)$ 为物体上任一点，求其关于平面 $Ax+By+Cz+D=0$ 的对称点 $P^*(x^*, y^*, z^*)$。

15. 已知立方体的一个顶点与原点 O 重合，另一个顶点为 $P(1, 1, 1)$，若以 OP 为投影方向，且投影面与其垂直并过原点 O，求将立方体向该投影面投影的变换矩阵。

16. 写出正轴测投影的变换过程，并推导其变换矩阵。

17. 什么是灭点？透视图与灭点有什么关系？

18. 透视变换与透视投影变换有何区别？为什么要引入透视变换？

19. 写出两点透视变换过程，并推导其变换矩阵。

20. OpenGL 中定义观察坐标系（这里指右手系）的方法是：指定视点 $O_e(x_e, y_e, z_e)$、视中心点 $C(x_c, y_c, z_c)$ 和一个相对世界坐标系的向上的方向矢量 $\boldsymbol{U}$，其中视点定义了观察坐标系的原点，观察坐标系的 z_e 轴正向由视点 O_e 指向视中心点 C（即 z_e 轴正向矢量 $\boldsymbol{z}_e=\overrightarrow{O_eC}$），$\boldsymbol{U}$ 在观察平面上的投影即为观察坐标系的 y_e 轴正向，完成以下工作：

（1）求出 y_e 轴的正向矢量 $\boldsymbol{y}_e$；

（2）证明 $\boldsymbol{x}_e=\boldsymbol{U}\times\boldsymbol{z}_e$。

21. 已知在 $Oxyz$ 坐标系中一个平面的方程为 $x-3y-3=0$，求使该平面在新坐标系下 $z=0$ 的变换矩阵。

22. 推导欧拉角与所张坐标系坐标轴方向余弦的转换关系：

（1）已知欧拉角中的进动角（倾斜角）ψ、章动角（俯仰角）ϕ、自转角（偏转角）θ，求各轴的方向余弦；

（2）已知各轴的方向余弦，求欧拉角 ψ、ϕ、θ。

23. 三维编码裁剪算法适合直线段的裁剪，将其用于物体裁剪将无法得到封闭的几何体，若希望物体裁剪后仍是封闭的几何体，如何才能做到？

第 5 章　曲线与曲面

曲线、曲面广泛用于产品设计、数据分析、艺术设计、景物模拟等领域。在产品设计方面，大量的产品零件及日用品的外形等都是由曲线或曲面构成的；在数据分析方面，实验、测量、计算得到的数据要用曲线、曲面直观地表示(如天线平面方向图用曲线表示，立体方向图用曲面表示等)；曲线、曲面也是计算机艺术绘画、广告制作、动画制作、景物模拟等的有力工具。目前已形成针对曲线、曲面的 CAGD(计算机辅助几何设计)研究领域。

计算机图形学中研究曲线、曲面的任务如下：

(1) 怎样在计算机内表示曲线、曲面，即几何外形信息的计算机表示；

(2) 怎样用计算机来处理曲线、曲面(如分割、拼接、求交)，即几何外形信息的分析与综合；

(3) 怎样在屏幕上显示或用绘图设备绘出曲线、曲面(包括曲面消隐)以及曲线、曲面的数控加工等，即几何外形信息的显示与控制。

本章内容包括曲线曲面的数学基础、插值曲线(Hermite 曲线、Cardinal 样条曲线、三次参数样条曲线)、逼近曲线(Bézier 曲线、B 样条曲线、最小二乘法拟合曲线)、拟合曲面(Bézier 曲面、B 样条曲面、Coons 曲面)、B 样条与 NURBS 样条。

课程思政：

我国著名数学家、教育家苏步青院士创建了中国微分几何学派，晚年开拓了计算几何新的研究方向，著有《微分几何学》《计算几何》等经典著作。本章的许多内容来自于他的经典著作，他在计算几何领域做了很多开创性的工作，他的事例有助于培养学生的民族自豪感和文化自信。

5.1　曲线、曲面基础

1. 曲线、曲面的微分几何基础

1) 曲线、曲面的矢量参数表示

用数学式表示曲线与曲面，既可以用参数形式也可以用非参数形式。例如，对平面曲线，可以用非参数的显函数 $y=f(x)$或隐函数 $f(x, y)=0$ 表示，也可以用参数方程 $x=f(t)$、$y=g(t)$来表示(t 为参数)。但非参数形式表示的曲线和曲面与坐标系的选择有关，方程也较复杂，而且曲线范围不好确定。在绘制曲线时，当 x 取相等的间隔来计算点时，这些点沿曲线长度将不是均匀分布的，这会影响图形输出的质量和准确性；当曲线对某坐标轴的斜率(一阶导数)为无穷大时，会造成计算机处理上的困难。因此，人们常用参

数形式来描述曲线和曲面。

采用参数形式表示曲线、曲面有两个明显的优点：一是曲线、曲面的方程与坐标系的选择无关，对在不同测量坐标系测得的同一组数据点进行拟合，用同样的数学方法得到的拟合曲线形状不变，这一点称为几何不变性；二是曲线、曲面上的点计算容易且边界容易确定，这是因为坐标分量 x、y、z 都是参数的显函数。

如果把曲线的动点 P 看作是从原点出发的位置矢径的端点，则当位置矢径变化时，动点 P 的轨迹就形成了一条曲线，如图 5.1 所示。设曲线上任一点的位置矢径为 $\boldsymbol{P}$，它可以表示为参数 t 的函数，即

$$\boldsymbol{P}=\boldsymbol{P}(t)\quad(0\leqslant t\leqslant 1)$$

当 $t=0$ 时，$\boldsymbol{P}_1=\boldsymbol{P}(0)$，为曲线的起点；当 $t=1$ 时，$\boldsymbol{P}_n=\boldsymbol{P}(1)$，为曲线的终点。这就是曲线的矢量参数表示法。曲面是一个二元函数，将曲线的矢量参数表示法作一拓广就得到曲面的矢量参数表示法，即

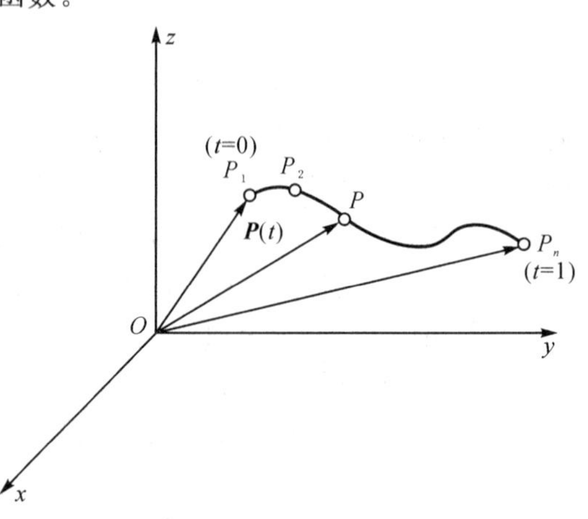

图 5.1　曲线的矢量参数表示

$$\boldsymbol{P}=\boldsymbol{P}(u,w)\quad(0\leqslant u,w\leqslant 1)$$

2）曲线的微分几何量

曲线的微分几何量有切矢、法平面、主法矢、副法矢、曲率、挠率等。

(1) 曲线的切矢及法平面(参见图 5.2)。

曲线 $\boldsymbol{P}=\boldsymbol{P}(t)$ 的一阶导矢(导数矢量)定义为

$$\boldsymbol{P}'(t)=\lim_{\Delta t\to 0}\frac{\Delta\boldsymbol{P}}{\Delta t}=\lim_{\Delta t\to 0}\frac{\boldsymbol{P}(t+\Delta t)-\boldsymbol{P}(t)}{\Delta t}$$

$\boldsymbol{P}'(t)$是以点 P 为切点的切线上的矢量，称为点 P 的切矢。

曲线 $\boldsymbol{P}=\boldsymbol{P}(t)$ 上 $t=t_0$ 的点的位置矢径为 $\boldsymbol{P}(t_0)$，其切矢为 $\boldsymbol{P}'(t_0)$，则切线方程为

$$\boldsymbol{P}(\lambda)=\boldsymbol{P}(t_0)+\lambda\boldsymbol{P}'(t_0)$$

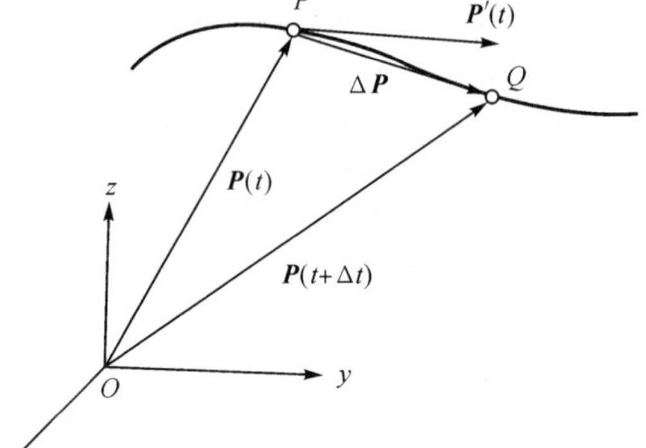

图 5.2　曲线的切矢

式中，λ 为变量，表示切矢长度的倍数。

若设 $\boldsymbol{P}=[x\quad y\quad z]$为曲线法平面(过曲线上一点且与该点切矢垂直的平面)上任意一点的位置矢径，则过曲线上点 $\boldsymbol{P}(t_0)$的法平面方程为

$$(\boldsymbol{P}-\boldsymbol{P}(t_0))\cdot\boldsymbol{P}'(t_0)=0$$

(2) 曲线的主法矢和副法矢。

曲线法平面上的矢量称为曲线的法矢量，有无数个，规定了其中的主法矢和副法矢，其定义参见图 5.3。设 $\boldsymbol{T}$ 为曲线上任意一点的单位切矢，则

$$\boldsymbol{T}=\frac{\boldsymbol{P}'(t)}{|\boldsymbol{P}'(t)|}=\boldsymbol{P}'(s)$$

式中，$\boldsymbol{P}(s)$为以弧长 s 为参数表示的曲线，$\mathrm{d}s=|\boldsymbol{P}'(t)|\mathrm{d}t$。

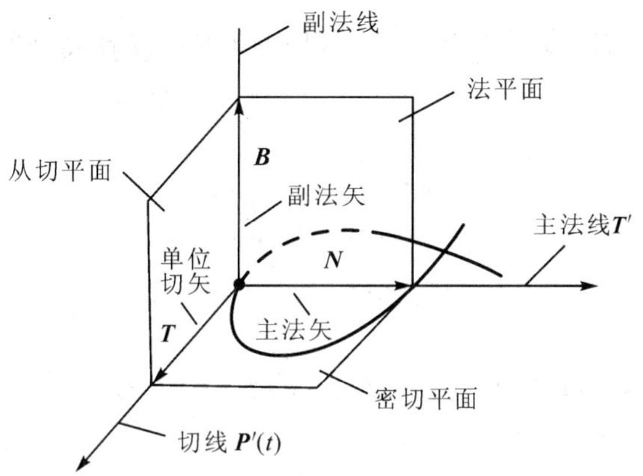

图 5.3　曲线的主法矢和副法矢

由于 $\boldsymbol{T}$ 的模为 1，因此 $\boldsymbol{T}^2=1$，求导后得到 $\boldsymbol{T}'\cdot\boldsymbol{T}=0$，即 $\boldsymbol{T}'\perp\boldsymbol{T}$。定义 $\boldsymbol{T}'$的方向为主法线的方向。在 $\boldsymbol{T}'$上取单位矢量 $\boldsymbol{N}$，于是有

$$\boldsymbol{N}=\frac{\boldsymbol{T}'}{|\boldsymbol{T}'|}$$

式中，$\boldsymbol{N}$ 为曲线在该点的主法矢，是主法线上的单位矢量。

令 $\boldsymbol{B}=\boldsymbol{T}\times\boldsymbol{N}$，定义 $\boldsymbol{B}$ 的方向为副法线的方向，称 $\boldsymbol{B}$ 为副法矢，它也是单位矢量。$\boldsymbol{T}$、$\boldsymbol{N}$、$\boldsymbol{B}$ 构成三个平面，分别为密切平面、法平面、从切平面。

(3) 曲线的曲率和挠率。

曲率是主法线上的一个几何量，即主法线矢量的模。挠率是副法线上的一个几何量，即副法线一阶导矢量的模。定义曲线的曲率 k 为

$$k=|\boldsymbol{T}'|=\left|\frac{\mathrm{d}\boldsymbol{T}}{\mathrm{d}s}\right|$$

它表明曲线切线方向对于弧长的转动率，反映了曲线的弯曲程度，k 值越大，曲线弯曲变化得越快。曲率半径为 $\rho=\dfrac{1}{k}$。

定义曲线的挠率 τ 为

$$\tau=|\boldsymbol{B}'|=\left|\frac{\mathrm{d}\boldsymbol{B}}{\mathrm{d}s}\right|$$

曲率 k 和挠率 τ 的计算公式为

$$k=\frac{|\boldsymbol{P}'(t)\times\boldsymbol{P}''(t)|}{|\boldsymbol{P}'(t)|^3},\quad \tau=\frac{(\boldsymbol{P}'(t),\ \boldsymbol{P}''(t),\ \boldsymbol{P}'''(t))}{(\boldsymbol{P}'(t)\times\boldsymbol{P}''(t))^2}$$

其中，$(\boldsymbol{P}'(t),\ \boldsymbol{P}''(t),\ \boldsymbol{P}'''(t))$为这三个矢量的混合积。

(4) 曲线及其切线、法平面的坐标分量表示。

对于曲线 $\boldsymbol{P}=\boldsymbol{P}(t)$，若设 $\boldsymbol{P}=[x\quad y\quad z]$，$\boldsymbol{P}(t)=[x(t)\quad y(t)\quad z(t)]$，则其矢量参数方程写成坐标分量形式为

$$\begin{cases} x = x(t) \\ y = y(t) \quad (0 \leqslant t \leqslant 1) \\ z = z(t) \end{cases}$$

若将曲线的切矢、切线方程和法平面方程中的矢量用坐标分量形式表示，则切矢为

$$\boldsymbol{P}'(t) = [x'(t) \quad y'(t) \quad z'(t)]$$

切线方程为

$$\begin{cases} x = x(t_0) + \lambda x'(t_0) \\ y = y(t_0) + \lambda y'(t_0) \\ z = z(t_0) + \lambda z'(t_0) \end{cases}$$

法平面方程为

$$(x - x(t_0))x'(t_0) + (y - y(t_0))y'(t_0) + (z - z(t_0))z'(t_0) = 0$$

3）曲面的微分几何量

曲面的微分几何量有法矢、切平面等。曲面 $\boldsymbol{P}=\boldsymbol{P}(u,\ w)$ 用坐标分量形式表示为

$$\begin{cases} x = x(u,\ w) \\ y = y(u,\ w) \quad (0 \leqslant u,\ w \leqslant 1) \\ z = z(u,\ w) \end{cases}$$

设曲面 $\boldsymbol{P}=\boldsymbol{P}(u,\ w)$ 上有一点 $\boldsymbol{P}_{ij}=\boldsymbol{P}(u_i,\ w_j)$，则该点沿 u 线（即 $\boldsymbol{P}(u,\ w_j)$）和 w 线（即 $\boldsymbol{P}(u_i,\ w)$）的切矢分别为

$$\boldsymbol{P}_u(u_i,\ w_j) = [x_u(u_i,\ w_j) \quad y_u(u_i,\ w_j) \quad z_u(u_i,\ w_j)]$$

$$\boldsymbol{P}_w(u_i,\ w_j) = [x_w(u_i,\ w_j) \quad y_w(u_i,\ w_j) \quad z_w(u_i,\ w_j)]$$

该点的法矢 $\boldsymbol{N}$ 可写成

$$\begin{aligned} \boldsymbol{N} &= \boldsymbol{P}_u(u_i,\ w_j) \times \boldsymbol{P}_w(u_i,\ w_j) \\ &= \begin{vmatrix} \boldsymbol{i} & \boldsymbol{j} & \boldsymbol{k} \\ x_u(u_i,\ w_j) & y_u(u_i,\ w_j) & z_u(u_i,\ w_j) \\ x_w(u_i,\ w_j) & y_w(u_i,\ w_j) & z_w(u_i,\ w_j) \end{vmatrix} \end{aligned}$$

设 $\boldsymbol{P}$ 为切平面上的任意一点，则通过该点的切平面方程为

$$(\boldsymbol{P} - \boldsymbol{P}_{ij}) \cdot \boldsymbol{N} = 0$$

还可以写成

$$\begin{vmatrix} y_u(u_i,\ w_j) & z_u(u_i,\ w_j) \\ y_w(u_i,\ w_j) & z_w(u_i,\ w_j) \end{vmatrix}(x - x(u_i,\ w_j)) + \begin{vmatrix} z_u(u_i,\ w_j) & x_u(u_i,\ w_j) \\ z_w(u_i,\ w_j) & x_w(u_i,\ w_j) \end{vmatrix}(y - y(u_i,\ w_j)) + \begin{vmatrix} x_u(u_i,\ w_j) & y_u(u_i,\ w_j) \\ x_w(u_i,\ w_j) & y_w(u_i,\ w_j) \end{vmatrix}(z - z(u_i,\ w_j)) = 0$$

2. 曲线、曲面的分类

曲线分为规则曲线和拟合曲线（不规则曲线）两大类。所谓规则曲线就是具有确定描述函数的曲线，如圆锥曲线、正弦曲线、渐开线等。由离散的特征点（包括控制点和型值点，控制点不一定通过曲线曲面，型值点一定通过曲线曲面）构造函数来描述的曲线称为拟合

曲线，也称自由曲线。对于同样的特征点，由于构造函数的方法不同，因而出现了诸如最小二乘法拟合曲线、三次参数样条曲线、Bézier 曲线、B 样条曲线、非均匀有理 B 样条曲线等众多曲线。

曲面也分为规则曲面和拟合曲面(不规则曲面)两大类。规则曲面就是具有确定描述函数的曲面，如圆柱、圆锥、圆球等回转曲面以及螺旋面等。由离散的特征点构造函数来描述的曲面称为拟合曲面，也称自由曲面，如 Coons 曲面、Bézier 曲面、B 样条曲面、非均匀有理 B 样条曲面等。

自由曲线、曲面还可以按其数学构造方法分类，如上述拟合曲线、拟合曲面属于多项式曲线曲面，还有偏微分方程构造曲面、能量优化法构造曲线曲面、小波方法构造曲线曲面等。

偏微分方程构造曲面时采用二阶或四阶偏微分方程，在给定曲面边界、边界处跨界导矢约束等初始条件下，通过解析求解或数值求解偏微分方程便可得到插值给定边界的曲面，此法常用于构造过渡曲面。

能量优化法构造曲线曲面是指利用弹性力学的弹性变形方程，在给定型值点或边界曲线，切矢、法矢或几何连续性，材料特性参数和外载荷等约束条件下，用优化中的数学规划方法求解得到满足约束条件的曲面，此方法构造的曲面控制灵活。

小波方法构造曲线曲面最实用的是 B 样条小波，通过小波分解和重构，能实现曲线、曲面的多分辨率表示，可用于曲线曲面的数据压缩(因为用低分辨率表示时控制点数少)、光顺(去掉细节部分，用低分辨部分表示可达到光顺效果)、由粗到精地分级传输与显示。

3. 曲线、曲面的光顺

由特征点构造的曲线、曲面应尽量满足光顺的要求，这样才能达到美观的使用目的。曲线、曲面的光顺分为平面曲线光顺、空间曲线光顺以及曲面光顺。

平面曲线光顺的准则有三条：

(1) 曲线达到 C^2(即二阶导数)连续，即数学上光滑的概念；

(2) 没有多余拐点，即要求曲线凹凸变化较小；

(3) 曲率变化较均匀，即要求曲线鼓瘪的地方尽可能少。

空间曲线的三个正投影为平面曲线，只要这三条投影曲线光顺就认为空间曲线是光顺的。曲面通常用两簇相交的网格线来表示，只要空间网格线(平面曲线或空间曲线)光顺就认为曲面是光顺的。

4. 几何连续性

由于几何外形往往是比较复杂的，要用一个单一的数学函数式确切地描述整条曲线或整张曲面很困难，因此人们采用若干个曲线段连成一条曲线或采用若干张曲面片拼成一张曲面来实现外形设计。为了达到整条曲线或整张曲面光顺的要求，在连接点处应满足拼接条件，我们称为几何连续性。

对于曲线，几何连续性包括：

(1) 位置连续，用 G^0 表示，即两段曲线在连接点处不存在间断点(也就是连接点重合)；

(2) 斜率连续，用 G^1 表示，即两段曲线在连接处的切线方向相同；

(3) 曲率连续，用 G^2 表示，即两段曲线在连接处曲率应连续变化，不能出现跳跃。

对于曲面，几何连续性包括：

(1) 位置连续，用 G^0 表示，即两曲面片在连接处的边界应一致(也就是两边界重合)；

(2) 斜率连续，用 G^1 表示，即在连接处，两曲面片的切平面方向应保持一致。

要注意 G^1、G^2 连续与 C^1、C^2 连续的区别：C^1、C^2 连续可以认为是要求在连接处一阶导数、二阶导数相等(即导矢量的大小和方向均相等)，这种导数相等的连接条件可以推广到高次曲线或曲面中，这种连续性我们称为参数连续性。G^1、G^2 连续只要求导矢量方向相同，大小可不等，仅限于低次(四次以下)曲线和曲面，在连接处一阶导数、二阶导数可以不相等的连接条件增加了曲线、曲面拼接的灵活性，拼接自由度大，可以构造出适合各种需要的曲线或曲面。若在连接处 C^1、C^2 连续，则必然有 G^1、G^2 连续，反之则不然。

5. 样条曲线与曲面

数学放样中，把带有弹性的匀质细木条、金属或有机玻璃条称为样条。样条曲线是由若干个 n 次曲线段连接而成的拟合曲线，且在连接处达到 $n-1$ 阶导数连续(通常取 $n=3$)。样条曲面是由若干张 n 次曲面片连接而成的拟合曲面，且在连接处达到 $n-1$ 阶导数连续(通常取 $n=3$)。

6. 插值与逼近

按照曲线(或曲面)与特征点的位置关系划分，拟合曲线可分为插值曲线和逼近曲线两大类。

若由特征点构造的曲线通过所有的特征点，则称其为插值曲线；若由特征点构造的曲线不通过或部分通过特征点，并在整体上接近这些特征点，则称其为逼近曲线。

插值曲线有多种，2 次插值曲线有抛物线调配曲线、圆弧样条曲线(也称为双圆弧插值曲线)等；3 次插值曲线有 Hermite 曲线、Cardinal 样条曲线、三次参数样条曲线、三次 B 样条插值曲线、三次 Bézier 插值曲线等。抛物线调配曲线、圆弧样条曲线在型值点处曲线达 C^1 连续，这两种曲线适用于光顺性要求不太高的场合。

逼近曲线主要有最小二乘法拟合曲线、Bézier 曲线、B 样条曲线以及能把直线、一般圆锥曲线、三次参数曲线统一表达的各种有理参数曲线(如 Ball 有理三次参数曲线、Bézier 有理三次参数曲线、有理 B 样条曲线等)。

若由特征点构造的曲面通过所有的特征点，则称其为插值曲面；若由特征点构造的曲面不通过或部分通过特征点，并在整体上接近这些特征点，则称其为逼近曲面。

常用插值曲面有 Coons 曲面，常用逼近曲面有 Bézier 曲面、B 样条曲面、有理参数曲面等。

7. 曲线、曲面方程的矩阵表示

由于参数多项式曲线曲面表示简单，理论和应用最为成熟，故曲线曲面方程常采用多项式表示形式，而且它也能转化为矩阵表示形式。采用矩阵表示形式的优点在于不同类型的曲线、曲面可以采用统一的数学公式表示，便于建立统一的数据库，从而实现计算机对形状的统一处理。下面以曲线方程的矩阵表示为例。

曲线方程用矩阵可表示为

$$\boldsymbol{P}(t)=\boldsymbol{G}\cdot\boldsymbol{M}\cdot\boldsymbol{T}$$

式中，$\boldsymbol{G}=[\boldsymbol{G}_0\quad \boldsymbol{G}_1\quad \cdots\quad \boldsymbol{G}_n]$为几何矩阵，行矩阵；$\boldsymbol{G}_i$ 为特征点、切矢量、扭矢量等；$\boldsymbol{M}$ 为基矩阵，方阵；$\boldsymbol{T}=[t^n\quad \cdots\quad t\quad 1]^{\mathrm{T}}(t\in[0,1])$为参数矩阵，列矩阵；$\boldsymbol{M}\cdot\boldsymbol{T}$ 确定了一组基函数。

例如，直线方程的矩阵可表示为

$$
\begin{aligned}
\boldsymbol{P}(t) &= \boldsymbol{P}_0 + (\boldsymbol{P}_1 - \boldsymbol{P}_0)t = \boldsymbol{P}_0(1-t) + \boldsymbol{P}_1 t \\
&= [\boldsymbol{P}_0 \quad \boldsymbol{P}_1]\begin{bmatrix} 1-t \\ t \end{bmatrix} \\
&= [\boldsymbol{P}_0 \quad \boldsymbol{P}_1]\begin{bmatrix} -1 & 1 \\ 1 & 0 \end{bmatrix}\begin{bmatrix} t \\ 1 \end{bmatrix} \quad (t \in [0, 1])
\end{aligned}
$$

曲面方程的矩阵表示见 5.4.1 节。

5.2 插值曲线

从曲线方程的矩阵表示来看，采用不同的基函数就会得到不同的曲线。本节介绍 Hermite 曲线、Cardinal 样条曲线、三次参数样条曲线等三种插值曲线，它们的基函数各不相同，各有不同的应用。

定义插值曲线的已知条件一般包括一系列有序的型值点、边界条件(即曲线两端的限制条件)、连续性要求。

5.2.1 Hermite 曲线

Hermite(埃尔米特)曲线也称为 Ferguson(弗格森)曲线。

1. Hermite 曲线的定义

参见图 5.4，给定四个矢量 $\boldsymbol{P}_0$、$\boldsymbol{P}_1$、$\boldsymbol{P}'_0$、$\boldsymbol{P}'_1$，称满足条件

$$
\boldsymbol{P}(0) = \boldsymbol{P}_0,\ \boldsymbol{P}(1) = \boldsymbol{P}_1
$$

$$
\boldsymbol{P}'(0) = \boldsymbol{P}'_0,\ \boldsymbol{P}'(1) = \boldsymbol{P}'_1
$$

的三次多项式曲线 $\boldsymbol{P}(t)$ 为 Hermite 曲线。

需要强调的是切矢量的几何意义。切矢量的方向控制曲线的走向，切矢量的大小对曲线有夹持作用，即切矢量长度越大，曲线越贴近切矢量。两个切矢量的方向、大小变化对控制曲线的形状(如拐点、重点、尖点)有重要作用，苏步青院士对此有专门的研究与论述。

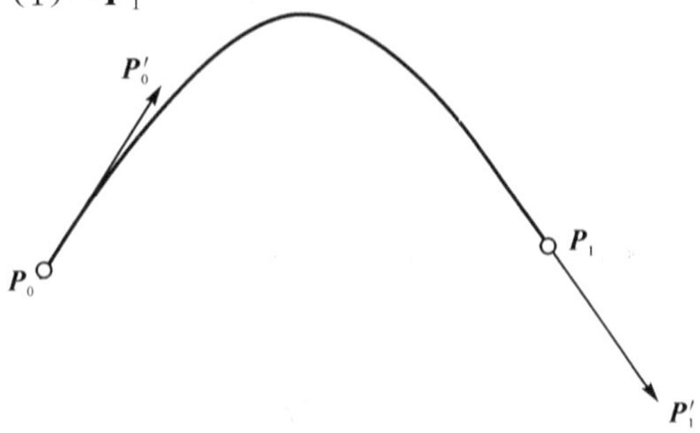

图 5.4　Hermite 曲线的定义

2. Hermite 曲线的表达式

下面推导 Hermite 曲线的表达式。Hermite 曲线的矩阵表示形式为

$$
\boldsymbol{P}(t) = \boldsymbol{G}_{\mathrm{H}} \cdot \boldsymbol{M}_{\mathrm{H}} \cdot \boldsymbol{T} = \boldsymbol{G}_{\mathrm{H}} \cdot \boldsymbol{M}_{\mathrm{H}} \cdot \begin{bmatrix} t^3 \\ t^2 \\ t^1 \\ 1 \end{bmatrix} \quad (0 \leqslant t \leqslant 1)
$$

其一阶导数为

$$\boldsymbol{P}'(t)=\boldsymbol{G}_{\mathrm{H}}\cdot\boldsymbol{M}_{\mathrm{H}}\cdot\boldsymbol{T}'=\boldsymbol{G}_{\mathrm{H}}\cdot\boldsymbol{M}_{\mathrm{H}}\cdot\begin{bmatrix}3t^2\\2t\\1\\0\end{bmatrix}$$

根据 Hermite 曲线的定义有

$$\boldsymbol{P}(0)=\boldsymbol{G}_{\mathrm{H}}\cdot\boldsymbol{M}_{\mathrm{H}}\cdot\boldsymbol{T}|_{t=0}=\boldsymbol{G}_{\mathrm{H}}\cdot\boldsymbol{M}_{\mathrm{H}}\cdot\begin{bmatrix}0\\0\\0\\1\end{bmatrix}=\boldsymbol{P}_0$$

$$\boldsymbol{P}(1)=\boldsymbol{G}_{\mathrm{H}}\cdot\boldsymbol{M}_{\mathrm{H}}\cdot\boldsymbol{T}|_{t=1}=\boldsymbol{G}_{\mathrm{H}}\cdot\boldsymbol{M}_{\mathrm{H}}\cdot\begin{bmatrix}1\\1\\1\\1\end{bmatrix}=\boldsymbol{P}_1$$

$$\boldsymbol{P}'(0)=\boldsymbol{G}_{\mathrm{H}}\cdot\boldsymbol{M}_{\mathrm{H}}\cdot\boldsymbol{T}'|_{t=0}=\boldsymbol{G}_{\mathrm{H}}\cdot\boldsymbol{M}_{\mathrm{H}}\cdot\begin{bmatrix}0\\0\\1\\0\end{bmatrix}=\boldsymbol{P}'_0$$

$$\boldsymbol{P}'(1)=\boldsymbol{G}_{\mathrm{H}}\cdot\boldsymbol{M}_{\mathrm{H}}\cdot\boldsymbol{T}'|_{t=1}=\boldsymbol{G}_{\mathrm{H}}\cdot\boldsymbol{M}_{\mathrm{H}}\cdot\begin{bmatrix}3\\2\\1\\0\end{bmatrix}=\boldsymbol{P}'_1$$

综合上式得

$$\boldsymbol{G}_{\mathrm{H}}\cdot\boldsymbol{M}_{\mathrm{H}}\cdot\begin{bmatrix}0&1&0&3\\0&1&0&2\\0&1&1&1\\1&1&0&0\end{bmatrix}=[\boldsymbol{P}_0\quad\boldsymbol{P}_1\quad\boldsymbol{P}'_0\quad\boldsymbol{P}'_1]\xlongequal{\text{取为}}\boldsymbol{G}_{\mathrm{H}}$$

求解上式得 Hermite 曲线的基矩阵：

$$\boldsymbol{M}_{\mathrm{H}}=\begin{bmatrix}0&1&0&3\\0&1&0&2\\0&1&1&1\\1&1&0&0\end{bmatrix}^{-1}=\begin{bmatrix}2&-3&0&1\\-2&3&0&0\\1&-2&1&0\\1&-1&0&0\end{bmatrix}$$

于是得到 Hermite 曲线的基函数为

$$\boldsymbol{M}_{\mathrm{H}}\cdot\boldsymbol{T}=\begin{bmatrix}2&-3&0&1\\-2&3&0&0\\1&-2&1&0\\1&-1&0&0\end{bmatrix}\begin{bmatrix}t^3\\t^2\\t\\1\end{bmatrix}=\begin{bmatrix}1-3t^2+2t^3\\3t^2-2t^3\\t-2t^2+t^3\\-t^2+t^3\end{bmatrix}=\begin{bmatrix}H_0(t)\\H_1(t)\\H_2(t)\\H_3(t)\end{bmatrix}$$

即

$$
\begin{cases}
H_0(t)=1-3t^2+2t^3 \\
H_1(t)=3t^2-2t^3 \\
H_2(t)=t-2t^2+t^3 \\
H_3(t)=-t^2+t^3
\end{cases}
$$

基函数随参数 t 变化的曲线如图 5.5 所示。

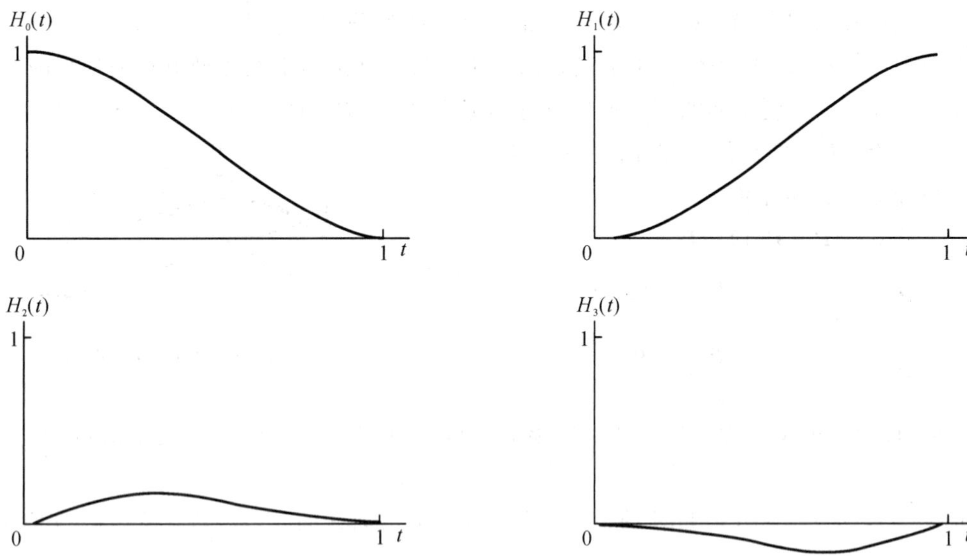

图 5.5　Hermite 曲线的基函数

Hermite 曲线的代数表示形式为

$$
\begin{aligned}
\boldsymbol{P}(t) &= H_0(t)\boldsymbol{P}_0+H_1(t)\boldsymbol{P}_1+H_2(t)\boldsymbol{P}'_0+H_3(t)\boldsymbol{P}'_1 \\
&=(1-3t^2+2t^3)\boldsymbol{P}_0+(3t^2-2t^3)\boldsymbol{P}_1+(t-2t^2+t^3)\boldsymbol{P}'_0+(-t^2+t^3)\boldsymbol{P}'_1 \quad (0\leqslant t\leqslant 1)
\end{aligned}
$$

$H_0(t)$、$H_1(t)$、$H_2(t)$、$H_3(t)$ 也称为 Hermite 曲线的调和函数(或称为权函数)，因为它们调和了约束值 $\boldsymbol{P}_0$、$\boldsymbol{P}_1$、$\boldsymbol{P}'_0$、$\boldsymbol{P}'_1$，使在整个参数范围内产生曲线的坐标值。

图 5.6 是通过 9 个型值点(其中起始点和终止点是同一个点)和给定切矢量绘制的 Hermite插值曲线(8 段)。

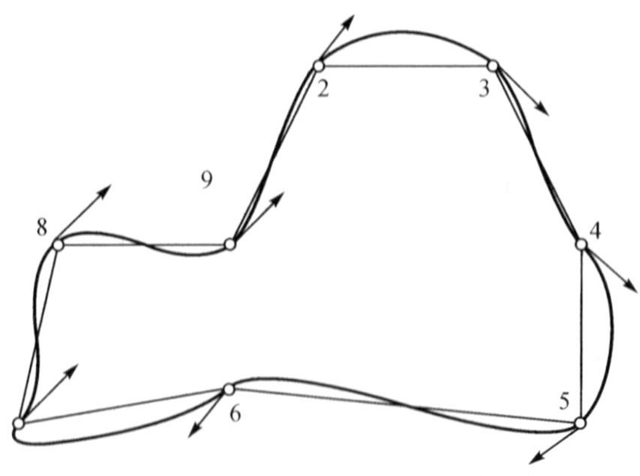

图 5.6　Hermite 插值曲线

Hermite 曲线比较简单，易于理解，但要求确定每个型值点处的一阶导数作为初始条件，这很不方便，有时甚至是难以实现的。更好的做法是不需要输入曲线斜率值或其他几何信息就能生成样条曲线。Cardinal 样条曲线和三次参数样条曲线便可做到这一点。

5.2.2 Cardinal 样条曲线

像 Hermite 曲线一样，Cardinal 样条曲线也是插值分段三次曲线，与 Hermite 样条曲线的区别是，Cardinal 样条曲线中端点处的一阶导数值是由两个相邻型值点来计算的。

如图 5.7 所示，设相邻的四个型值点分别记为 $\boldsymbol{P}_{i-1}$、$\boldsymbol{P}_i$、$\boldsymbol{P}_{i+1}$、$\boldsymbol{P}_{i+2}$，Cardinal 样条插值方法为：在 $\boldsymbol{P}_i$、$\boldsymbol{P}_{i+1}$ 两型值点间插值一段三次曲线且满足如下约束条件：

$$\boldsymbol{P}(0)=\boldsymbol{P}_i,\ \boldsymbol{P}(1)=\boldsymbol{P}_{i+1}$$

$$\boldsymbol{P}'(0)=\frac{(1-u)(\boldsymbol{P}_{i+1}-\boldsymbol{P}_{i-1})}{2}$$

$$\boldsymbol{P}'(1)=\frac{(1-u)(\boldsymbol{P}_{i+2}-\boldsymbol{P}_i)}{2}$$

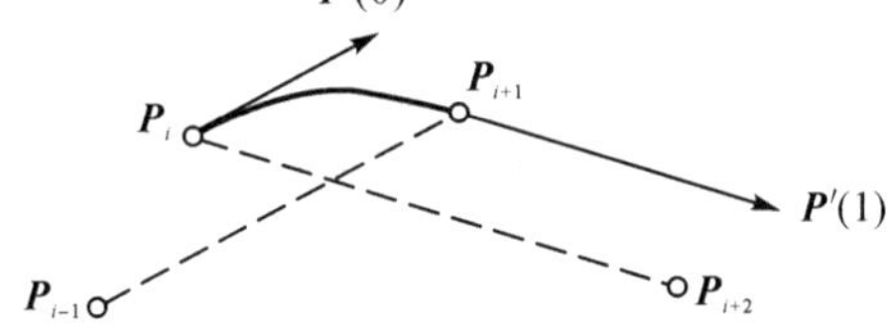

图 5.7　Cardinal 样条曲线段

其中，$u\in\mathbf{R}$ 为一可调参数，称为张力参数，可以控制 Cardinal 样条曲线型值点间的松紧程度。

记 $s=(1-u)/2$，将 Cardinal 约束条件代入 Hermite 曲线的参数方程，整理得到 Cardinal 样条曲线的矩阵表达式：

$$\boldsymbol{P}(t)=[\boldsymbol{P}_{i-1}\quad \boldsymbol{P}_i\quad \boldsymbol{P}_{i+1}\quad \boldsymbol{P}_{i+2}]\cdot\begin{bmatrix}-s & 2s & -s & 0\\ 2-s & s-3 & 0 & 1\\ s-2 & 3-2s & s & 0\\ s & -s & 0 & 0\end{bmatrix}\cdot\begin{bmatrix}t^3\\ t^2\\ t\\ 1\end{bmatrix}$$

$$=[\boldsymbol{P}_{i-1}\quad \boldsymbol{P}_i\quad \boldsymbol{P}_{i+1}\quad \boldsymbol{P}_{i+2}]\cdot\boldsymbol{M}_{\mathrm{C}}\cdot\begin{bmatrix}t^3\\ t^2\\ t\\ 1\end{bmatrix}\quad (0\leqslant t\leqslant 1)$$

其中：

$$\boldsymbol{M}_{\mathrm{C}}=\begin{bmatrix}-s & 2s & -s & 0\\ 2-s & s-3 & 0 & 1\\ s-2 & 3-2s & s & 0\\ s & -s & 0 & 0\end{bmatrix}$$

称为 Cardinal 基矩阵。

将上式展开写成代数形式为

$$\begin{aligned}\boldsymbol{P}(t)&=(-st+2st^2-st^3)\boldsymbol{P}_{i-1}+(1+(s-3)t^2+(2-s)t^3)\boldsymbol{P}_i+\\&\quad(st+(3-2s)t^2+(s-2)t^3)\boldsymbol{P}_{i+1}+(-st^2+st^3)\boldsymbol{P}_{i+2}\\&=C_0(t)\boldsymbol{P}_{i-1}+C_1(t)\boldsymbol{P}_i+C_2(t)\boldsymbol{P}_{i+1}+C_3(t)\boldsymbol{P}_{i+2}\quad(0\leqslant t\leqslant 1)\end{aligned}$$

其中：

$$\begin{cases} C_0(t) = -st + 2st^2 - st^3 \\ C_1(t) = 1 + (s-3)t^2 + (2-s)t^3 \\ C_2(t) = st + (3-2s)t^2 + (s-2)t^3 \\ C_3(t) = -st^2 + st^3 \end{cases}$$

称为 Cardinal 样条调和函数。图 5.8 是 Cardinal 样条调和函数的曲线图。

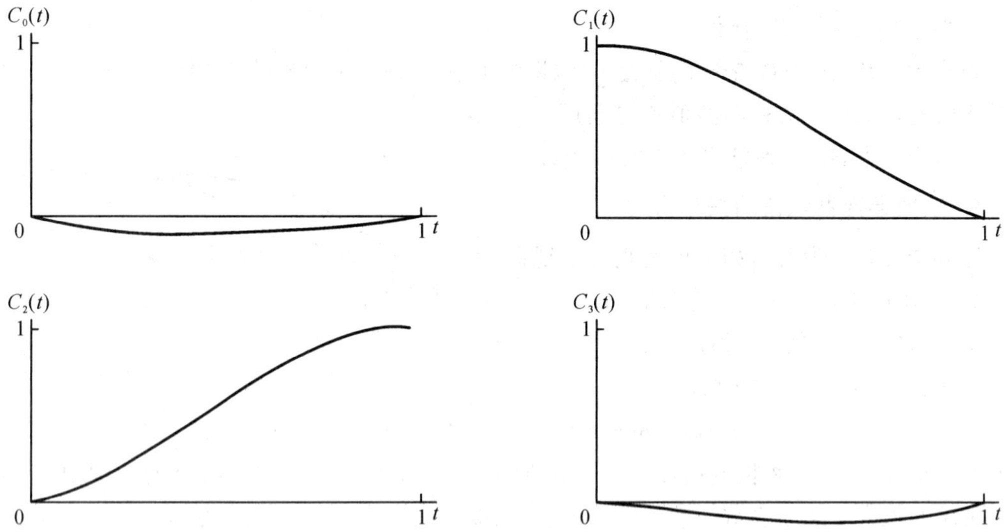

图 5.8　Cardinal 样条曲线的基函数(调和函数)

由图可以看出，一个 Cardinal 样条曲线段完全由四个相邻的型值点给出，中间两个型值点是曲线段端点，另外两个型值点用来辅助计算端点的切矢量。只要给出一组型值点的坐标值，就可以分段计算出 Cardinal 样条曲线，并组合成一整条三次样条曲线。Cardinal 样条曲线在曲线段内是 C^2 连续的，但在端点处仅 C^1 连续。

通常取 $s=1$(即 $u=-1$)定义 Cardinal 样条曲线。$s=1$ 时的几何意义为曲线端点切矢量是前后型值点的连线。图 5.9 为 $s=1$ 时通过 9 个型值点(其中起始点和终止点是同一个点)绘制的 Cardinal 样条插值曲线(8 段)。

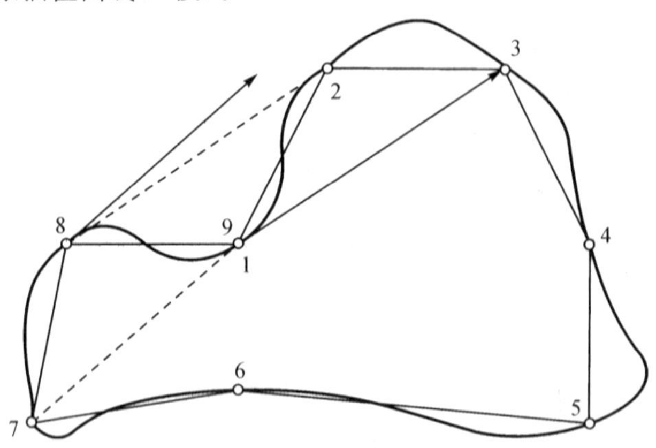

图 5.9　Cardinal 样条插值曲线

5.2.3　三次参数样条曲线

1963 年，Ferguson 基于三次样条函数发展了三次参数样条曲线。苏步青院士、刘鼎元教授拓展了三次参数样条曲线的研究，包括几何连续性条件、参数取值、保形插值以及曲线形状控制。本节介绍最简单的三次参数样条曲线，即 Ferguson 三次参数样条曲线，其几何连续性条件为 C¹、C² 连续。

设有 $\boldsymbol{P}_1$，$\boldsymbol{P}_2$，…，$\boldsymbol{P}_n$ 个空间位置矢径(即型值点)，则三次参数样条曲线由 $n-1$ 个三次参数曲线段连接而成，两相邻型值点之间用一个三次参数曲线段来表示，整条曲线达到 C² 连续。

1. 三次参数曲线段的矢量方程

已知 $\boldsymbol{P}_i$、$\boldsymbol{P}_{i+1}$ 为两个相邻的型值点，现假设两点处的切矢量 $\boldsymbol{P}'_i$、$\boldsymbol{P}'_{i+1}$ 也已知，如图 5.10 所示，要求构造一个三次参数曲线段。

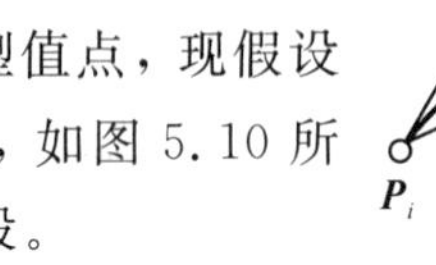

图 5.10　三次参数曲线段

设该段曲线的矢量参数方程为

$$\boldsymbol{P}_i(t)=\boldsymbol{A}_i+\boldsymbol{B}_i t+\boldsymbol{C}_i t^2+\boldsymbol{D}_i t^3 \quad (0\leqslant t\leqslant t_i) \tag{5-1}$$

t_i可以取 1，也可以取弦长或前面各段的累加弦长。t_i值取得大一些，拟合的曲线更光顺一些，曲线的拟合效果也会好一些。实践证明，t_i取弦长时拟合的曲线是令人满意的，因此这里我们取弦长，即

$$t_i=\sqrt{(x_{i+1}-x_i)^2+(y_{i+1}-y_i)^2+(z_{i+1}-z_i)^2}$$

下面来确定 $\boldsymbol{A}_i$、$\boldsymbol{B}_i$、$\boldsymbol{C}_i$、$\boldsymbol{D}_i$ 四个待定系数。

对式(5-1)求导得

$$\boldsymbol{P}'_i(t)=\boldsymbol{B}_i+2\boldsymbol{C}_i t+3\boldsymbol{D}_i t^2 \tag{5-2}$$

$t=0$ 时：

$$\begin{cases}\boldsymbol{P}_i(0)=\boldsymbol{A}_i=\boldsymbol{P}_i\\ \boldsymbol{P}'_i(0)=\boldsymbol{B}_i=\boldsymbol{P}'_i\end{cases} \tag{5-3}$$

$t=t_i$时：

$$\begin{cases}\boldsymbol{P}_i(t_i)=\boldsymbol{A}_i+\boldsymbol{B}_i t_i+\boldsymbol{C}_i t_i^2+\boldsymbol{D}_i t_i^3=\boldsymbol{P}_{i+1}\\ \boldsymbol{P}'_i(t_i)=\boldsymbol{B}_i+2\boldsymbol{C}_i t_i+3\boldsymbol{D}_i t_i^2=\boldsymbol{P}'_{i+1}\end{cases} \tag{5-4}$$

联立式(5-3)及式(5-4)求解得

$$\begin{cases}\boldsymbol{A}_i=\boldsymbol{P}_i\\ \boldsymbol{B}_i=\boldsymbol{P}'_i\\ \boldsymbol{C}_i=\dfrac{3}{t_i^2}(\boldsymbol{P}_{i+1}-\boldsymbol{P}_i)-\dfrac{1}{t_i}(\boldsymbol{P}'_{i+1}+2\boldsymbol{P}'_i)\\ \boldsymbol{D}_i=-\dfrac{2}{t_i^3}(\boldsymbol{P}_{i+1}-\boldsymbol{P}_i)+\dfrac{1}{t_i^2}(\boldsymbol{P}'_{i+1}+\boldsymbol{P}'_i)\end{cases} \tag{5-5}$$

把式(5-5)代入式(5-1)得

$$\begin{aligned}\boldsymbol{P}_i(t)=\boldsymbol{P}_i+\boldsymbol{P}'_i t+&\left[\frac{3}{t_i^2}(\boldsymbol{P}_{i+1}-\boldsymbol{P}_i)-\frac{1}{t_i}(\boldsymbol{P}'_{i+1}+2\boldsymbol{P}'_i)\right]t^2+\\ &\left[-\frac{2}{t_i^3}(\boldsymbol{P}_{i+1}-\boldsymbol{P}_i)+\frac{1}{t_i^2}(\boldsymbol{P}'_{i+1}+\boldsymbol{P}'_i)\right]t^3 \quad (0\leqslant t\leqslant t_i)\end{aligned} \tag{5-6}$$

从式(5-6)可看出，只要知道 $\boldsymbol{P}_i$、$\boldsymbol{P}'_i$、$\boldsymbol{P}_{i+1}$、$\boldsymbol{P}'_{i+1}$ 便可得到两型值点之间的三次曲线段表达式，从而可绘出这段曲线。然而已知条件仅为型值点的位置，且切矢量 $\boldsymbol{P}'_i$、$\boldsymbol{P}'_{i+1}$ 是假设的，因此需要利用两个曲线段在连接处 C^2 连续来求解，这就是下面的二阶导矢量连续性方程。

2. 二阶导矢量连续性方程

样条曲线要求两段三次参数曲线在连接处达到 C^2 连续。C^2 连续的前提是在连接点处达到 C^0 及 C^1 连续。从三次参数曲线定义来看，相邻两段的连接点是前一段的终止端点，同时又是后一段的起始端点，两段使用同一型值点的位置矢径和切矢量，这样就满足了 C^0 及 C^1 连续的条件。

下面考虑由 $\boldsymbol{P}_{i-1}$、$\boldsymbol{P}_i$ 型值点构造的第 $i-1$ 段曲线与由 $\boldsymbol{P}_i$、$\boldsymbol{P}_{i+1}$ 型值点构造的第 i 段曲线在 $\boldsymbol{P}_i$ 处连接满足 C^2 连续(即二阶导数相等)的要求。

对式(5-2)再求导，得

$$\boldsymbol{P}''_i(t)=2\boldsymbol{C}_i+6\boldsymbol{D}_i t \quad (0\leqslant t\leqslant t_i) \tag{5-7}$$

将式(5-7)中的 i 换成 $i-1$ 就得到第 $i-1$ 段的二阶导矢量，即

$$\boldsymbol{P}''_{i-1}(t)=2\boldsymbol{C}_{i-1}+6\boldsymbol{D}_{i-1} t \quad (0\leqslant t\leqslant t_{i-1}) \tag{5-8}$$

$\boldsymbol{P}_i$ 为两段曲线的连接点，是第 $i-1$ 段的终止点，其参数为 t_{i-1}，将 $t=t_{i-1}$ 代入式(5-8)得 $\boldsymbol{P}_i$ 处二阶导矢量为

$$\boldsymbol{P}''_{i-1}(t_{i-1})=2\boldsymbol{C}_{i-1}+6\boldsymbol{D}_{i-1}t_{i-1}$$

$\boldsymbol{P}_i$ 又是第 i 段的起始点，其参数为 0，将 $t=0$ 代入式(5-7)得 $\boldsymbol{P}_i$ 处二阶导矢量为

$$\boldsymbol{P}''_i(0)=2\boldsymbol{C}_i$$

令 $\boldsymbol{P}''_{i-1}(t_{i-1})=\boldsymbol{P}''_i(0)$，即 $2\boldsymbol{C}_{i-1}+6\boldsymbol{D}_{i-1}t_{i-1}=2\boldsymbol{C}_i$，将式(5-5)中的 $\boldsymbol{C}_i$、$\boldsymbol{D}_i$ 下标 i 换作 $i-1$ 代入此式得

$$\begin{aligned}&2\left[\frac{3}{t_{i-1}^2}(\boldsymbol{P}_i-\boldsymbol{P}_{i-1})-\frac{1}{t_{i-1}}(\boldsymbol{P}'_i+2\boldsymbol{P}'_{i-1})\right]+6\left[-\frac{2}{t_{i-1}^3}(\boldsymbol{P}_i-\boldsymbol{P}_{i-1})+\frac{1}{t_{i-1}^2}(\boldsymbol{P}'_i+\boldsymbol{P}'_{i-1})\right]t_{i-1}\\&=2\left[\frac{3}{t_i^2}(\boldsymbol{P}_{i+1}-\boldsymbol{P}_i)-\frac{1}{t_i}(\boldsymbol{P}'_{i+1}+2\boldsymbol{P}'_i)\right]\end{aligned} \tag{5-9}$$

用 $t_{i-1}t_i$ 乘式(5-9)两边并经整理得

$$t_i\boldsymbol{P}'_{i-1}+2(t_{i-1}+t_i)\boldsymbol{P}'_i+t_{i-1}\boldsymbol{P}'_{i+1}=\frac{3t_{i-1}}{t_i}(\boldsymbol{P}_{i+1}-\boldsymbol{P}_i)+\frac{3t_i}{t_{i-1}}(\boldsymbol{P}_i-\boldsymbol{P}_{i-1}) \tag{5-10}$$

用 $t_{i-1}+t_i$ 除式(5-10)两边，整理后得

$$\begin{cases}\lambda_i\boldsymbol{P}'_{i-1}+2\boldsymbol{P}'_i+\mu_i\boldsymbol{P}'_{i+1}=\boldsymbol{b}_i\\ \lambda_i=\dfrac{t_i}{t_{i-1}+t_i}\\ \mu_i=\dfrac{t_{i-1}}{t_{i-1}+t_i}\\ \boldsymbol{b}_i=\dfrac{3\mu_i}{t_i}(\boldsymbol{P}_{i+1}-\boldsymbol{P}_i)+\dfrac{3\lambda_i}{t_{i-1}}(\boldsymbol{P}_i-\boldsymbol{P}_{i-1})\end{cases} \tag{5-11}$$

式(5-11)中的 i 取值为 2，3，…，$n-1$，即可以建立 $n-2$ 个方程，而切矢量 $\boldsymbol{P}'_1$，$\boldsymbol{P}'_2$，…，$\boldsymbol{P}'_n$ 共有 n 个。可见，要解出全部的切矢量还少两个方程即两个条件，用首、末两端型值点的边界条件即约束条件可以补充这两个方程，即补充分别含 $\boldsymbol{b}_1$、$\boldsymbol{b}_n$ 的方程。

3. 边界条件与补充方程

边界条件主要包括两端固定、两端自由、抛物端以及闭合曲线。

1）两端固定

当两端的切矢量 $\boldsymbol{P}'_1$、$\boldsymbol{P}'_n$给定时称为两端固定(夹持)。两个补充方程为

① 令 $\boldsymbol{b}_1=\boldsymbol{P}'_1$，得

$$\boldsymbol{P}'_1=\boldsymbol{P}'_1=\boldsymbol{b}_1$$

② 令 $\boldsymbol{b}_n=\boldsymbol{P}'_n$，得

$$\boldsymbol{P}'_n=\boldsymbol{P}'_n=\boldsymbol{b}_n$$

2）两端自由

两端自由时，端点二阶导数为 0。首端点是第 1 段的起点，将 $i=1$，$t=0$ 代入二阶导矢量方程并使其等于 0；末端点是第 $n-1$ 段的终点，将 $i=n-1$，$t=t_{n-1}$代入二阶导矢量方程并使其等于 0，得到两个补充方程为

$$2\boldsymbol{P}'_1+\boldsymbol{P}'_2=\frac{3(\boldsymbol{P}_2-\boldsymbol{P}_1)}{t_1}=\boldsymbol{b}_1$$

$$\boldsymbol{P}'_{n-1}+2\boldsymbol{P}'_n=\frac{3(\boldsymbol{P}_n-\boldsymbol{P}_{n-1})}{t_{n-1}}=\boldsymbol{b}_n$$

3）抛物端

抛物端(悬臂端)要求两端点的三阶导数为 0，两个补充方程为

$$\boldsymbol{P}'_1+\boldsymbol{P}'_2=\frac{2(\boldsymbol{P}_2-\boldsymbol{P}_1)}{t_1}=\boldsymbol{b}_1$$

$$\boldsymbol{P}'_{n-1}+\boldsymbol{P}'_n=\frac{2(\boldsymbol{P}_n-\boldsymbol{P}_{n-1})}{t_{n-1}}=\boldsymbol{b}_n$$

4）闭合曲线

闭合曲线的起始型值点 $\boldsymbol{P}_1$ 与终止型值点 $\boldsymbol{P}_n$ 重合，且在该点保持 C^1 及 C^2 连续。把 $\boldsymbol{P}_{n-1}$、$\boldsymbol{P}_n$ 两点构造的曲线段作为第 $n-1$ 段，把 $\boldsymbol{P}_n$、$\boldsymbol{P}_2$ 两点构造的曲线段作为第 n 段，这两段在 $\boldsymbol{P}_n$ 点处达到 C^2 连续，必然满足式(5-10)。把 $i=n$ 代入式(5-10)并考虑到第 n 段就是第 1 段，且有 $t_n=t_1$，$\boldsymbol{P}_{n+1}=\boldsymbol{P}_2$，$\boldsymbol{P}_n=\boldsymbol{P}_1$，经整理后得

$$2(t_1+t_{n-1})\boldsymbol{P}'_1+t_{n-1}\boldsymbol{P}'_2+t_1\boldsymbol{P}'_{n-1}=\frac{3t_{n-1}}{t_1}(\boldsymbol{P}_2-\boldsymbol{P}_1)+\frac{3t_1}{t_{n-1}}(\boldsymbol{P}_n-\boldsymbol{P}_{n-1})=\boldsymbol{b}_1$$

由于 $\boldsymbol{P}'_1=\boldsymbol{P}'_n$，未知量变为 $n-1$ 个，而由式(5-11)可建立 $n-2$ 个方程，故只需补充上面一个方程。为了使求解切矢量的方程组具有统一的形式(即均为 n 阶)，我们把上述方程中的 $\boldsymbol{P}'_1$用 $\boldsymbol{P}'_n$替换，又可得到一个补充方程：

$$t_{n-1}\boldsymbol{P}'_2+t_1\boldsymbol{P}'_{n-1}+2(t_1+t_{n-1})\boldsymbol{P}'_n=\frac{3t_{n-1}}{t_1}(\boldsymbol{P}_2-\boldsymbol{P}_1)+\frac{3t_1}{t_{n-1}}(\boldsymbol{P}_n-\boldsymbol{P}_{n-1})=\boldsymbol{b}_n$$

4. 求切矢量的方程组

将式(5-11)和两个补充方程联立起来就可得到一个求切矢量的 n 阶线性方程组：

$$\begin{bmatrix} M_{1,1} & M_{1,2} & M_{1,3} & \cdots & \cdots & M_{1,n-1} & M_{1,n} \\ \lambda_2 & 2 & \mu_2 & & & & \\ & \ddots & \ddots & \ddots & & \mathbf{0} & \\ & \mathbf{0} & & \ddots & \ddots & \ddots & \\ & & & & \lambda_{n-1} & 2 & \mu_{n-1} \\ M_{n,1} & M_{n,2} & M_{n,3} & \cdots & \cdots & M_{n,n-1} & M_{n,n} \end{bmatrix} \begin{bmatrix} \boldsymbol{P}'_1 \\ \boldsymbol{P}'_2 \\ \vdots \\ \vdots \\ \boldsymbol{P}'_{n-1} \\ \boldsymbol{P}'_n \end{bmatrix} = \begin{bmatrix} \boldsymbol{b}_1 \\ \boldsymbol{b}_2 \\ \vdots \\ \vdots \\ \boldsymbol{b}_{n-1} \\ \boldsymbol{b}_n \end{bmatrix}$$

方程组中矩阵第 1 行元素 $M_{1,1}$，$M_{1,2}$，…，$M_{1,n}$和第 n 行元素 $M_{n,1}$，$M_{n,2}$，…，$M_{n,n}$由补充方程决定。如对两端自由的情况，$M_{1,1}=2$，$M_{1,2}=1$；$M_{n,n-1}=1$，$M_{n,n}=2$，第 1 行和第 n 行其他元素都为 0。

现在剩下的问题是求解线性方程组。将方程组中的矢量分别用分量代替进行求解，最后求出各切矢量。线性方程组的求解方法比较多，也很成熟，可直接选用，这里不作赘述。

5. 三次参数样条曲线的绘制

求出各切矢量后，利用式(5－6)就可逐个绘出每段曲线，然后由 $n-1$ 个曲线段构成三次参数样条曲线。在编程绘图时应将式(5－6)中的矢量化成分量形式计算。

6. 三次参数样条曲线与 Hermite 曲线、Cardinal 样条曲线的比较

在式(5－6)中，令 $t_i=1$，可得三次参数样条曲线

$$\begin{aligned}\boldsymbol{P}_i(t)&=\boldsymbol{P}_i+\boldsymbol{P}'_it+[3(\boldsymbol{P}_{i+1}-\boldsymbol{P}_i)-(\boldsymbol{P}'_{i+1}+2\boldsymbol{P}'_i)]t^2+[-2(\boldsymbol{P}_{i+1}-\boldsymbol{P}_i)+(\boldsymbol{P}'_{i+1}+\boldsymbol{P}'_i)]t^3\\&=(1-3t^2+2t^3)\boldsymbol{P}_i+(3t^2-2t^3)\boldsymbol{P}_{i+1}+(t-2t^2-2t^3)\boldsymbol{P}'_i+(-t^2+t^3)\boldsymbol{P}'_{i+1}\end{aligned}$$

与 Hermite 曲线

$$\begin{aligned}\boldsymbol{P}(t)&=H_0(t)\boldsymbol{P}_0+H_1(t)\boldsymbol{P}_1+H_2(t)\boldsymbol{P}'_0+H_3(t)\boldsymbol{P}'_1\\&=(1-3t^2+2t^3)\boldsymbol{P}_0+(3t^2-2t^3)\boldsymbol{P}_1+(t-2t^2+t^3)\boldsymbol{P}'_0+(-t^2+t^3)\boldsymbol{P}'_1\end{aligned}$$

相同。

三次参数样条曲线因其在连接点处 C^2 连续，所以其光顺性比 Cardinal 样条要好，适合于型值点数目不多的场合，而 Cardinal 样条适合于型值点数较多且光顺性要求不高的场合。

5.3 逼近曲线

本节介绍 Bézier 曲线、B 样条曲线、最小二乘法拟合曲线等 3 种逼近曲线。

5.3.1 Bézier 曲线

Bézier 曲线是法国雷诺汽车公司工程师 Bézier 于 1962 年创立的。Bézier 的方法是用折线组成的多边形来定义一条曲线，设计者先用折线多边形描绘这条曲线的大致轮廓，再用 Bézier 曲线表达式产生一条光滑的曲线。若达不到要求，则再改变多边形的顶点位置，直到构造出满意的曲线为止。因此，Bézier 曲线以其直观的形象开创了自由曲线几何设计的先河。

1. Bézier 曲线的定义

给定 $n+1$ 个位置矢径(即控制点)$\boldsymbol{b}_i(i=0, 1, \cdots, n)$，称 n 次参数曲线段

$$\boldsymbol{P}(t)=\sum_{i=0}^{n} B_{i,n}(t)\boldsymbol{b}_i \quad (0 \leqslant t \leqslant 1) \tag{5-12}$$

为 Bézier 曲线。其中，$B_{i,n}(t)$为 Bernstein 基函数，这是一个权函数，它决定了在不同 t 值下各位置矢径对 $\boldsymbol{P}(t)$矢量影响的大小，其表达式为

$$B_{i,n}(t)=\mathrm{C}_n^i t^i(1-t)^{n-i}=\frac{n!}{i!(n-i)!}t^i(1-t)^{n-i} \tag{5-13}$$

依次用线段连接 $\boldsymbol{b}_i(i=0, 1, \cdots, n)$中相邻两个位置矢径的端点，这样组成的 n 边折线多边形称为 Bézier 特征多边形。位置矢径端点称为特征多边形的顶点。

从 Bézier 曲线的定义可知，Bézier 曲线是一段曲线，曲线次数为 n，需要 $n+1$ 个位置矢径来定义。在实际应用中，最常用的是三次 Bézier 曲线，其次是二次 Bézier 曲线，其他高次 Bézier 曲线一般不用。

2. Bernstein 基函数的性质

图 5.11 为 $n=3$ 时的 Bernstein 基函数曲线，其具有以下性质：

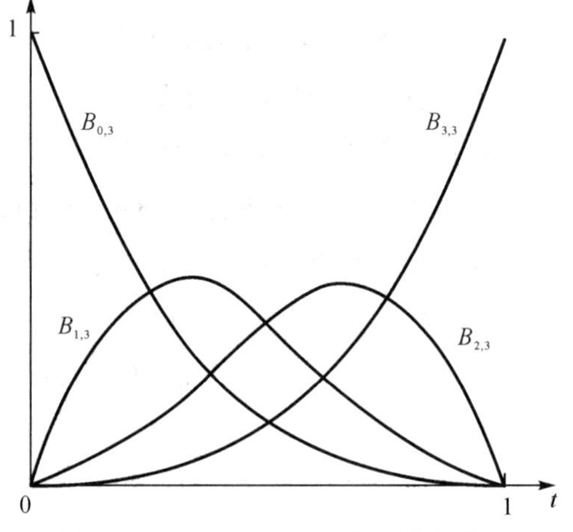

图 5.11　3 次 Bernstein 基函数曲线

(1) 非负性：$B_{i,n}(t)\geqslant 0$，$t\in[0, 1]$。

(2) 权性：$\sum_{i=0}^{n} B_{i,n}(t)\equiv 1$，$t\in[0, 1]$，由二项式定理不难验证。

(3) 对称性：$B_{i,n}(t)=B_{n-i,n}(1-t)$。第 i 个基函数曲线和第 $n-i$ 个基函数曲线关于$t=0.5$对称。证明如下：

将式(5-13)中的 $i\to n-i$，$t\to 1-t$ 得

$$B_{n-i,n}(1-t)=\frac{n!}{(n-i)!(n-(n-i))!}(1-t)^{n-i}(1-(1-t))^{n-(n-i)}$$
$$=\frac{n!}{(n-i)!i!}(1-t)^{n-i}t^i=B_{i,n}(t)$$

而 t 与 $1-t$ 关于 0.5 等距，即对称。

(4) 最大值：$B_{i,n}(t)$在 $t=i/n$ 处达到最大值，令 $B'_{i,n}(t)=0$ 可得此结果。

(5) 降阶公式(递推性)：n 阶基函数与 $n-1$ 阶基函数的递推关系为

$$B_{i,n}(t)=(1-t)B_{i,n-1}(t)+tB_{i-1,n-1}(t)$$

即高一阶(n 阶)的 Bernstein 基函数可由两个低一阶($n-1$ 阶)的 Bernstein 基函数线性组合而成。证明如下。

$$\begin{aligned}B_{i,n}(t)&=\mathrm{C}_n^i t^i(1-t)^{n-i}=(\mathrm{C}_{n-1}^i+\mathrm{C}_{n-1}^{i-1})t^i(1-t)^{n-i}\\&=(1-t)\mathrm{C}_{n-1}^i t^i(1-t)^{(n-1)-i}+t\mathrm{C}_{n-1}^{i-1}t^{i-1}(1-t)^{(n-1)-(i-1)}\\&=(1-t)B_{i,n-1}(t)+tB_{i-1,n-1}(t)\end{aligned}$$

(6) 升阶公式：n 阶基函数与 $n+1$ 阶基函数的递推关系为

$$B_{i,n}(t)=\frac{i+1}{n+1}B_{i+1,n+1}(t)+\frac{n+1-i}{n+1}B_{i,n+1}(t)$$

(7) 微分(导数)：$B'_{i,n}(t)=n(B_{i-1,n-1}(t)-B_{i,n-1}(t))$。

(8) 积分：$\int_0^1 B_{i,n}(t)\mathrm{d}t=\frac{1}{n+1}$。

3. 二次 Bézier 曲线

当 $n=2$ 时，由式(5-12)、式(5-13)得

$$\boldsymbol{P}(t)=\sum_{i=0}^{2}B_{i,2}(t)\boldsymbol{b}_i=(1-t)^2\boldsymbol{b}_0+2t(1-t)\boldsymbol{b}_1+t^2\boldsymbol{b}_2\quad(0\leqslant t\leqslant 1)\tag{5-14}$$

其矩阵表示形式为

$$\boldsymbol{P}(t)=[\boldsymbol{b}_0\quad \boldsymbol{b}_1\quad \boldsymbol{b}_2]\cdot\begin{bmatrix}1 & -2 & 1\\ -2 & 2 & 0\\ 1 & 0 & 0\end{bmatrix}\cdot\begin{bmatrix}t^2\\ t\\ 1\end{bmatrix}=\boldsymbol{G}_Z\cdot\boldsymbol{M}_Z\cdot\boldsymbol{T}$$

可以看出，Bézier 曲线的基矩阵 $\boldsymbol{M}_Z$ 为对称阵，这是由 Bernstein 基函数的对称性决定的。

对式(5-14)求导得

$$\boldsymbol{P}'(t)=-2(1-t)\boldsymbol{b}_0+2(1-2t)\boldsymbol{b}_1+2t\boldsymbol{b}_2\tag{5-15}$$

将 $t=0$，$t=1$，$t=0.5$ 分别代入式(5-14)、式(5-15)得

$$\boldsymbol{P}(0)=\boldsymbol{b}_0,\ \boldsymbol{P}(1)=\boldsymbol{b}_2,\ \boldsymbol{P}(0.5)=\frac{1}{2}\left[\boldsymbol{b}_1+\frac{1}{2}(\boldsymbol{b}_0+\boldsymbol{b}_2)\right]$$

$$\boldsymbol{P}'(0)=2(\boldsymbol{b}_1-\boldsymbol{b}_0),\ \boldsymbol{P}'(1)=2(\boldsymbol{b}_2-\boldsymbol{b}_1),\ \boldsymbol{P}'(0.5)=(\boldsymbol{b}_2-\boldsymbol{b}_0)$$

$\boldsymbol{P}(t)$ 是 t 的二次函数，因此二次 Bézier 曲线是一条抛物线，如图 5.12 所示。该抛物线以 $\boldsymbol{b}_0$ 顶点为起点并与特征多边形起始边相切，以 $\boldsymbol{b}_2$ 为终点并与特征多边形终边相切，抛物线顶点 $\boldsymbol{P}(0.5)$ 位于 $\triangle\boldsymbol{b}_0\boldsymbol{b}_1\boldsymbol{b}_2$ 边 $\boldsymbol{b}_0\boldsymbol{b}_2$ 的中线的中点处，且该点切线方向平行于 $\boldsymbol{b}_0\boldsymbol{b}_2$。

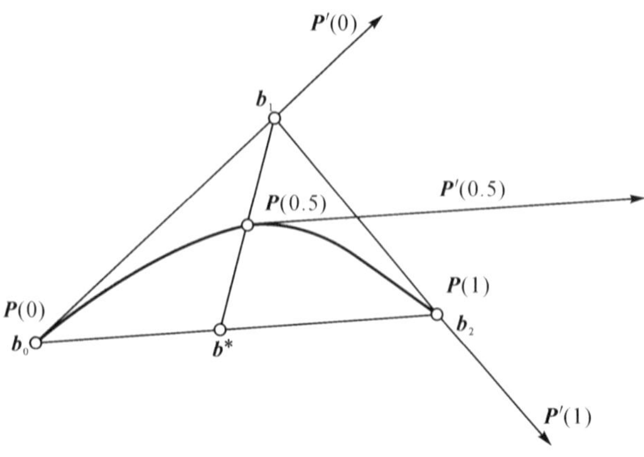

图 5.12　二次 Bézier 曲线

4. 三次 Bézier 曲线及其性质

当 $n=3$ 时，由式(5-12)、式(5-13) 得

$$\boldsymbol{P}(t)=\sum_{i=0}^{3}B_{i,3}(t)\boldsymbol{b}_i=(1-t)^3\boldsymbol{b}_0+3t(1-t)^2\boldsymbol{b}_1+3t^2(1-t)\boldsymbol{b}_2+t^3\boldsymbol{b}_3\quad(0\leqslant t\leqslant 1)\tag{5-16}$$

其矩阵表达式为

$$\boldsymbol{P}(t)=[\boldsymbol{b}_0 \quad \boldsymbol{b}_1 \quad \boldsymbol{b}_2 \quad \boldsymbol{b}_3]\begin{bmatrix}(1-t)^3\\3t(1-t)^2\\3t^2(1-t)\\t^3\end{bmatrix}=[\boldsymbol{b}_0 \quad \boldsymbol{b}_1 \quad \boldsymbol{b}_2 \quad \boldsymbol{b}_3]\begin{bmatrix}-t^3+3t^2-3t+1\\3t^3-6t^2+3t\\-3t^3+3t^2\\t^3\end{bmatrix}$$

$$=[\boldsymbol{b}_0 \quad \boldsymbol{b}_1 \quad \boldsymbol{b}_2 \quad \boldsymbol{b}_3]\cdot\begin{bmatrix}-1&3&-3&1\\3&-6&3&0\\-3&3&0&0\\1&0&0&0\end{bmatrix}\cdot\begin{bmatrix}t^3\\t^2\\t\\1\end{bmatrix}=\boldsymbol{G}_Z\cdot\boldsymbol{M}_Z\cdot\boldsymbol{T}$$

基矩阵 $\boldsymbol{M}_Z$ 同样为对称阵。

对式(5-16)求一阶导数，得

$$\boldsymbol{P}'(t)=-3(1-t)^2\boldsymbol{b}_0+3(1-4t+3t^2)\boldsymbol{b}_1+3(2t-3t^2)\boldsymbol{b}_2+3t^2\boldsymbol{b}_3 \tag{5-17}$$

下面讨论三次 Bézier 曲线的主要性质。这些性质虽然是由三次 Bézier 曲线导出的，但适用于所有次数的 Bézier 曲线，具有一般性。

1）端点性质

当 $t=0$ 时，$\boldsymbol{P}(0)=\boldsymbol{b}_0$，$\boldsymbol{P}'(0)=3(\boldsymbol{b}_1-\boldsymbol{b}_0)$；当 $t=1$ 时，$\boldsymbol{P}(1)=\boldsymbol{b}_3$，$\boldsymbol{P}'(1)=3(\boldsymbol{b}_3-\boldsymbol{b}_2)$。可见，Bézier 曲线通过特征多边形的起点和终点，且曲线在起点与特征多边形始边相切，在终点与多边形终边相切，如图 5.13 所示。

2）对称性

现在，我们保持 Bézier 曲线各顶点 $\boldsymbol{b}_i$ 的位置不变，只把顶点次序颠倒过来，结果得到一个新特征多边形，其顶点记为 $\boldsymbol{b}_i^*$ 且 $\boldsymbol{b}_i^*=\boldsymbol{b}_{3-i}(i=0,1,2,3)$，如图 5.13 所示。由新特征多边形构造的 Bézier 曲线为

$$\begin{aligned}\boldsymbol{P}^*(t)&=(1-t)^3\boldsymbol{b}_0^*+3t(1-t)^2\boldsymbol{b}_1^*+3t^2(1-t)\boldsymbol{b}_2^*+t^3\boldsymbol{b}_3^*\\&=(1-t)^3\boldsymbol{b}_3+3t(1-t)^2\boldsymbol{b}_2+3t^2(1-t)\boldsymbol{b}_1+t^3\boldsymbol{b}_0\\&=\boldsymbol{P}(1-t)\qquad(0\leqslant t\leqslant 1)\end{aligned}$$

这样得到的 Bézier 曲线和原来的 Bézier 曲线是重合的，只不过走向相反而已。

3）凸包性

包含特征多边形的最小凸多边形或最小凸多面体称为凸包。凸包性是指 Bézier 曲线落在由特征多边形构成的凸包之中，如图 5.14 所示。凸包性质保证了 Bézier 曲线随控制点平稳前进而不会振荡。

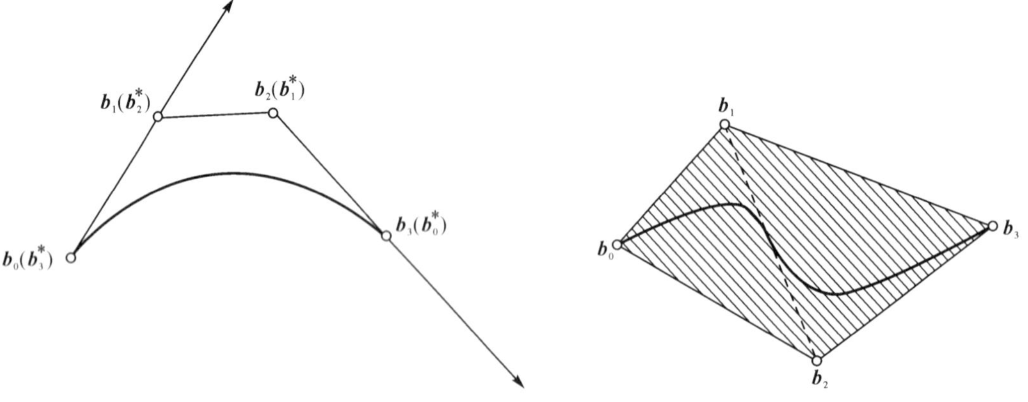

图 5.13　三次 Bézier 曲线　　　图 5.14　Bézier 曲线的凸包性

4）保凸性

保凸性是指若特征多边形为凸，则 Bézier 曲线必为凸。图 5.13 所示的曲线便满足保凸性。

5）直观性

Bézier 曲线形状拓扑于特征多边形，即曲线走向与特征多边形走向一致，根据特征多边形的形状可大致推出曲线的形状，参见图 5.15。

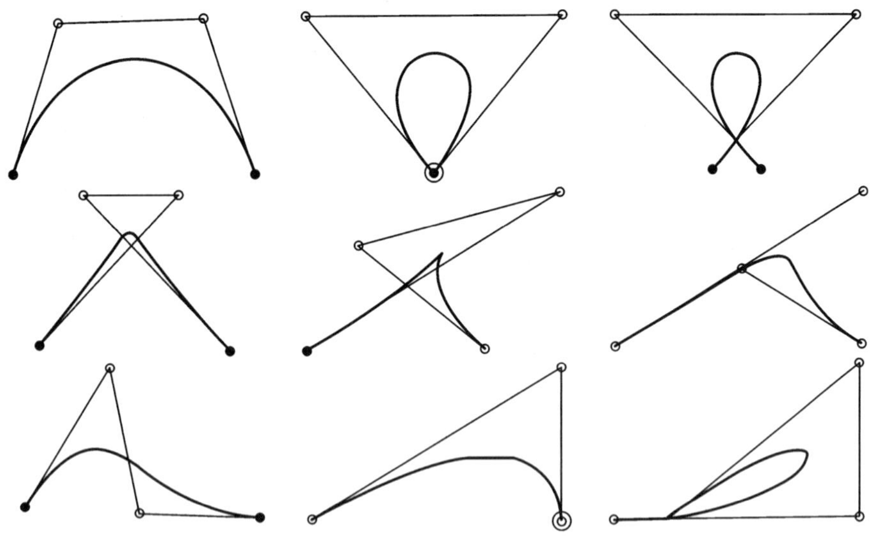

图 5.15　Bézier 曲线的直观性

6）变差缩减性质

Bézier 曲线与任意位置平面的交点数不会超过特征多边形与该平面的交点数，这样 Bézier 曲线比它的特征多边形的波动要小，即看起来更光顺，这就是变差缩减性质。图5.16 所示为平面 Bézier 曲线，任意平面垂直于纸面，满足变差缩减性质。

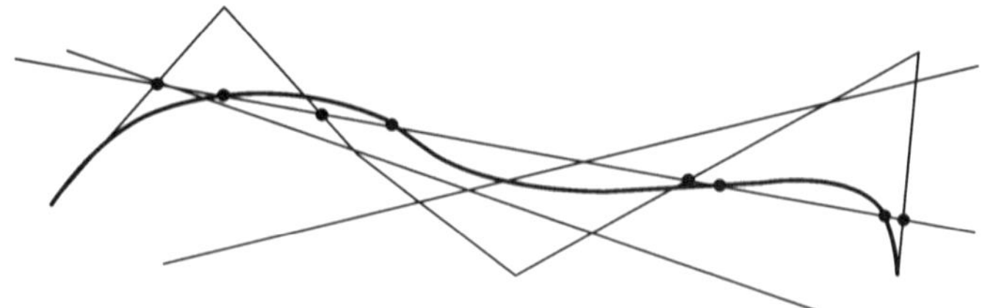

图 5.16　Bézier 曲线的变差缩减性质

5. Bézier 曲线的递推计算

Bézier 曲线的递推计算依据是德卡斯特里奥(De Casteljau)递推算法，也称为 Bézier 曲线的几何作图法。由 Bernstein 基函数的递推性质可知，n 次 Bézier 曲线可表示为两个 $n-1$ 次 Bézier 曲线的线性组合。若用 $\boldsymbol{b}_0^n(t)$表示 n 次 Bézier 曲线，用 $\boldsymbol{b}_0^{n-1}(t)$和 $\boldsymbol{b}_1^{n-1}(t)$表示两个 $n-1$ 次 Bézier 曲线，则有

$$\boldsymbol{b}_0^n(t)=(1-t)\boldsymbol{b}_0^{n-1}(t)+t\boldsymbol{b}_1^{n-1}(t)\quad (0\leqslant t\leqslant 1)$$

由高阶向低阶依次递推得

$$\boldsymbol{b}_0^n(t)=(1-t)\boldsymbol{b}_0^{n-1}(t)+t\boldsymbol{b}_1^{n-1}(t)=(1-t)((1-t)\boldsymbol{b}_0^{n-2}(t)+t\boldsymbol{b}_1^{n-2}(t))+ t((1-t)\boldsymbol{b}_1^{n-2}(t)+t\boldsymbol{b}_2^{n-2}(t))=\cdots=\boldsymbol{p}(t)$$

其逆过程(即由两个低阶曲线线性组合(插值)形成高一阶曲线)对应的递推关系式为

$$\begin{aligned}\boldsymbol{P}(t) &= \sum_{i=0}^{n} B_{i,n}(t)\boldsymbol{b}_i = \sum_{i=0}^{n-1} B_{i,n-1}(t)\boldsymbol{b}_i^1(t) = \cdots = \sum_{i=0}^{n-r} B_{i,n-r}(t)\boldsymbol{b}_i^r(t) = \cdots \\ &= \sum_{i=0}^{1} B_{i,1}(t)\boldsymbol{b}_i^{n-1}(t) = \boldsymbol{b}_0^n(t)\end{aligned}$$

r 表示递推级数，每进行一次递推，中间控制顶点(即虚拟顶点)$\boldsymbol{b}_i^r(t)$就减少一个，此时顶点个数为 $n-r+1$。中间控制顶点 $\boldsymbol{b}_i^r(t)$为

$$\boldsymbol{b}_i^r(t)=\begin{cases}\boldsymbol{b}_i & (r=0)\\ (1-t)\boldsymbol{b}_i^{r-1}(t)+t\boldsymbol{b}_{i+1}^{r-1}(t) & (r=1,\ 2,\ \cdots,\ n;\ i=0,\ 1,\ \cdots,\ n-r)\end{cases}$$

图 5.17(a)为三次 Bézier 曲线递推中控制顶点的计算过程，图 5.17(b)为其对应的几何解释。图 5.18 为计算三次 Bézier 曲线上 $t=1/4$ 点的递推计算过程。

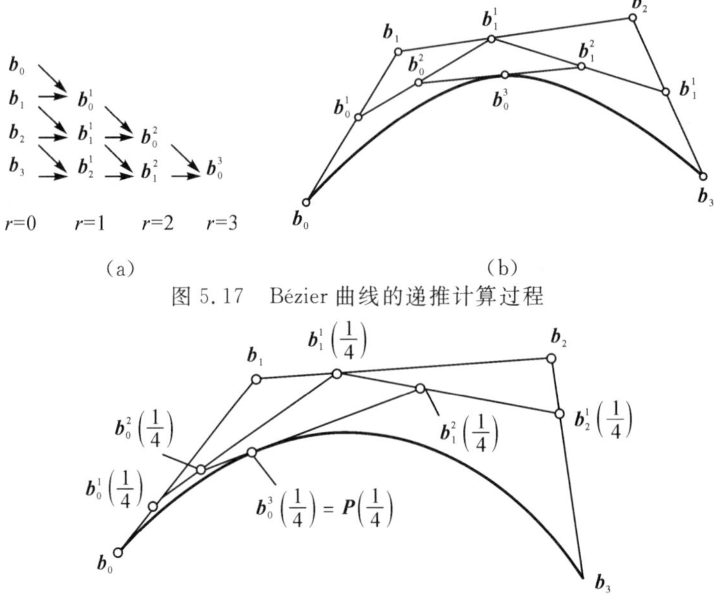

图 5.17　Bézier 曲线的递推计算过程

图 5.18　三次 Bézier 曲线上 $t=\frac{1}{4}$点的递推计算

6. Bézier 曲线的反算

若给定 $n+1$ 个型值点 $\boldsymbol{P}_i(i=0,\ 1,\ \cdots,\ n)$，要构造一条 Bézier 曲线通过这些点，则此问题称为 Bézier 曲线的反算，也称为构造 Bézier 插值曲线，即构造一条 Bézier 插值曲线通过这些点。其实质就是求通过此 $n+1$ 个点 $\boldsymbol{P}_i$ 的 Bézier 曲线的控制顶点 $\boldsymbol{b}_i(i=0,\ 1,\ \cdots,\ n)$。

通常在 $t\in[0,\ 1]$中取 $n+1$ 个参数值，使 $t=\dfrac{i}{n}(i=0,\ 1,\ \cdots,\ n)$时曲线通过点 $\boldsymbol{P}_i$，用以反算 $\boldsymbol{b}_i$。根据 Bézier 曲线的端点性质和定义式(5-12)、式(5-13)得

$$\begin{cases}\boldsymbol{b}_0=\boldsymbol{P}_0 & (i=0)\\ \quad\vdots & \\ \mathrm{C}_n^0(1-i/n)^n\boldsymbol{b}_0+\mathrm{C}_n^1(1-i/n)^{n-1}(i/n)\boldsymbol{b}_1+\cdots+\mathrm{C}_n^n(i/n)^n\boldsymbol{b}_n=\boldsymbol{P}_i & (i=1,\ 2,\ \cdots,\ n-1)\\ \quad\vdots & \\ \boldsymbol{b}_n=\boldsymbol{P}_n & (i=n)\end{cases}$$

求解此方程组便可得到 $\boldsymbol{b}_i(i=0, 1, \cdots, n)$，然后再按 Bézier 曲线的定义式(5-12)、式(5-13)编程绘制曲线，则所绘制的曲线将通过 $\boldsymbol{P}_i(i=0, 1, \cdots, n)$。

7. Bézier 曲线的拼接

Bézier 曲线只是一个曲线段。仅用一个曲线段(不管是低次还是高次 Bézier 曲线)来描述几何外形或进行图案设计是极其困难的，只有把若干个 Bézier 曲线段拼接成 Bézier 样条曲线方可用于几何设计。下面介绍三次 Bézier 曲线的拼接。

两段 Bézier 曲线在拼接处必须满足几何连续性的要求，即要达到 G^0、G^1、G^2 连续。G^2 连续的拼接条件比较复杂，这里不作讨论。在一些几何设计要求不太严格的情况下仅考虑 G^0、G^1 连续。

两段三次 Bézier 曲线的拼接如图 5.19 所示。由 $\boldsymbol{b}_{01}$、$\boldsymbol{b}_{11}$、$\boldsymbol{b}_{21}$、$\boldsymbol{b}_{31}$ 四个顶点构造一段 Bézier 曲线，$\boldsymbol{b}_{02}$、$\boldsymbol{b}_{12}$、$\boldsymbol{b}_{22}$、$\boldsymbol{b}_{32}$ 四个顶点构造另一段 Bézier 曲线，两段曲线在 $\boldsymbol{b}_{31}$ 处拼接。在拼接处要达到 G^1 连续，首先要达到 G^0 连续，即要求第一段特征多边形的终点 $\boldsymbol{b}_{31}$ 必须和第二段特征多边形的起点 $\boldsymbol{b}_{02}$ 重合，因为 Bézier 曲线起点、终点分别与特征多边形的起点、终点重合。这是拼接条件一。

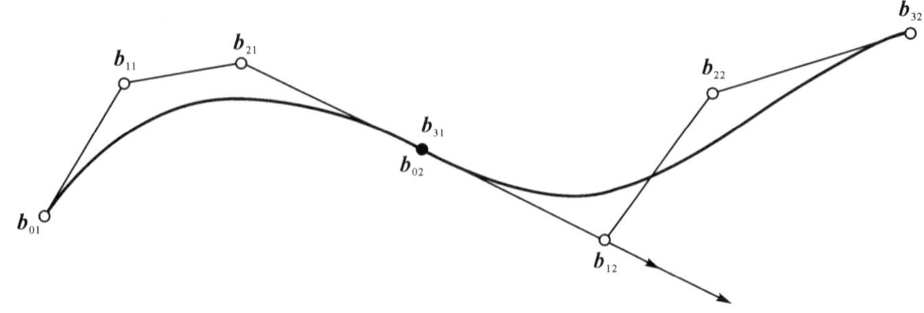

图 5.19　Bézier 曲线的拼接

由端点性质可知，第一段曲线在 $\boldsymbol{b}_{31}$ 处的切线方向为 $\boldsymbol{b}_{31}-\boldsymbol{b}_{21}$ 方向，第二段曲线在 $\boldsymbol{b}_{02}$ 处的切线方向为 $\boldsymbol{b}_{12}-\boldsymbol{b}_{02}$ 方向。G^1 连续要求在拼接处此两切线的方向一致。要做到这一点，那么 $\boldsymbol{b}_{21}$、$\boldsymbol{b}_{31}(\boldsymbol{b}_{02})$、$\boldsymbol{b}_{12}$ 四个顶点必须共线，并且 $\boldsymbol{b}_{21}$、$\boldsymbol{b}_{12}$ 两个顶点分布在拼接点的异侧。这是拼接条件二。

以上两条就是两段三次 Bézier 曲线拼接时 G^1 连续的条件。

Bézier 曲线有许多优点，如端点性质、形状控制直观、设计灵活等，但也有一些不容忽视的缺点，体现在以下几方面：

(1) 如果修改一个顶点就会影响整段曲线的形状，局部修改能力差；

(2) Bézier 曲线离特征多边形相距较远，逼近性不是很好；

(3) 特征多边形顶点增多时，曲线段阶次增高，给计算带来不便；

(4) 特征多边形顶点较多时，对曲线的控制能力减弱。

这些缺点在使用 Bézier 曲线时应该加以注意。

5.3.2　均匀 B 样条曲线

B 样条的概念可以追溯到 20 世纪 40 年代中期，它是由 Schoenberg 于 1946 年提出来的。1971—1974 年间，Gordon、Riesenfeld、Forrest 以及 de Boor 等人拓展了 Bézier 曲线，用 B 样条基函数取代了 Bernstein 基函数，从而形成了 B 样条曲线。B 样条曲线继承了

Bézier 曲线的优点，又克服了其缺点，如具有局部修改能力和较好的逼近性等。B 样条曲线已成为目前在 CAGD 中最受设计者欢迎的一种设计工具。

由于构造 B 样条曲线时所采用的基函数不同，因此 B 样条曲线有多种，如均匀 B 样条、非均匀 B 样条、均匀有理 B 样条、非均匀有理 B 样条(Non-Uniform Rational B-Spline, NURBS)等。值得一提的是，非均匀有理 B 样条日益受到设计人员的重视，其特点是可用统一的数学形式精确表示分析曲线(如直线、圆锥曲线等)和自由曲线(如均匀 B 样条曲线等)，因而便于用统一的数据库管理、存储，程序量可大大减少。非均匀有理 B 样条定义中的权因子使外形设计更加灵活方便。目前许多先进的 CAD/CAM 系统采用了非均匀有理 B 样条。

均匀 B 样条曲线中的 B 样条函数采用等距参数节点，由此形成的 B 样条曲线各段性质一样，因而具有简单、直观、易用的特点。通常所说的 B 样条曲线多数是指均匀 B 样条曲线。本节先介绍均匀 B 样条曲线，后面再介绍非均匀 B 样条和非均匀有理 B 样条。

对于均匀 B 样条曲线以及曲面的数学定义和性质，苏步青院士在其专著《计算几何》中有详细的论述，本书引用了这些内容。

1. B 样条曲线的定义

给定 $m+n+1$ 个位置矢径，即控制点 $\boldsymbol{b}_k(k=0, 1, \cdots, m+n)$，称 n 次参数曲线

$$\boldsymbol{P}_{i,n}(t)=\sum_{l=0}^{n}F_{l,n}(t)\boldsymbol{b}_{i+l}\qquad(0\leqslant t\leqslant 1,\ i=0, 1, \cdots, m)\tag{5-18}$$

为 n 次 B 样条的第 i 段曲线，它的全体($m+1$ 段)称为 n 次 B 样条曲线。其中，$F_{l,n}(t)$为 B 样条基函数(即权函数)，其表达式为

$$F_{l,n}(t)=\frac{1}{n!}\sum_{j=0}^{n-l}(-1)^{j}C_{n+1}^{j}(t+n-l-j)^{n}\qquad(l=0, 1, \cdots, n)\tag{5-19}$$

依次用线段连接 $\boldsymbol{b}_{i+l}(l=0, 1, \cdots, n)$中相邻两个矢径的端点，这样组成的多边形称为 B 样条曲线在第 i 段的特征多边形。矢径的端点称为特征多边形的顶点。

从 B 样条曲线的定义可以看出，若给定 $m+n+1$ 个控制点(即顶点)，则可以构造一条 n 次 B 样条曲线，它是由 $m+1$ 个 n 次曲线段首尾相接而成的，每段曲线则由 $n+1$ 个顶点构造。在实际应用中，使用较多的是三次 B 样条曲线，其次是二次 B 样条曲线。

2. 二次 B 样条曲线

由 B 样条曲线的定义可知，二次 B 样条曲线段由三个顶点来定义。取第一段来讨论，令 $n=2$，$i=0$，由式(5-18)、式(5-19)得

$$\boldsymbol{P}(t)=\boldsymbol{P}_{0,2}(t)=\frac{1}{2}(t-1)^2\boldsymbol{b}_0+\frac{1}{2}(-2t^2+2t+1)\boldsymbol{b}_1+\frac{1}{2}t^2\boldsymbol{b}_2$$

其矩阵表达式为

$$\boldsymbol{P}(t)=[\boldsymbol{b}_0\quad \boldsymbol{b}_1\quad \boldsymbol{b}_2]\cdot\frac{1}{2}\begin{bmatrix}1 & -2 & 1\\ -2 & 2 & 1\\ 1 & 0 & 0\end{bmatrix}\cdot\begin{bmatrix}t^2\\ t\\ 1\end{bmatrix}=\boldsymbol{G}_{\mathrm{B}}\cdot\boldsymbol{M}_{\mathrm{B}}\cdot\boldsymbol{T}$$

将上述代数表达式求导，得

$$\boldsymbol{P}'(t)=(t-1)\boldsymbol{b}_0+(-2t+1)\boldsymbol{b}_1+t\boldsymbol{b}_2$$

下面讨论该曲线段上三个特殊点的位置：

(1) $t=0$ 时，$\boldsymbol{P}(0)=\frac{1}{2}(\boldsymbol{b}_0+\boldsymbol{b}_1)$，$\boldsymbol{P}'(0)=\boldsymbol{b}_1-\boldsymbol{b}_0$；

(2) $t=1$ 时，$\boldsymbol{P}(1)=\frac{1}{2}(\boldsymbol{b}_1+\boldsymbol{b}_2)$，$\boldsymbol{P}'(1)=\boldsymbol{b}_2-\boldsymbol{b}_1$；

(3) $t=0.5$ 时，$\boldsymbol{P}(0.5)=\frac{1}{2}\left[\frac{1}{2}(\boldsymbol{P}(0)+\boldsymbol{P}(1))+\boldsymbol{b}_1\right]$，$\boldsymbol{P}'(0.5)=\frac{1}{2}(\boldsymbol{b}_2-\boldsymbol{b}_0)=\boldsymbol{P}(1)-\boldsymbol{P}(0)$。

二次 B 样条曲线段的数学表达式为 t 的二次函数，因此它是一条抛物线，如图 5.20 所示。该曲线段的端点分别为特征多边形两边的中点，并以这两边为曲线端点处的切线；$\boldsymbol{P}(0.5)$ 在△$\boldsymbol{b}_1\boldsymbol{P}(0)\boldsymbol{P}(1)$的边 $\boldsymbol{P}(0)\boldsymbol{P}(1)$的中线的中点处，该点处的切线平行于边 $\boldsymbol{P}(0)\boldsymbol{P}(1)$。

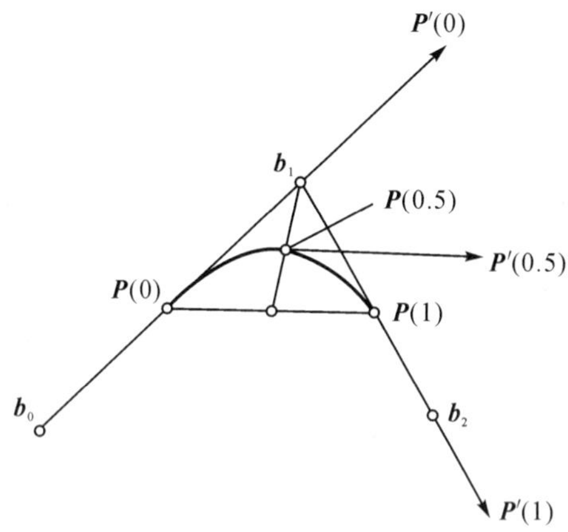

图 5.20　二次 B 样条曲线段

3. 三次 B 样条曲线及其性质

取三次 B 样条曲线的第一段来讨论。令 $n=3$，$i=0$，由式(5-18)、式(5-19)得

$$\begin{aligned}\boldsymbol{P}(t)&=\boldsymbol{P}_{0,3}(t)\\&=\frac{1}{6}(\boldsymbol{b}_0+4\boldsymbol{b}_1+\boldsymbol{b}_2)+\frac{1}{2}(-\boldsymbol{b}_0+\boldsymbol{b}_2)t+\frac{1}{2}(\boldsymbol{b}_0-2\boldsymbol{b}_1+\boldsymbol{b}_2)t^2+\frac{1}{6}(-\boldsymbol{b}_0+3\boldsymbol{b}_1-3\boldsymbol{b}_2+\boldsymbol{b}_3)t^3\end{aligned} \tag{5-20}$$

式(5-20)为三次 B 样条曲线段的代数表达式，它是由 $\boldsymbol{b}_0$、$\boldsymbol{b}_1$、$\boldsymbol{b}_2$、$\boldsymbol{b}_3$ 四个顶点来定义的，其特征多边形如图 5.21 所示。

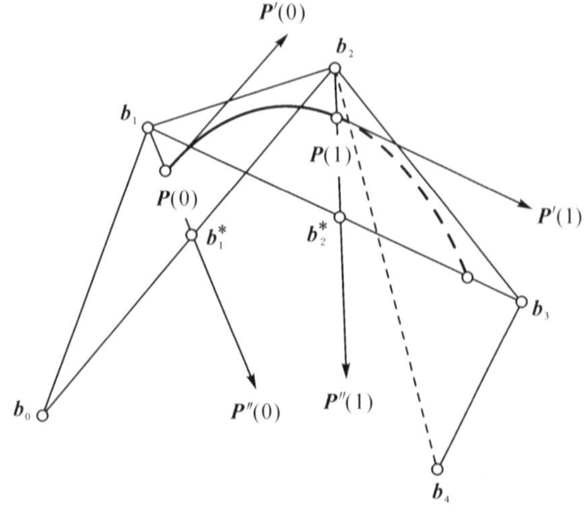

图 5.21　三次 B 样条曲线段

三次B样条曲线段的矩阵表达式为

$$\boldsymbol{P}(t)=[\boldsymbol{b}_0 \quad \boldsymbol{b}_1 \quad \boldsymbol{b}_2 \quad \boldsymbol{b}_3]\cdot\frac{1}{6}\begin{bmatrix}-1 & 3 & -3 & 1\\ 3 & -6 & 0 & 4\\ -3 & 3 & 3 & 1\\ 1 & 0 & 0 & 0\end{bmatrix}\cdot\begin{bmatrix}t^3\\ t^2\\ t\\ 1\end{bmatrix}=\boldsymbol{G}_{\mathrm{B}}\cdot\boldsymbol{M}_{\mathrm{B}}\cdot\boldsymbol{T}$$

对式(5-20)分别求一阶导数、二阶导数，得

$$\boldsymbol{P}'(t)=\frac{1}{2}(-\boldsymbol{b}_0+\boldsymbol{b}_2)+(\boldsymbol{b}_0-2\boldsymbol{b}_1+\boldsymbol{b}_2)t+\frac{1}{2}(-\boldsymbol{b}_0+3\boldsymbol{b}_1-3\boldsymbol{b}_2+\boldsymbol{b}_3)t^2$$

$$\boldsymbol{P}''(t)=(\boldsymbol{b}_0-2\boldsymbol{b}_1+\boldsymbol{b}_2)+(-\boldsymbol{b}_0+3\boldsymbol{b}_1-3\boldsymbol{b}_2+\boldsymbol{b}_3)t$$

下面介绍B样条曲线的性质，这些性质对一次以上的B样条曲线都是适用的。

(1) 端点性质。

$t=0$ 时，$\boldsymbol{P}(0)=\frac{1}{3}\left(\frac{\boldsymbol{b}_0+\boldsymbol{b}_2}{2}-\boldsymbol{b}_1\right)+\boldsymbol{b}_1$，$\boldsymbol{P}'(0)=\frac{1}{2}(\boldsymbol{b}_2-\boldsymbol{b}_0)$，$\boldsymbol{P}''(0)=(\boldsymbol{b}_2-\boldsymbol{b}_1)+(\boldsymbol{b}_0-\boldsymbol{b}_1)$。

$t=1$ 时，$\boldsymbol{P}(1)=\frac{1}{3}\left(\frac{\boldsymbol{b}_1+\boldsymbol{b}_3}{2}-\boldsymbol{b}_2\right)+\boldsymbol{b}_2$，$\boldsymbol{P}'(1)=\frac{1}{2}(\boldsymbol{b}_3-\boldsymbol{b}_1)$，$\boldsymbol{P}''(1)=(\boldsymbol{b}_3-\boldsymbol{b}_2)+(\boldsymbol{b}_1-\boldsymbol{b}_2)$。

端点性质的几何意义如图5.21所示。即三次B样条曲线段起点的位置、切矢量、二阶导矢量由前三个顶点决定。起点位置在$\triangle \boldsymbol{b}_1\boldsymbol{b}_0\boldsymbol{b}_2$的边$\boldsymbol{b}_0\boldsymbol{b}_2$的中线$\boldsymbol{b}_1\boldsymbol{b}_1^*$上，且在离$\boldsymbol{b}_1$三分之一处；起点处的切矢量平行于$\boldsymbol{b}_0\boldsymbol{b}_2$且长度为其一半；起点处的二阶导矢量和中线$\boldsymbol{b}_1\boldsymbol{b}_1^*$重合，长度为中线的2倍。终点由后三个顶点决定，情况与起点处类似。

(2) 三次B样条曲线段在连接处达到$C^2(G^2)$连续。

增加$i=1$段，根据B样条曲线的定义，此段由$\boldsymbol{b}_1$、$\boldsymbol{b}_2$、$\boldsymbol{b}_3$、$\boldsymbol{b}_4$四个顶点定义，前三个顶点已有，故只需增加一个顶点$\boldsymbol{b}_4$，如图5.21所示。根据端点性质，$i=1$段的起点位置、切矢量、二阶导矢量由$\boldsymbol{b}_1$、$\boldsymbol{b}_2$、$\boldsymbol{b}_3$来决定，而$i=0$段的终点位置、切矢量、二阶导矢量也由相同的$\boldsymbol{b}_1$、$\boldsymbol{b}_2$、$\boldsymbol{b}_3$来决定，因此在该点处两段C^2连续是自然满足的。由此可以看出，三次B样条曲线由前四个顶点构造第一段，以后每增加一个顶点，该点和其前三个顶点便产生一个曲线段，若干个这样的曲线段首尾相接形成一条闭合的、C^2连续的样条曲线。

(3) 局部性。

从B样条曲线的定义可知，改动特征多边形的一个顶点至多只影响以该点为中心的邻近$n+1$段曲线的形状。对三次B样条曲线而言，至多只影响四段，如修改$\boldsymbol{b}_0$只影响一段，修改$\boldsymbol{b}_1$只影响二段，修改$\boldsymbol{b}_2$只影响三段等。这个性质给曲线的局部修改带来方便。

(4) 直观性。

B样条曲线的形状取决于特征多边形，而且曲线和多边形相当逼近，因此根据特征多边形的形状和走向就可推知B样条曲线的形状和走向。

(5) 凸包性。三次B样条曲线的凸包是每段曲线凸包的并集。三次B样条曲线落在它自己的凸包中。

(6) 保凸性。特征多边形为凸，则曲线为凸。

4. B 样条曲线的特殊外形设计

下面介绍在外形设计(造型)中常用的几种特征多边形设计技巧，其依据主要是 B 样条曲线的端点性质。这里以三次 B 样条曲线为例。

(1) 样条曲线与特征多边形边相切。其方法为相邻三顶点共线或相邻两个顶点重合，如图 5.22 所示。其中，图(a)为曲线端点位置由一般情况到相邻三顶点共线特殊情况的演变；图(b)为相邻三顶点共线情况下的样条曲线与特征多边形边相切；图(c)为相邻两个顶点重合情况下的样条曲线与特征多边形边相切。

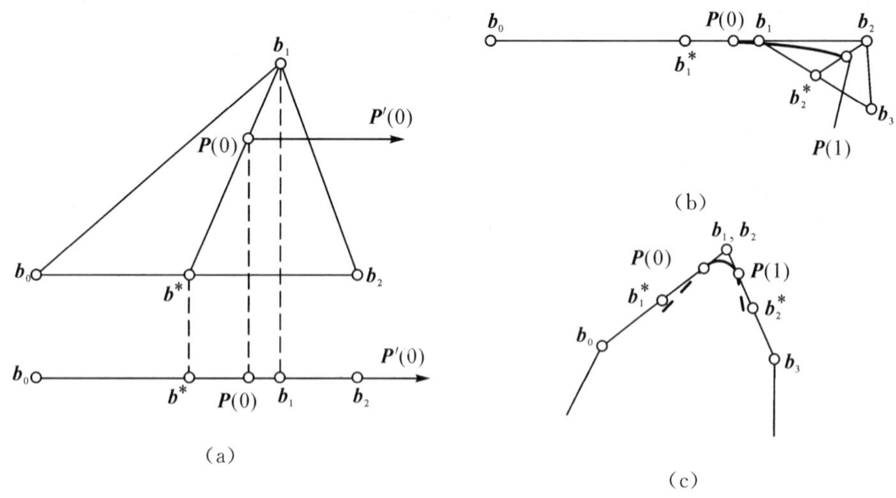

图 5.22　特征多边形设计(一)

(2) 构造直线段。使特征多边形相邻四个顶点共线，便可产生一段直线，如图 5.23 所示，此时三次 B 样条曲线段退化为直线。

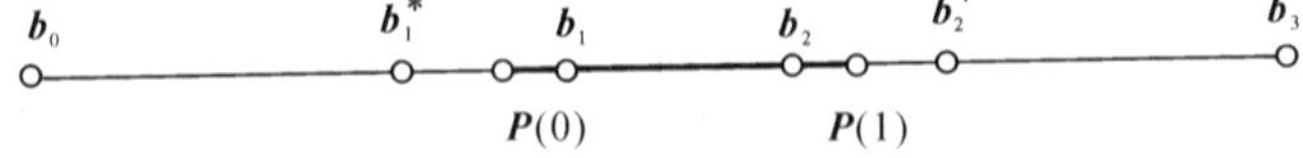

图 5.23　特征多边形设计(二)

(3) 样条曲线通过某一顶点或形成一个尖角。其方法为相邻三个顶点重合，如图 5.24 所示。

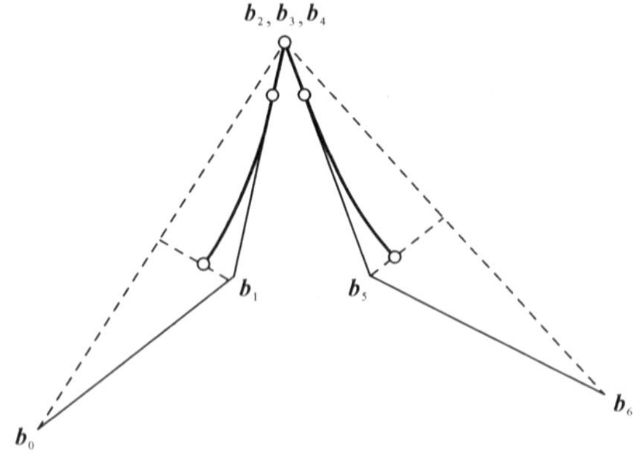

图 5.24　特征多边形设计(三)

(4) 构造通过特征多边形起点和终点并与相应边相切的样条曲线。如图 5.25 所示，要构造符合要求的三次 B 样条曲线，需要外延两个顶点 $\boldsymbol{b}_{-1}$、$\boldsymbol{b}_{n+1}$。根据端点性质，$\boldsymbol{b}_{-1}$、$\boldsymbol{b}_{n+1}$ 应分别满足如下条件：

$$\frac{1}{3}\left(\frac{\boldsymbol{b}_{-1}+\boldsymbol{b}_1}{2}-\boldsymbol{b}_0\right)+\boldsymbol{b}_0=\boldsymbol{b}_0$$

$$\frac{1}{3}\left(\frac{\boldsymbol{b}_{n-1}+\boldsymbol{b}_{n+1}}{2}-\boldsymbol{b}_n\right)+\boldsymbol{b}_n=\boldsymbol{b}_n$$

即 $\boldsymbol{b}_{-1}=2\boldsymbol{b}_0-\boldsymbol{b}_1$，$\boldsymbol{b}_{n+1}=2\boldsymbol{b}_n-\boldsymbol{b}_{n-1}$，其几何意义为外延顶点形成的边分别与原边等长。以 $\boldsymbol{b}_{-1}$，$\boldsymbol{b}_0$，$\boldsymbol{b}_1$，…，$\boldsymbol{b}_{n-1}$，$\boldsymbol{b}_n$，$\boldsymbol{b}_{n+1}$ 为特征多边形顶点便可构造出所要求的样条曲线。

(5) 构造闭合曲线。构造闭合曲线的方法是沿特征多边形重复取点，直到样条曲线闭合为止，如图 5.26 所示。

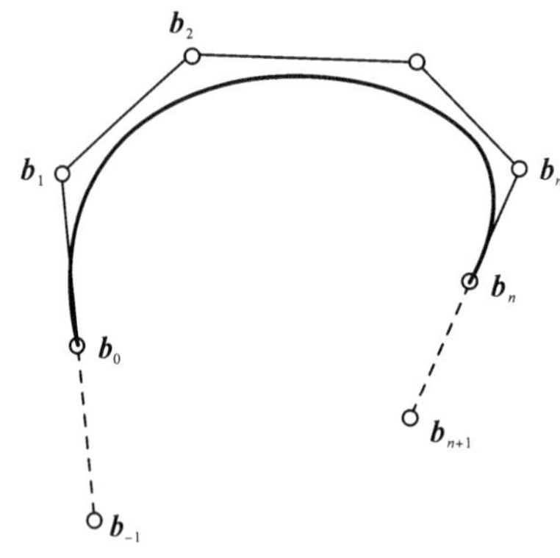

图 5.25　特征多边形设计(四)

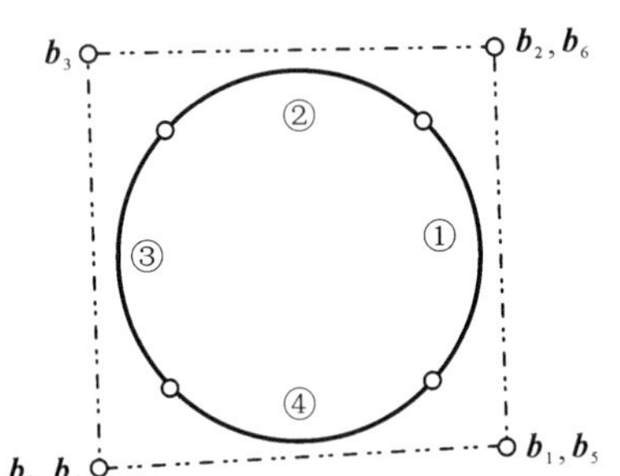

图 5.26　特征多边形设计(五)

5. B 样条曲线的反算

B 样条曲线反算也称为 B 样条插值，这里介绍三次 B 样条反算。反算就是已知一系列型值点 $\boldsymbol{P}_i(i=1, 2, \cdots, n-1)$，要求每相邻两个型值点之间用一段三次 B 样条曲线段连接，由此构造一整条三次 B 样条曲线通过这些点，其实质是求解对应这条 B 样条曲线的特征多边形的各顶点 $\boldsymbol{b}_i(i=0, 1, \cdots, n)$。

参见图 5.27，假设 $\boldsymbol{P}_i\boldsymbol{P}_{i+1}$ 段曲线由 $\boldsymbol{b}_{i-1}$、$\boldsymbol{b}_i$、$\boldsymbol{b}_{i+1}$、$\boldsymbol{b}_{i+2}$ 四个顶点定义，根据端点性质得

$$\boldsymbol{b}_{i-1}+4\boldsymbol{b}_i+\boldsymbol{b}_{i+1}=6\boldsymbol{P}_i \quad (i=1, 2, \cdots, n-1) \tag{5-21}$$

这些方程共有 $n-1$ 个，而顶点数为 $n+1$ 个，还需根据边界条件补充两个方程。

边界条件除了固定端、自由端、抛物端外，还可以采用特征多边形设计(4)的方法($\boldsymbol{b}_0$、$\boldsymbol{b}_1$、$\boldsymbol{b}_2$ 三个顶点，$\boldsymbol{b}_{n-2}$、$\boldsymbol{b}_{n-1}$、$\boldsymbol{b}_n$ 三个顶点分别满足要求的约束关系)或两端取两重顶点(即 $\boldsymbol{b}_0=\boldsymbol{b}_1$，$\boldsymbol{b}_{n-1}=\boldsymbol{b}_n$)的方法。对闭合曲线可以采用沿特征多边形重复取点，直到样条曲线闭合为止的方法。

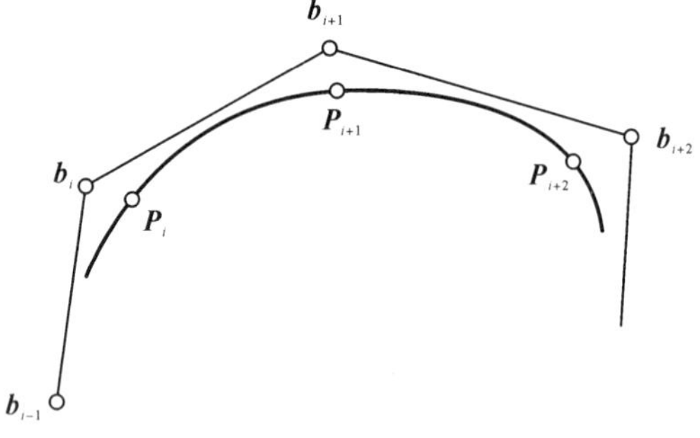

图 5.27　B 样条曲线的反算

例如，对两端自由的边界条件，根据端点性质(二阶导数为 0)可得到两个补充方程：

$$\begin{cases} \boldsymbol{b}_0 - 2\boldsymbol{b}_1 + \boldsymbol{b}_2 = 0 \\ \boldsymbol{b}_{n-2} - 2\boldsymbol{b}_{n-1} + \boldsymbol{b}_n = 0 \end{cases} \tag{5-22}$$

将式(5-21)和由边界条件得到的式(5-22)联立得到以下方程组(方阵中的第 1 行和最后 1 行元素由边界条件确定)：

$$\begin{bmatrix} 1 & -2 & 1 & & & \\ 1 & 4 & 1 & & \boldsymbol{0} & \\ & 1 & 4 & 1 & & \\ & & \ddots & \ddots & \ddots & \\ & \boldsymbol{0} & & 1 & 4 & 1 \\ & & & 1 & -2 & 1 \end{bmatrix} \begin{bmatrix} \boldsymbol{b}_0 \\ \boldsymbol{b}_1 \\ \boldsymbol{b}_2 \\ \vdots \\ \boldsymbol{b}_{n-1} \\ \boldsymbol{b}_n \end{bmatrix} = \begin{bmatrix} 0 \\ 6\boldsymbol{P}_1 \\ 6\boldsymbol{P}_2 \\ \vdots \\ 6\boldsymbol{P}_{n-1} \\ 0 \end{bmatrix}$$

用追赶法求解此线性方程组就可得到 $\boldsymbol{b}_0$，$\boldsymbol{b}_1$，…，$\boldsymbol{b}_n$。以这些点作为特征多边形的顶点便可得到通过给定型值点的三次 B 样条曲线。

5.3.3　最小二乘法拟合曲线

最小二乘法拟合曲线常用于表示实验、统计等得到的数据变化规律。由于此类数据有误差，因为没有必要构造一条插值曲线通过这些并不准确的数据点。如果这样做，反而会使曲线产生多余的波折。在绘制这类曲线时，我们可以根据这些型值点的大致分布规律，先确定逼近函数的类型，如选取多项式函数、对数函数或指数函数等，然后计算各数据点横坐标处函数值与其纵坐标之间残差的平方，求其和并使之为最小值，从而求出函数的待定系数，函数确定后即可绘制曲线。这就是最小二乘法拟合曲线的原理。

1. 逼近函数为一般多项式的拟合曲线

如图 5.28 所示，设有 n 个数据点 $(x_i, y_i)(i=1, 2, \cdots, n)$。选取 $m(m<n-1)$ 次多项式为逼近函数，即

$$f(x) = a_0 + a_1 x + a_2 x^2 + \cdots + a_m x^m$$

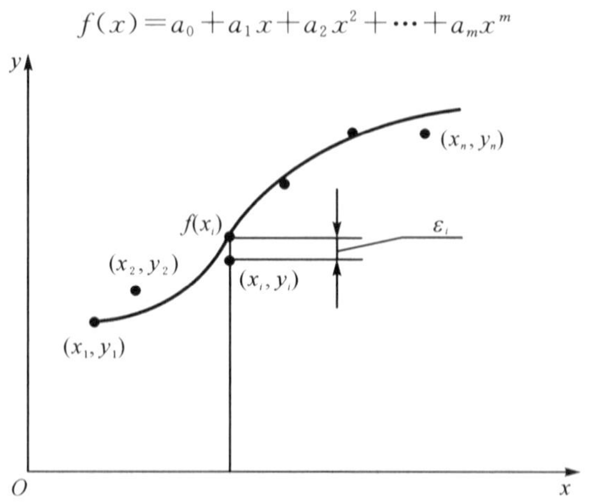

图 5.28　最小二乘法拟合曲线

x_i 点的函数值与已知值 y_i 之差为

$$\varepsilon_i = f(x_i) - y_i$$

称 ε_i 为残差。各数据点残差的平方和为

$$\varphi = \sum_{i=1}^{n} \varepsilon_i^2 = \sum_{i=1}^{n} [f(x_i) - y_i]^2 = \sum_{i=1}^{n} [a_0 + a_1 x_i + a_2 x_i^2 + \cdots + a_m x_i^m - y_i]^2$$

φ 是关于多项式系数 a_0，a_1，a_2，…，a_m 的函数。根据求多元函数极值的方法，要使 φ 最小，则有

$$\frac{\partial \varphi}{\partial a_j} = 0 \quad (j=0,\ 1,\ 2,\ \cdots,\ m)$$

对 φ 求偏导数并经整理后，可得下列线性方程组

$$\begin{cases} s_1 a_0 + s_2 a_1 + \cdots + s_{m+1} a_m = \sum\limits_{i=1}^{n} y_i \\ s_2 a_0 + s_3 a_1 + \cdots + s_{m+2} a_m = \sum\limits_{i=1}^{n} y_i x_i \\ s_3 a_0 + s_4 a_1 + \cdots + s_{m+3} a_m = \sum\limits_{i=1}^{n} y_i x_i^2 \\ \qquad \vdots \\ s_{m+1} a_0 + s_{m+2} a_1 + \cdots + s_{2m+1} a_m = \sum\limits_{i=1}^{n} y_i x_i^m \end{cases} \tag{5-23}$$

其中，$s_k = \sum\limits_{i=1}^{n} x_i^{k-1} (k = 1,\ 2,\ \cdots,\ 2m+1)$。用高斯消元法解此方程组即可得到所求待定系数。

在实际应用中，常用一次或二次低次多项式作为逼近函数形成拟合曲线。

2. 逼近函数为低次多项式的拟合曲线

1）线性(一次)函数作为逼近函数的拟合曲线

线性函数作为逼近函数时的拟合曲线为直线，直线方程为 $y=f(x)=a_0+a_1 x$。将 $m=1$ 代入方程(5－23)得

$$\begin{cases} s_1 a_0 + s_2 a_1 = \sum\limits_{i=1}^{n} y_i \\ s_2 a_0 + s_3 a_1 = \sum\limits_{i=1}^{n} y_i x_i \end{cases} \tag{5-24}$$

其中，$s_1 = \sum\limits_{i=1}^{n} x_i^0 = n$，$s_2 = \sum\limits_{i=1}^{n} x_i$，$s_3 = \sum\limits_{i=1}^{n} x_i^2$。

若令 $c_1 = \sum\limits_{i=1}^{n} y_i$，$c_2 = \sum\limits_{i=1}^{n} y_i x_i$，求解方程(5－24)得

$$\begin{cases} a_0 = \dfrac{s_3 c_1 - s_2 c_2}{s_1 s_3 - s_2^2} \\ a_1 = \dfrac{s_1 c_2 - s_2 c_1}{s_1 s_3 - s_2^2} \end{cases} \tag{5-25}$$

若采用指数函数(如 $y=a\mathrm{e}^{\frac{b}{x}}$)作为逼近函数生成拟合曲线，可通过将指数函数变换为线性函数再进行求解。为此，对 $y=a\mathrm{e}^{\frac{b}{x}}$ 两边取自然对数得

$$\ln y = \ln a + b \cdot \frac{1}{x}$$

令 $Y=\ln y$，$X=1/x$，$a_0=\ln a$，$a_1=b$，则上式就变为

$$Y=a_0+a_1X \tag{5-26}$$

将数据点$(x_i, y_i)(i=1, 2, \cdots, n)$利用$Y=\ln y$，$X=1/x$变换为$(X_i, Y_i)(i=1, 2, \cdots, n)$。以式(5-26)作为逼近函数，利用式(5-25)便可求出a_0、a_1，从而可求出a、b，按照$y=ae^{\frac{b}{x}}$即可绘出拟合曲线。

2) 二次三项式作为逼近函数的拟合曲线

二次三项式作为逼近函数时函数为$f(x)=a_0+a_1x+a_2x^2$。将$m=2$代入方程(5-23)中得

$$\begin{cases} s_1a_0+s_2a_1+s_3a_2=\sum_{i=1}^{n}y_i \\ s_2a_0+s_3a_1+s_4a_2=\sum_{i=1}^{n}y_ix_i \\ s_3a_0+s_4a_1+s_5a_2=\sum_{i=1}^{n}y_ix_i^2 \end{cases} \tag{5-27}$$

其中，$s_1=\sum_{i=1}^{n}x_i^0=n$，$s_2=\sum_{i=1}^{n}x_i$，$s_3=\sum_{i=1}^{n}x_i^2$，$s_4=\sum_{i=1}^{n}x_i^3$，$s_5=\sum_{i=1}^{n}x_i^4$。

利用克莱姆法则求解方程(5-27)即可得a_0、a_1、a_2。

5.4 拟合曲面

本节介绍 Bézier 曲面、B 样条曲面、Coons 曲面三种常用拟合曲面，它们都属于张量积曲面并可用张量积定义曲面。

5.4.1 张量积曲面的概念

一般地，设在一u参数分割Δ_u：$u_0<u_1<u_2<\cdots$上定义了一组以u为变量的基$\varphi_i(u)$$(i=0, 1, \cdots, m)$；又在一$w$参数分割$\Delta_w$：$w_0<w_1<w_2<\cdots$上定义了一组以$w$为变量的基$\psi_j(w)(j=0, 1, \cdots, n)$，在两组基中各取一个基函数的乘积，共有$(m+1)(n+1)$个$\varphi_i(u)\psi_j(w)$，它们都是含有变量$u$和$w$的二元函数，将其作为一组基，分别加权于相应的系数矢量(径)$\boldsymbol{a}_{ij}(i=0, 1, \cdots, m; j=0, 1, \cdots, n)$，则定义了在参变量$u$、$w$定义域(拓扑上是一个矩形区域)上的一张曲面：

$$\boldsymbol{P}(u, w)=\sum_{i=0}^{m}\sum_{j=0}^{n}\varphi_i(u)\psi_j(w)\boldsymbol{a}_{ij}$$

或写成

$$\boldsymbol{P}(u, w)=[\varphi_0(u)\quad \varphi_1(u)\cdots\varphi_m(u)]\begin{bmatrix} \boldsymbol{a}_{00} & \boldsymbol{a}_{01} & \cdots & \boldsymbol{a}_{0n} \\ \boldsymbol{a}_{10} & \boldsymbol{a}_{11} & \cdots & \boldsymbol{a}_{1n} \\ \vdots & \vdots & & \vdots \\ \boldsymbol{a}_{m0} & \boldsymbol{a}_{m1} & \cdots & \boldsymbol{a}_{mn} \end{bmatrix}\begin{bmatrix} \psi_0(w) \\ \psi_1(w) \\ \vdots \\ \psi_n(w) \end{bmatrix} \tag{5-28}$$

采用这种方式定义的曲面称为张量积曲面。

式(5-28)的定义符合CAGD中应用最广泛的曲面生成方式——先定义曲线，再通过“线动成面”。参见图5.29，我们可以把式(5-28)右端中间矩阵后乘列阵看作定义了$m+1$条以w为参数的准线，取定一w值，则得每一准线上一点，共$m+1$个点，将其视作系数矢径(即特征点)，再前乘行阵，就定义了一条以u为参数的曲母线。当w从最小值变化到最大值时，沿着$m+1$条准线运动着的曲母线同时改变着形状，在空间扫出一张曲面。也可将中间矩阵先乘行阵，得以u为参数的$n+1$条准线，再后乘列阵，生成同一张曲面。注意，准线不一定位于曲面上，母线运动形成了曲面的一簇等参数线的同时形成了曲面。

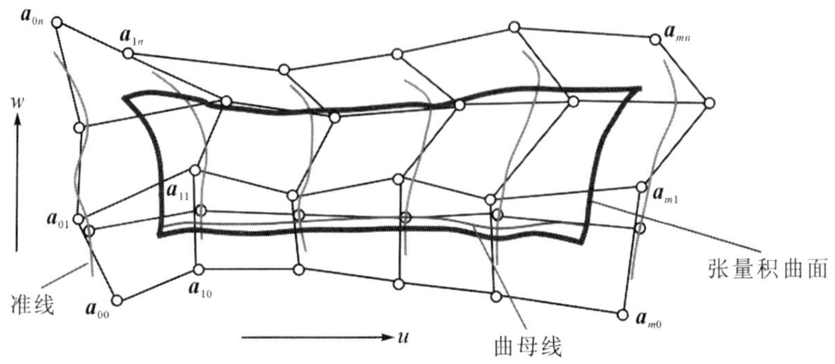

图5.29 张量积曲面的形成

上述定义中，顺次连接$\boldsymbol{a}_{ij}$矢径端点形成的网格称为张量积曲面的特征网格，矢径端点称为特征网格的顶点。为便于不同种类的曲面进行比较，同时也便于用统一的算法和数据结构对曲面进行处理，下面推导给出张量积曲面的完全矩阵表示形式。

引入如下两个参数矩阵：

$$\boldsymbol{U}=[u^m \quad \cdots \quad u \quad 1], \boldsymbol{W}=[w^n \quad \cdots \quad w \quad 1]$$

按此参数矩阵为行矩阵将5.1节的曲线矩阵方程改写为

$$\boldsymbol{P}(t)=\boldsymbol{G}\cdot\boldsymbol{M}\cdot\boldsymbol{T}^{\mathrm{T}}, \boldsymbol{T}=[t^n \quad \cdots \quad t \quad 1]$$

$\boldsymbol{M}\cdot\boldsymbol{T}^{\mathrm{T}}$得到一组基函数$[f_0(t) \quad f_1(t) \quad \cdots \quad f_n(t)]$。

设张量积曲面的基矩阵为$\boldsymbol{M}$，将式(5-28)中的基函数组用$\boldsymbol{M}\cdot\boldsymbol{T}^{\mathrm{T}}$代替，并更换参数得到张量积曲面的完全矩阵表示形式：

$$\boldsymbol{P}(u, w)=[\varphi_0(u) \quad \varphi_1(u) \quad \cdots \quad \varphi_m(u)]\begin{bmatrix}\boldsymbol{a}_{00} & \boldsymbol{a}_{01} & \cdots & \boldsymbol{a}_{0n}\\ \boldsymbol{a}_{10} & \boldsymbol{a}_{11} & \cdots & \boldsymbol{a}_{1n}\\ \vdots & \vdots & & \vdots\\ \boldsymbol{a}_{m0} & \boldsymbol{a}_{m1} & \cdots & \boldsymbol{a}_{mn}\end{bmatrix}\begin{bmatrix}\psi_0(w)\\ \psi_1(w)\\ \vdots\\ \psi_n(w)\end{bmatrix}$$

$$=[\boldsymbol{M}\boldsymbol{U}^{\mathrm{T}}]^{\mathrm{T}}\begin{bmatrix}\boldsymbol{a}_{00} & \boldsymbol{a}_{01} & \cdots & \boldsymbol{a}_{0n}\\ \boldsymbol{a}_{10} & \boldsymbol{a}_{11} & \cdots & \boldsymbol{a}_{1n}\\ \vdots & \vdots & & \vdots\\ \boldsymbol{a}_{m0} & \boldsymbol{a}_{m1} & \cdots & \boldsymbol{a}_{mn}\end{bmatrix}\boldsymbol{M}\boldsymbol{W}^{\mathrm{T}}=\boldsymbol{U}\boldsymbol{M}^{\mathrm{T}}\begin{bmatrix}\boldsymbol{a}_{00} & \boldsymbol{a}_{01} & \cdots & \boldsymbol{a}_{0n}\\ \boldsymbol{a}_{10} & \boldsymbol{a}_{11} & \cdots & \boldsymbol{a}_{1n}\\ \vdots & \vdots & & \vdots\\ \boldsymbol{a}_{m0} & \boldsymbol{a}_{m1} & \cdots & \boldsymbol{a}_{mn}\end{bmatrix}\boldsymbol{M}\boldsymbol{W}^{\mathrm{T}}$$

5.4.2　Bézier 曲面

1. Bézier 曲面的定义

Bézier 曲面是 Bézier 曲线的拓广。Bézier 曲面用张量积曲面来定义。

给定$(m+1)\cdot(n+1)$个位置矢径(即控制点)$\boldsymbol{b}_{ij}$($i=0, 1, \cdots, m$; $j=0, 1, \cdots, n$)，称$m\times n$次参数曲面片

$$\boldsymbol{P}(u, w)=\sum_{i=0}^{m}\sum_{j=0}^{n}B_{i,m}(u)B_{j,n}(w)\boldsymbol{b}_{ij}\quad(0\leqslant u, w\leqslant 1)$$

为$m\times n$次 Bézier 曲面。其中$B_{i,m}(u)$、$B_{j,n}(w)$分别为m次、n次 Bernstein 基函数，只需把 Bézier 曲线定义中的参数t分别换为u和w即可。逐次用线段连接$\boldsymbol{b}_{ij}$中相邻两个矢径的端点组成的网格称为 Bézier 特征网格。

参见图 5.30，Bézier 曲面具有 Bézier 曲线的类似性质，包括端点性质、逼近性、凸包性质、对称性等。Bézier 曲面的端点性质包括 Bézier 曲面的四个角点正好是特征网格的四个角点，四条边界分别由特征网格四边的特征多边形定义等。

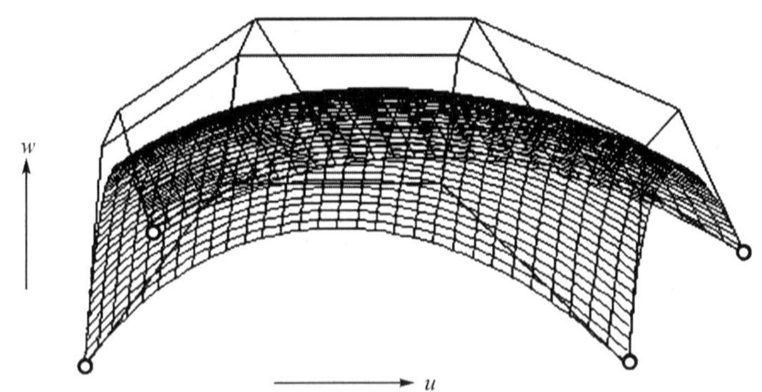

图 5.30　Bézier 曲面及其特征网格

在实际应用中，Bézier 曲面的次数不应太高，否则，网格对曲面的形状控制能力将会减弱，一般地，m、n应小于 4。

2. 双线性、双二次、双三次 Bézier 曲面

1) 双线性 Bézier 曲面

当$m=n=1$时，得到双线性 Bézier 曲面：

$$\begin{aligned}\boldsymbol{P}(u, w)&=\sum_{i=0}^{1}\sum_{j=0}^{1}B_{i,1}(u)B_{j,1}(w)\boldsymbol{b}_{ij}\\&=(1-u)(1-w)\boldsymbol{b}_{00}+(1-u)w\boldsymbol{b}_{01}+u(1-w)\boldsymbol{b}_{10}+uw\boldsymbol{b}_{11}\quad(0\leqslant u, w\leqslant 1)\end{aligned}$$

如图 5.31 所示，双线性 Bézier 曲面的几何特征是两个参数方向均为直纹，它是一种直纹曲面。

2) 双二次 Bézier 曲面

当$m=n=2$时，得到双二次 Bézier 曲面：

$$\begin{aligned}\boldsymbol{P}(u,w)&=\sum_{i=0}^{2}\sum_{j=0}^{2}B_{i,2}(u)B_{j,2}(w)\boldsymbol{b}_{ij}\\&=\boldsymbol{U}\boldsymbol{M}_{\mathrm{Z}}^{\mathrm{T}}\boldsymbol{G}\boldsymbol{M}_{\mathrm{Z}}\boldsymbol{W}^{\mathrm{T}}\\&=\boldsymbol{U}\boldsymbol{M}_{\mathrm{Z}}\boldsymbol{G}\boldsymbol{M}_{\mathrm{Z}}^{\mathrm{T}}\boldsymbol{W}^{\mathrm{T}}\quad(0\leqslant u,\ w\leqslant 1)\end{aligned}$$

其中：

$$\boldsymbol{U}=[u^2\quad u\quad 1],\quad \boldsymbol{W}=[w^2\quad w\quad 1]$$

$$\boldsymbol{M}_{\mathrm{Z}}=\begin{bmatrix}1&-2&1\\-2&2&0\\1&0&0\end{bmatrix},\quad \boldsymbol{G}=\begin{bmatrix}\boldsymbol{b}_{00}&\boldsymbol{b}_{01}&\boldsymbol{b}_{02}\\\boldsymbol{b}_{10}&\boldsymbol{b}_{11}&\boldsymbol{b}_{12}\\\boldsymbol{b}_{20}&\boldsymbol{b}_{21}&\boldsymbol{b}_{22}\end{bmatrix}$$

由于 Bézier 曲线的基矩阵 $\boldsymbol{M}_{\mathrm{Z}}$ 为对称矩阵，故 $\boldsymbol{M}_{\mathrm{Z}}$ 的转置矩阵 $\boldsymbol{M}_{\mathrm{Z}}^{\mathrm{T}}$ 等于 $\boldsymbol{M}_{\mathrm{Z}}$。

如图 5.32 所示，双二次 Bézier 曲面的四条边界曲线由特征网格周围的八个顶点决定，中间一个顶点 $\boldsymbol{b}_{11}$ 影响曲面内部形状，与边界曲线无关。

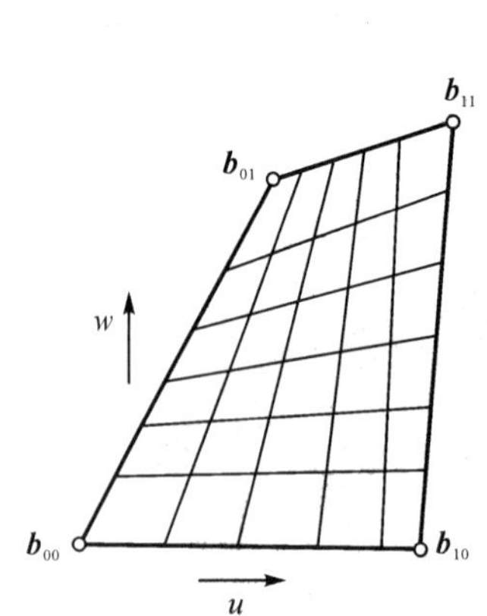

图 5.31　双线性 Bézier 曲面

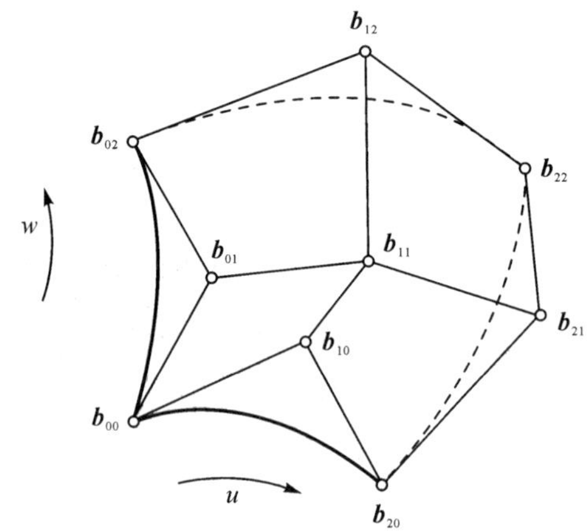

图 5.32　双二次 Bézier 曲面

3）双三次 Bézier 曲面

当 $m=n=3$ 时，得到双三次 Bézier 曲面：

$$\begin{aligned}\boldsymbol{P}(u,w)&=\sum_{i=0}^{3}\sum_{j=0}^{3}B_{i,3}(u)B_{j,3}(w)\boldsymbol{b}_{ij}=\boldsymbol{U}\boldsymbol{M}_{\mathrm{Z}}^{\mathrm{T}}\boldsymbol{G}\boldsymbol{M}_{\mathrm{Z}}\boldsymbol{W}^{\mathrm{T}}\\&=\boldsymbol{U}\boldsymbol{M}_{\mathrm{Z}}\boldsymbol{G}\boldsymbol{M}_{\mathrm{Z}}^{\mathrm{T}}\boldsymbol{W}^{\mathrm{T}}\qquad(0\leqslant u,\ w\leqslant 1)\end{aligned}$$

其中：

$$\boldsymbol{U}=[u^3\quad u^2\quad u\quad 1],\quad \boldsymbol{W}=[w^3\quad w^2\quad w\quad 1]$$

$$\boldsymbol{M}_{\mathrm{Z}}=\begin{bmatrix}-1&3&-3&1\\3&-6&3&0\\-3&3&0&0\\1&0&0&0\end{bmatrix},\quad \boldsymbol{G}=\begin{bmatrix}\boldsymbol{b}_{00}&\boldsymbol{b}_{01}&\boldsymbol{b}_{02}&\boldsymbol{b}_{03}\\\boldsymbol{b}_{10}&\boldsymbol{b}_{11}&\boldsymbol{b}_{12}&\boldsymbol{b}_{13}\\\boldsymbol{b}_{20}&\boldsymbol{b}_{21}&\boldsymbol{b}_{22}&\boldsymbol{b}_{23}\\\boldsymbol{b}_{30}&\boldsymbol{b}_{31}&\boldsymbol{b}_{32}&\boldsymbol{b}_{33}\end{bmatrix}$$

图 5.33 所示为双三次 Bézier 曲面片及其特征网格（4×4 网格）。

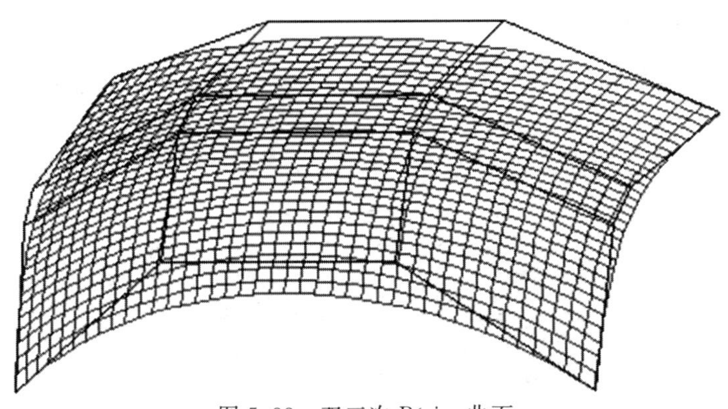

图 5.33　双三次 Bézier 曲面

3. Bézier 曲面的递推计算

将 Bézier 曲线的递推计算推广到 Bézier 曲面，即得到 Bézier 曲面的德卡斯特里奥递推算法。

给定$(m+1)\cdot(n+1)$个位置矢径(即控制点)$\boldsymbol{b}_{ij}$($i=0, 1, \cdots, m$；$j=0, 1, \cdots, n$)和一对参数值(u, w)，则有

$$\boldsymbol{P}(u, w)=\sum_{i=0}^{m-k}\sum_{j=0}^{n-l}B_{i,m}(u)B_{j,n}(w)\boldsymbol{b}_{i,j}^{k,l}(u, w)=\cdots=\boldsymbol{b}_{0,0}^{m,n}(u, w)$$

中间控制顶点 $\boldsymbol{b}_{i,j}^{k,l}(u, w)$为($k$ 对应 u 向递推级数，l 对应 w 向递推级数)：

$$\boldsymbol{b}_{i,j}^{k,l}(u, w)=\begin{cases}\boldsymbol{b}_{i,j} & (k=l=0)\\ (1-u)\boldsymbol{b}_{i,j}^{k-1,0}(u, w)+u\boldsymbol{b}_{i+1,j}^{k-1,0}(u, w) & (k=1,2,\cdots,m;\ l=0)\leftarrow u\text{ 向递推到底}\\ (1-w)\boldsymbol{b}_{0,j}^{m,l-1}(u, w)+w\boldsymbol{b}_{0,j+1}^{m,l-1}(u, w) & (k=m;\ l=1,2,\cdots,n)\leftarrow\text{以 }u\text{ 向结果沿 }w\text{ 向递推}\end{cases}$$

参见图 5.34，以双二次 Bézier 曲面计算为例。$m=n=2$，$u=1/3$，$w=2/3$，递推计算过程为：先以 u 参数值对特征网格沿 u 向的 $n+1$ 个多边形执行曲线的德卡斯特里奥算法，m 级递推后，得到沿 w 向由 $n+1$ 个顶点 $\boldsymbol{b}_{0,j}^{m,0}$($j=0, 1, \cdots, n$)构成的中间特征多边形。再以 w 参数值对它执行曲线的德卡斯特里奥算法，n 级递推后，得到一个点 $\boldsymbol{b}_{0,0}^{m,n}(u, w)$，即为所求曲面上的点 $\boldsymbol{P}(u, w)$。

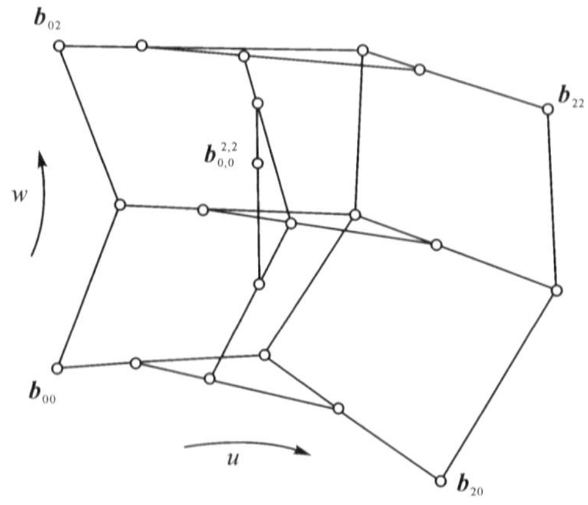

图 5.34　Bézier 曲面的递推计算

4. Bézier 曲面的拼接

曲面拼接要求在拼接处达 G^0、G^1、G^2 连续，拼接情况分两张曲面片之间的拼接和若干张曲面片交汇于一点的拼接(如箱角与盒角就由三张曲面片交汇而成)。图 5.35 为 4 张 Bézier 曲面片的拼接，采用两两拼接方式。

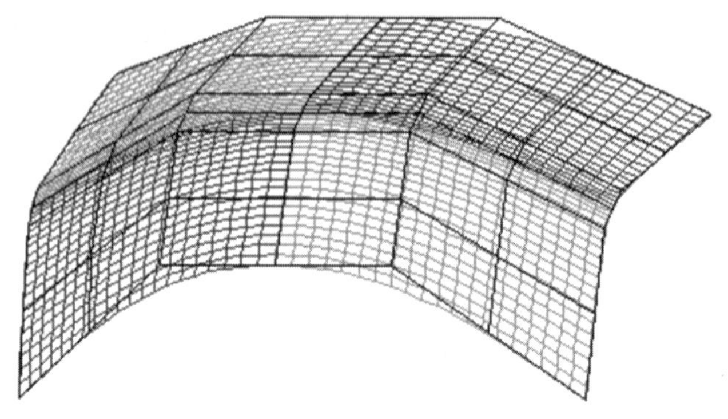

图 5.35　4 张 Bézier 曲面片的拼接

这里介绍两张双三次 Bézier 曲面片的拼接，多张拼接可参照两张拼接进行。两张双三次 Bézier 曲面片拼接时应满足在拼接处达 G^0、G^1 连续(G^2 连续比较复杂，这里不作介绍)。以沿 w 向拼接为例，两张双三次 Bézier 曲面片拼接的特征网格如图 5.36 所示。

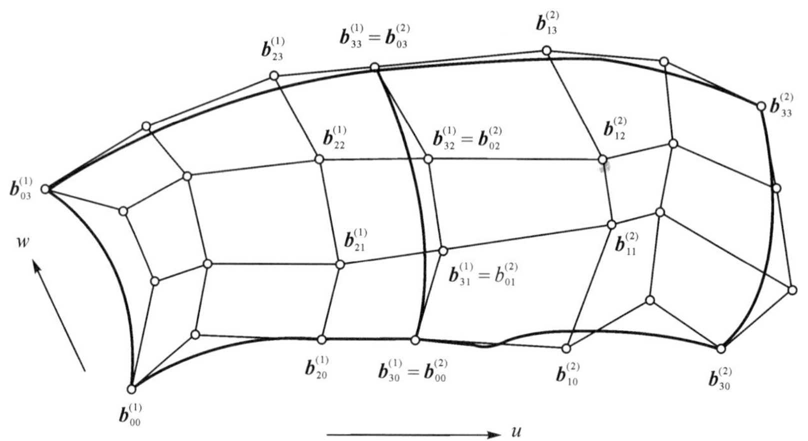

图 5.36　双三次 Bézier 曲面片的拼接

若使两曲面片拼接时达到 G^0 连续，则必须有公共的边界线，即

$$\boldsymbol{P}^{(1)}(1,\ w)=\boldsymbol{P}^{(2)}(0,\ w)$$

将上式按双三次 Bézier 曲面展开，得

$$[1\quad 1\quad 1\quad 1]\boldsymbol{M}_Z\boldsymbol{G}^{(1)}\boldsymbol{M}_Z^{\mathrm{T}}\boldsymbol{W}^{\mathrm{T}}=[0\quad 0\quad 0\quad 1]\boldsymbol{M}_Z\boldsymbol{G}^{(2)}\boldsymbol{M}_Z^{\mathrm{T}}\boldsymbol{W}^{\mathrm{T}}$$

于是：

$$[1\quad 1\quad 1\quad 1]\boldsymbol{M}_Z\boldsymbol{G}^{(1)}=[0\quad 0\quad 0\quad 1]\boldsymbol{M}_Z\boldsymbol{G}^{(2)}$$

化简得

$$\boldsymbol{b}_{3j}^{(1)}=\boldsymbol{b}_{0j}^{(2)}\quad (j=0,\ 1,\ 2,\ 3)$$

可见两张双三次 Bézier 曲面片拼接达 G^0 连续的条件为两特征网格有公共的边界多边形。

若使两曲面片拼接时达到 G^1 连续，则必须在公共边界处有连续变化的法矢量或者连续变化的切平面，即

$$\boldsymbol{P}_u^{(2)}(0, w)\times\boldsymbol{P}_w^{(2)}(0, w)=\lambda(w)\boldsymbol{P}_u^{(1)}(1, w)\times\boldsymbol{P}_w^{(1)}(1, w)$$

其中，$\lambda(w)$是正值数量函数，它是两曲面片在公共边界上的法矢量模的比例因子。

由于在公共边界线处 $\boldsymbol{P}_w^{(2)}(0, w)=\boldsymbol{P}_w^{(1)}(1, w)$，因此有

$$\boldsymbol{P}_u^{(2)}(0, w)=\lambda(w)\boldsymbol{P}_u^{(1)}(1, w)$$

将上式按双三次 Bézier 曲面展开，并对 u 求偏导得

$$[0\quad 0\quad 1\quad 0]\boldsymbol{M}_Z\boldsymbol{G}^{(2)}=\lambda(w)[3\quad 2\quad 1\quad 0]\boldsymbol{M}_Z\boldsymbol{G}^{(1)}$$

将 $\boldsymbol{M}_Z$、$\boldsymbol{G}^{(1)}$、$\boldsymbol{G}^{(2)}$ 代入上式，得

$$(\boldsymbol{b}_{1j}^{(2)}-\boldsymbol{b}_{0j}^{(2)})=\lambda(w)(\boldsymbol{b}_{3j}^{(1)}-\boldsymbol{b}_{2j}^{(1)})\quad (j=0, 1, 2, 3)$$

由于上式左边不含 w，故 $\lambda(w)=\lambda$（常数）。因 $\lambda>0$，故有 $\boldsymbol{b}_{2j}^{(1)}$、$\boldsymbol{b}_{3j}^{(1)}$、$\boldsymbol{b}_{0j}^{(2)}$（$\boldsymbol{b}_{0j}^{(2)}=\boldsymbol{b}_{3j}^{(1)}$）、$\boldsymbol{b}_{1j}^{(2)}$（$j=0, 1, 2, 3$）四串点列分别共线，并且有相同的比例因子。

5. Bézier 曲面的反算

Bézier 曲面的反算也称为 Bézier 曲面插值。Bézier 曲面的反算就是已知 Bézier 曲面通过的型值点，求其特征网格点。此问题也就是构造一个 Bézier 插值曲面，使其通过给定的型值点。

设已知的型值点列为 $\boldsymbol{P}_{ij}$（$i=0, 1, \cdots, m$；$j=0, 1, \cdots, n$），所求的特征网格顶点为 $\boldsymbol{b}_{ij}$（$i=0, 1, \cdots, m$；$j=0, 1, \cdots, n$）。求解方法为按照张量积曲面形成的逆过程而进行的双向曲线反算法，分两步进行：

(1) 对 u 向的 $n+1$ 组型值点（每组 $m+1$ 个型值点）按照前述 Bézier 曲线的反算方法，求得 $n+1$ 条 Bézier 曲线对应的 $n+1$ 个特征多边形，每个特征多边形有 $m+1$ 个顶点，此时，顶点记作 $\boldsymbol{V}_{ij}$（$i=0, 1, \cdots, m$；$j=0, 1, \cdots, n$）。

(2) 把 $\boldsymbol{V}_{ij}$ 看作“型值点”，对 w 向的 $m+1$ 组“型值点”（每组 $n+1$ 个“型值点”）再按 Bézier 曲线的反算方法，求得 $m+1$ 个特征多边形，每个特征多边形有 $n+1$ 个顶点。这里的顶点就是所求特征网格的顶点，共有$(m+1)\cdot(n+1)$个特征网格点，即 $\boldsymbol{b}_{ij}$（$i=0, 1, \cdots, m$；$j=0, 1, \cdots, n$）。通过型值点的曲面为 $m\times n$ 次 Bézier 曲面。

5.4.3　均匀 B 样条曲面

B 样条曲面是 B 样条曲线的拓广，B 样条曲面用张量积曲面来定义。

1. B 样条曲面的定义

给定$(m+1)\cdot(n+1)$个位置矢径（即控制点）$\boldsymbol{b}_{ij}$（$i=0, 1, \cdots, m$；$j=0, 1, \cdots, n$），称 $m\times n$ 次参数曲面片

$$\boldsymbol{P}(u, w)=\sum_{i=0}^{m}\sum_{j=0}^{n}F_{i,m}(u)F_{j,n}(w)\boldsymbol{b}_{ij}\quad (0\leqslant u, w\leqslant 1)$$

为 $m\times n$ 次 B 样条曲面片。其中 $F_{i,m}(u)$、$F_{j,n}(w)$分别为 B 样条基函数，可从 B 样条曲线定义式中得到。B 样条曲面也有相应的特征网格，图 5.37 为 B 样条曲面片及其特征网格。

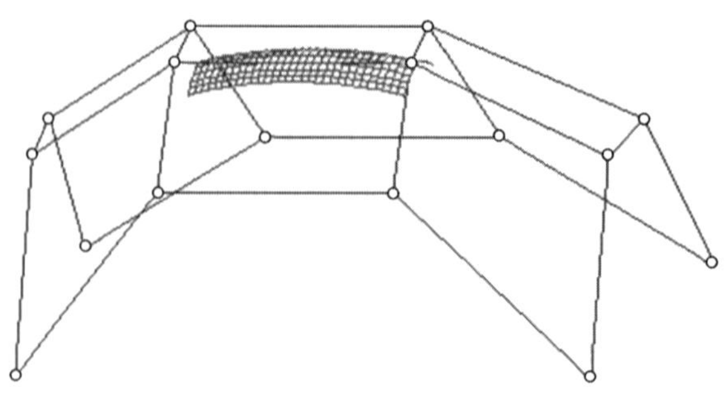

图 5.37　B样条曲面片

B样条曲面继承了B样条曲线局部性、拼接处 $C^2(G^2)$ 连续的突出优点。局部性体现在通过修改特征网格顶点可修改曲面形状，很适合外形设计。由于两曲面片在拼接处达 $C^2(G^2)$ 连续，因此容易进行两曲面片的拼接而形成B样条曲面。例如，双三次B样条曲面片由 4×4 特征网格定义，只要在 u 或 w 方向延伸一排(一行或一列)顶点，形成 5×4 或 4×5 的网格，则前 4 列或前 4 行顶点就会产生一个曲面片，后 4 列或后 4 行顶点产生另一个曲面片，两个曲面片在连接处达到 $C^2(G^2)$ 连续。

图 5.38 为 7×7 网格形成的双三次B样条曲面，它由 16 张面片拼成。其中，特征网格含有相邻三顶点共线的B样条特殊外形设计方法，由此形成的B样条曲面与特征网格相切。

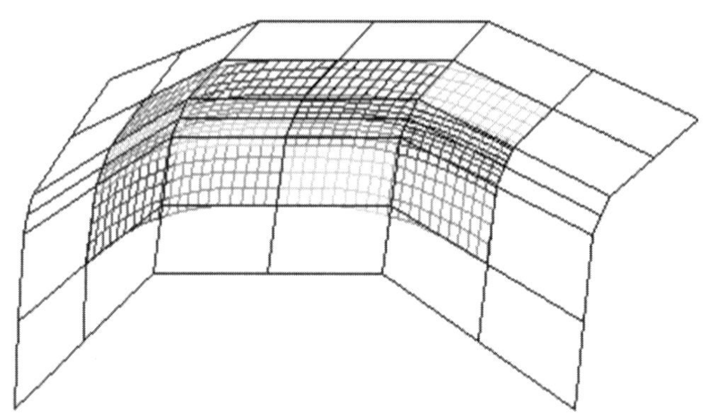

图 5.38　7×7 网格形成的双三次B样条曲面

2. 双三次和双二次B样条曲面

1) 双二次B样条曲面

将 $m=n=2$ 代入前述定义式并展开、整理，得双二次B样条曲面片

$$\begin{aligned}\boldsymbol{P}(u, w) &= \sum_{i=0}^{2}\sum_{j=0}^{2} F_{i,2}(u)F_{j,2}(w)\boldsymbol{b}_{i,j} \\ &= \boldsymbol{U}\boldsymbol{M}_{\mathrm{B}}^{\mathrm{T}}\boldsymbol{G}\boldsymbol{M}_{\mathrm{B}}\boldsymbol{W}^{\mathrm{T}} \\ &= \boldsymbol{U}\boldsymbol{M}_{\mathrm{B'}}\boldsymbol{G}\boldsymbol{M}_{\mathrm{B'}}^{\mathrm{T}}\boldsymbol{W}^{\mathrm{T}} \quad (0 \leqslant u, w \leqslant 1)\end{aligned}$$

其中：

$$\boldsymbol{M}_{\mathrm{B'}} = \frac{1}{2}\begin{bmatrix} 1 & -2 & 1 \\ -2 & 2 & 0 \\ 1 & 1 & 0 \end{bmatrix}$$

$\boldsymbol{M}_{\mathrm{B}'}$ 为二次 B 样条曲线基矩阵 $\boldsymbol{M}_{\mathrm{B}}$ 的转置矩阵，$\boldsymbol{U}$、$\boldsymbol{W}$、$\boldsymbol{G}$ 同双二次 Bézier 曲面。双二次 B 样条曲面片的特征网格为 3×3 点列。

2）双三次 B 样条曲面

当 $m=n=3$ 时，前述一般定义式定义的曲面片称为双三次 B 样条曲面片。即

$$\begin{aligned}\boldsymbol{P}(u,\ w)&=\sum_{i=0}^{3}\sum_{j=0}^{3}F_{i,3}(u)F_{j,3}(w)\boldsymbol{b}_{i,j}\qquad(0\leqslant u,\ w\leqslant 1)\\&=\boldsymbol{U}\boldsymbol{M}_{\mathrm{B}}^{\mathrm{T}}\boldsymbol{G}\boldsymbol{M}_{\mathrm{B}}\boldsymbol{W}^{\mathrm{T}}\\&=\boldsymbol{U}\boldsymbol{M}_{\mathrm{B}'}\boldsymbol{G}\boldsymbol{M}_{\mathrm{B}'}^{\mathrm{T}}\boldsymbol{W}^{\mathrm{T}}\end{aligned}$$

其中：

$$\boldsymbol{M}_{\mathrm{B}'}=\frac{1}{6}\begin{bmatrix}-1 & 3 & -3 & 1\\ 3 & -6 & 3 & 0\\ -3 & 0 & 3 & 0\\ 1 & 4 & 1 & 0\end{bmatrix},\ \boldsymbol{G}=\begin{bmatrix}\boldsymbol{b}_{00} & \boldsymbol{b}_{01} & \boldsymbol{b}_{02} & \boldsymbol{b}_{03}\\ \boldsymbol{b}_{10} & \boldsymbol{b}_{11} & \boldsymbol{b}_{12} & \boldsymbol{b}_{13}\\ \boldsymbol{b}_{20} & \boldsymbol{b}_{21} & \boldsymbol{b}_{22} & \boldsymbol{b}_{23}\\ \boldsymbol{b}_{30} & \boldsymbol{b}_{31} & \boldsymbol{b}_{32} & \boldsymbol{b}_{33}\end{bmatrix}$$

$\boldsymbol{M}_{\mathrm{B}'}$ 为三次 B 样条曲线基矩阵 $\boldsymbol{M}_{\mathrm{B}}$ 的转置矩阵，$\boldsymbol{U}$、$\boldsymbol{W}$ 同双三次 Bézier 曲面。

图 5.39 为双三次 B 样条曲面片及其 4×4 特征网格。图 5.40 为利用三重顶点方法(四个角点各为三重顶点)构成的由 7×7 特征网格生成的过网格 4 个角点的双三次 B 样条曲面(含 16 张曲面片)。

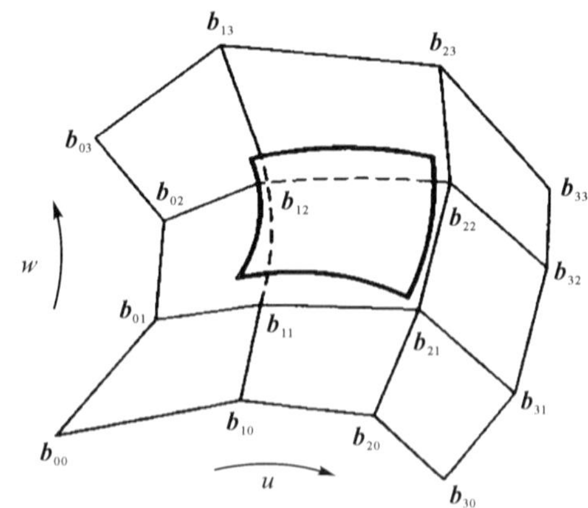

图 5.39　双三次 B 样条曲面片

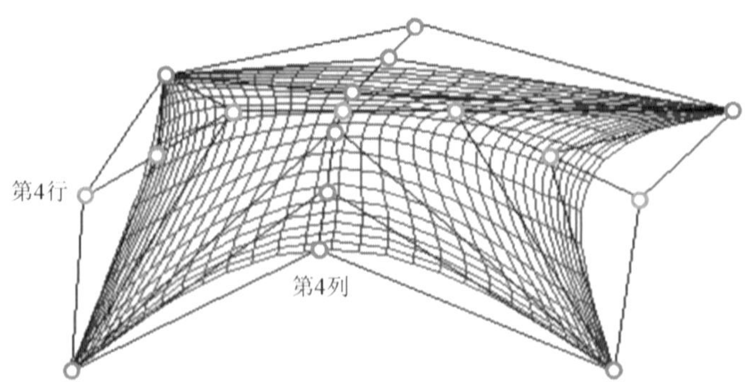

图 5.40　过网格 4 个角点的双三次 B 样条曲面

3. B样条曲面的反算

这里介绍双三次B样条曲面的反算。设已知的型值点为$\boldsymbol{P}_{ij}$($i=1, 2, \cdots, m$; $j=1, 2, \cdots, n$)，要求的特征网格顶点为$\boldsymbol{b}_{ij}$($i=0, 1, \cdots, m+1$; $j=0, 1, \cdots, n+1$)。求解方法为按照张量积曲面形成的逆过程而进行的双向曲线反算法，分两步进行：

(1) 对u向的m组型值点(每组n个型值点)按照B样条曲线的反算方法，求得m条B样条曲线对应的m个特征多边形，此时，顶点记作$\boldsymbol{V}_{ij}$($i=1, 2, \cdots, m$; $j=0, 1, \cdots, n+1$)，这里每条曲线都要补充两个边界条件，因此会求得$m\times(n+2)$个特征网格控制点。

(2) 把$\boldsymbol{V}_{ij}$看作“型值点”，对w向的$n+2$组“型值点”(每组m个“型值点”)再按B样条曲线的反算方法求得$n+2$个特征多边形，每个特征多边形有$m+2$个顶点(求解方程时要按一定的方法把$\boldsymbol{P}_{ij}$的边界条件转换为$\boldsymbol{V}_{ij}$的边界条件)。这里的顶点就是所求特征网格的顶点，即$\boldsymbol{b}_{ij}$($i=0, 1, \cdots, m+1$; $j=0, 1, \cdots, n+1$)。

B样条曲面的反算可用于蒙皮曲面的设计。蒙皮曲面设计基本上分为三个阶段：第一阶段，设计若干截面曲线和一条脊线，每条截面曲线可用一些型值点表示；第二阶段，利用图形变换的方法，把截面曲线变换到脊线上的相应位置，这样就得到空间分布的型值点；第三阶段，对这些型值点利用B样条曲面的反算方法，求出B样条曲面的特征网格，从而得到通过这些截面曲线的蒙皮曲面。

5.4.4 Coons曲面

Coons(孔斯)曲面是一种插值曲面，是由美国麻省理工学院的孔斯(Coons) 1964年提出的。Coons曲面的方法是：用四条边界构造曲面片，按一定的连续性要求将曲面片拼接起来，就得到需要的一张曲面。可见Coons曲面的插值方法与我们前面介绍过的离散型值点列构造插值曲面(即曲面反算的方法)是不同的。

根据给定的四条边界条件的不同，Coons曲面分为三种类型：第一类为具有指定边界曲线的Coons曲面片，或称为简单Coons曲面片；第二类为具有指定边界曲线和跨界切矢(指u向或w向的边界曲线对另一参数w或u的一阶偏导数，如$\left.\dfrac{\partial \boldsymbol{P}(u, w)}{\partial w}\right|_{w=0}$)的Coons曲面片；第三类为具有指定边界曲线、跨界切矢及跨界二阶导矢(指u向或w向的边界曲线对另一参数w或u的二阶偏导数，如$\left.\dfrac{\partial^2 \boldsymbol{P}(u, w)}{\partial w^2}\right|_{w=0}$)的Coons曲面片。

本节介绍常用的双线性孔斯曲面和双三次孔斯曲面。前者为第一类孔斯曲面的最简单情况，后者为第二类孔斯曲面的常见形式。为书写简便，我们先引入下面的一些记号。

对于曲面$\boldsymbol{P}(u, w)$($0\leqslant u, w\leqslant 1$)，约定

$$uw=\boldsymbol{P}(u, w)$$

$$u0=\boldsymbol{P}(u, 0),\ u1=\boldsymbol{P}(u, 1),\ 0w=\boldsymbol{P}(0, W),\ 1w=\boldsymbol{P}(1, w)$$

$$00=\boldsymbol{P}(0, 0),\ 10=\boldsymbol{P}(1, 0),\ 01=\boldsymbol{P}(0, 1),\ 11=\boldsymbol{P}(1, 1)$$

$$uw_u=\frac{\partial(uw)}{\partial u},\ u0_u=\left.\frac{\partial(uw)}{\partial u}\right|_{w=0}=\frac{\mathrm{d}(u0)}{\mathrm{d}u},\ u0_w=\left.\frac{\partial(uw)}{\partial w}\right|_{w=0}$$

$$00_w=\left.\frac{\partial(uw)}{\partial w}\right|_{\substack{u=0\\w=0}},\ uw_{uw}=\frac{\partial(uw)}{\partial u\partial w},\ 10_{uw}=\left.\frac{\partial(uw)}{\partial u\partial w}\right|_{\substack{u=1\\w=0}}$$

1. 双线性 Coons 曲面

设给定条件为四条边界曲线 $u0$、$u1$、$0w$、$1w$，求作过四条边界曲线的双线性插值曲面。参照图 5.41，曲面形成过程如下。

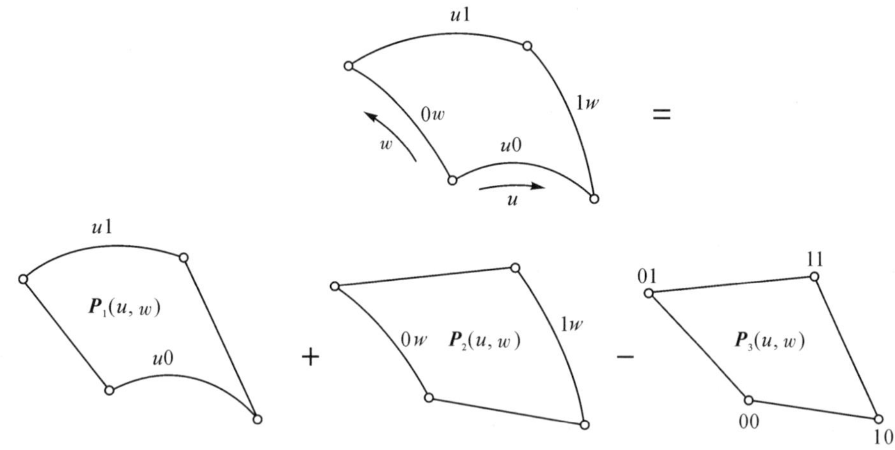

图 5.41　双线性 Coons 曲面片的形成

双线性 Coons 曲面可看作是由图 5.41 所示三个曲面 $\boldsymbol{P}_1(u, w)$、$\boldsymbol{P}_2(u, w)$、$\boldsymbol{P}_3(u, w)$ 形成的。

以 $u0$、$u1$ 为边界，在 w 向进行线性插值，得到直纹曲面 $\boldsymbol{P}_1(u, w)$，即

$$\boldsymbol{P}_1(u, w) = (1-w)u0 + w \cdot u1$$

以 $0w$、$1w$ 为边界，在 u 向进行线性插值，得到直纹曲面 $P_2(u, w)$，即

$$\boldsymbol{P}_2(u, w) = (1-u)0w + u \cdot 1w$$

若将 $\boldsymbol{P}_1(u, w)$、$\boldsymbol{P}_2(u, w)$ 直接叠加，则在边界多出了连接边界两端点的直边。为此，我们通过边界四个角点，按双线性插值构造一个四边为直边的双线性曲面 $\boldsymbol{P}_3(u, w)$，即

$$\begin{aligned}\boldsymbol{P}_3(u, w) &= (1-w)[(1-u)\cdot 00 + u\cdot 10] + w[(1-u)\cdot 01 + u\cdot 11] \\ &= (1-u)(1-w)\cdot 00 + u(1-w)\cdot 10 + (1-u)w\cdot 01 + uw\cdot 11\end{aligned}$$

于是，形成的双线性 Coons 曲面为

$$\begin{aligned}uw &= \boldsymbol{P}_1(u, w) + \boldsymbol{P}_2(u, w) - \boldsymbol{P}_3(u, w) \\ &= [u0 \quad u1]\begin{bmatrix}1-w \\ w\end{bmatrix} + [1-u \quad u]\begin{bmatrix}0w \\ 1w\end{bmatrix} - [1-u \quad u]\begin{bmatrix}00 & 01 \\ 10 & 11\end{bmatrix}\begin{bmatrix}1-w \\ w\end{bmatrix} \qquad (5-29)\end{aligned}$$

$$(0 \leqslant u, w \leqslant 1)$$

式(5-29)可改写成矩阵形式：

$$uw = -[-1 \quad 1-u \quad u]\begin{bmatrix}0 & u0 & u1 \\ 0w & 00 & 01 \\ 1w & 10 & 11\end{bmatrix}\begin{bmatrix}-1 \\ 1-w \\ w\end{bmatrix} \quad (0 \leqslant u, w \leqslant 1)$$

双线性 Coons 曲面方便地实现了插值四条边界曲线的要求，用其进行曲面拼接，由公共边界可以保证整张曲面的位置连续性。但其拼接处 C^1(G^1)连续性如何呢？因为位置连续性已保证拼接处曲线的切矢相等，所以我们只需考察其边界的跨界切矢。

以图 5.42 沿 u 向拼接为例。对式(5-29)关于 w 求偏导并代入 $w=0$，即得 $u0$ 边界的跨界切矢：

$$u0_w = u1 - u0 + \begin{bmatrix} 1-u & u \end{bmatrix} \begin{bmatrix} 00_w + 00 - 01 \\ 10_w + 10 - 11 \end{bmatrix}$$

可见跨界切矢不仅与该边界端点切矢 00_w、10_w 有关，还与该边界曲线有关。因此，即使两相邻曲面片在公共边界两端点处是 C^1(G^1)连续的，但沿公共边界所有其他地方，一般地，因跨界切矢不连续，故仅是位置连续的。这就达不到曲面片之间的光滑连续要求，不能用来拼合构造复杂曲面。而双三次 Coons 曲面片可实现满足几何连续性要求的拼接。

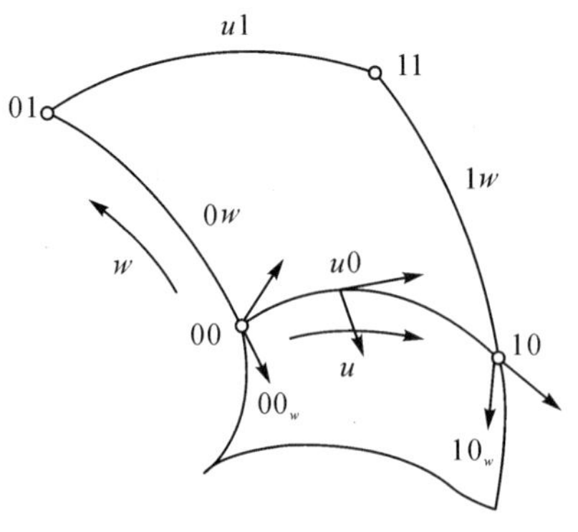

图 5.42　双线性 Coons 曲面片的拼接

2. 双三次 Coons 曲面

设已知四个角点的信息为：角点位置矢 00、01、10、11，角点 u 向切矢 00_u、01_u、10_u、11_u，角点 w 向切矢 00_w、01_w、10_w、11_w，角点扭矢(混合偏导数)00_{uw}、01_{uw}、10_{uw}、11_{uw}，如图 5.43 所示。

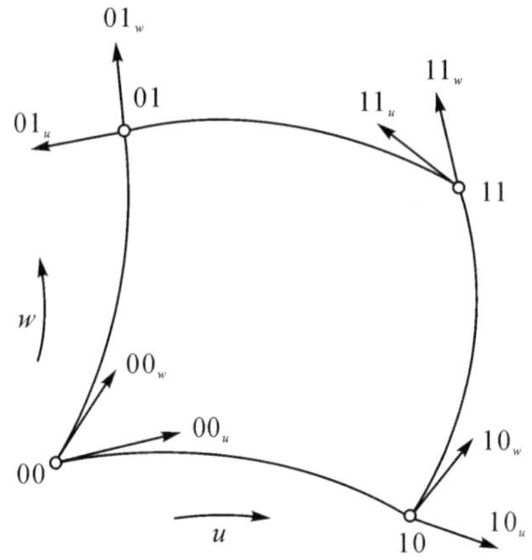

图 5.43　双三次 Coons 曲面片

双三次 Coons 曲面可按张量积曲面定义方法产生，以前述三次 Hermite 基函数作为曲面片参数 u 和 w 的基，通过对 u、w 求偏导和求混合偏导并代入参数值为 0、1 的 16 个角点信息以求解方程，可求出式(5-28)中的 4×4 系数矩阵共 16 个元素，由此得到如式(5-30)的双三次 Coons 曲面矩阵定义式。

双三次 Coons 曲面的定义式为

$$\boldsymbol{P}(u,w) = \boldsymbol{U}\boldsymbol{M}^{\mathrm{T}}\boldsymbol{G}\boldsymbol{M}\boldsymbol{W}^{\mathrm{T}} \quad (0 \leqslant u, w \leqslant 1) \tag{5-30}$$

其中：

$$\boldsymbol{U} = \begin{bmatrix} u^3 & u^2 & u & 1 \end{bmatrix}$$

$$\boldsymbol{W} = \begin{bmatrix} w^3 & w^2 & w & 1 \end{bmatrix}$$

$$\boldsymbol{M}=\begin{bmatrix}2 & -3 & 0 & 1\\ -2 & 3 & 0 & 0\\ 1 & -2 & 1 & 0\\ 1 & -1 & 0 & 0\end{bmatrix}$$

$$\boldsymbol{G}=\left[\begin{array}{cc:cc}00 & 01 & 00_w & 01_w\\ 10 & 11 & 10_w & 11_w\\ \hdashline 00_u & 01_u & 00_{uw} & 01_{uw}\\ 10_u & 11_u & 10_{uw} & 11_{uw}\end{array}\right]=\left[\begin{array}{c:c}\text{角点位置矢} & w\text{ 向切矢}\\ \hdashline u\text{ 向切矢} & \text{扭矢}\end{array}\right]$$

$\boldsymbol{M}$ 矩阵就是三次 Hermite 基矩阵 $\boldsymbol{M}_{\mathrm{H}}$。

在双三次曲面片的定义中，角点的位置矢、u 向切矢、w 向切矢几何意义比较明确，扭矢的几何意义不是很直观。扭矢对曲面片的影响为：扭矢等于零(四个扭矢全为零时称为 Ferguson 曲面片)，曲面片在角点附近趋于平坦；扭矢不等于零，曲面片在角点附近将凸出。在形成 Coons 曲面时，比较困难的是确定扭矢。这里介绍两种确定扭矢的方法。

1）扭矢的确定方法

(1) 双线性曲面法确定扭矢。

根据四个角点的位置矢，可以得到图 5.40 中 $\boldsymbol{P}_3(u,\ w)$那样的双线性曲面，对该曲面求混合偏导数即得到扭矢，它是一个常量，在曲面片拼接时，为得到较好的效果，不直接采用该常量扭矢作为四个角点扭矢，通常这样处理：假定有四个曲面片拼接，共有九个角点，最外边非拼接处的四个角点的扭矢取各自曲面片的常量扭矢，最外边拼接处的四个角点扭矢取两相邻曲面片扭矢的平均值，中间角点的扭矢为四个曲面片扭矢的平均值。

(2) 双线性 Coons 曲面法确定扭矢。

此方法也称为 Adini 方法。根据角点的位置矢、切矢，按 Hermite 方法构造四条埃尔米特插值曲线，并将其作为双线性 Coons 曲面的四条边界代入式(5-29)，然后对此求混合偏导数，再把 u、w 等于 0、1 代入，即可得到四个角点的扭矢。这种方法求扭矢的效果比第一种要好。

2）双三次 Coons 曲面的拼接

两张双三次 Coons 曲面片的拼接应满足位置连续、斜率连续的要求。设两张曲面片分别为 $\boldsymbol{P}^{(1)}(u,\ w)$和 $\boldsymbol{P}^{(2)}(u,\ w)$且沿 w 向拼接。首先，要满足位置连续的要求，两曲面片的边界曲线应一致，即

$$\boldsymbol{P}^{(2)}(0,\ w)=\boldsymbol{P}^{(1)}(1,\ w)$$

根据式(5-30)，上式要求 $\boldsymbol{P}^{(2)}(u,\ w)$曲面矩阵 $\boldsymbol{G}$ 中的第一行元素和 $\boldsymbol{P}^{(1)}(u,\ w)$曲面矩阵 $\boldsymbol{G}$ 中的第二行元素相等，即两曲面片在拼接处两角点位置应一致，且角点处的 w 向切矢分别相等。

两曲面片拼接时要满足斜率连续，即要求有连续转动的切平面或副法矢同向。参照 Bézier 曲面的拼接，由于位置连续保证了沿公共边界的 w 向切矢相等，现在只需要达到跨界斜率即拼接处的 u 向切矢连续就可以了，即

$$\boldsymbol{P}_u^{(2)}(0,\ w)=\lambda\boldsymbol{P}_u^{(1)}(1,\ w)\quad(\lambda>0)$$

这就要求 $\boldsymbol{P}^{(2)}(u,\ w)$曲面矩阵 $\boldsymbol{G}$ 中的第三行元素分别为 $\boldsymbol{P}^{(1)}(u,\ w)$曲面矩阵 $\boldsymbol{G}$ 中的第四行

元素的 λ 倍，即第二张曲面片 $\boldsymbol{P}^{(2)}(u, w)$ 在拼接的两个角点处的 u 向切矢及扭矢应分别为第一张曲面片 $\boldsymbol{P}^{(1)}(u, w)$ 在拼接的两个角点的 u 向切矢及扭矢的 λ ($\lambda>0$)倍。

5.5 一般 B 样条与 NURBS 样条

前面介绍的均匀 B 样条曲线及曲面、Bézier 曲线及曲面都可看作是一般 B 样条曲线及曲面的特例。B 样条方法在表示与设计自由曲线与曲面时显示了强大的能力，然而在表示二次曲线(如圆弧、椭圆弧、双曲线等)、二次曲面(如圆柱面、圆锥面、圆环面等)及平面时却遇到了麻烦，问题在于不能精确地表示这些除抛物线外的初等曲线及除抛物面外的初等曲面，而只能给出近似表示。近似表示将带来处理上的麻烦，使本来简单的问题复杂化，还会带来原来不存在的设计误差问题。例如，用 Bézier 曲线较精确地表示某一半径已知的半圆，需要用到五次 Bézier 曲线，并且必须专门计算其控制顶点。如果改变圆的半径或要求更高的精度，就必须重新确定曲线的次数及计算控制顶点。为了既能精确地表示二次曲线与二次曲面，又能避免采用初等解析几何中隐方程表示形式所带来的数学方法不统一而导致的系统设计方面的麻烦与复杂化，于是，人们就想到了对已有 B 样条方法的改造，其思路是：在保留 B 样条方法描述自由形状优点的同时，扩充其统一表示二次曲线弧与二次曲面的能力，这就产生了有理 B 样条方法。所谓有理方法，是指曲线、曲面的表示式采用分子分母分别是参数多项式与多项式函数的分式形式，曲线、曲面的形状由控制点和权因子共同决定。

相对于有理表示形式而言，我们把采用参数整多项式定义的 Bézier 方法与 B 样条方法都称为非有理的，如非有理 Bézier 曲线与曲面、非有理 B 样条曲线与曲面。有理 B 样条方法按照参数节点分布情况分为均匀、准均匀、分段 Bézier、非均匀四种类型，而前三者又可看作是非均匀类型的特例，因此，人们习惯上把这四种类型统称为非均匀有理 B 样条(Non-Uniform Rational B-Spline，NURBS) 方法。

NURBS 方法的突出优点在于：

(1) 为标准的解析形状(如圆锥曲线、二次曲面、回转面等) 和自由曲线、曲面(包括有理和非有理的 Bézier、B 样条曲线与曲面) 提供了统一的数学表示，因此，用一个统一的数据库就能存储这两类形状信息；

(2) 可通过控制点和权因子灵活地进行形状设计。

鉴于 NURBS 在形状定义方面的强大功能与潜力，因此在 STEP 标准中，自由曲线、曲面仅用 NURBS 表示。目前，许多先进的 CAD/CAM 系统均具有 NURBS 功能。

5.5.1 一般 B 样条曲线

1. B 样条曲线的递推定义

给定 $n+1$ 个位置矢径(即控制点)$\boldsymbol{b}_i$ ($i=0, 1, \cdots, n$)，k 阶($k-1$ 次)B 样条曲线的定义为

$$\boldsymbol{P}(u)=\sum_{i=0}^{n} N_{i,k}(u)\boldsymbol{b}_i \quad (t_{k-1}\leqslant u\leqslant t_{n+1})$$

其中，$N_{i,k}(u)$为权函数，也就是B样条基函数，递推得到

$$N_{i,k}(u)=\frac{u-t_i}{t_{i+k-1}-t_i}N_{i,k-1}(u)+\frac{t_{i+k}-u}{t_{i+k}-t_{i+1}}N_{i+1,k-1}(u)$$

$$N_{i,1}(u)=\begin{cases}1 & (u\in[t_i,\ t_{i+1}])\\ 0 & (u\notin[t_i,\ t_{i+1}])\end{cases} \tag{5-31}$$

当分母为0时，定义分式的值为0。

关于式(5-31)及B样条曲线，特作如下说明(参见图5.44)：

(1) 式(5-31)中的t_i是节点值，其取值为k阶B样条函数节点向量(t_0，t_1，t_2，…，t_{n+k})中的一个分量，节点向量的分量共$n+k+1$个。节点向量的分量取值是任意实数，但必须是一个非减序列。

(2) $N_{i,k}(u)$中u的取值范围为$[t_i,\ t_{i+k}]$，至多有k个节点区间(因有重节点的情况)，每个节点区间$[t_i,\ t_{i+1}]$对应一个函数表达式，因此，$N_{i,k}(u)$是一个至多包含k段的分段函数，而且具有非负性。

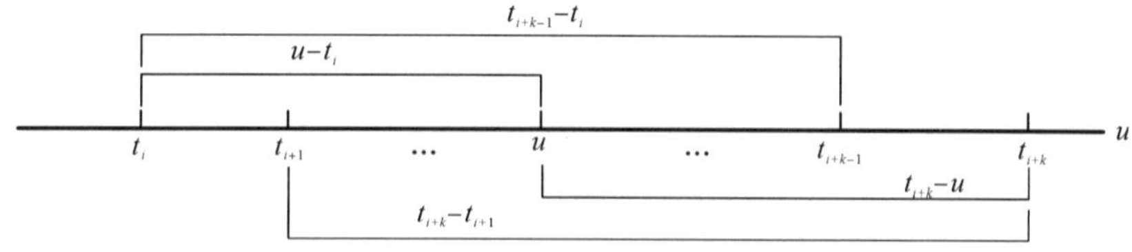

图5.44　$N_{i,k}(u)$的参数u及其参数节点

(3) B样条曲线$\boldsymbol{P}(u)$定义中，参数u的取值范围为$[t_{k-1},\ t_{n+1}]$，而不是$[t_0,\ t_{n+k}]$。这是因为u在$[t_0,\ t_{k-1}]$、$[t_{n+1},\ t_{n+k}]$两个节点区间段中取值时，B样条的规范性不成立，即不满足$\sum_i N_{i,k}(u)=1$，不能构成基函数组。

(4) B样条曲线具有局部性。从(2)可知，对于$u\in[t_i,\ t_{i+1}]$中的$\boldsymbol{P}(u)$，其$n+1$个$N_{i,k}(u)$中至多只有k个为非零，其他的$N_{i,k}(u)$均为零，也就是说，B样条曲线每段至多与k个顶点有关，与其他顶点无关，且改动一个控制顶点，至多影响以该点为中心的邻近k段曲线的形状，这就是B样条曲线的局部性。

(5) B样条曲线的连续性。B样条曲线在节点区间内部是C^{k-2}连续的，在节点处是C^{k-s-1}连续的，这里s为节点的重复度(不重复时$s=1$)。

2. B样条曲线的分段定义

为使用方便，编者给出与上述定义等价且类似于均匀B样条曲线那样的分段定义，即给定$n+1$个位置矢径$\boldsymbol{b}_i$($i=0$，1，…，n)，称k阶($k-1$次)参数曲线

$$\boldsymbol{P}_{j,k}(u)=\sum_{l=0}^{k-1}N_{l+j,k}(u)\boldsymbol{b}_{l+j}\quad(t_{j+k-1}\leqslant u\leqslant t_{j+k};\ j=0,\ 1,\ \cdots,\ n-k+1) \tag{5-32}$$

为k阶($k-1$次)B样条的第j段曲线，其全体($n-k+2$段)称为k阶($k-1$次)B样条曲线。式(5-32)中，$N_{l+j,k}(u)$为B样条基函数，由式(5-31)得，节点向量为(t_0，t_1，t_2，…，t_{n+k})，节点值为t_0，t_1，…，t_{n+k}。

3. B样条曲线的递推计算——德布尔(De Boor)算法

直接利用式(5-32)计算参数为$u\in[t_{j+k-1},\ t_{j+k}]$的点$\boldsymbol{P}(u)$，需要递推计算$N_{l+j,k}(u)$，

比较麻烦。德布尔(De Boor) 给出类似于 Bézier 曲线的递推计算方法，使复杂的计算得到简化。德布尔算法的递推公式可写为如下形式：

$$\boldsymbol{P}(u)=\sum_{l=0}^{k-r-1} N_{l+j+r,\,k-r}(u)\boldsymbol{b}_{l+j+r}^{r}=\cdots=\boldsymbol{b}_{j+k-1}^{k-1}\quad (u\in[t_{j+k-1},\ t_{j+k}];\ j=0,1,\cdots,n-k+1)$$

$$\boldsymbol{b}_{l+j+r}^{r}=\begin{cases}\boldsymbol{b}_{l+j+r} & (r=0;\ l=0,1,\cdots,k-r-1)\\ (1-\alpha_{l+j+r}^{r})\boldsymbol{b}_{l+j+r-1}^{r-1}+\alpha_{l+j+r}^{r}\boldsymbol{b}_{l+j+r}^{r-1} & (r=1,2,\cdots,k-1;\ l=0,1,\cdots,k-r-1)\end{cases}$$

$$\alpha_{l+j+r}^{r}=\frac{u-t_{l+j+r}}{t_{l+j+k}-t_{l+j+r}}\tag{5-33}$$

其中，r 为递推次数。

图 5.45 为计算三次 B 样条曲线第一段($j=0$) 上参数为 $u\in[t_3,\ t_4]$的点 $\boldsymbol{P}(u)$ 的递推过程，$\boldsymbol{b}_1^1$ 由 $\boldsymbol{b}_0$、$\boldsymbol{b}_1$ 按 α_1^1 线性插值得到，$\boldsymbol{b}_2^1$ 由 $\boldsymbol{b}_1$、$\boldsymbol{b}_2$ 按 α_2^1 线性插值得到，$\boldsymbol{b}_3^1$ 由 $\boldsymbol{b}_2$、$\boldsymbol{b}_3$ 按 α_3^1 线性插值得到；$\boldsymbol{b}_2^2$ 由 $\boldsymbol{b}_1^1$、$\boldsymbol{b}_2^1$ 按 α_2^2 线性插值得到，$\boldsymbol{b}_3^2$ 由 $\boldsymbol{b}_2^1$、$\boldsymbol{b}_3^1$ 按 α_3^2 线性插值得到；$\boldsymbol{b}_3^3$ 即 $\boldsymbol{P}(u)$ 由 $\boldsymbol{b}_2^2$、$\boldsymbol{b}_3^2$ 按 α_3^3 线性插值得到。这里的 α_1^1、α_2^1、α_3^1、α_2^2、α_3^2、α_3^3 由式(5-33)计算得到。

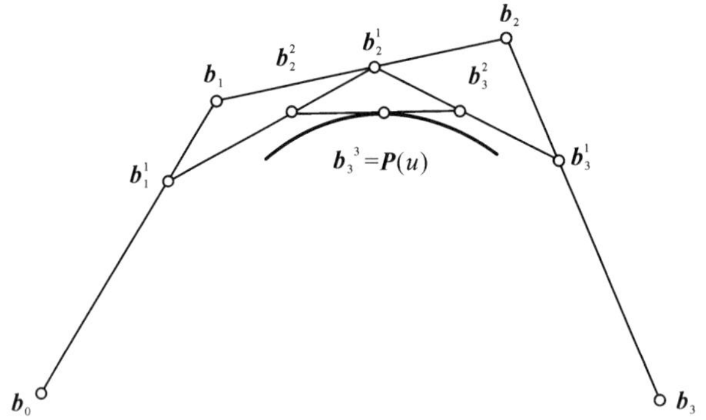

图 5.45　德布尔算法递推过程

4. B 样条曲线的类型

按节点向量中节点的分布情况不同，B 样条曲线分为均匀 B 样条曲线(uniform B-spline curve)、准均匀 B 样条曲线(quasi-uniform B-spline curve)、分段 Bézier 曲线(piecewise Bézier curve) 和一般非均匀 B 样条曲线(general non-uniform B-spline curve) 四种类型。第四种类型的节点向量是满足节点序列非递减、两端节点重复度不大于 k、内节点重复度不大于 $k-1$ 的任意分布的节点向量，这样的节点向量定义了一般的非均匀 B 样条基。可见，前三种类型可作为特例被包括在这种类型之中。这里，我们对前三种常用类型作一分析。

1) 均匀 B 样条曲线

若节点向量中节点沿参数轴等距分布，即 $t_{i+1}-t_i=$常数>0，则由此定义的 B 样条曲线称为均匀 B 样条曲线，节点的这种取法称为均匀周期性取法。通常节点取为整数序列，即 $t_i=i$，$i=0,\ 1,\ \cdots,\ n+k$。

对于二次均匀 B 样条曲线，节点向量为

$$(0,\ 1,\ 2,\ \cdots,\ n,\ n+1,\ n+2,\ n+3)$$

第 j 段曲线为

$$\begin{aligned}\boldsymbol{P}_j(u) &= \sum_{l=0}^{2} N_{l+j,3}(u)\boldsymbol{b}_{l+j} \\ &= N_{j,3}(u)\boldsymbol{b}_j + N_{j+1,3}(u)\boldsymbol{b}_{j+1} + N_{j+2,3}(u)\boldsymbol{b}_{j+2} \qquad (j+2\leqslant u\leqslant j+3)\end{aligned}$$

由式(5-31)得

$$N_{j,3}(u)=\begin{cases}\dfrac{(u-j)^2}{2} & (u\in[j,\ j+1])\\ \dfrac{(u-j)(-u+j+2)}{2}+\dfrac{(u-j-1)(-u+j+3)}{2} & (u\in[j+1,\ j+2])\\ \dfrac{(-u+j+3)^2}{2} & (u\in[j+2,\ j+3])\\ 0 & (\text{其他})\end{cases}$$

将上式中的 j 分别替换为 $j+1$、$j+2$ 得

$$N_{j+1,3}(u)=\begin{cases}\dfrac{(u-j-1)^2}{2} & (u\in[j+1,\ j+2])\\ \dfrac{(u-j-1)(-u+j+3)}{2}+\dfrac{(u-j-2)(-u+j+4)}{2} & (u\in[j+2,\ j+3])\\ \dfrac{(-u+j+4)^2}{2} & (u\in[j+3,\ j+4])\\ 0 & (\text{其他})\end{cases}$$

$$N_{j+2,3}(u)=\begin{cases}\dfrac{(u-j-2)^2}{2} & (u\in[j+2,\ j+3])\\ \dfrac{(u-j-2)(-u+j+4)}{2}+\dfrac{(u-j-3)(-u+j+5)}{2} & (u\in[j+3,\ j+4])\\ \dfrac{(-u+j+5)^2}{2} & (u\in[j+4,\ j+5])\\ 0 & (\text{其他})\end{cases}$$

则

$$\begin{aligned}\boldsymbol{P}_j(u)=&\frac{(-u+j+3)^2}{2}\boldsymbol{b}_j+\left[\frac{(u-j-1)(-u+j+3)}{2}+\frac{(u-j-2)(-u+j+4)}{2}\right]\boldsymbol{b}_{j+1}+\\&\frac{(u-j-2)^2}{2}\boldsymbol{b}_{j+2}\qquad (j+2\leqslant u\leqslant j+3)\end{aligned}$$

将参数 u 作归一化处理，令 $t=u-j-2$，于是 $0\leqslant t\leqslant 1$，将 $u=t+j+2$ 代入上式得

$$\boldsymbol{P}_j(t)=\frac{1}{2}(t-1)^2\boldsymbol{b}_j+\frac{1}{2}(-2t^2+2t+1)\boldsymbol{b}_{j+1}+\frac{1}{2}t^2\boldsymbol{b}_{j+2}\quad (0\leqslant t\leqslant 1)$$

这就是前面介绍的二次均匀 B 样条曲线的表达式。

对于三次均匀 B 样条曲线，节点向量为

$$(0,\ 1,\ 2,\ \cdots,\ n,\ n+1,\ n+2,\ n+3,\ n+4)$$

仿照同上的推导方法，也可以推出前面介绍的三次均匀 B 样条曲线的表达式。

2) 准均匀 B 样条曲线

若节点向量中两端节点具有重复度 k，即两端各有 k 个节点值相等，$t_0=t_1=\cdots=t_{k-1}$，$t_{n+1}=t_{n+2}=\cdots=t_{n+k}$，所有内节点等距分布，即重复度为 1，这样定义的 B 样条曲线称为准

均匀B样条曲线，或称为两端具有k重节点的B样条曲线。

准均匀B样条曲线的节点取法为

$$t_i=\begin{cases}0 & (i\leqslant k-1)\\ i-k+1 & (k\leqslant i\leqslant n)\\ n-k+2 & (i\geqslant n+1)\end{cases}$$

节点向量为

$$\begin{matrix} t_0 & t_1\cdots t_{k-1} & t_k & t_{k+1} & \cdots & t_n & t_{n+1} & \cdots & t_{n+k}\end{matrix}$$
$$(\underbrace{0,\ 0,\ \cdots,\ 0}_{k个},\ 1,\ 2,\ \cdots,\ n-k+1,\ \underbrace{n-k+2,\ \cdots,\ n-k+2}_{k个})$$

节点的这种取法称为均匀非周期性取法。

与均匀B样条曲线相比，准均匀B样条曲线的突出优点在于曲线的起点、终点分别与特征多边形的起点、终点重合，具有Bézier曲线的端点性质，这样便于人们控制曲线在端点的行为。其缺点在于，两端节点的不均匀性使得准均匀B样条曲线不像均匀B样条曲线那样，各段均可采用统一的表达式进行计算，其计算必须分若干段进行，因此，计算要复杂得多。准均匀B样条曲线与均匀B样条曲线的逼近性相差不大。下面介绍常用的二次、三次准均匀B样条曲线。

(1) 二次准均匀B样条曲线。

给定$n+1$个控制点$\boldsymbol{b}_i(i=0,\ 1,\ \cdots,\ n)$，则节点向量为

$$(0,\ 0,\ 0,\ 1,\ 2,\ \cdots,\ n-2,\ n-1,\ n-1,\ n-1)$$

根据式(5-32)及式(5-31)递推式，并采用规范参数$t\in[0,\ 1]$，则j段曲线方程可写为

$$\boldsymbol{P}_j(t)=[\boldsymbol{b}_j\quad \boldsymbol{b}_{j+1}\quad \boldsymbol{b}_{j+2}]\boldsymbol{M}_2\begin{bmatrix}t^2\\ t\\ 1\end{bmatrix}\quad (0\leqslant t\leqslant 1;\ j=0,\ 1,\ \cdots,\ n-2)$$

基矩阵$\boldsymbol{M}_2$与顶点个数$n+1$、段号j有关，见表5.1。

二次准均匀B样条曲线共有$n-1$段，可以看出，当$n\geqslant 4$(即段数为3段及以上)时，$j=1,\ \cdots,\ n-3$段的基矩阵与二次均匀B样条的基矩阵相同。

图5.46为6个控制点定义的二次准均匀B样条曲线，从图中可看出，除首、末两段外，中间的两段曲线具有二次均匀B样条曲线段的端点性质。

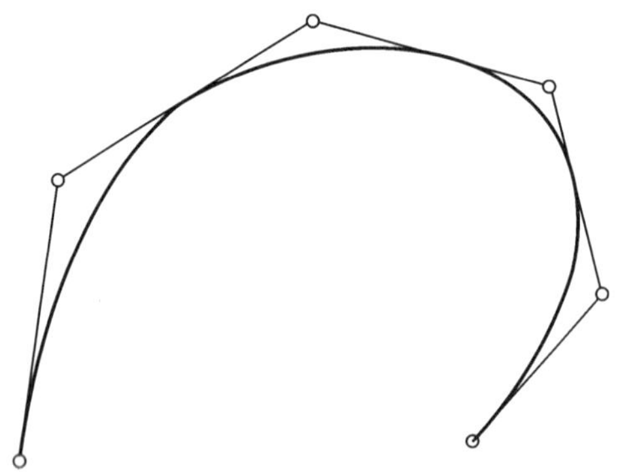

图5.46　二次准均匀B样条曲线

表 5.1　二次准均匀 B 样条曲线的基矩阵 $\boldsymbol{M}_2$

n	$\boldsymbol{M}_2$		
	$j=0$	$j=n-2$	$1\leqslant j\leqslant n-3$
2	$\begin{bmatrix}1 & -2 & 1\\-2 & 2 & 0\\1 & 0 & 0\end{bmatrix}$		
3	$\begin{bmatrix}1 & -2 & 1\\-3/2 & 2 & 0\\1/2 & 0 & 0\end{bmatrix}$	$\begin{bmatrix}1/2 & -1 & 1/2\\-3/2 & 1 & 1/2\\1 & 0 & 0\end{bmatrix}$	
>3	同 $n=3$，$j=0$	同 $n=3$，$j=n-2$	$\begin{bmatrix}1/2 & -1 & 1/2\\-1 & 1 & 1/2\\1/2 & 0 & 0\end{bmatrix}$

(2) 三次准均匀 B 样条曲线。

给定 $n+1$ 个控制点 $\boldsymbol{b}_i(i=0, 1, \cdots, n)$，则节点向量为

$$(0, 0, 0, 0, 1, 2, \cdots, n-3, n-2, n-2, n-2, n-2)$$

采用同二次准均匀 B 样条曲线一样的推导方法，三次准均匀 B 样条曲线第 j 段曲线方程可写为

$$\boldsymbol{P}_j(t)=[\boldsymbol{b}_j \quad \boldsymbol{b}_{j+1} \quad \boldsymbol{b}_{j+2} \quad \boldsymbol{b}_{j+3}]\boldsymbol{M}_3\begin{bmatrix}t^3\\t^2\\t\\1\end{bmatrix} \quad (0\leqslant t\leqslant 1, j=0, 1, \cdots, n-3)$$

基矩阵 $\boldsymbol{M}_3$ 与顶点数$(n+1)$、段号(j)有关，见表 5.2。

三次准均匀 B 样条曲线共有 $n-2$ 段，可以看出，当 $n\geqslant 7$(即段数为 5 段及以上)时，$j=2, \cdots, n-5$ 段的基矩阵与三次均匀 B 样条的基矩阵相同。

图 5.47 为 7 个控制点定义的三次准均匀 B 样条曲线，其首、末端点分别与特征多边形的起点、终点重合。三次准均匀 B 样条曲线具有与三次均匀 B 样条曲线类似的特殊外形设计方法，如相邻四顶点共线可构造直线段，相邻三顶点重合可形成一个尖角(即曲线通过该顶点)，相邻三顶点共线或两相邻顶点重合可构造样条曲线与特征多边形边相切，重复取点可构造闭合曲线等。

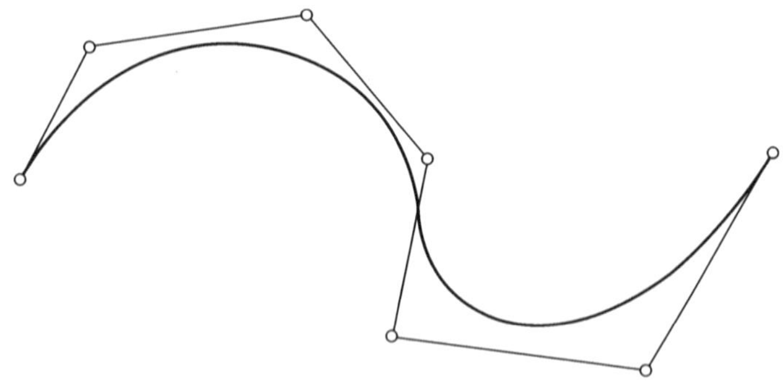

图 5.47　三次准均匀 B 样条曲线

表 5.2　三次准均匀 B 样条曲线的基矩阵 M_3

n	M_3					
	$j=0$	$j=1$	$j=2$	$j=n-4$	$j=n-3$	$2\leqslant j\leqslant n-5$
3	$\begin{bmatrix}-1 & 3 & -3 & 1\\ 3 & -6 & 3 & 0\\ -3 & 3 & 0 & 0\\ 1 & 0 & 0 & 0\end{bmatrix}$					
4	$\begin{bmatrix}-1 & 3 & -3 & 1\\ 7/4 & -9/2 & 3 & 0\\ -1 & 3/2 & 0 & 0\\ 1/4 & 0 & 0 & 0\end{bmatrix}$	$\begin{bmatrix}-1/4 & 3/4 & -3/4 & 1/4\\ 1 & -3/2 & 0 & 1/2\\ -7/4 & 3/4 & 3/4 & 1/4\\ 1 & 0 & 0 & 0\end{bmatrix}$				
5	$\begin{bmatrix}-1 & 3 & -3 & 1\\ 7/4 & -9/2 & 3 & 0\\ -11/12 & 3/2 & 0 & 0\\ 1/6 & 0 & 0 & 0\end{bmatrix}$	$\begin{bmatrix}-1/4 & 3/4 & -3/4 & 1/4\\ 7/12 & -5/4 & 1/4 & 7/12\\ -7/12 & 1/2 & 1/2 & 1/6\\ 1/4 & 0 & 0 & 0\end{bmatrix}$	$\begin{bmatrix}-1/6 & 1/2 & -1/2 & 1/6\\ 11/12 & -5/4 & -1/4 & 7/12\\ -7/4 & 3/4 & 3/4 & 1/4\\ 1 & 0 & 0 & 0\end{bmatrix}$			
6	同 $n=5$，$j=0$	$\begin{bmatrix}-1/4 & 3/4 & -3/4 & 1/4\\ 7/12 & -5/4 & 1/4 & 7/12\\ -1/2 & 1/2 & 1/2 & 1/6\\ 1/6 & 0 & 0 & 0\end{bmatrix}$		$\begin{bmatrix}-1/6 & 1/2 & -1/2 & 1/6\\ 1/2 & 0 & 0 & 2/3\\ -7/12 & 1/2 & 1/2 & 1/6\\ 1/4 & 0 & 0 & 0\end{bmatrix}$	同 $n=5$，$j=2$	
>6	同 $n=5$，$j=0$	同 $n=6$，$j=1$		同 $n=6$，$j=n-4$	同 $n=5$，$j=2$	$\begin{bmatrix}-1/6 & 1/2 & -1/2 & 1/6\\ 1/2 & -1 & 0 & 2/3\\ -1/2 & 1/2 & 1/2 & 1/6\\ 1/6 & 0 & 0 & 0\end{bmatrix}$

(3) 分段 Bézier 曲线与 Bézier 曲线。

若节点向量中两端节点重复度为 k，所有内节点重复度为 $k-1$，由此定义的 B 样条曲线称为分段 Bézier 曲线。在曲线设计中，此类曲线实际上是不直接采用的，一是因为如果直接用控制顶点构造曲线，就必须满足顶点数减 1 是次数的整数倍这一要求，如 7 个顶点可构造两段 3 次 Bézier 曲线，第 4 个顶点为两段的连接点；二是因为分段 Bézier 曲线在连接点处达到 G^2 连续比较困难，还不如直接采用 Bézier 曲线进行拼接容易。分段 Bézier 曲线的主要用途在于可以把几何连续的分段多项式曲线统一采用 B 样条表示，以便实现统一的数据管理。

若节点向量中两端点重复度为 k，并取 $k=n+1$，则节点向量为

$$(\underbrace{0,\ 0,\ \cdots,\ 0}_{n+1\text{个}},\ \underbrace{1,\ 1,\ \cdots,\ 1}_{n+1\text{个}})$$

此时的 B 样条曲线变为一段($j=0$)，成为 Bézier 曲线。将 $k=n+1$ 代入式(5-32)，曲线方程为

$$\boldsymbol{P}(u)=\sum_{l=0}^{n} N_{l,\,n+1}(u)\boldsymbol{b}_l \quad (0\leqslant u\leqslant 1)$$

根据 B 样条基函数的差商定义，可以证明 $N_{l,\,n+1}(u)$ 就是 n 次 Bernstein 基函数，$\boldsymbol{P}(u)$ 就是 n 次 Bézier 曲线。

5.5.2　一般 B 样条曲面

1. B 样条曲面的递推定义

给定$(m+1)\cdot(n+1)$个控制顶点 $\boldsymbol{b}_{i,j}$($i=0, 1, \cdots, m$；$j=0, 1, \cdots, n$)，在空间构成一张控制网格。设参数 u、w 的次数分别为 $k-1$ 和 $l-1$ (k、l 为阶数)，其相应的节点向量为$(t_0, t_1, \cdots, t_{m+k})$和$(t'_0, t'_1, \cdots, t'_{n+l})$，则称参数曲面

$$\boldsymbol{P}(u,\ w)=\sum_{i=0}^{m}\sum_{j=0}^{n} N_{i,\,k}(u)N_{j,\,l}(w)\boldsymbol{b}_{i,\,j} \quad (t_{k-1}\leqslant u\leqslant t_{m+1},\ t'_{l-1}\leqslant w\leqslant t'_{n+1})$$

为$(k-1)\times(l-1)$次 B 样条曲面。其中，B 样条基函数 $N_{i,\,k}(u)$、$N_{j,\,l}(w)$由式(5-31)确定。

2. B 样条曲面的分片定义

将 B 样条曲线分段表示式(5-32)作一拓广，我们就可得到下面分片表示的 B 样条曲面方程：

$$\boldsymbol{P}_{j_m,\,j_n}(u,\ w)=\sum_{s=0}^{k-1}\sum_{q=0}^{l-1} N_{s+j_m,\,k}(u)N_{q+j_n,\,l}(w)\boldsymbol{b}_{s+j_m,\,q+j_n}$$

$$(t_{j_m+k-1}\leqslant u\leqslant t_{j_m+k};\ t'_{j_n+l-1}\leqslant w\leqslant t'_{j_n+l} \quad j_m=0,\ 1,\ \cdots,\ m-k+1;\ j_n=0,\ 1,\ \cdots,\ n-l+1)$$

其中，(j_m, j_n)为曲面片的编号。

与 B 样条曲线分类一样，B 样条曲面沿任一参数方向按所取节点向量不同，可分为四种类型：均匀 B 样条曲面、准均匀 B 样条曲面、分片 Bézier 曲面及非均匀 B 样条曲面。特殊地，若 $k=m+1$，$l=n+1$，且节点向量分别为

对 u：$(\underbrace{0, 0, \cdots, 0}_{m+1个}, \underbrace{1, 1, \cdots, 1}_{m+1个})$　　对 w：$(\underbrace{0, 0, \cdots, 0}_{n+1个}, \underbrace{1, 1, \cdots, 1}_{n+1个})$

则所定义的 B 样条曲面就是 $(k-1)\times(l-1)$ 次 Bézier 曲面。

B 样条曲面具有 B 样条曲线的特性，如局部性、连续性等。参照 Bézier 曲面的递推计算，可以得到 B 样条曲面递推计算的德布尔算法。

5.5.3 NURBS 曲线

1. NURBS 曲线的定义及性质

给定 $n+1$ 个控制点 $\boldsymbol{b}_i(i=0, 1, \cdots, n)$，$k$ 阶（$k-1$ 次）NURBS 曲线是由分段有理多项式矢函数定义的，其形式为

$$\boldsymbol{P}(u)=\frac{\sum_{i=0}^{n}\omega_i N_{i,k}(u)\boldsymbol{b}_i}{\sum_{i=0}^{n}\omega_i N_{i,k}(u)}=\sum_{i=0}^{n}R_{i,k}(u)\boldsymbol{b}_i$$

$$R_{i,k}(u)=\frac{\omega_i N_{i,k}(u)}{\sum_{i'=0}^{n}\omega_{i'} N_{i',k}(u)}\quad (t_{k-1}\leqslant u\leqslant t_{n+1})\tag{5-34}$$

其中，$N_{i,k}(u)$就是前面介绍的 B 样条基函数，$R_{i,k}(u)$称为 k 阶（$k-1$ 次）有理 B 样条基函数，$\omega_i(i=0, 1, \cdots, n)$称为对应于控制点 $\boldsymbol{b}_i$的权因子。为防止分母为零（分母为零将使曲线失去控制）、保留凸包性质（负的权因子所定义的曲线会落在凸包之外）以及曲线不致因权因子而退化为一点，要求 ω_0、$\omega_n>0$，其余 $\omega_i\geqslant0$。节点向量同前述的 B 样条曲线的定义。

特殊地，当所有 ω_i 均等于 1 时，由于 $\sum_{i=0}^{n}N_{i,k}(u)=1$，式(5-34)定义的 NURBS 曲线就是前面介绍的一般 B 样条曲线，即非有理 B 样条曲线。像非有理 B 样条曲线那样，NURBS 曲线也可按节点向量分布情况分为均匀有理 B 样条曲线、准均匀有理 B 样条曲线、分段有理 Bézier 曲线以及一般性非均匀有理 B 样条曲线四种类型。

NURBS 曲线具有与一般 B 样条曲线类似的性质，如局部性、连续性、凸包性等，其均匀有理 B 样条曲线、准均匀有理 B 样条曲线、有理 Bézier 曲线具有与均匀 B 样条曲线、准均匀 B 样条曲线、Bézier 曲线类似的几何性质。

2. 权因子的几何意义

从式(5-34)可看出，权因子 ω_i 跟 $N_{i,k}(u)$一样，仅影响定义在区间$[t_i, t_{i+k}]$上那部分曲线的形状，即权因子也有局部性，只影响 k 段曲线的形状，对其他部分不产生影响，因此我们只考察整条曲线的这一部分。如图 5.48 所示，给定一个 ω_i，我们得到一条曲线，如果使 ω_i 在某个范围内变化，则可得到一簇曲线。现在，我们固定曲线的参数 u，让 ω_i 变化，则 NURBS 曲线方程变为关于 ω_i 的有理一次式，即变成直线方程。这说明，这一簇 NURBS 曲线上参数 u 的值相同的点都位于同一直线上。

参见图 5.48，$\boldsymbol{M}$ 代表 $\omega_i=0$ 的点，即 $\boldsymbol{M}=\boldsymbol{P}(u;\ \omega_i=0)$。当 $\omega_i=0$ 时，$R_{i,k}(u;\ \omega_i=0)=0$，这时控制点 $\boldsymbol{b}_i$对曲线不起作用。$\boldsymbol{N}$ 代表$\omega_i=1$ 的点，即 $\boldsymbol{N}=\boldsymbol{P}(u;\ \omega_i=1)$。当 $\omega_i\to+\infty$时，$R_{i,k}(u;\ \omega_i\to+\infty)=1$，其他的 $R_{i',k}(u;\ i'=0, 1, \cdots, n,\ i'\neq i)$均为 0，则 $\boldsymbol{P}(u;\ \omega_i\to+\infty)=\boldsymbol{b}_i$，

该直线通过控制点 $\boldsymbol{b}_i$，此时在 $t_i \leqslant u \leqslant t_{i+k}$ 区间内的 k 段 NURBS 曲线退化为一点。$\boldsymbol{P}$ 对应 $\omega_i \neq 0$，1 时的点，即除了 $\boldsymbol{M}$、$\boldsymbol{N}$ 外的点。

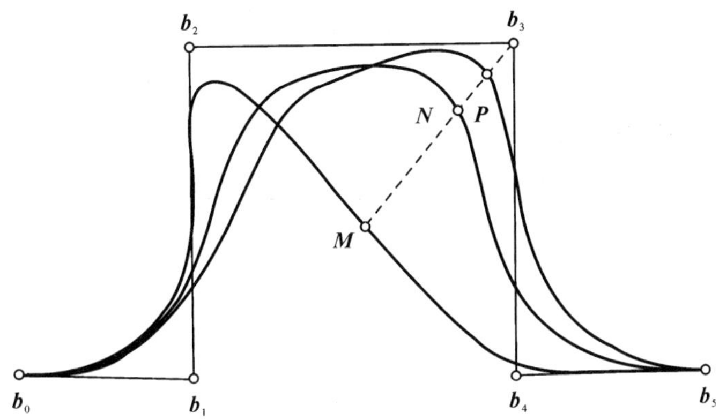

图 5.48　权因子 ω_1 的几何意义

若令

$$\alpha = R_{i,k}(u;\ \omega_i = 1) = \frac{N_{i,k}(u)}{\sum\limits_{i \neq j=0}^{n} \omega_j N_{j,k}(u) + N_{i,k}(u)}$$

$$\beta = R_{i,k}(u;\ \omega_i \neq 0,\ 1) = \frac{\omega_i N_{i,k}(u)}{\sum\limits_{i \neq j=0}^{n} \omega_j N_{j,k}(u) + \omega_i N_{i,k}(u)}$$

则可以推出

$$\frac{\overrightarrow{MN}}{\overrightarrow{Mb_i}} = \frac{\boldsymbol{N}-\boldsymbol{M}}{\boldsymbol{b}_i-\boldsymbol{M}} = \cdots = \alpha,\quad \frac{\overrightarrow{MP}}{\overrightarrow{Mb_i}} = \frac{\boldsymbol{P}-\boldsymbol{M}}{\boldsymbol{b}_i-\boldsymbol{M}} = \cdots = \beta$$

于是 $\boldsymbol{N}$ 和 $\boldsymbol{P}$ 可表示为

$$\boldsymbol{N} = (1-\alpha)\boldsymbol{M} + \alpha\boldsymbol{b}_i,\quad \boldsymbol{P} = (1-\beta)\boldsymbol{M} + \beta\boldsymbol{b}_i$$

若 $\overrightarrow{MN}$、$\overrightarrow{Nb_i}$、$\overrightarrow{MP}$、$\overrightarrow{Pb_i}$ 分别表示有向线段，则有

$$\frac{\overrightarrow{MN}}{\overrightarrow{Nb_i}} = \frac{\boldsymbol{N}-\boldsymbol{M}}{\boldsymbol{b}_i-\boldsymbol{N}} = \frac{(1-\alpha)\boldsymbol{M}+\alpha\boldsymbol{b}_i-\boldsymbol{M}}{\boldsymbol{b}_i-(1-\alpha)\boldsymbol{M}-\alpha\boldsymbol{b}_i} = \frac{\alpha(\boldsymbol{b}_i-\boldsymbol{M})}{(1-\alpha)(\boldsymbol{b}_i-\boldsymbol{M})} = \frac{\alpha}{1-\alpha}$$

$$\frac{\overrightarrow{MP}}{\overrightarrow{Pb_i}} = \frac{\boldsymbol{P}-\boldsymbol{M}}{\boldsymbol{b}_i-\boldsymbol{P}} = \frac{(1-\beta)\boldsymbol{M}+\beta\boldsymbol{b}_i-\boldsymbol{M}}{\boldsymbol{b}_i-(1-\beta)\boldsymbol{M}-\beta\boldsymbol{b}_i} = \frac{\beta(\boldsymbol{b}_i-\boldsymbol{M})}{(1-\beta)(\boldsymbol{b}_i-\boldsymbol{M})} = \frac{\beta}{1-\beta}$$

$$\frac{\overrightarrow{MP}}{\overrightarrow{Pb_i}} : \frac{\overrightarrow{MN}}{\overrightarrow{Nb_i}} = \frac{\beta}{1-\beta} : \frac{\alpha}{1-\alpha} = \omega_i \tag{5-35}$$

由式(5-35)可知，权因子 ω_i 的几何意义是 $\boldsymbol{M}$、$\boldsymbol{N}$、$\boldsymbol{P}$、$\boldsymbol{b}_i$ 四个点按式(5-35)的线段比值。权因子 ω_i 对曲线有如下影响：

(1) 若固定所有控制顶点及除 ω_i 外所有其他权因子不变，当 ω_i 变化时，$\boldsymbol{P}$ 点随之移动，它在空间扫描出一条过控制顶点 $\boldsymbol{b}_i$ 的一条直线。当 $\omega_i = 0$ 时，$\boldsymbol{b}_i$ 对曲线不起作用；当 $\omega_i \to +\infty$ 时，$\boldsymbol{P}$ 趋近于与控制顶点 $\boldsymbol{b}_i$ 重合。

(2) 若 ω_i 增加，β 随之增加(由 β 表示式可知，β 是 ω_i 的增函数)，则曲线被拉向控制顶点 $\boldsymbol{b}_i$；若 ω_i 减小，β 随之减小，则曲线被推离控制顶点 $\boldsymbol{b}_i$。可见，权因子 ω_i 的减小和增加起到了对曲线相对于顶点 $\boldsymbol{b}_i$ 的推拉作用。

(3) 若 ω_i 增加，则一般地，曲线在受影响的范围内被推离除顶点 $\boldsymbol{b}_i$ 外的其他相应控制顶点；若 ω_i 减小，则相反。

在知道了权因子对曲线的影响后，我们就可以通过改变控制顶点和权因子来生成或修改 NURBS 曲线。

3. 圆锥曲线的 NURBS 表示

NURBS 曲线有别于一般 B 样条曲线之处在于它能表示圆锥曲线，下面我们就来研究这个问题。

有理二次方程的矢量形式为 $\boldsymbol{P}(t)=(\boldsymbol{A}_0+\boldsymbol{A}_1t+\boldsymbol{A}_2t^2)/(c_0+c_1t+c_2t^2)$，将其化为坐标分量形式有

$$\begin{cases} x(t)=\dfrac{a_0+a_1t+a_2t^2}{c_0+c_1t+c_2t^2} \\ y(t)=\dfrac{b_0+b_1t+b_2t^2}{c_0+c_1t+c_2t^2} \end{cases} \tag{5-36}$$

其中，t 是参数，a_i、b_i、$c_i(i=0,1,2)$为实常数，且

$$d=\begin{vmatrix} a_0 & a_1 & a_2 \\ b_0 & b_1 & b_2 \\ c_0 & c_1 & c_2 \end{vmatrix}\neq 0,\ c_0+c_1t+c_2t^2\neq 0$$

从方程(5-36)的第一式解出 t 代入第二式，消去参数 t，得到仅含 x、y 的方程：

$$Ax^2+Bxy+Cy^2+Dx+Ey+F=0 \tag{5-37}$$

其中：

$A=(b_2c_0-b_0c_2)^2-(b_0c_1-b_1c_0)(b_1c_2-b_2c_1)$

$B=2(b_2c_0-b_0c_2)(a_0c_2-a_2c_0)-[(b_0c_1-b_1c_0)(a_2c_1-a_1c_2)+(b_1c_2-b_2c_1)(a_1c_0-a_0c_1)]$

$C=(a_0c_2-a_2c_0)^2-(a_1c_0-a_0c_1)(a_2c_1-a_1c_2)$

D、E、F 略。

方程(5-37)是圆锥曲线的方程。可见，方程(5-36)表示圆锥曲线。我们再作进一步的讨论：

$$\begin{aligned} \Delta &= B^2-4AC \\ &=[(a_1b_0-a_0b_1)c_2+(a_0b_2-a_2b_0)c_1+(a_2b_1-a_1b_2)c_0]^2(c_1^2-4c_0c_2) \\ &=(-d)^2(c_1^2-4c_0c_2) \\ &=d^2\delta \end{aligned}$$

其中，$\delta=c_1^2-4c_0c_2$。由于 $d\neq 0$，因此 Δ 与 δ 同符号。于是，根据初等解析几何我们可得出：

(1) 当 $\delta=c_1^2-4c_0c_2<0$ 时，方程(5-36)表示椭圆(包括圆)；

(2) 当 $\delta=c_1^2-4c_0c_2>0$ 时，方程(5-36)表示双曲线；

(3) 当 $\delta=c_1^2-4c_0c_2=0$ 时，方程(5-36)表示抛物线。

现在，我们来研究圆锥曲线的 NURBS 表示。为便于在使用中对曲线端点进行控制，要求圆锥曲线段的端点必须和起始、终止控制点重合，而 NURBS 曲线的特例——有理二次 Bézier 曲线是满足这种要求的表示圆锥曲线最简单的形式。

设有 3 个控制点 $\boldsymbol{b}_0$、$\boldsymbol{b}_1$、$\boldsymbol{b}_2$，则有理二次 Bézier 曲线由下式推出：

$$\boldsymbol{P}(u)=\frac{\sum_{i=0}^{2}\omega_i N_{i,3}(u)\boldsymbol{b}_i}{\sum_{i=0}^{2}\omega_i N_{i,3}(u)}=\frac{\omega_0 N_{0,3}(u)\boldsymbol{b}_0+\omega_1 N_{1,3}(u)\boldsymbol{b}_1+\omega_2 N_{2,3}(u)\boldsymbol{b}_2}{\omega_0 N_{0,3}(u)+\omega_1 N_{1,3}(u)+\omega_2 N_{2,3}(u)}\quad(0\leqslant u\leqslant 1)\tag{5-38}$$

我们可以固定首、末权因子 $\omega_0=\omega_2=1$，让内权因子 ω_1 可变。有理二次 Bézier 曲线具有非有理二次 Bézier 曲线的端点性质，这样给定 3 个控制顶点包含了圆锥曲线通过 $\boldsymbol{b}_0$、$\boldsymbol{b}_2$ 以及在此两点的切线方向共 4 个条件，再加上权因子 ω_1，用这 5 个独立的条件能够确定圆锥曲线。对式(5-38)按前述 Bézier 曲线节点取法(0，0，0，1，1，1)进行递推计算，于是，式(5-38)可写成

$$\begin{aligned}\boldsymbol{P}(u)&=\frac{(1-u)^2\boldsymbol{b}_0+2u(1-u)\omega_1\boldsymbol{b}_1+u^2\boldsymbol{b}_2}{(1-u)^2+2u(1-u)\omega_1+u^2}\\&=\frac{\boldsymbol{b}_0+(2\omega_1\boldsymbol{b}_1-2\boldsymbol{b}_0)u+(\boldsymbol{b}_0-2\omega_1\boldsymbol{b}_1+\boldsymbol{b}_2)u^2}{1+(2\omega_1-2)u+(2-2\omega_1)u^2}\quad(0\leqslant u\leqslant 1)\end{aligned}\tag{5-39}$$

式(5-39)就是用 NURBS 曲线表示圆锥曲线段的参数方程，该圆锥曲线段分别以 $\boldsymbol{b}_0$、$\boldsymbol{b}_2$ 为起始、终止点，在起点、终点处曲线分别与 $\boldsymbol{b}_0\boldsymbol{b}_1$、$\boldsymbol{b}_1\boldsymbol{b}_2$ 边相切。

将式(5-39)与式(5-36)比较，可得

$$c_0=1,\ c_1=2(\omega_1-1),\ c_2=2(1-\omega_1)$$

因此 $\delta=c_1^2-4c_0c_2=4(\omega_1-1)(\omega_1+1)$。如图 5.49 所示，根据 ω_1 的取值，可对式(5-39)表示的圆锥曲线进行如下分类：

$$\omega_1\begin{cases}=0 & \text{连接 } \boldsymbol{b}_0 \text{ 与 } \boldsymbol{b}_2 \text{ 两点的直线段(二次曲线退化为直线)}\\ \in(0,1) & \text{椭圆弧(取 } -\omega_1 \text{ 得凸包之外的补弧)}\\ =1 & \text{抛物线弧(即前述的二次 Bézier 曲线)}\\ \in(1,+\infty) & \text{双曲线弧}\\ \to+\infty & \text{点 } \boldsymbol{b}_1 \text{(二次曲线退化为点)}\end{cases}$$

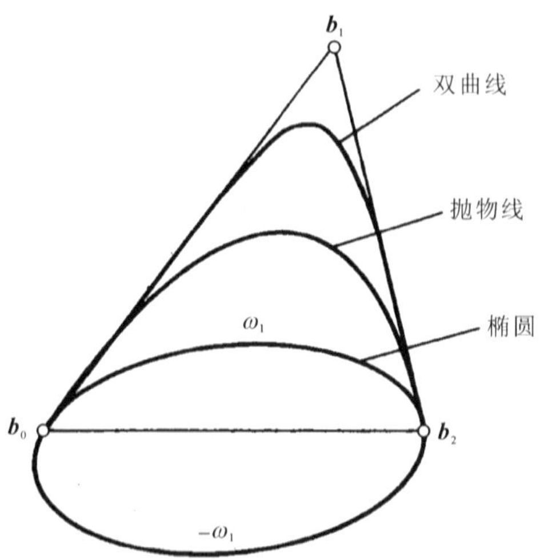

图 5.49　圆锥曲线的 NURBS 表示

4. NURBS 曲线的齐次坐标表示及其计算

如前所述，齐次坐标的几何意义为：n 维点可看作是 $n+1$ 维点在以坐标原点为透视投影中心，以第 $n+1$ 个坐标分量等于 1 的“超平面”为投影平面上的投影。NURBS 曲线也可用齐次坐标的方法来定义或表示。

给定 $n+1$ 个控制点 $\boldsymbol{b}_i$ 及相应权因子 $\omega_i(i=0, 1, \cdots, n)$，则可以用齐次坐标的方法按下述步骤定义 k 阶($k-1$ 次) NURBS 曲线。

(1) 引入权因子形成控制点 $\boldsymbol{b}_i$ 的齐次坐标点 $\boldsymbol{B}_i$。

$$\boldsymbol{B}_i=[\omega_i\boldsymbol{b}_i \quad \omega_i]=\begin{cases}[\omega_i x_i \quad \omega_i y_i \quad \omega_i] & \boldsymbol{b}_i\text{为二维点时} \\ [\omega_i x_i \quad \omega_i y_i \quad \omega_i z_i \quad \omega_i] & \boldsymbol{b}_i\text{为三维点时}\end{cases} \quad (i=0, 1, \cdots, n)$$

(2) 用 $\boldsymbol{B}_i$ 定义一条三维($\boldsymbol{b}_i$ 为二维点时)或四维($\boldsymbol{b}_i$ 为三维点时)的 k 阶非有理 B 样条曲线 $\boldsymbol{P}'(u)$：

$$\boldsymbol{P}'(u)=\sum_{i=0}^{n} N_{i,k}(u)\boldsymbol{B}_i$$

(3) 将 $\boldsymbol{P}'(u)$ 投影到 $\omega=1$ 的平面($\boldsymbol{b}_i$ 为二维点时)或“超平面”($\boldsymbol{b}_i$ 为三维点时)上，也就是将 $\boldsymbol{P}'(u)$ 齐次坐标正常化即可得到由 $\boldsymbol{b}_i$ 及 ω_i 定义的 k 阶 NURBS 曲线 $\boldsymbol{P}(u)$：

$$\begin{aligned}\boldsymbol{P}'(u) &= \sum_{i=0}^{n} N_{i,k}(u)\boldsymbol{B}_i = \sum_{i=0}^{n} N_{i,k}(u)[\omega_i\boldsymbol{b}_i \quad \omega_i] \\ &= \left[\sum_{i=0}^{n}\omega_i N_{i,k}(u)\boldsymbol{b}_i \quad \sum_{i=0}^{n}\omega_i N_{i,k}(u)\right] \\ &\xrightarrow{\text{正常化}} \left[\frac{\sum_{i=0}^{n}\omega_i N_{i,k}(u)\boldsymbol{b}_i}{\sum_{i=0}^{n}\omega_i N_{i,k}(u)} \quad 1\right]=[\boldsymbol{P}(u) \quad 1]\end{aligned}$$

图 5.50 为平面 NURBS 曲线的齐次坐标表示。

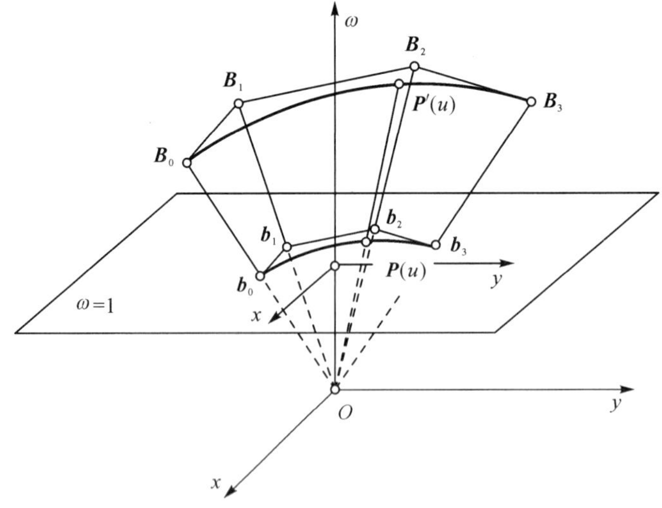

图 5.50　NURBS 曲线的齐次坐标表示

由于 NURBS 曲线可看作是由带权控制点构造的高一维非有理 B 样条曲线进行齐次坐标正常化的结果，因此，有关非有理 B 样条曲线的许多算法也可推广用于 NURBS 曲线。

例如，用于非有理 B 样条曲线递推计算的德布尔算法就可推广用于 NURBS 曲线，方法是对高一维的带权控制点构造出的非有理 B 样条曲线执行德布尔算法，最后将递推结束点即非有理 B 样条曲线上的点进行齐次坐标正常化，并取前两个($\boldsymbol{b}_i$ 为二维点时)或前三个($\boldsymbol{b}_i$ 为三维点时) 坐标分量，就可得到 NURBS 曲线上的点。

5.5.4　NURBS 曲面

1. NURBS 曲面的定义、性质及计算

给定$(m+1)\cdot(n+1)$个控制顶点 $\boldsymbol{b}_{i,j}$ 及相应的权因子 $\omega_{i,j}$($i=0, 1, \cdots, m$；$j=0, 1, \cdots, n$)，控制顶点呈拓扑矩形阵列，在空间构成一个控制网格。设参数 u、w 次数分别为 $k-1$ 和 $l-1$(k、l 为阶数)，其相应的节点向量为$(t_0, t_1, \cdots, t_{m+k})$和$(t'_0, t'_1, \cdots, t'_{n+l})$，则 $(k-1)\times(l-1)$ 次 NURBS 曲面是由分段有理多项式矢函数定义的，其形式为

$$\boldsymbol{P}(u, w)=\frac{\sum_{i=0}^{m}\sum_{j=0}^{n}\omega_{i,j}N_{i,k}(u)N_{j,l}(w)\boldsymbol{b}_{i,j}}{\sum_{i=0}^{m}\sum_{j=0}^{n}\omega_{i,j}N_{i,k}(u)N_{j,l}(w)}=\sum_{i=0}^{m}\sum_{j=0}^{n}R_{i,k;j,l}(u, w)\boldsymbol{b}_{i,j}$$

$$R_{i,k;j,l}(u, w)=\frac{\omega_{i,j}N_{i,k}(u)N_{j,l}(w)}{\sum_{i'=0}^{m}\sum_{j'=0}^{n}\omega_{i',j'}N_{i',k}(u)N_{j',l}(w)}\quad(t_{k-1}\leqslant u\leqslant t_{m+1}, t'_{l-1}\leqslant w\leqslant t'_{n+1})$$

其中，$N_{i,k}(u)$、$N_{j,l}(w)$为 B 样条基函数，$R_{i,k;j,l}(u, w)$为有理 B 样条基函数，规定四角顶点处的权因子 $\omega_{0,0}$、$\omega_{m,0}$、$\omega_{0,n}$、$\omega_{m,n}$大于 0，其余 $\omega_{i,j}\geqslant 0$。注意，$R_{i,k;j,l}(u, w)$不是两个单变量函数的乘积，因此 NURBS 曲面一般不是张量积曲面。

权因子 $\omega_{i,j}$的几何意义与 NURBS 曲线的权因子 ω_i 类似。$\omega_{i,j}$只影响 $u\in[t_i, t_{i+k}]$、$w\in[t'_j, t'_{j+l}]$区间上的那部分曲面，当 $\omega_{i,j}$增大时，曲面被拉向控制顶点 $\boldsymbol{b}_{i,j}$，反之被推离 $\boldsymbol{b}_{i,j}$。

NURBS 曲面也可像非有理 B 样条曲面那样分类。沿任一参数方向按所取节点向量分布的不同，NURBS 曲面分为均匀有理 B 样条曲面、准均匀有理 B 样条曲面、分片有理 Bézier 曲面以及一般性非均匀有理 B 样条曲面四种类型。

NURBS 曲面的递推计算可通过将非有理 B 样条曲面计算点的德布尔算法加以推广得到。方法是：由控制顶点和权因子形成高一维的带权控制顶点，对带权控制顶点执行非有理 B 样条曲面的德布尔算法得到一点，将该点进行齐次坐标正常化，即得 NURBS 曲面上的点。NURBS 曲面具有与非有理 B 样条曲面相类似的几何性质，如局部性、连续性、凸包性等。

2. 常用曲面的 NURBS 表示

这里介绍一般柱面、平面片、圆柱面、圆锥面及旋转面的 NURBS 表示。问题的关键在于对特定的曲面，如何构造出控制网格并确定相应的权因子。

1）一般柱面

一般柱面是准线沿一由单位矢量 $\boldsymbol{e}$ 表示的方向移动一给定距离 s 的轨迹。设准线是一条 k 阶 NURBS 曲线，其控制顶点和权因子分别为 $\boldsymbol{b}_{i,0}$ 和 $\omega_{i,0}$($i=0, 1, \cdots, n$)，节点向量为$(t_0, t_1, \cdots, t_{n+k})$，则曲线方程为

$$C(u) = \sum_{i=0}^{n} R_{i,k}(u) \boldsymbol{b}_{i,0}$$

则生成的柱面方程为

$$P(u, w) = \sum_{i=0}^{n} \sum_{j=0}^{1} R_{i,k;j,2}(u, w) \boldsymbol{b}_{i,j}$$

其中，$\boldsymbol{b}_{i,1}=\boldsymbol{b}_{i,0}+s\boldsymbol{e}$，$\omega_{i,1}=\omega_{i,0}$，$i=0, 1, \cdots, n$。$R_{i,k;j,2}(u, w)$是由 u 方向和 w 方向节点向量决定的有理基函数，w 方向的节点向量为(0, 0, 1, 1)。

2）平面片

平面片是由位于平面上的四个角点 $\boldsymbol{b}_{0,0}$、$\boldsymbol{b}_{1,0}$、$\boldsymbol{b}_{0,1}$、$\boldsymbol{b}_{1,1}$定义的。令角点对应的权因子均为 1，即 $\omega_{0,0}=\omega_{1,0}=\omega_{0,1}=\omega_{1,1}=1$，$u$ 和 w 方向的节点向量均为(0, 0, 1, 1)，则平面片可表示为双线性 NURBS 曲面，它实际上是 NURBS 曲面的特例——前述的双线性 Bézier 曲面片。

3）圆柱面

圆柱面可按一般柱面生成，这里关键是要确定给定圆弧与整圆的二次 NURBS 表示，即要求出其控制顶点和权因子。圆与圆弧的 NURBS 表示并不是简单的问题，有文献专门介绍，如对整圆可用由 7 个顶点构成的外切正方形表示：水平直径右端为第 1、7 顶点(重合)，相应权因子为 1；水平直径左端为第 4 顶点，相应权因子为 1；正方形四个角点按逆时针方向依次为第 2、3、5、6 顶点，相应权因子均为 1/2；节点向量为(0, 0, 0, 1/4, 1/2, 1/2, 3/4, 1, 1, 1)。

4）圆锥面

圆锥面的 NURBS 表示可以这样构成：在一般柱面中，由控制顶点 $\boldsymbol{b}_{i,0}$及其权因子 $\omega_{i,0}$定义一条原始准线，而由控制顶点 $\boldsymbol{b}_{i,1}$及其权因子 $\omega_{i,1}$定义另一条准线，它是由原始准线平移得到的。在构成圆锥面时，使圆柱面的原始准线圆与圆锥面的底圆重合，又使圆柱面与圆锥面等高。将定义圆柱面另一准线圆的控制顶点缩到所在圆心一点，权因子不变。u 和 w 方向的节点向量与一般柱面相同，这样就定义了 NURBS 圆锥面。

5）旋转面

定义一张旋转面最方便的方法是先在某个坐标平面(如 xOz 平面）内定义一条母线，然后将它绕其中一个坐标轴(如 z 轴)旋转一周，则得整旋转面。若旋转不到一周，则得部分旋转面。

设母线为一条 l 阶 NURBS 曲线，其控制顶点和权因子分别为 $\boldsymbol{b}_{0,j}$和 $\omega_{0,j}$ $(j=0, 1, \cdots, n)$，节点向量为$(t_0, t_1, \cdots, t_{n+l})$，则曲线方程为

$$C(w) = \sum_{j=0}^{n} R_{j,l}(w) \boldsymbol{b}_{0,j}$$

把此母线方程与定义整圆的二次 NURBS 方程结合起来，就得到整旋转面的方程

$$P(u, w) = \sum_{i=0}^{6} \sum_{j=0}^{n} R_{i,3;j,l}(u, w) \boldsymbol{b}_{i,j}$$

控制顶点 $\boldsymbol{b}_{i,j}$按如下方法确定：固定 j，得到母线的一个控制顶点 $\boldsymbol{b}_{0,j}$，该顶点绕轴旋转一周得到一个整圆。用整圆的 7 个顶点 NURBS 表示形式定义该整圆的控制顶点，就得到旋

转面的控制顶点 $\boldsymbol{b}_{i,j}(i=0, 1, \cdots, 6)$。当 j 从 0 变化到 n 时，便可得到定义旋转面的全部控制顶点 $\boldsymbol{b}_{i,j}(i=0, 1, \cdots, 6; j=0, 1, \cdots, n)$。权因子 $\omega_{i,j}$ 确定如下：

$$\omega_{i,j}=\begin{cases}\omega_{0,j} & (i=0, 3, 6)\\ \dfrac{1}{2}\omega_{0,j} & (i=1, 2, 4, 5)\end{cases}$$

整球面和圆环面是旋转面的特例，其母线分别为半圆和整圆，母线的控制顶点和权因子可按半圆和整圆的 NURBS 表示进行。半圆的 NURBS 表示由四个控制顶点定义，它们位于三边与半圆相切且第四边为直径的矩形的四个角点处，从直径端点开始依次为第 1、2、3、4 顶点，与顶点相应的权因子分别为 1、1/2、1/2、1，节点向量为(0，0，0，1/2，1，1，1)。

习　题　5

1. 曲线的切矢、主法矢、副法矢之间有何关系？曲率、挠率与其有何关系？

2. 曲面的法矢如何求取？

3. 构造自由曲线、曲面的数学方法主要有哪些？

4. 参数连续性与几何连续性有何区别？写出曲线、曲面几何连续性的条件并解释。

5. 插值与逼近有何区别？试给出几种插值曲线及曲面、逼近曲线及曲面的名称。

6. 什么是样条曲线、样条曲面？

7. 型值点处切矢量的方向和大小对曲线形状的控制有何几何意义？

8. 过图 5.51 中型值点形成封闭的 Cardinal 样条曲线，设张力参数 $u=-1$(即 $s=1$)，试勾画出曲线并标出每个型值点处的切矢量方向。

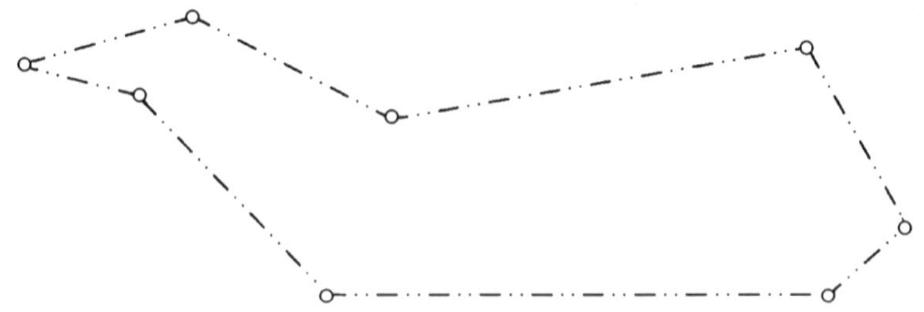

图 5.51　第 8 题图

9. 三次参数样条曲线与 Cardinal 样条曲线各有什么优缺点？

10. 已知特征多边形 $\boldsymbol{b}_0\boldsymbol{b}_1\boldsymbol{b}_2\boldsymbol{b}_3\boldsymbol{b}_4$，试大致绘出图 5.52 中 Bézier 曲线的形状，要求标出参数为 0.5 的点。

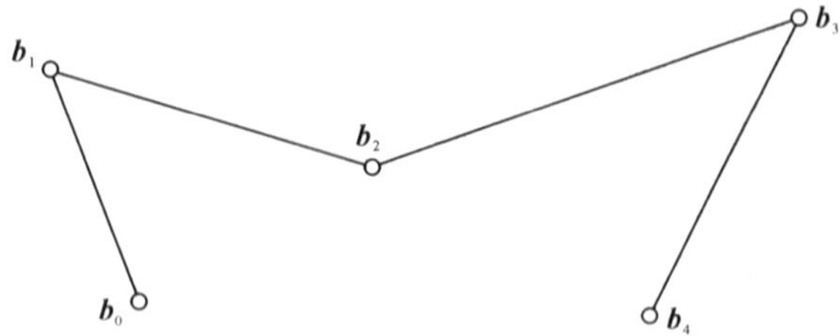

图 5.52　第 10 题图

11. 试构造一条插值平面上三个型值点 $\boldsymbol{P}_i$（$i=0$，1，2）的二次 Bézier 曲线，求出该 Bézier 曲线的控制顶点，并画出曲线及特征多边形示意图。

12. B 样条曲线有何性质？其顶点个数、曲线次数与曲线段数之间有什么关系？

13. 构造三次 B 样条曲线时，请分别写出满足以下要求的处理办法：

(1) 样条曲线通过起始和终止顶点；

(2) 要求曲线是封闭的。

14. 如图 5.53 所示，取正方形四个顶点作为特征多边形顶点，分别绘出采用二次 B 样条曲线、三次 B 样条曲线得到的光滑封闭曲线形状示意图。要求保留作图辅助线，并标出特征边形顶点编号及各曲线段端点的切线方向。

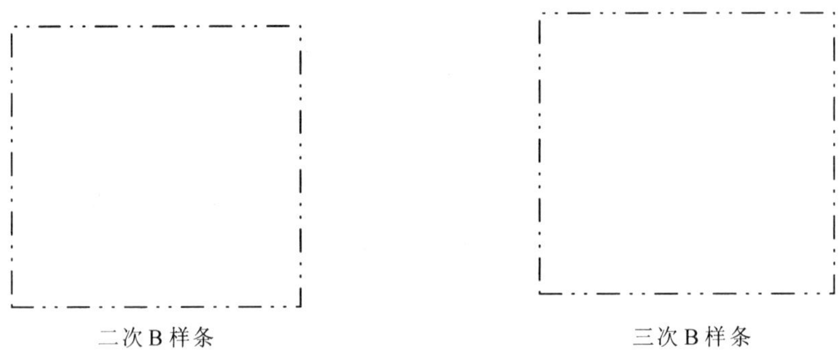

图 5.53　第 14 题图

15. 根据图 5.54 的特征多边形，勾画出三次 B 样条曲线的大致形状。

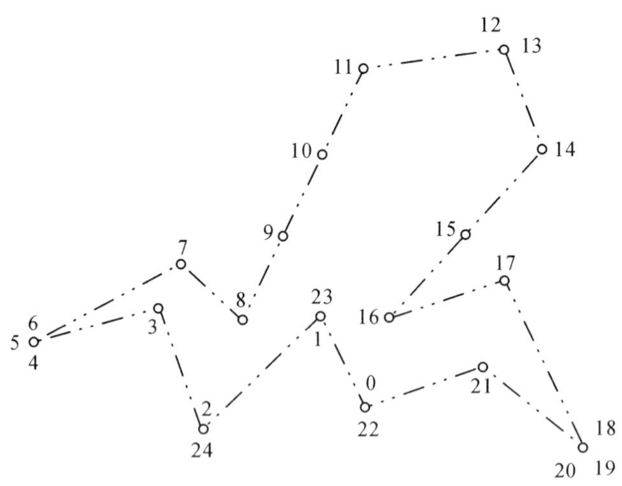

图 5.54　第 15 题图

16. 用 C++ 程序和 OpenGL 分别编程绘制图 5.55，其中图(a)用三次 Bézier 曲线绘制，图(b)用三次 B 样条曲线绘制。

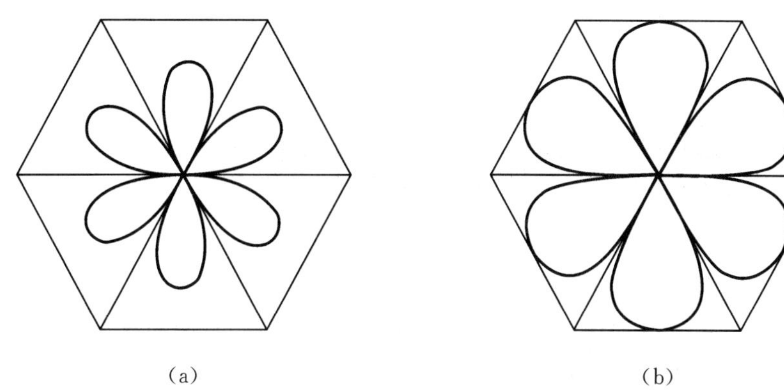

图 5.55　第 16 题图

17. 编写用三次 B 样条曲线绘制图 5.56 所示叶片型线的 C++程序。

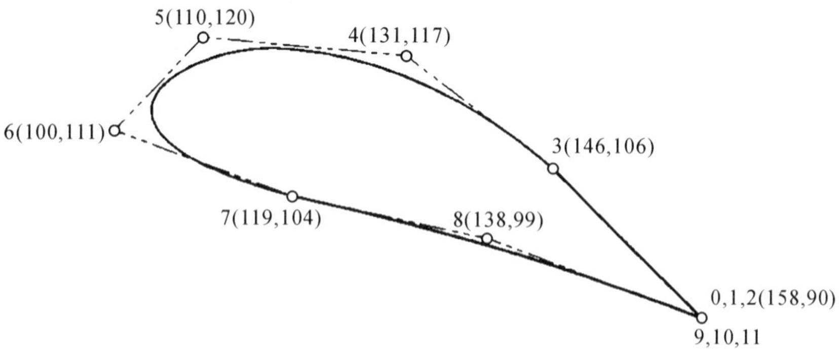

图 5.56　第 17 题图

18. 曲线、曲面的反算有何用途？

19. 什么是张量积曲面？试给出几种张量积曲面的名称。

20. 若用 10×7 的控制网格构造双三次 B 样条曲面，则该张曲面包含多少个曲面片？

21. Coons 曲面有何用途？试比较 Coons 曲面与插值 Bézier 曲面、插值 B 样条曲面的优缺点。

22. 形成简单 Coons 曲面的已知条件是什么？能否用三条相连的边界曲线形成双线性 Coons 曲面？

23. 试述双线性 Bézier 曲面与双线性 Coons 曲面的异同。

24. 一般 B 样条曲线的节点数与顶点数、曲线阶数有何关系？节点向量有何作用？

25. 什么是准均匀 B 样条曲线？它的突出特点是什么？

26. 若控制点数为 12，写出三次准均匀 B 样条曲线的节点向量，该样条曲线的哪些段与三次均匀 B 样条具有相同的基函数？

27. 二次和三次准均匀 B 样条曲线与相应的均匀 B 样条曲线有何区别？

28. 什么是 NURBS？它有什么优点？权因子值大小对曲线、曲面形状有何影响？

第6章　几何造型

通过对点、线、面、体等图形元素进行几何变换、拓扑变换及并、交、差等布尔运算，在计算机内表示、构造三维形体的技术，称为几何造型。它是计算机图形学的一个标志性内容，是CAD、CAM、CAE、3D打印建模和其他计算机辅助制作的关键技术。

几何造型包括曲面造型、实体造型和特征造型。曲面造型涉及到的基础内容(如自由曲线和曲面的表示、拼接、插值等)我们已经讨论过；实体造型就是体素(如长方体、棱柱、圆柱、圆锥、圆球等基本几何体)通过布尔运算生成复杂物体的技术；特征造型是实体造型的发展与扩充，它克服了实体造型的几何形状与加工没有必然的联系的缺点，通过特征造型得到的物体能自动地为设计、分析及制造所接受，从而真正实现CAD/CAM的一体化。特征造型中的特征有形状特征、公差特征、材料特征、功能特征以及装配特征。基于形状特征的实体造型即特征实体造型是特征造型的一个主要研究方向。在特征实体造型中，代表形状特征的特征体素作为实体模型的输入体素，代替了以锥、柱、球、环、立方体等为基本体素的输入方式。特征体素是一基本几何形状，与加工单元相对应，如圆柱可对应于钻孔、长方体可对应于铣削等，它能容易地被设计和制造所接收和应用，特征造型是很有发展前途的应用领域。MBD(Model Based Definition，基于模型的工程定义)技术是全数字化模型技术，将几何形状、尺寸、公差及技术要求集成为一体，可取代二维零件图，是目前CAD/CAM研究和应用的热点。BIM(Building Information Modeling，建筑信息模型)是一个建筑的全生命周期模型，包括建筑物、各种管道、线路设计及施工、维护，并给出工程预算，是建筑领域最新且应用广泛的技术。

几何造型技术诞生于20世纪60年代，历经四五十年的发展，曲面造型和实体造型技术已很成熟，已广泛用于制造行业、工业设计和影视娱乐行业。几何造型实现的载体是软件，包括各种造型系统，如著名的有北海道大学冲野教郎(Norio Okino)教授主持研制的TIPS系统(采用半空间造型法)、剑桥大学布雷德博士(I. C. Braid)最初主持研制的BUILD系统(采用体素布尔运算、局部造型与欧拉操作)、美国罗切斯特大学沃尔克(H. B. Voelcher)教授主持研制的PADL系统(采用CSG法)、英国Shape Data公司的Parasolid(BUILD升级版)、美国Spatial Technology公司的ACIS、内嵌造型功能的CAD/CAM软件(如Pro/E(Creo)、I-DEAS、MDT、UG、SolidEdge、Solidworks、AutoCAD等)、三维动画制作软件(如3DS Max、Maya等)。值得一提的是，目前许多流行的商用CAD/CAM软件，如Unigraphics(UG)、Solidedge、Solidworks、MDT、AutoCAD等，都是基于Parasolid或ACIS开发的。ACIS是三位技术核心人员的名字Alan Grayer、Charles Lang、I. C. Braid和Solid的首字母。它的特点是采用边界表示(B-Rep)形式和面向对象的数据结构，用C++编程，允许线框、曲面、实体任意灵活组合使用，即形成非正则造型，支持NURBS曲面。

几何造型一般是指实体造型。本章主要介绍实体造型。

课程思政：

对计算机图形处理而言，图形仅为表象，其本质是数据，必须把形数结合起来研究图形处理。数据信息及数据结构是图形处理成败的关键。通过形数结合，引导学生学会现象与本质统一的哲学思维方法。

三维布尔运算是三维建模引擎的核心，是关键、卡脖子技术，目前被发达国家垄断，学生应不满足或迷惑于随手可使用的国外商用软件，要有危机意识，要有责任担当，要努力从事三维建模研究，攻坚克难、科技报国。

6.1 几何造型基础

6.1.1 物体的几何信息和拓扑信息

自然界中的物体分为规则物体和不规则物体。规则物体可以用参数描述，如平面立体、规则曲面体和自由曲面体等；不规则物体如山脉、地形、树木、花草、烟、云、火焰等，不规则物体要通过一定的算法迭代生成(即动态生成)，它没有明显的形状参数。在图形系统中，由于曲面可以用平面片逼近，故规则物体最终可以用平面立体来表示。这里的几何信息和拓扑信息是针对规则物体而言的。

1. 几何信息

几何信息一般指形体几何元素的性质(如点、直线、曲线、平面、曲面)和度量关系的描述(如形状、位置、大小、方向信息)，常用几何元素的数学表示和边界条件来定义。点、直线、平面、规则曲线、规则曲面都有确定的数学表示或数学表达式，而对于拟合曲线和拟合曲面，其数学表示常采用 Coons、Bézier、B 样条、NURBS 等方法。

例如，对于多面体，其几何信息可用顶点、边和面三个几何元素来定义，如表 6.1 所示。

表 6.1 多面体的几何元素定义

几何元素	数学表示	边界条件
顶点	(x, y, z)	—
边	$\frac{x-x_1}{l}=\frac{y-y_1}{m}=\frac{z-z_1}{n}$	端点(x_1, y_1, z_1) (x_2, y_2, z_2)
面	$ax+by+cz+d=0$	由边围成的三角形或多边形

多面体几何元素点、边、面之间有一定关系，如图 6.1 所示。这些几何元素可以相互导出，它是几何造型中集合运算的基础。

只用几何信息来表示物体是不充分的，常常会出现物体表示上的不确定性(或称为二

义性)。如用5个顶点可定义两种不同的多面体，如图6.2所示。可见，要表示一个确定的物体，除了几何信息外，还需要提供几何元素之间的连接关系(即拓扑信息)。

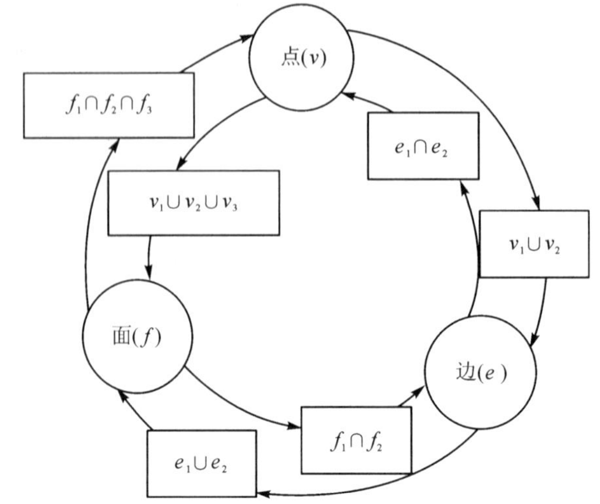

图6.1　多面体几何元素间的相互关系

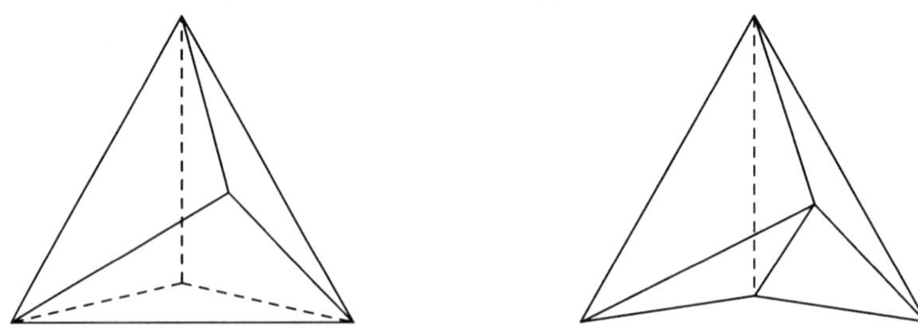

图6.2　五个顶点定义两种不同的多面体

2. 拓扑信息

拓扑信息是指形体几何元素之间的连接关系、邻近关系及边界关系，它形成物体边界表示的骨架。拓扑信息指明了一个形体由哪些面组成，每个面上有几个环，每个环由哪些边组成，每条边又由哪些顶点定义等。

多面体的点、边、面几何元素之间一共有9种拓扑关系，如图6.3所示。其中，在面相邻性中，一个面的邻面是指具有公共边的面，而具有公共顶点的面不是邻面。在边相邻性中，一个边的邻边是指同处物体一个面上的边。

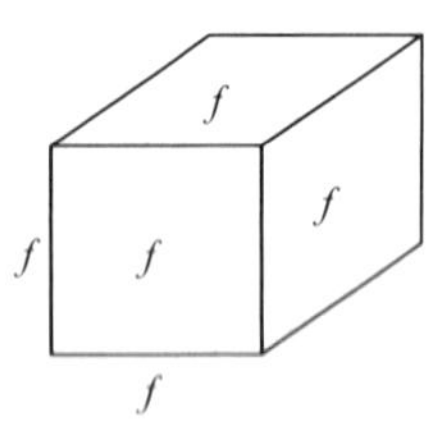

(a) 面相邻性 f：{f}

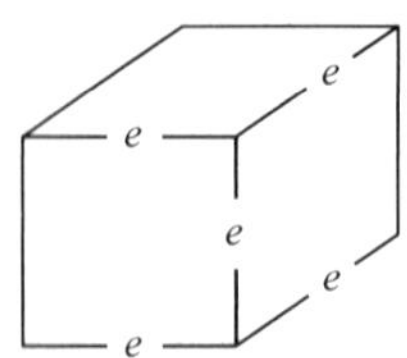

(b) 边相邻性 e：{e}

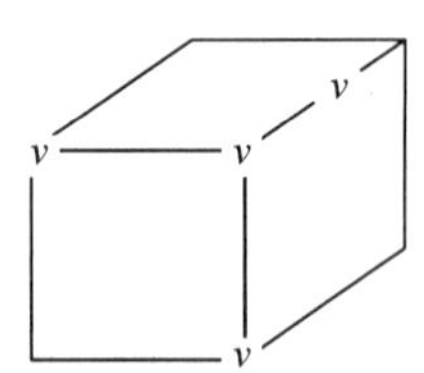

(c) 顶点相邻性 v：{v}

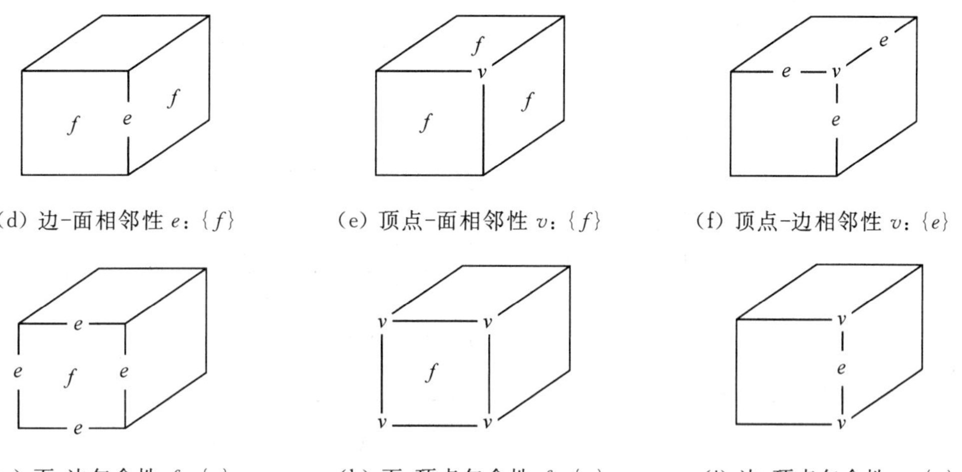

图 6.3 多面体各几何元素之间的拓扑关系

这 9 种拓扑关系可相互转换，转换方法如图 6.1 所示。从理论上说只要存储一种拓扑关系就可以了，但实际的实体造型往往同时需要几种拓扑关系，因为从一种拓扑关系导出另一种拓扑关系常常要花费较大的代价。面-边包含性、边-顶点包含性、面相邻性是实体造型中重要的拓扑信息。由于存储的拓扑关系不同，从而形成了实体造型中不同的图形数据结构(见 6.2 节)。

6.1.2 三维形体的表示形式

在计算机内，三维形体用一定的模型来表示。模型分为数据模型和过程模型两大类。完全以几何数据描述规则形体的建模方法称为数据模型，如常用的线框模型、表面模型和实体模型。以过程和控制参数描述不规则形体的建模方法称为过程模型，如分形布朗运动模型、迭代函数系统、L 系统、粒子系统等。数据模型是一个静态模型，而过程模型必须动态生成。过程模型在最后一章介绍，这里介绍线框模型、表面模型和实体模型。

1. 线框模型

线框模型由顶点表示几何位置，相邻顶点连线构成棱边表示几何形状特征。它将物体看成三维线段的集合，即用物体轮廓边来描述物体的几何形状。对平面立体来说，物体可以由这些轮廓线直接构成，如对长方体，用 12 条棱边表示；对于曲面物体，可以用一些线框来围成，图 6.4 为圆柱体的线框表示(2 个底面圆和若干条素线)。

线框模型在建模时只存储物体的顶点和边的信息，由于缺乏面和体的信息，因此用它来表示三维对象时会产生多义性，如图 6.5 所示。另外，这种方法不能处理求表面交线、消除隐藏线、干涉检测、计算物体重量与惯性矩等物性参数，也不能用于数控加工，因而它的应用范围受到限制。但是这种方法定义形体简单，数据结构简单且数据量少，处理方便，而且线框模型经常可作为表面模型建模的基础，尤其当模型中有曲面时，如蒙面建模。目前线框模型在图形系统、CAD 软件中仍有应用。

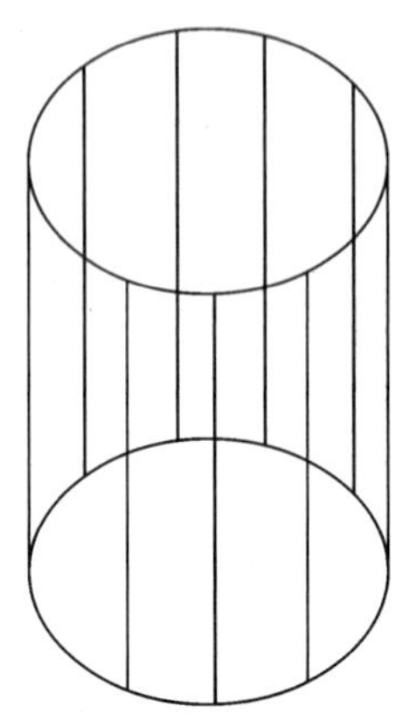

图 6.4 圆柱体的线框表示

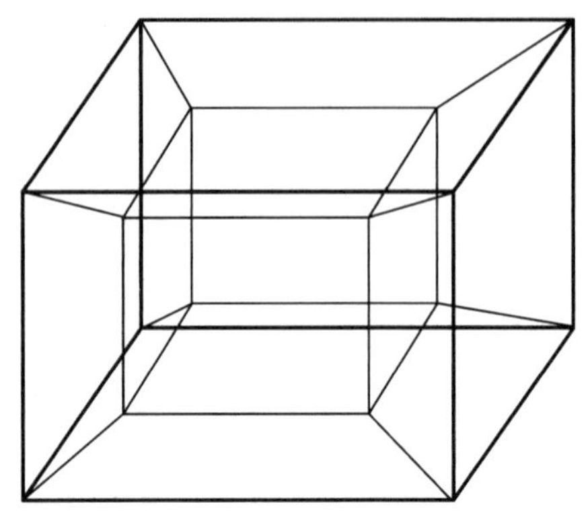

图 6.5 用线框模型表示的有多义性的物体

2. 表面模型

表面模型在线框模型的基础上增加了物体中面的信息，用面的集合来表示物体。例如，长方体可用 6 个矩形平面表示。表面模型中的表面可以是平面、规则曲面(如圆柱面、圆锥面、圆球面、旋转曲面、直纹曲面、扫移曲面等)和自由曲面等。

表面模型在建模时存储物体的面、环、边和顶点信息，完整地定义了形体的边界，其表示物体具有确定性。用表面模型表示的物体可以满足面面求交、线面消隐、明暗处理、数控加工等应用需要。但在该模型中，只有一张张面的信息，物体究竟存在于表面的哪一侧，并没有给出明确的定义，故不能由表面模型自动求物体体积、重量、惯性矩等重要物性参数及剖面。表面模型在形体的表示上仍然缺乏完整性。

3. 实体模型

实体模型在表面模型的基础上，对物体实体(即有材料的部分)存在的一侧给出明确的定义。一般规定实体表面外环边的走向为逆时针方向，以相邻边矢量叉乘决定该面的外法线矢量方向，实体存在于该面外法线矢量方向相反的一侧，这一侧即实体存在的半空间，如图 6.6 所示。若干半空间的交集为所描述的实体。用此方法还可检查形体的拓扑一致性，拓扑合法的形体在相邻两个面的公共边界上，棱边的方向正好相反。

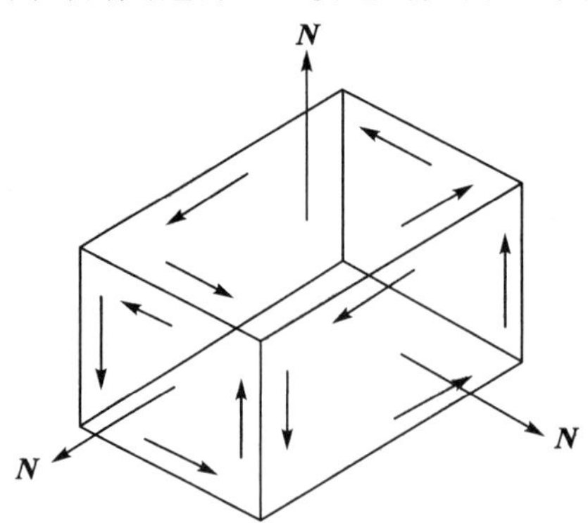

图 6.6 实体表面外法矢方向的决定

用实体模型建模的物体可以进行立体截切、实体造型(即体素经布尔运算形成组合体)、模型局部处理(如切角、倒圆角、抽壳等)、消隐、数控加工等，还可以求其质量、惯性矩等重要物性参数及剖面。实体模型表示物体的信息是几何完备的。

6.1.3　正则形体与欧拉公式

1. 正则形体与非正则形体

如前所述，对于任意形体，如果它是三维欧氏空间中的非空有界的封闭子集，则其上任意一点的足够小的邻域在拓扑上必须是一个等价的封闭圆，即该点的邻域展开在二维空间中是一个单连通域，满足这种定义的形体称为正则形体(也称为流形物体)，否则为非正则形体(即非流形物体)，如图 6.7 所示。只有正则形体才能保证几何造型的可靠性和可加工性。

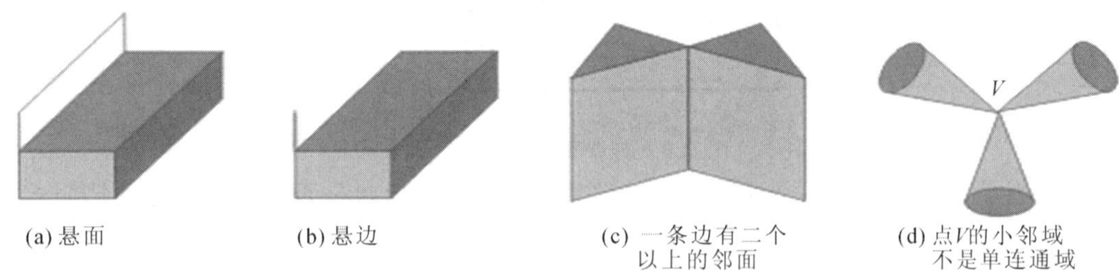

图 6.7　非正则形体

正则形体的几何特征如下：

(1) 点至少与三个面(或三条边)邻接，不允许存在孤立点；

(2) 边只有两个邻面，不允许存在悬边；

(3) 面是形体表面的一部分，不允许存在悬面；

(4) 不存在点接触或边接触的悬体。

2. 欧拉公式

在实体造型中，为保证造型过程中每一步所产生的形体的拓扑关系都是正确的，需要用欧拉公式进行检验，欧拉公式为

$$v-e+f=2 \tag{6-1}$$

其中：v 为顶点数，e 为棱边数，f 为面数。例如，长方体的顶点数 $v=8$，棱边数 $e=12$，表面数 $f=6$，则 $v-e+f=8-12+6=2$ 成立。

空间网格划分属于多面体分割。如果把三维空间中的一个多面体分割成 s 个多面体，则其顶点数、边数、面数和多面体数的欧拉公式将变为

$$v-e+f-s=1 \tag{6-2}$$

图 6.8 的物体满足式(6-2)，其中 $s=6$，$v=9$，$e=20$，$f=18$，则

$$v-e+f-s=9-20+18-6=1$$

式(6-1)仅适用于简单的多面体及拓扑同构形体，当多面体上有通孔及面上有内环时，上述关系不成立。在几何造型中需要采取修改后的欧拉公式(即广义欧拉公式)：

$$v-e+f-r+2h-2s=0 \tag{6-3}$$

其中：r 是内环数，h 是通孔数，s 是不连接的形体个数(即多面体的个数)。

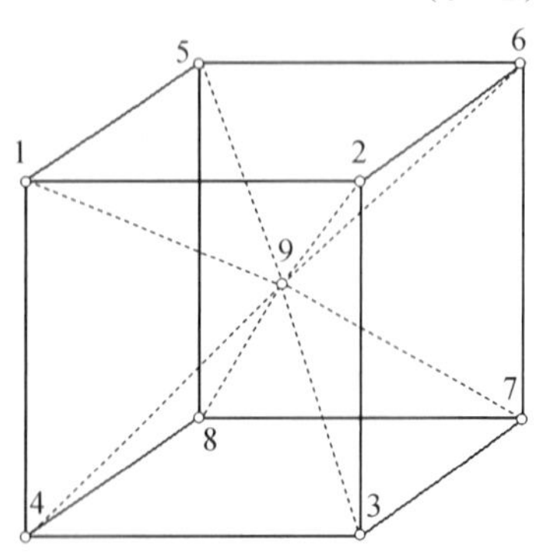

图 6.8　空间分割的物体

验证图 6.9 所示的物体，$v=24$，$e=36$，$f=15$，$r=3$，$h=1$，$s=1$，则有

$$v-e+f-r+2h-2s=24-36+15-3+2\times1-2\times1=0$$

满足广义欧拉公式。

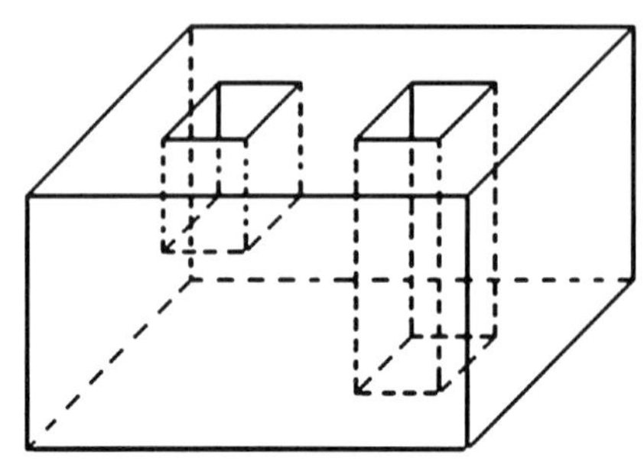

图 6.9　符合欧拉公式的形体

值得注意的是，检验一个形体的拓扑关系是否正确、形状是否合理，符合欧拉公式只是必要条件，而不是充分条件。

6.1.4　实体造型中的体素

在几何造型系统中，复杂物体的形状都是由体素经过布尔运算逐步得到的。体素是实体造型的基础。实体造型中的体素可分为基本体素和扩展体素。基本体素一般指人们熟知的长方体、楔形体、圆柱体、圆锥体、圆球体和圆环体等简单形体。扩展体素是指由一个二维图形沿某轴移动或绕某轴转动形成的构造体。二维图形沿某轴移动(移动时截面可以变化)形成的体素称为拉伸体素，如图 6.10 所示。二维图形绕某轴转动形成的体素称为旋转体素，如图 6.11 所示。

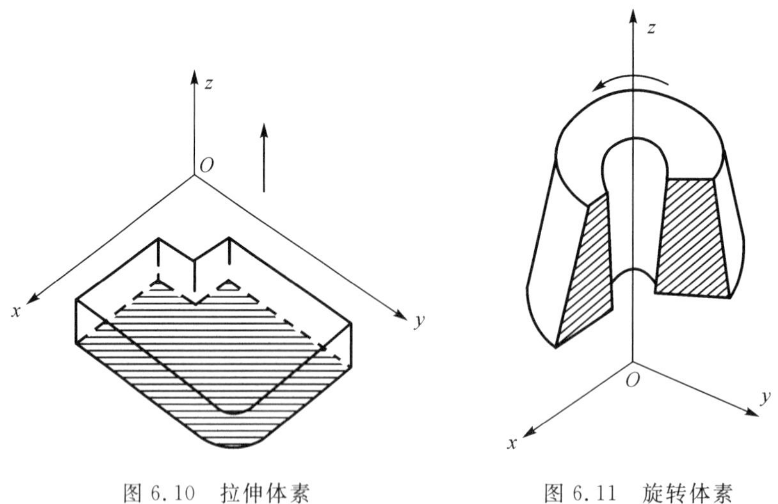

图 6.10　拉伸体素　　　图 6.11　旋转体素

体素可以用含顶点、边、面几何元素的边界形式表示(B-Rep)，也可以用下述半空间的集合表示。三维空间的半空间取物体表面有材料的一侧，其数学表达式为

$$S_{ij}=\{(x, y, z)\mid F(x, y, z)\geqslant 0\}$$

式中，S_{ij} 为半空间；$F(x, y, z)=0$ 为面的方程表达式。由此表达式可见，半空间是面上及面的一侧的点的集合。

体素 S_i 可用半空间的交集来描述，即

$$S_i=\bigcap_{j=1}^{m} S_{ij}$$

图 6.12 所示的长方体可定义为 6 个面的半空间的交集，即

$$S_1=S_{11}\cap S_{12}\cap S_{13}\cap S_{14}\cap S_{15}\cap S_{16}$$

也可以定义为

$$S_1=\{(x, y, z)\mid x_l\leqslant x\leqslant x_m,\ y_l\leqslant y\leqslant y_m,\ z_l\leqslant z\leqslant z_m\}$$

图 6.13 所示的圆柱体可定义为

$$S_2=\{(x, y, z)\mid R^2-(x-a)^2-(y-b)^2\geqslant 0\}\cap\{(x, y, z)\mid 0\leqslant z\leqslant H\}$$

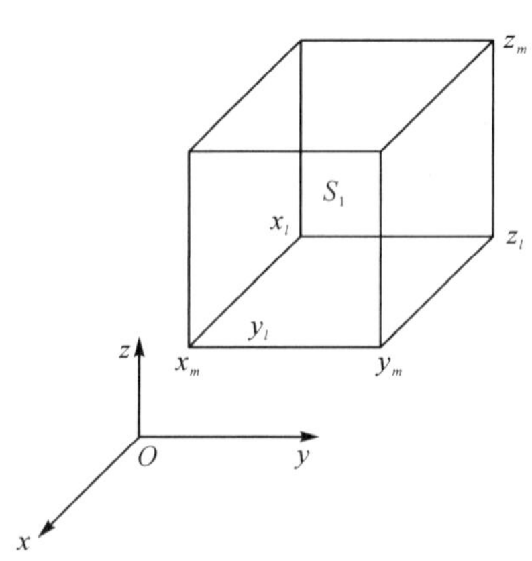

图 6.12　长方体半空间集合的描述

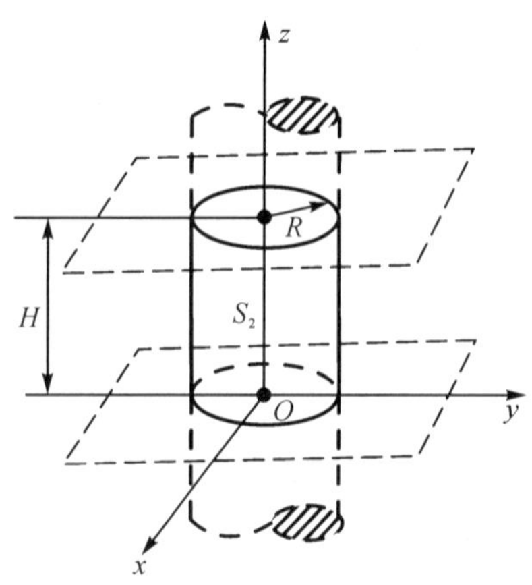

图 6.13　圆柱体半空间集合的描述

6.1.5　布尔运算与正则布尔运算

1. 普通布尔运算

(1) 并集，即逻辑相加。$A\cup B=\{P\mid P\in A \quad \text{OR} \quad P\in B\}$，如图 6.14 所示。

(2) 交集，即逻辑相乘。$A\cap B=\{P\mid P\in A \quad \text{AND} \quad P\in B\}$，如图 6.15 所示。

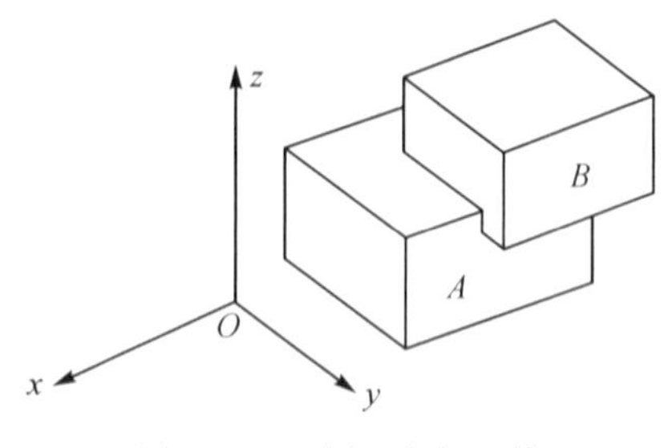

图 6.14　$A\cup B$ 布尔运算

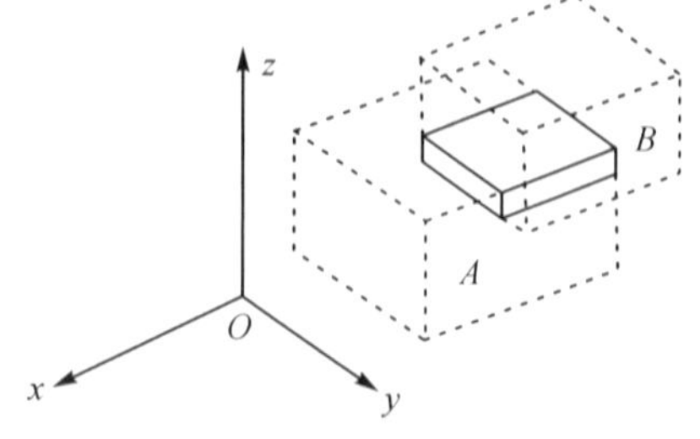

图 6.15　$A\cap B$ 布尔运算

(3) 差集，即逻辑相减。$A-B=\{P\mid P\in A \quad \text{AND} \quad P\notin B\}$，如图 6.16 所示。

(4) 补集，即逻辑非。$C(A)=\{P \mid P \notin A\}$，如图 6.17 所示。

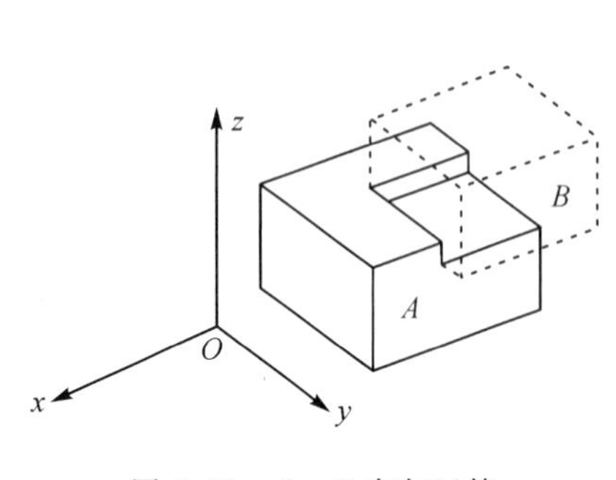

图 6.16　$A-B$ 布尔运算

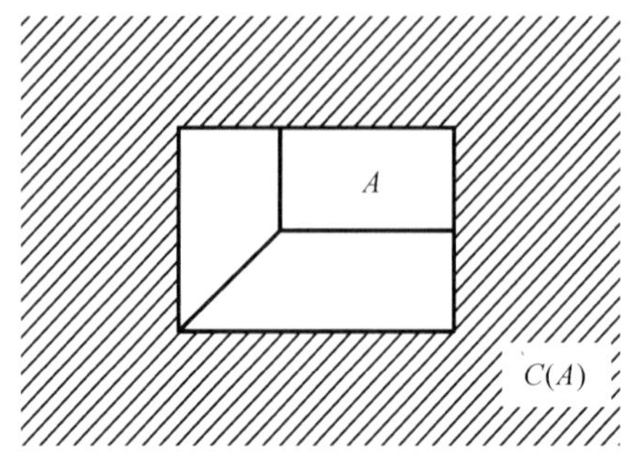

图 6.17　$C(A)$布尔运算

图 6.18 和图 6.19 是形体求交布尔运算的两个例子。由此两图可见，对形体进行普通布尔运算，有时会产生悬挂的边和面，如图 6.18(b)及图 6.19(b)所示，这是非正则集合(对应非正则物体)。为避免这种情况的发生，需要引入正则布尔运算。

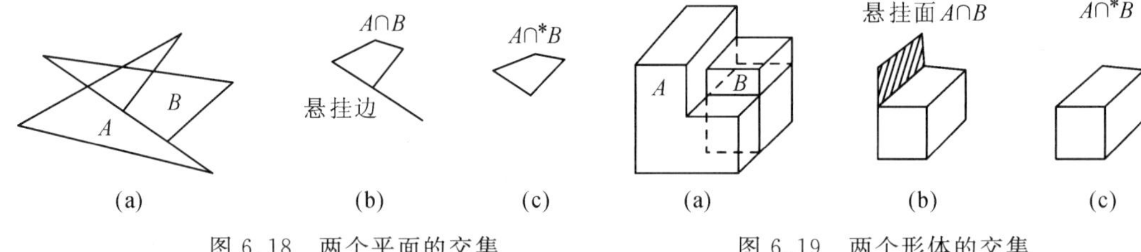

图 6.18　两个平面的交集　　　图 6.19　两个形体的交集

2. 封闭正则集合与正则布尔运算

先引入封闭正则集合的概念：

若对于形体 X，有 $X=\mathrm{Ki}X$(i、K 为算子，i 表示集合的内部，K 表示封闭)，则称形体 X 是三维欧氏空间的一个封闭正则集合，参见图 6.20 的矩形区域。

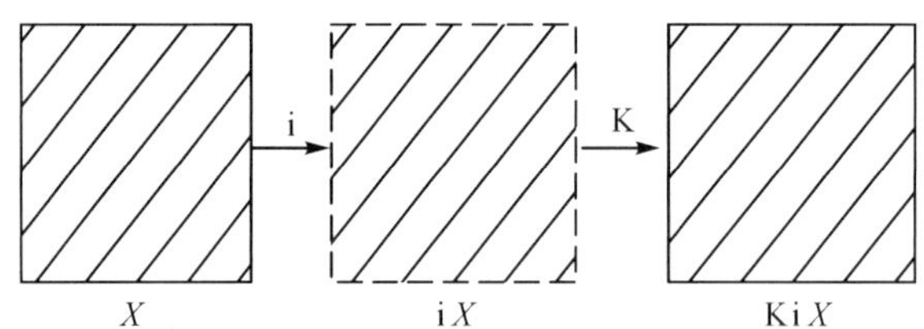

图 6.20　封闭正则集合的定义

正则布尔运算有正则并($\cup^*$)、正则交($\cap^*$)、正则差($-^*$)及正则补(C^*)，分别定义如下：

$$A\cup^* B=\mathrm{Ki}(A\cup B),\ A\cap^* B=\mathrm{Ki}(A\cap B)$$

$$A-^* B=\mathrm{Ki}(A-B),\ C^*(A)=\mathrm{Ki}C(A)$$

图 6.18(c)及图 6.19(c)表示了正则交运算的情况，由于悬挂边及悬挂面属于非封闭正则集合被剔除掉，正则布尔运算生成封闭正则集合，从而保证构造形体的三维一致性(三维齐性)。

在建模软件中，正则布尔运算是不便直接进行 Ki 操作来实现的，可在进行上述普通布尔运算后，加上消除重合面、悬挂边、悬挂面等判断处理即可实现。

6.1.6　实体模型的表示与造型方法

按照表示物体的方法进行分类，实体模型表示主要分为边界表示、分解表示和构造表示三大类。其中，分解表示是一种离散表示，又分为空间位置枚举表示、八叉树表示等；构造表示包括扫描表示、构造实体几何(CSG)表示。

实体造型的方法大致分为半空间法、几何元素分类法、降维布尔运算法、体元离散法(八叉树法)、扫描法、构造实体几何法和局部造型法。

半空间法是 TIPS 系统提出并采用的一种表示方法。该方法将体素或面素之间的操作运算最终转换为不等式方程组的求解，用堆积的小网格表示造型结果。此方法计算量大，又存在精度问题，因此未获得广泛应用。

几何元素分类法是 Muuss 和 Butler 于 1991 年提出的，该方法包含求交分割、元素分类和归并三个主要步骤。两个体(包括体素和中间体)面面求交后，根据交线位置按欧拉操作将面环进行重构，得到体新的点、边、环几何元素；接着确定一个体的点、边、环几何元素是在另一个体的内部、表面上还是外部，然后进行几何元素分类；最后根据要进行的布尔运算类型从分类结果中提取相应的点、边、环构成布尔运算结果。该方法的优点是逻辑性强、理论自成一体，缺点是复杂、不太直观，这里不做介绍。

降维布尔运算法是用一个体(包括体素和中间体)的平面去截切另一个体得到剖面，将平面多边形与剖面多边形进行二维布尔运算以得到两个体布尔运算的修改面，两个体的修改面和保留面构成三维布尔运算的结果。该方法的核心是将三维布尔运算转化为二维布尔运算，6.3 节将重点介绍此方法。

体元离散法(八叉树法)、扫描法、构造实体几何法既是物体模型的表示方法，也是造型方法，本节将予以介绍。局部造型法也在本节介绍。

1. 边界表示

边界表示(Boundary Representation)也称为 BR 表示或 B-Rep 表示，它记录了体素和每次布尔运算或局部造型后的实体边界，是几何造型中最成熟、无二义的表示法。实体的边界通常是由面的并集来表示，而每个面又由它所在曲面的数学定义加上其边界来表示；面的边界是边的并集，而边又是由点来表示的。边界表示的一个重要特点是在该表示法中，描述形体的信息包括几何信息和拓扑信息两方面。

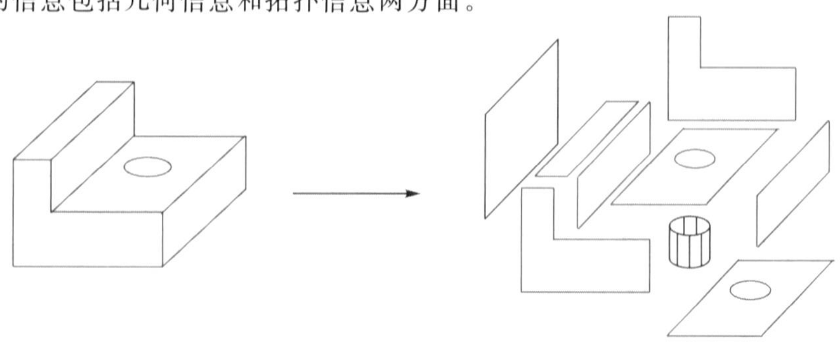

图 6.21　实体的边界表示

如图 6.21 所示，在边界表示法中，边界表示按照体—面—环—边—点的层次，详细记录了构成形体的所有几何元素的几何信息及其相互连接的拓扑关系。在进行各种运算和操作中，可以直接取得这些信息。

B-Rep 表示的优点如下：

(1) 表示形体的点、边、面等几何元素是显式表示的，使得绘制 B-Rep 表示的形体的速度较快，而且比较容易确定几何元素间的连接关系；

(2) 便于在数据结构上附加各种非几何信息，如精度、表面粗糙度等；

(3) 表示形体几何形状的覆盖面大，表示能力强。

B-Rep 表示的缺点如下：

(1) 数据结构复杂，需要大量的存储空间，维护内部数据结构的程序比较复杂；

(2) 修改形体的操作比较难以实现；

(3) B-Rep 表示不一定对应一个有效形体(如有悬挂面的形体)，通常运用欧拉操作来保证 B-Rep 表示形体的有效性、正则性等。

2. 分解表示

空间分解表示也称为空间分割表示，主要方法有空间位置枚举表示、八叉树表示等。

1) 空间位置枚举表示

首先在空间中定义一个能包含所要表示的物体的立方体，立方体的棱边分别与 x、y、z 轴平行，然后将其均匀划分为一些单位小立方体，用三维数组 $C[x][y][z]$ 表示分解后的物体，下标 x、y、z 代表的数组中的元素与单位小立方体一一对应，当 $C[x][y][z]=1$ 时，表示对应的小立方体被实体占据；当 $C[x][y][z]=0$ 时，对应的小立方体没有被实体所占据；最后由 $C[x][y][z]=1$ 的小立方体堆积起来近似表示物体，如图 6.22 所示。

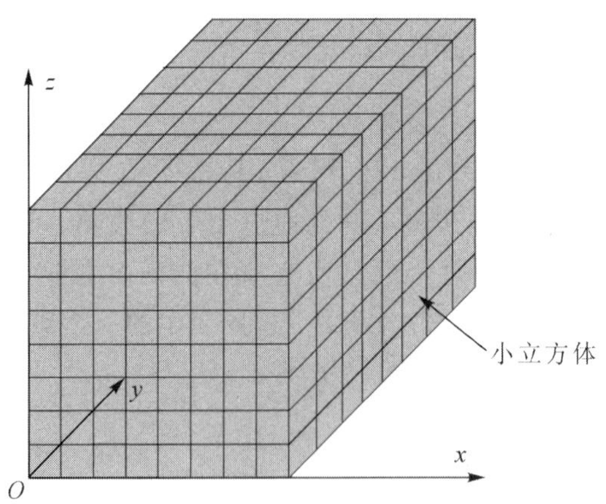

图 6.22　空间位置枚举表示

空间位置枚举表示方法的优点是可以表示任何形状的物体，容易实现物体间的布尔运算，容易计算物体的整体性质，如体积等。缺点是物体的非精确表示占用的存储空间较大，没有边界信息，不适于图形显示。

2) 八叉树表示

将物体按空间位置枚举表示法所得的包络立方体自适应划分成一些不同大小的立方

体，并将划分过程表达为一种树形层次结构，称为物体的八叉树表示。

参见图 6.23，深色部分为空间物体。八叉树表示物体的算法步骤如下：

(1) 首先对物体定义一个外接的立方体作为八叉树的根节点，将其均分为八个子立方体，分别对应八叉树的八个节点，八个子立方体按一定规则进行编号；

(2) 如果分解的立方体单元完全被物体占据，则该节点标记为 F(Full，称为黑结点)，并停止对该子立方体分解；

(3) 如果子立方体单元内没有物体，则将该节点标记为 E(Empty，称为白结点)；

(4) 如果子立方体单元部分被物体占据，则将该节点标记为 P(Partial，称为灰结点)，并对该子立方体作进一步分解，将其均分成八个更小的子立方体，对每一个子立方体进行(2)～(4)的处理，这是一个递归划分的过程。

(5) 当分割生成的每一个小立方体均被标记为 F 或 E 以后，算法结束；或者，如果标记为 P 的每个小立方体的边长小于或等于设定的结束精度长度，则这时应将其重新标记为 F 后结束算法。

物体最终由标记为 F 的若干个大小不同的子立方体表示。

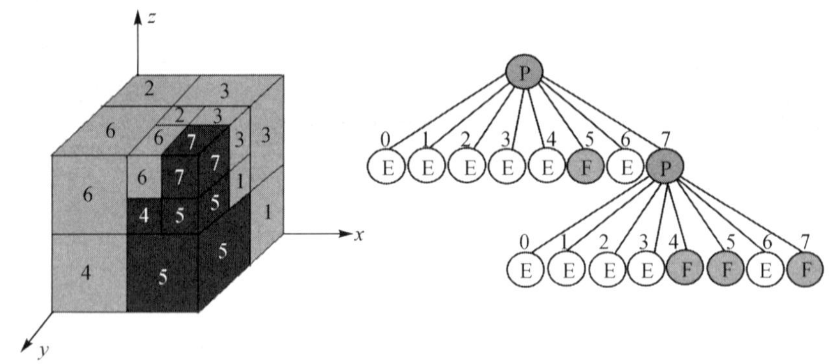

图 6.23　八叉树表示

八叉树表示方法的优点是可以表示任何物体，数据结构简单；较空间位置枚举表示法占用的存储空间少(因其立方体的个数少)，计算量小(遍历和查找快速)。其缺点是物体的非精确表示；没有边界信息，不适于图形显示。

八叉树表示方法应用较广，如物体的体积计算、物体间的布尔运算、均匀立方体网格划分、物体分层次显示、光线跟踪加速计算等。

(1) 体积计算。

将物体按需要的精度(即最小立方体边长)离散表示后，遍历表示物体的八叉树结点，计算每个 F 结点的体积，所有 F 结点的体积之和就是物体的体积。

(2) 实体布尔运算。

首先求取两个实体的共同包络立方体，其次将每个实体按共同包络立方体进行八叉树表示，并把尺寸大的结点全部按八叉树规则划分为最小尺寸的结点，称之为小结点。根据实体布尔运算的类型，从两个实体八叉树中选取相应的小结点，这些小结点堆积起来就是

实体布尔运算的结果。例如，两个实体进行交运算，则选取同时属于两个实体的小结点即可。判断小结点是否属于实体，需要将小结点立方体与实体进行包含性检测。利用实体八叉树表示进行布尔运算是早期研究的方法，现在几乎不用了。

(3) 均匀立方体网格划分。

在一些工程分析中，需要对分析对象进行均匀立方体网格划分，这只需将八叉树表示法适当改造便可做到。均匀立方体网格划分的方法为：求取分析对象的包络立方体，对包络立方体进行八叉树划分，但每次对P节和F结点都要划分，直到递归划分的小立方体(包括P结点和F结点)的边长或几何逼近精度满足要求为止，最后由八叉树的所有P和F叶子结点构成了分析对象的均匀立方体网格划分。图6.24是对某通信车进行FDTD(时域有限差分法)分析时的均匀立方体网格划分。其中，图(a)是分析对象，网格划分时的包络立方体是对包括车体和天线整个模型求取的；图(b)表示的是中间划分过程；图(c)是最终划分结果。

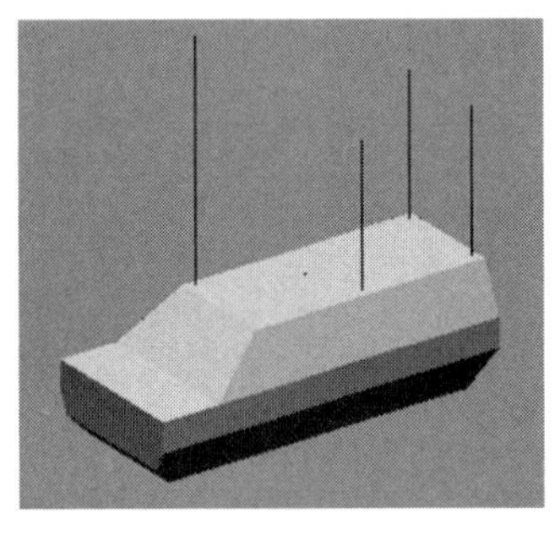

(a)

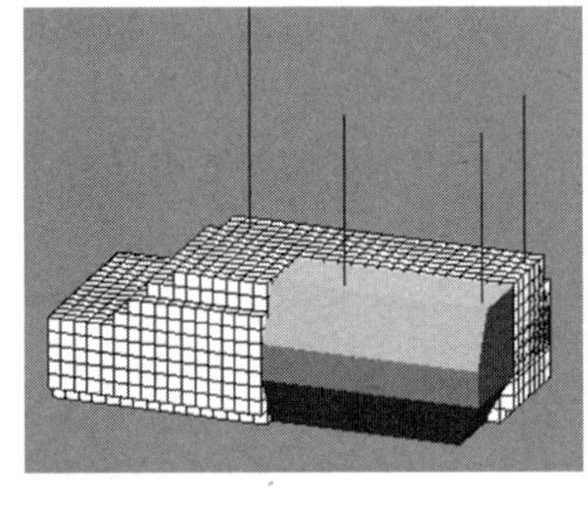

(b)

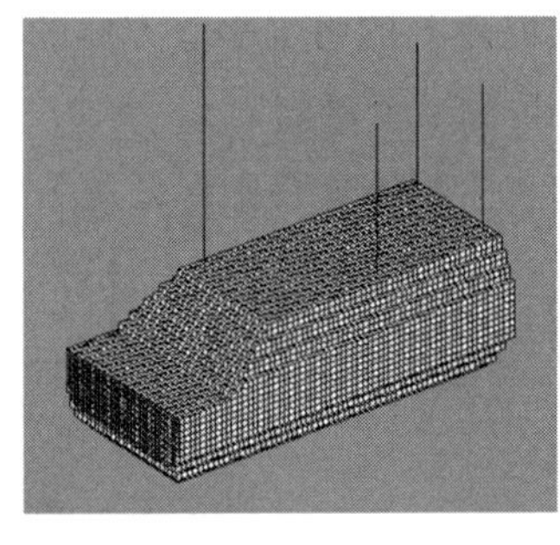

(c)

图6.24 某通信车的均匀立方体网格划分

3. 构造表示

构造表示是按照生成过程来定义形体的一种方法。构造表示有扫描表示、构造实体几何表示。

1) 扫描表示

扫描表示是一个基体(一般是一个封闭的平面轮廓)沿着一路径运动而产生形体。扫描表示需要两个分量：一个是被运动的基体，另一个是基体运动的路径。图6.25、图6.26分别为平移扫描、旋转扫描生成物体的情况。扫描是生成三维形体的有效方法，其优点是表示简单、直观，适合做图形输入手段。其缺点是不能直接获取形体的边界信息，表示形体的覆盖域非常有限。

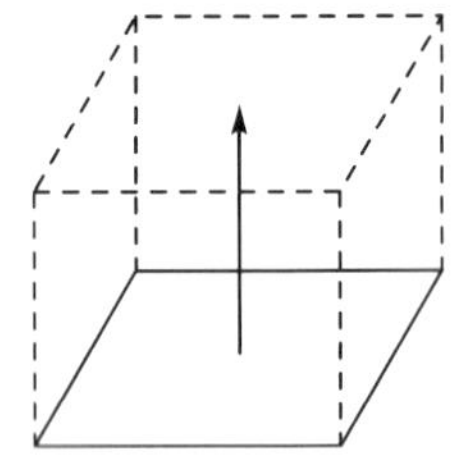
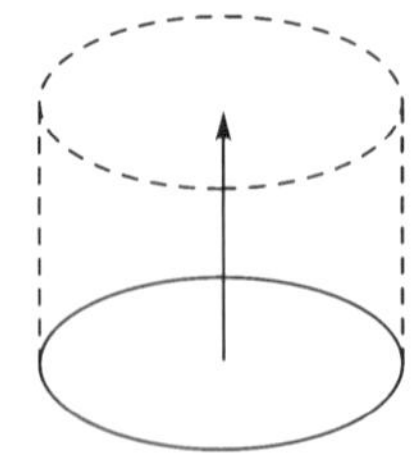
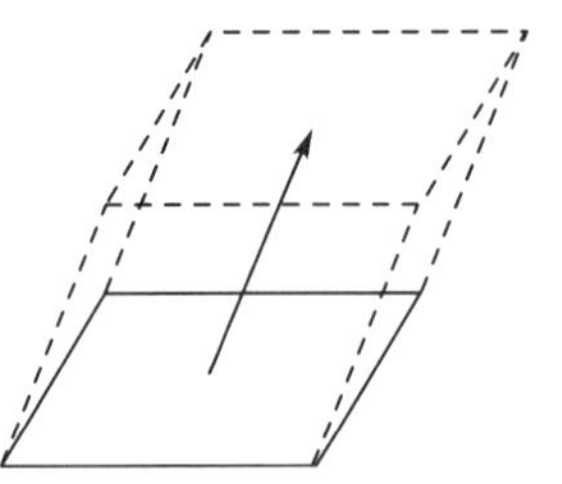
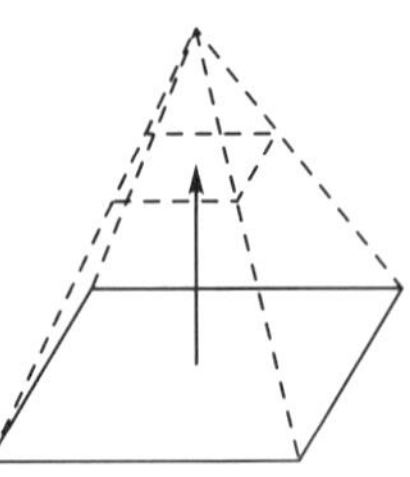

图6.25 平移扫描

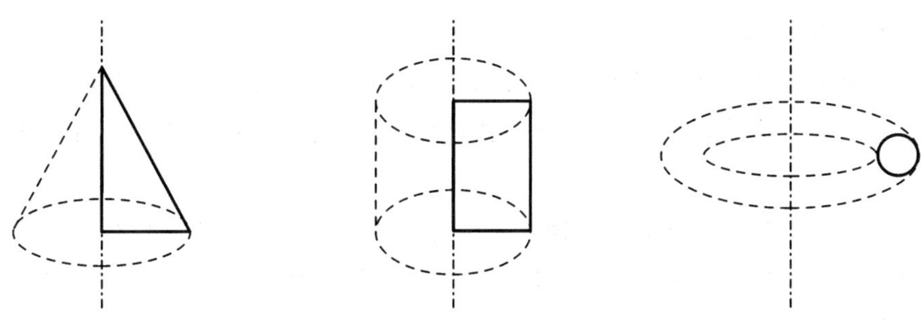

图 6.26　旋转扫描

2) 构造实体几何(Construction Solid Geometry，CSG)表示

构造实体几何 CSG 表示是体素及中间体以二叉树结构进行并、交、差布尔运算获得实体几何模型的建模方法。CSG 建模分为两步：第一步定义形状简单的体素，如立方体、棱锥体、圆柱体、圆球体等，第二步根据需要进行体素间的并、交、差布尔运算，从而组成实体几何模型。图 6.27 为 CSG 构造物体的过程。这种二叉树结构称之为 CSG 树，在一些造型系统中已得到应用。可以看出，对于同一物体，其 CSG 树不是唯一的。

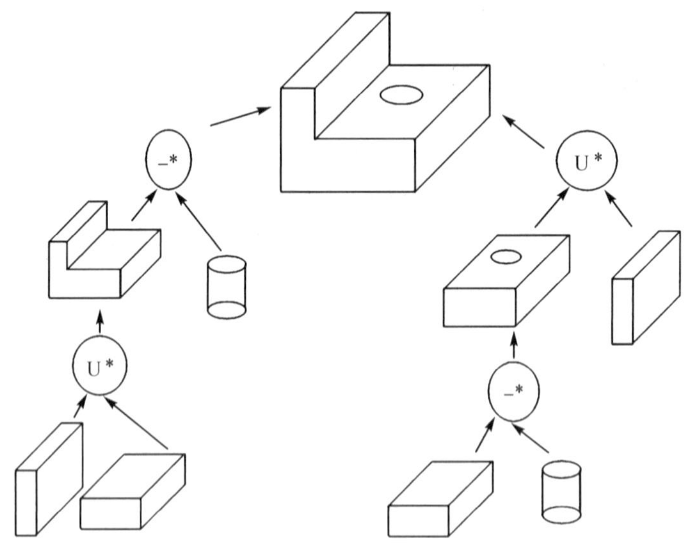

图 6.27　CSG 的树形结构

CSG 表示的优点如下：

(1) 数据结构比较简单，数据量比较小，内部数据的管理比较容易；

(2) CSG 方法表示的形体的形状比较容易修改。

CSG 表示的缺点如下：

(1) 对形体的表示受体素的种类和对体素操作的种类的限制；

(2) CSG 树只定义了它所表示物体的构造方式，既不反映物体的面、边、顶点等边界信息，也不像半空间法那样显式说明物体所占据空间的约束关系，它是表示物体的隐式模型或过程模型，故显示与绘制 CSG 表示的形体需要较长的时间进行边界表示形式的转换；

(3) 对形体的局部操作(如倒圆角、切角等)不易实现；

(4) 表示物体的 CSG 树不唯一。

CSG 表示具有构型方便、表现力强、数据结构简单等优点。但是它对构造物体几何形状的拓扑性质表示不充分，使得对物体形状的处理要进行大量的工作，因而它的应用受到一些限制。

以上几种实体造型方法各有其优缺点，在造型系统中一般不单独使用一种方法，而是采用几种方法混合使用的方式，以发挥各自的长处。目前在一些系统中应用的混合方法主要有以下几种：

(1) 构造实体几何方法(CSG)和边界表示方法(B-Rep)的混合使用，如图 6.28 所示，其中的 CSG 运算就是布尔运算。

(2) 构造实体几何方法(CSG)、扫描方法和边界表示方法(B-Rep)的混合使用。通过扫描方法可得到扫移、旋转等扩展体素，将其加入构造实体几何方法中可提高生成形体的几何形状覆盖面。

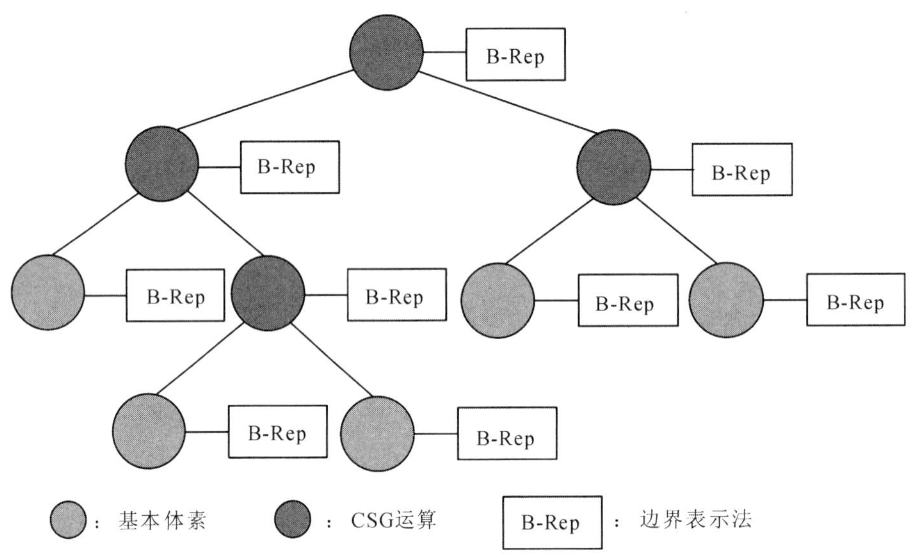

图 6.28　CSG 与 B-Rep 的混合方法

6.1.7　局部造型与欧拉操作

对物体做局部形状改变(如倒角、倒圆角、面拉伸等)称为局部造型。局部造型可利用欧拉操作实现，BUILD 系统最早采用了欧拉操作。目前的造型系统中几乎都提供了局部造型的功能。

增加或者删除面、边和顶点以生成新的物体的过程称为欧拉操作(运算)。欧拉操作的依据就是欧拉公式。

1. 欧拉操作

最为常用的几种欧拉操作有：

(1) 产生一条边和一个环(MEL)。

(2) 删除一条边和一个环(KEL)。

(3) 产生一个顶点及一条边(MVE)。

(4) 删除一个顶点及一条边(KVE)。

(5) 产生一条边及一个点(MEV)。

(6) 删除一条边及一个点(KEV)。

(7) 将子环变成父环(KCLMPL)。

(8) 将父环变成子环(KPLMCL)。

(9) 产生一条边、删除一个环(MEKL)。

(10) 删除一条边、产生一个环(KEML)。

(11) 产生一个点和一条零长度的边(MVZE)。

(12) 删除一个点和一条零长度的边(KVZE)。

以上十二种操作，每两个一组，构成了六组互为可逆的操作。可以证明：① 欧拉操作是有效的，即用欧拉操作对形体操作的结果在物理上是可实现的；② 欧拉操作是完备的，即任何形体都可用有限步骤的欧拉操作构造出来。

以上欧拉操作仅适用于正则形体。对于非正则形体，虽然它已不再满足欧拉公式，但是欧拉操作对形体点、边、面、体几何元素做局部修改的原理仍然适用。

2. 欧拉操作用于局部造型

可用一棵树来描述欧拉操作造型的过程。如图6.29所示，设A_0为一空体，是树根。如果A_{11}是被输入的长方体体素，则用上述欧拉操作生成不同形体的过程如下：

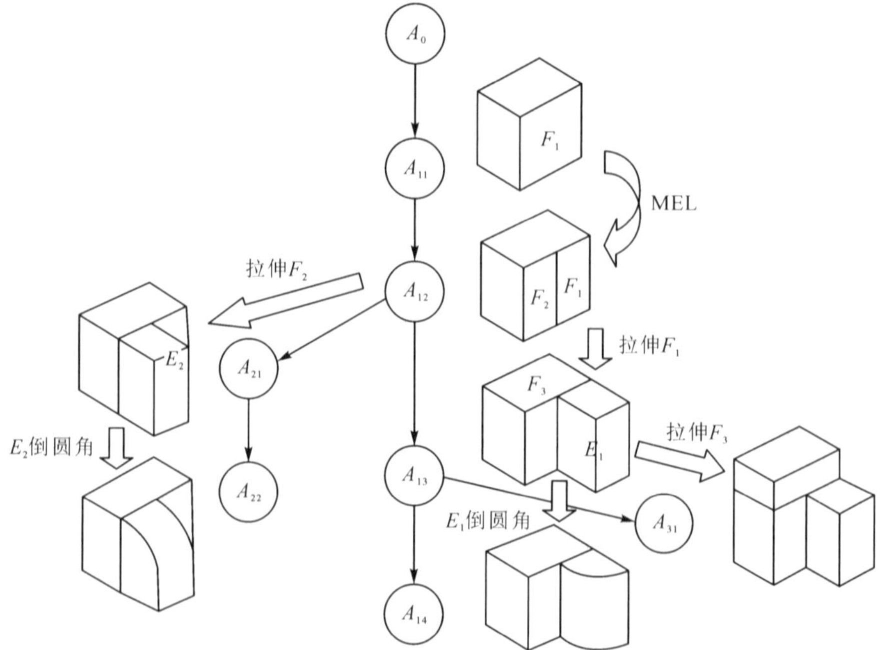

图6.29 欧拉操作造型过程

(1) 通过 MEL 操作将环 F_1 分成两个环 F_1 和 F_2，生成的形体为 A_{12}。

(2) 对 F_1 进行拉伸操作产生形体 A_{13}，对 A_{13} 中的边 E_1 倒圆角，所产生的形体为 A_{14}。

(3) 如果在 F_1 和 F_2 中选 F_2 进行拉伸操作，则产生 A_{21} 形体，如果接着对 A_{21} 形体的 E_2 边进行倒圆角，所产生的形体为 A_{22}。

(4) 如果对 A_{13} 形体的 F_3 环进行拉伸，则产生形体 A_{31}。

通过对形体的各部分进行拉伸、倒角、倒圆角和切割，可产生各种不同的形体，而这些操作都可以用前面介绍的 12 种基本欧拉操作的组合来完成。

局部造型得到的体 A_{13}、A_{14}、A_{31}、A_{21}、A_{22} 面上多余的边进行 KEL 操作可去除，从而形成正则形体。

6.2 实体造型中的数据结构

实体造型中的数据包括原始的体素数据、中间运算数据和造型结果数据。对这些数据正确、方便地组织和管理成为造型成败的关键，而数据结构是保障造型的必须手段。所谓数据结构就是在计算机内存放数据及其关系的一种机制。数据结构有多种，如线性表、树、图、串等，它是一门学科。数据结构包括逻辑结构和存储结构。如图 6.30 所示，多面体由面组成，面由环组成，环由边组成，边由两个点构成，体、面、环、边、点由顶向下形成层次结构，它是数据结构中的图结构，图的节点为体、面、环、边、点，即多面体数据的逻辑结构为图。图形数据结构主要是指存储结构，如数组、链表、栈及其综合等。

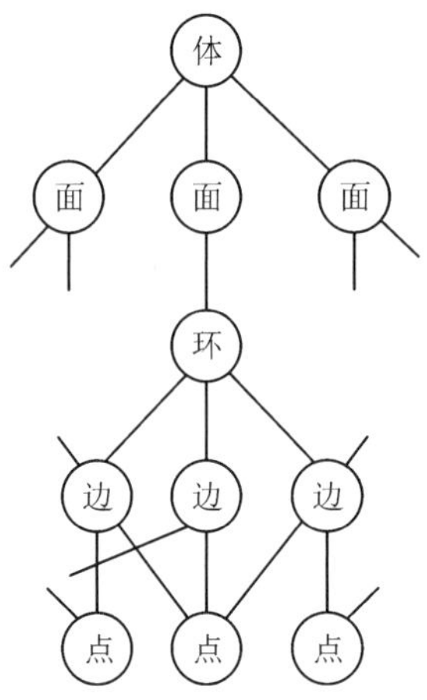

图 6.30 立体数据的逻辑结构-图

前述物体点、线、面几何元素之间的拓扑关系有 9 种。实体造型时经常会遇到从一个点查找与该点相连的所有边，即利用顶点与边相邻性；从一条边查找到该边的邻面及邻接边，即利用边与面相邻性和边相邻性；从一个面开始查找其上的外环和内环，即利用面含边的包含性或面含顶点的包含性等，这就要求存储多种拓扑关系，由此形成了多种数据结构。这里介绍面向边界表示模型的 4 种常用数据结构。

1. 单链三表数据结构

单链三表结构同时存储了“面含边的包含性”(或“面含顶点的包含性”)和“边含顶点的包含性”，它是以面(环)为中心的存储结构。链指的是指针(即地址)，三表是指面表、边(棱边)表和顶点表。

图 6.31 是一个带通孔的长方体，由 16 个顶点、10 个面组成，其中面②、④各有一个内环(孔)。图 6.32 是其数据结构，可以采用数组，但使用链表更方便。其中，面表的第一列为该面的棱边总数；第二列为内环数，无内环时为 0；第三列为每个面首边的指针(地址)。在棱边表

中存放着相应面棱边的顶点序列，先外环后内环，外环按逆时针方向排列，如面①的棱边为 $\overline{14}$、$\overline{43}$、$\overline{32}$、$\overline{21}$，则顶点序列为 1—4—3—2—1；内环与外环之间用 0 隔开，内环的顶点按顺时针存放。顶点表中存放各顶点的 x、y、z 坐标，包括变换前、变换后的坐标。

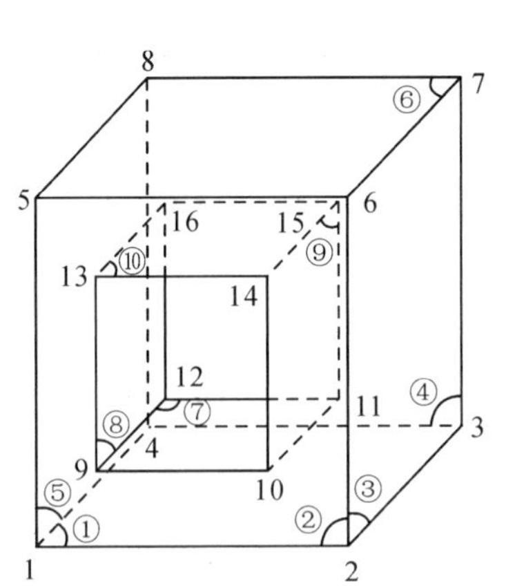

①—底面；②—前面；③—右面；④—后面；
⑤—左面；⑥—顶面；⑦—孔底面；
⑧—孔左面；⑨—孔右面；⑩—孔顶面。

图 6.31　带通孔的长方体

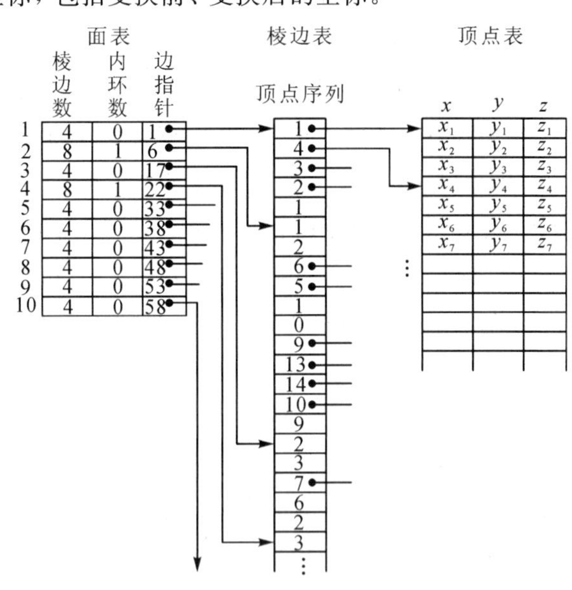

图 6.32　单链三表数据结构

单链三表结构由面表的边指针(即链)检索到该面的边表，由边表的指针检索到形成该边的顶点。这种数据结构的优点是关系清楚，节省存储空间，绘制和保存结果方便；其缺点是无邻接关系，查找和修改拓扑关系不方便。

2. 翼边数据结构

翼边数据结构是美国斯坦福大学 B. G. Baumgart 等人于 1972 年提出的。该数据结构同时存储了“边与面相邻性”“边相邻性”以及“边含顶点的包含性”三种拓扑关系，是以边为中心的存储结构，较好地描述了多面体的点、边、面之间的拓扑关系。

如图 6.33 所示，所谓翼边，是指当我们从外面(即非材料一侧)观察立体时，可以看到每一条棱边都有左右两个邻面(左外环、右外环)和构成这两个邻面周界的四条邻边(左上边 L_{CC}、左下边 L_{CW}、右上边 R_{CW}、右下边 R_{CC})，L_{CC}、L_{CW}、R_{CW}、R_{CC} 好像是棱边长出的翅膀。如前所述，每一条棱边对应两个有向边(由始点和终点定义有向边)，每个有向边对应一个翼边结构，故每个棱边有两个翼边结构。环(包括内环、外环)通过从某一棱边的有向边出发，按“左上边”规则沿面顺次连接构成“左外环”或“右外环”，

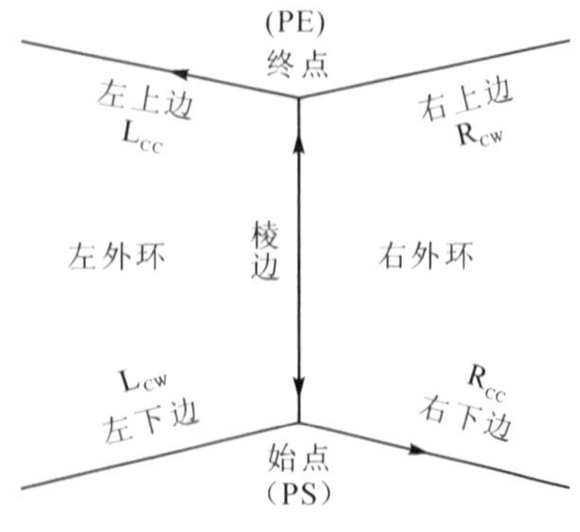

图 6.33　多面体的翼边拓扑结构

其中一个有向边的翼边结构构造“左外环”，另一个有向边的翼边结构构造“右外环”。通过翼边结构可以方便地查找各种元素之间的连接关系，如列出一个面上的所有边、一条边的

所有相邻边等情况。在实体造型中，最基本的运算单元可以是边，边与边相交、边与面相交，删除旧边，增加新边，用边作为检索立体拓扑关系的中心环节是比较方便的。

翼边结构的存储结构如图 6.34 所示。在该数据结构中，每个立体的信息分五层来存储，即立体表、面表、环表、边表和顶点表。

(1) 立体(solid)表。对每个体，立体表包括指向面表的链表指针、指向边表的链表指针、指向顶点表的链表指针、指向变换矩阵的指针。

(2) 面(face)表。采用双向链表+结构体，每个面包括面方程的系数、后继指针、前趋指针、外环指针。每个面有一个外环及若干个内环，也可能无内环。

(3) 环(loop)表。采用双向链表+结构体，包括环的始边号、所在面的编号(地址)、内环号、后继指针、前趋指针。环需要利用所在面的编号、始边号和边表按上述规则搜索确定。

(4) 边(edge)表。它是整个数据结构的核心，采用双向链表+结构体，包括边的起始顶点指针、终止顶点指针，边的右邻面的外环指针、左邻面的外环指针、右上边指针、右下边指针、左上边指针、左下边指针，边的后继指针、前趋指针。

(5) 顶点(vertex)表。采用双向链表+结构体，包括顶点坐标(x，y，z)，顶点后继指针、前趋指针。

因面表、边表和顶点表查找、修改频繁，故采用双链表结构，每一个结点都分别用右链和左链指向下一个和前一个结点的所在地址，以便在实体造型过程中插入新边和顶点、删除旧边和顶点等，同时可以加快结点的检索。

翼边结构的优点是存储信息丰富，查找和修改方便；缺点是花费存储空间较多，数据结构及其维护的程序复杂。

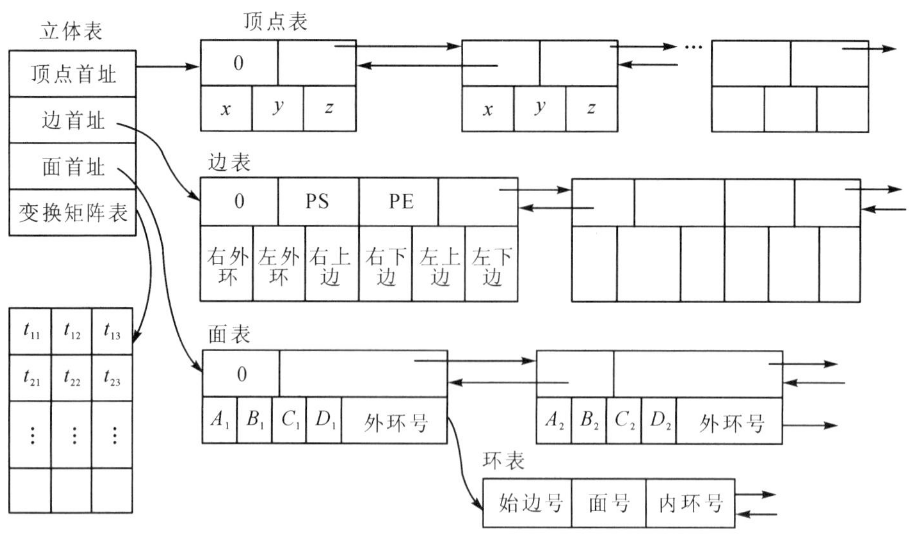

图 6.34　翼边数据结构

3. 半边数据结构

半边即有向边，ACIS 中称为共边(coedge)。当外环、内环走向符合前面规定时，一条物理边就可拆成两个半边，每个半边只与一个邻面相关，如图 6.35 所示。

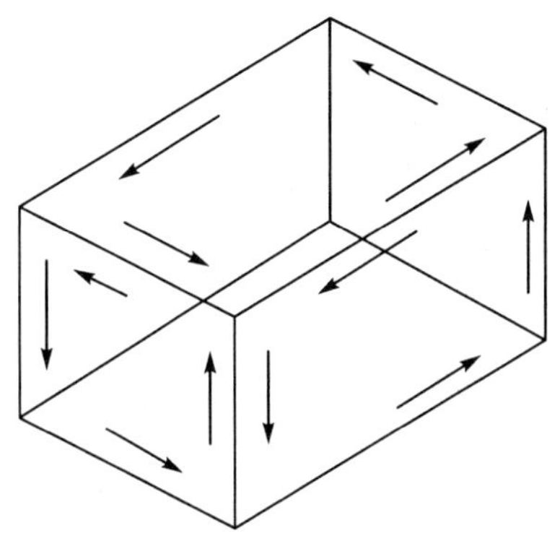

图 6.35　半边的概念

半边数据结构采用体、面、环、半边(有向边)、顶点五层来存储立体的信息。图 6.36 为半边数据结构的层次关系。

(1) 体(solid)层。此为该结构的顶层(即根结点)，体通过指针 sface 引用面(face)。

(2) 面(face)层。每个面包括 4 个指针，通过指针 floop 引用环(loop)(若存在内环时可采用 2 个 floop 指针，一个指向外环，另一个指向该面的所有内环)，指针 fsolid 指向面所属的体，指针 prevf 指向面的前趋，指针 nextf 指向面的后继。

(3) 环(loop)层。每个环包括 4 个指针，通过指针 ledg 引用半边(halfedge)，指针 lface 指向环所属的面，指针 prevl 指向环的前趋，指针 nextl 指向环的后继。

(4) 半边(halfedge)层。每个半边包括 4 个指针，通过指针 vtx 引用顶点(vertex)，指针 wloop 指向半边所属的环，指针 prv 指向半边的前趋，指针 nxt 指向半边的后继。

(5) 顶点(vertex)层。每个顶点用含 4 个浮点数的齐次坐标表示，其两个指针分别为指向前趋顶点的 prevv 和指向后继顶点的 nextv。

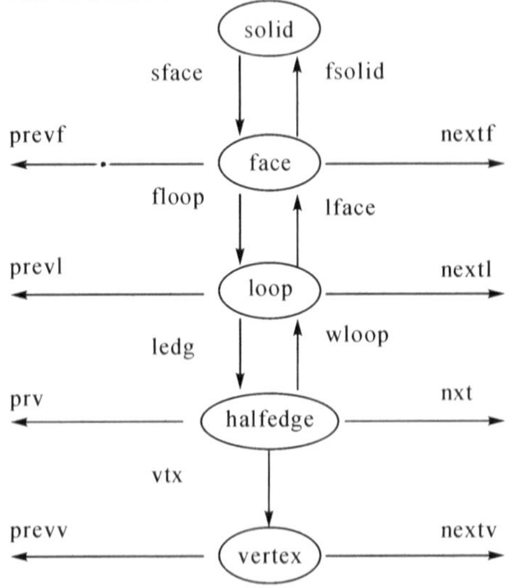

图 6.36　半边数据结构的层次关系

4. 辐射边数据结构

为了表示非正则形体，1986 年，Weiler 提出了辐射边(Radial Edge)数据结构，如图6.37所示。

辐射边数据结构的形体模型由几何信息(Geometry)和拓扑信息(Topology)两部分组成。几何信息有面(face)、环(loop)、边(edge)和点(vertex)，拓扑信息有模型(model)、区域(region)、外壳(shell)、面引用(face use)、环引用(loop use)、边引用(edge use)和顶点引用(vertex use)。

顶点是三维空间的一个位置。

边可以是直线边或曲线边，边由点组成。边的端点可以重合(缩为一点)。

环由首尾相接的一些边组成，而且最后一条边的终点与第一条边的起点重合；环也可以是一个孤立点。

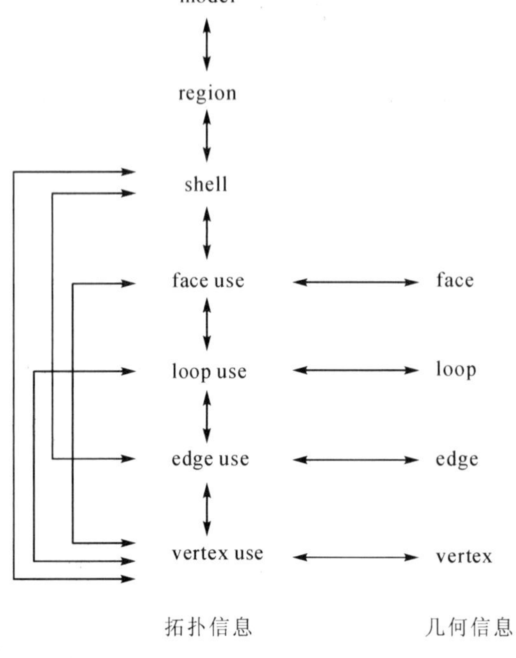

图 6.37　辐射边数据结构

面由一个外环和若干个(包括零)内环组成；面也可以是一个孤立点。

外壳是一些点、边、面的集合，外壳所含的面集有可能围成封闭的三维区域，从而构成一个实体；外壳还可以表示任意的一张曲面或若干个曲面构成的面组；外壳还可以是一条边或一个孤立点。

区域由一组外壳组成。

模型由区域组成。

ACIS 系统采用了辐射边数据结构。

6.3　三维布尔运算的实现

如前所述，三维布尔运算就是两个物体通过布尔算子(并$\cup^*$，交$\cap^*$，差$-^*$)拼合成一个新的物体的运算。三维布尔运算的主要工作是运算中的拓扑信息重构，这是布尔运算的一个难点。三维布尔运算的另一个问题是计算精度的控制。本节介绍降维布尔运算法，其核心是将三维布尔运算转换为二维布尔运算。

6.3.1　三维布尔运算算法

由于边界表示便于对形体作布尔运算和局部操作，故常采用边界表示模式表示形体。多面体是形体的典型代表，这里以多面体为例介绍布尔运算。

1. 三维布尔运算与降维处理

实现三维布尔运算的出发点是降维处理。降维处理的过程为：将体与体的三维运算先转化为一个体的每个平面与另一个体求交，而平面与体求交的本质是平面与这个物体的所有面求交，求交结果得到剖面，然后进行平面与剖面的二维布尔运算，从而将三维问题转化为二维问题来处理。

2. 三维布尔运算的原理

以图 6.38(a)所示两个长方体为例，长方体 A 和 B 有部分相交，即 A 物体的前面、左面、底面与 B 物体的顶面、右面、后面相交，求两个物体布尔运算的结果。

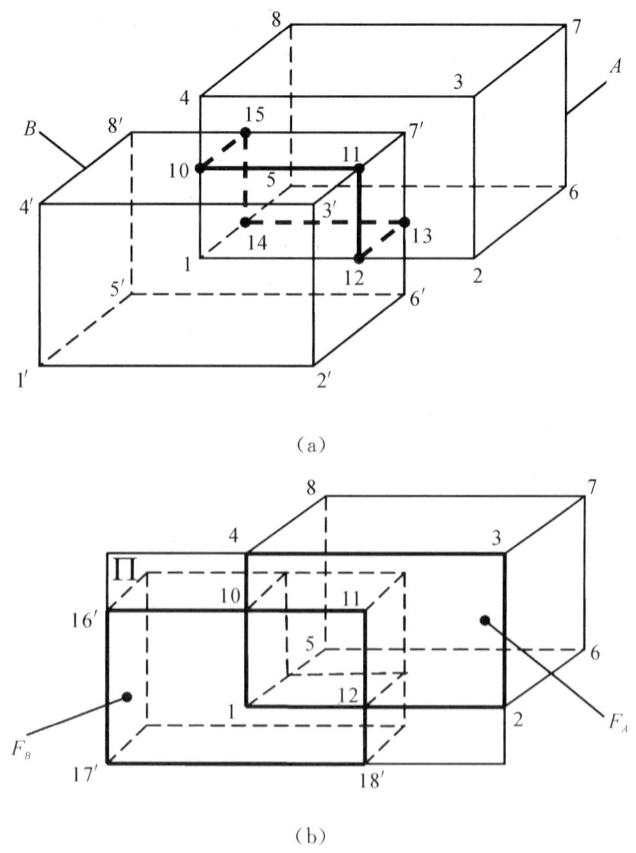

图 6.38 三维布尔运算的原理

1) 三维并运算

根据前述并运算的数学定义，三维并运算的基本规则如下：

(1) 如果一个物体的面完全在另一个物体的内部，则该面不出现在并运算结果中。

(2) 如果一个物体的面完全在另一个物体的外部，则该面应该在并运算的结果中，该面称为保留面。例如，物体 A 中的右面{2—6—7—3—2}、顶面{3—7—8—4—3}和后面{5—8—7—6—5}，物体 B 中的前面{1′—2′—3′—4′—1′}、左面{1′—4′—8′—5′—1′}和底面{1′—5′—6′—2′—1′}均为保留面。

(3) 如果一个物体的面和另一个物体的面相交(包括共面)，则该面将会根据相交的情况作出修改，即该面拓扑信息需要重构，称该面为修改面。例如，物体 A 中的前面{1—2—3—4—1}、左面{1—4—8—5—1}和底面{1—5—6—2—1}，物体 B 中的顶面{3′—7′—8′—4′—3′}、右面{2′—6′—7′—3′—2′}和后面{5′—8′—7′—6′—5′}均为修改面。

最后，三维并运算的结果将由两个物体的保留面和修改面组成。

现在研究第三种情况——两个物体的面相交，这里的面为有限平面图形，即简单多边形。

图 6.38(a)所示长方体 A 中的前面{1—2—3—4—1}，称为原面，记为 F_A，它与长方体 B 的顶面{3′—7′—8′—4′—3′}及右面{2′—6′—7′—3′—2′}相交(交线分别为 10—11、11—12)，因此，A 中的面 F_A 将被修改。

参见图 6.38(b)，为了求取面 F_A 运算后得到的修改面，通过该面所在的足够大平面(记为 Π)去截取另一物体 B，得到 B 的一"剖面"{11—16′—17′—18′—11}，该剖面记为 F_B。此时，在 F_A 所在的大平面 Π 上有

$$F_A=\{1-2-3-4-1\}$$

$$F_B=\{11-16'-17'-18'-11\}$$

在这个大平面 Π 上执行二维布尔运算中的差运算：

$$F=F_A-F_B=\{10-11-12-2-3-4-10\}$$

即把原面减去剖面，就可以得到 F_A 的修改面 F。令 $F_A=F$，新的 F_A 就是三维并运算的一个组成面(即修改面)。

按照上述三维并运算的规则，图 6.38(a)所示的两个长方体 A 和 B 并运算的结果为 12 个面，包括 6 个保留面和 6 个修改面，如表 6.2 所示。

表 6.2　两个长方体 A 和 B 并运算后各面的变化

物体	原面	并运算(修改)后的结果	备注
A	1—2—3—4—1	10—11—12—2—3—4—10	修改面
	1—5—6—2—1	12—13—14—5—6—2—12	
	1—4—8—5—1	10—4—8—5—14—15—10	
	3—7—8—4—3	3—7—8—4—3	保留面
	2—6—7—3—2	2—6—7—3—2	
	5—8—7—6—5	5—8—7—6—5	
B	7′—8′—4′—3′—7′	4′—3′—11—10—15—8′—4′	修改面
	2′—6′—7′—3′—2′	2′—6′—13—12—11—3′—2′	
	5′—8′—7′—6′—5′	13—6′—5′—8′—15—14—13	
	1′—2′—3′—4′—1′	1′—2′—3′—4′—1′	保留面
	1′—4′—8′—5′—1′	1′—4′—8′—5′—1′	
	1′—5′—6′—2′—1′	1′—5′—6′—2′—1′	

求物体 A 的保留面和修改面的三维并运算算法要点如下：

(1) 当大平面 Π 截取不到物体 B 的剖面时，同前面的基本规则(2)，原面 F_A 为“保留面”，存放在集合 A out B 中(集合可以用链表存储，下同)。

(2) 当 F_A 与 F_B 相离，F_A-F_B 差运算的结果与原面相同，即 $F=F_A$，同前面的基本规则(2)，原面 F_A 为“保留面”，存放在集合 A out B 中。

(3) 当 F_A 与 F_B 相交或 $F_B \subset F_A$ 时(F_A 与 F_B 可含有内环)，则 $F=F_A-F_B$，得到“修改面”，存放在集合 A out B 中。

(4) 当 $F_A \subset F_B$ 时(内含)，此时 $F=\varnothing$，即差运算的结果不存在，同前面的基本规则(1)，原面 F_A 被舍去。

(5) 特殊情况下，当两个物体共面贴并且共面的两个面外法矢量同向时，将共面的两个面进行二维布尔并运算，其结果作为新物体的一个面存放在集合 A on B 中，共面的两个原面被舍去。

求物体 B 的保留面和修改面的方法是将上述算法中的物体 A 和物体 B 互换，得到集合 B out A。

最后，物体 A 与物体 B 并运算的结果为 A out B、B out A、A on B 三个集合的合并。

2) 三维交运算

求两物体公共部分的布尔运算称为交运算。三维交运算的基本规则如下：

(1) 如果一个物体的面完全在另一个物体的外部，则该面不出现在交运算结果中；

(2) 如果一个物体的面完全在另一个物体的内部，则该面应该在交运算的结果中，该面成为保留面；

(3) 如果一个物体的面和另一个物体的面相交(包括共面)，则该面将会根据相交的情况作出修改，即该面拓扑信息需要重构，该面成为修改面。此时，拓扑信息重构的方法是原面与剖面求二维交运算。

最后，三维交运算的结果将由两个物体的保留面和修改面组成。

设原面记作 F_A，剖面记作 F_B。求物体 A 的保留面和修改面的三维交运算的算法要点如下：

(1) 当大平面 Π 截取不到物体 B 的剖面时，同基本规则(1)，原面被舍去。

(2) 当 F_A 与 F_B 相离(含贴并)，$F=F_A \cap F_B=\varnothing$，二维交运算的结果不存在，同基本规则(1)，原面被舍去。

(3) 当 F_A 与 F_B 相交或 $F_B \subset F_A$ 时(F_A 与 F_B 可含有内环)，则 $F=F_A \cap F_B$，得到“修改面”，存放在集合 A in B 中。

(4) 当 $F_A \subset F_B$ 时(内含)，$F=F_A \cap F_B=F_A$，即二维交运算的结果与原面相同，同基本规则(2)，原面 F_A 为“保留面”，存放在集合 A in B 中。

(5) 当出现两个物体共面的情况时(包括同向或反向，两面内含或相交)，将两个共面的面进行二维交运算，其结果作为新物体的一个面存放在集合 A on B 中，共面的两个原面被舍去。

求物体 B 的保留面和修改面的方法是将上述算法中的物体 A 和物体 B 互换，得到集

合 B in A。

最后，物体 A 与物体 B 交运算的结果为 A in B、B in A、A on B 三个集合的合并。

3）三维差运算

根据差运算的定义，$A-B$ 采用 $A-B=A\cap\bar{B}$（$\bar{B}$ 为 B 的补集）的运算法则，先改变物体 B 各面、环的方向（即原逆时针方向的环变为顺时针，原顺时针方向的环变为逆时针），得到 $\bar{B}$，再执行两个物体 A 与 $\bar{B}$ 的交运算即得 $A-B$ 的结果。将物体 A 和物体 B 互换得 $B-A$的结果。

三维差运算的另一种方法为：以 $A-B$ 为例，按上述三维求并的方法求出 A out B，按上述三维求交的方法求出 B in A，共面时按 F_A-F_B 得 A on B，则三维差运算的结果为 A out B、A on B、面顶点顺序反向的 B in A 三个集合的合并。

4）剖面 F_B 的求取

剖面 F_B 的求取方法为：把物体 A 上的任一面 F_A 所在的足够大平面 Ⅱ 与待求剖面的物体 B 的各面依次求交（即前述所讲的面与面求交），再把所得的线段按端点重合连接成环并使环面的外法矢量方向与 A 物体上面 F_A 的外法矢量方向相同，便可得到剖面 F_B。

如图 6.38(b)所示，通过面 $F_A=\{1-2-3-4-1\}$所在的足够大平面 Ⅱ 去截另一物体 B，得到四条交线段连接的环（即剖面）$F_B=\{11-16'-17'-18'-11\}$，剖面 F_B 的环的方向与截切面 F_A 的环的方向相同。

从上面的分析可以看出：两平面图形（环）之间的二维布尔运算（差运算、并运算、交运算）是算法实现的关键。

6.3.2 二维布尔运算算法

1. 二维布尔运算中的图形描述

一个平面图形由一个外环和若干个（包括零个）内环描述。环有方向，外环按逆时针走向，内环为顺时针走向。图 6.39 的数据结构描述了由一个外环和一个内环构造的平面图形。

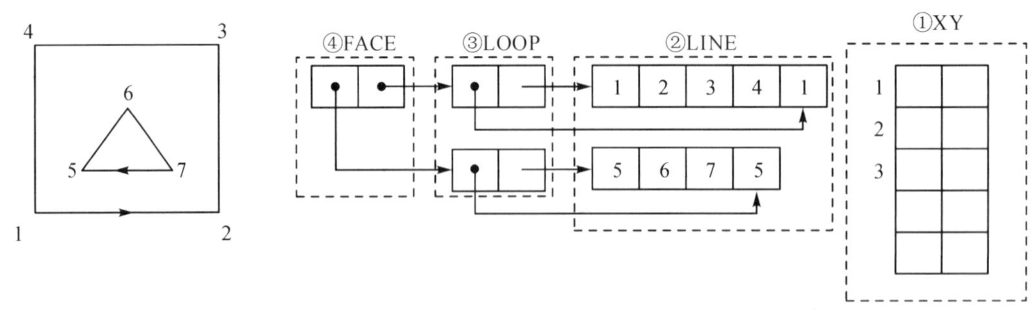

图 6.39 平面图形的数据结构

平面图形的数据结构由四部分组成：

(1) 顶点表：用二维数组 XY(NV，2) 或链表存储各顶点的 x、y 坐标，NV 表示顶点数。

(2) 边表：用一维数组或链表 LINE(LIN) 存储，一个环一个边表，按环顶点顺序存放，即外环逆时针点序，内环顺时针点序，相邻两个顶点连接为一条边。

(3) 环表：用二维数组 LOOP(LOP, 2) 或链表存储，LOOP(i, 1)(第 2 列)指向本环首顶点号在 LINE 中的位置，LOOP(i, 0) (第 1 列)指向本环末顶点号在 LINE 中的位置。

(4) 面表：用二维数组 FACE(FACE, 2) 或链表存储，FACE(i, 1)(第 2 列)指向该平面图形所包含的首环即外环的地址，FACE(i, 0) (第 1 列)指向该平面图形所包含的终环的地址。

2. 二维布尔运算的基本思想

为了说明二维布尔运算的算法思想，我们以有交点的两个面素(简单多边形称为面素)为例作一说明。

如图 6.40(a)所示，假设有三角形 123 和四边形 4567 这两个面素，分别用 A 和 B 表示，它们有两个交点 P_1 和 P_2。A 与 B 求布尔运算的结果如图 6.40(b)所示。由图可见，两面素之间的运算可归结为 A 环和 B 环之间的运算，运算后的新环是由两面素的一部分老边界组成的，新环的走向是在原环的交点处改变方向，称为跳环。因此，首先应求出两环的所有交点，然后利用交点及交点的走向去组织新环生成新的图形。

交点要具有几何信息及特征信息。特征信息决定了环通过交点时是进入还是离开另一环的区域。如 A 与 B 并运算时，A 环的有向边到交点 P_1 时就不能进入 B，而是沿 B 环前进，在到达下个交点 P_2 时，又要改变走向，沿 A 环前进。A 与 B 交运算时，则是从交点出发始终不穿出 A 和 B 而顺着有向边前进。

3. 二维布尔运算的算法步骤

二维布尔运算的算法步骤如下：

(1) 建立参加布尔运算的各面素的顶点表、边表、环表和面表，形成面素的几何定义。

(2) 按 2.5 节线段与线段求交的方法求出两面素的有效交点，确定交点的特征信息。每个交点的特征信息可用如下的方法来确定：当某一面素的有向边界在交点处是进入另一面素时，该交点称为入点，用 -1 表示；而有向边界在交点处是由另一面素穿出时，该交点称为出点，用 $+1$ 表示。

交点的特征信息取两个有向边在交点处切线矢量之叉乘的符号函数值。当有向边为直边时，其切线矢量为边矢量。这样在每一个交点处，对两个面素而言，入点和出点是成对的。例如，图 6.40(a)中的交点 P_1 实际上是 A 环上的点 P_{1A} 和 B 环上的点 P_{1B} 相重叠的一点，但 P_{1A} 和 P_{1B} 具有不同的特征信息。因为，A 环的有向边在 P_{1A} 处是进入 B 面素的，是入点，用 -1 表示，因此 P_{1A} 可记为 $-P_{1A}$；而 B 环的有向边在 P_{1B} 处是由 A 面素穿出的，是出点，用 $+1$ 表示，因此 P_{1B} 可记为 $+P_{1B}$。同理，另一交点 P_2 在 A 环上记为 $+P_{2A}$，在 B 环上记为 $-P_{2B}$。交点的这种记号如图 6.40(c)所示。

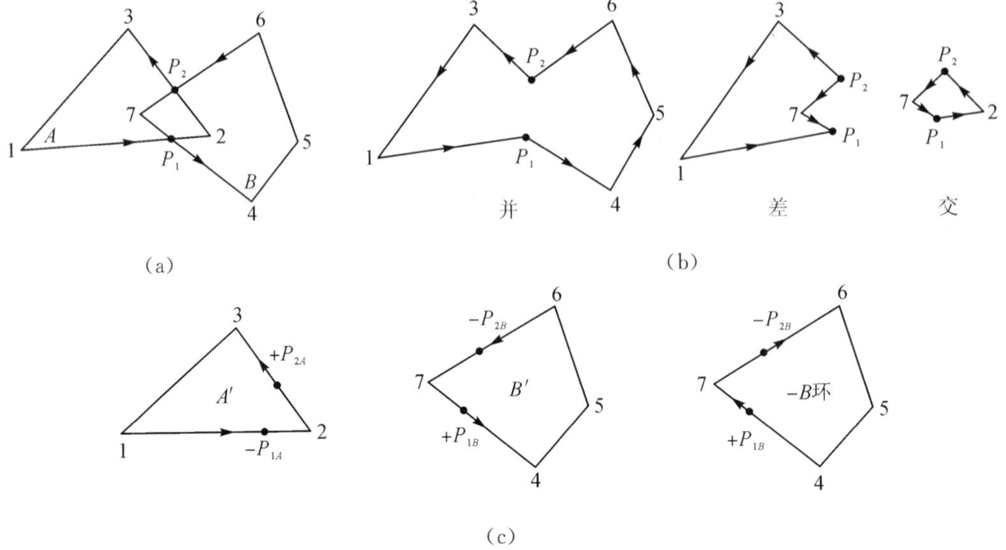

图 6.40　二维布尔运算

(3) 根据交点的特征信息，将交点分别插入两面素的环(边)表中，形成两中间环。如图 6.40(c)所示，把两交点分别插入 A 环和 B 环中，可组成中间环 A' 和 B'，即 A' 环为 $1\to -P_{1A}\to 2\to +P_{2A}\to 3\to 1$，$B'$环为 $4\to 5\to 6\to -P_{2B}\to 7\to +P_{1B}\to 4$。

(4) 从某一交点(该点就是布尔运算后新环的始点)出发，可按如下规律形成新环：

① 对于并运算，当某环(指中间环，以下同)的交点特征信息为－1 时，新环从交点转向另一环前进，否则继续沿本环前进。例如，求 A 与 B 的并运算，如图 6.40 所示，新环由 $-P_{1A}\to(+P_{1B})\to 4\to 5\to 6\to -P_{2B}\to(+P_{2A})\to 3\to 1\to -P_{1A}$组成。

② 对于交运算，当某环的交点特征信息为＋1 时，新环从交点转向另一环前进，否则继续沿本环前进。例如，求 A 与 B 的交运算，如图 6.40 所示，新环由 $-P_{1A}\to 2\to +P_{2A}\to(-P_{2B})\to 7\to +P_{1B}\to -P_{1A}$组成。

③ 对于差运算，如 $A-B$，由于 $A-B=A+(-B)$，因此先把减环(指中间环 B'环)走向反向得到$-B$ 环：$4\to +P_{1B}\to 7\to -P_{2B}\to 6\to 5\to 4$，然后再与 A 求并，即当某环的交点特征为－1 时，新环从交点转向另一环前进，否则继续沿本环前进。如图 6.40 所示，$A-B$ 的新环由 $-P_{1A}\to(+P_{1B})\to 7\to -P_{2B}\to(+P_{2A})\to 3\to 1\to -P_{1A}$组成。

二维布尔运算也是比较复杂的，特殊情况如两个面素相离、两个面素具有重叠部分但无交点(如内含)等需要特殊处理。

习　题　6

1. 解释 MBD、BIM、ACIS 概念。
2. 什么是形体的几何信息和拓扑信息？写出多面体几何元素之间的所有拓扑关系。
3. 有公共顶点的两个面是否相邻？有公共顶点的两个边是否相邻？

4. 实体模型与表面模型有何区别？实体造型采用哪种模型？

5. 什么是正则形体？欧拉公式在实体造型中的作用是什么？

6. 什么是正则布尔运算？如何实现正则布尔运算？

7. 实体造型有哪些方法？列出目前商用软件中可能用到的建模方法。

8. 简述八叉树表示形体的算法。

9. 自拟一个尺寸确定的物体，用八叉树对其进行均匀立方体网格划分，写出根立方体边长 l 与立方体网格边长 c、八叉树深度(层数) n 的关系；画出其八叉树结构图(灰结点、黑结点、白结点分别用 P、F、E 表示，结点按 0、1、2、3、4、5、6、7 顺序存放)。

10. 什么是形体的 CSG 表示？其特点是什么？

11. 说明 CSG 和 B-Rep 是如何结合进行实体建模的？

12. 什么是欧拉操作？它有什么用途？

13. 简述单链三表数据结构，如何用 C++中的链表和结构体实现单链三表数据结构？

14. 简述翼边数据结构，每一棱边有几个翼边结构？如何从翼边结构得到环？

15. 两个长方体求并运算，按照 6.3.1 节算法描述的 5 种情况，列表给出运算后两物体的保留面和修改面。

16. 简述二维布尔运算的算法步骤。

第7章 消隐处理

为了得到几何显示上确定的图形，就需要进行消隐处理。消隐处理的核心是消隐算法和数据结构。本章主要介绍隐藏线和隐藏面两类消隐算法。

课程思政：

利用我国著名图形学专家何援军教授“边-面”比较算法研究成果开展隐藏线消隐教学，培养学生的民族自豪感和文化自信。

7.1 概　述

用计算机绘制或显示三维物体的立体图时，描述物体的图形形式有两种：一种是用线条勾画的立体图，称为轮廓线图，如轴测图；另一种是用不同的灰度或色彩表现物体的各个表面的明暗度的图，称为真实感图(明暗图)。真实感图与实际拍摄的照片几乎没有区别。

轮廓线图或真实感图均是按投影原理绘制的。我们顺着投影方向看去，物体上有的线或面被前面部分遮挡看不见，我们把看不见的线称为隐藏线，看不见的面称为隐藏面。绘制轮廓线图时要消除隐藏线，绘制真实感图时要消除隐藏面，这就是消隐处理。不经过消隐处理的图有不确定性。例如，图 7.1(a)为两长方体组成的物体，由于没有消除隐藏线，可以理解为图 7.1(b)、(d)和图 7.1(c)、(e)两个物体。因此，只有经过消隐处理的图形才有实际意义。

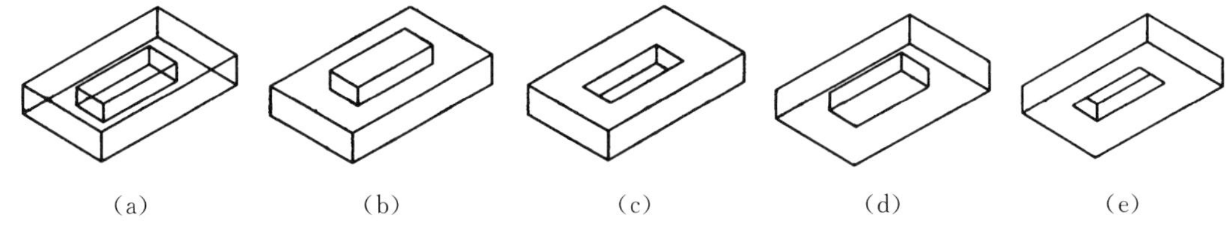

图 7.1　未消隐立体图的不确定性

立体消隐处理是计算机图形学的难点之一，消隐处理需要消隐算法来完成。消隐算法目前已很成熟。

1. 消隐算法简介

目前消隐处理形成了多种算法，有如下三种分类方法：

(1) 按照描述立体的图形形式分为消除隐藏线算法和消除隐藏面算法。前者适合于轮廓线图消隐，后者适合于真实感图消隐。

(2) 按立体形状不同有凸多面体消隐算法、一般平面立体消隐算法、规则曲面消隐算法、自由曲面消隐算法等。浮动水平线算法是规则曲面消隐的典型算法。对于自由曲面消隐，可以将其离散为三角形、四边形平面片，然后按平面立体消隐算法处理。

(3) 按照算法进行的空间又分为物空间消隐算法和像空间消隐算法。物空间消隐算法是指在物体所在的空间即世界坐标系中进行的算法，它着重分析物体之间的几何关系，确定线段和面的可见性，因此需要运用多种几何计算来实现。其计算量和计算速度随物体复杂程度的增加而增加，但所绘制的图精度较高，这类算法适用于对轮廓线图消除隐藏线。物空间消隐算法有单个凸多面体消隐算法、边-体比较算法、边-边比较算法、边-面比较算法等。边-体比较算法中的代表算法为多个凸多面体之间消隐的 Roberts 算法。边-边比较算法中的代表算法为任意多面体消隐的 Appel 算法。国内学者提出的边-面比较算法适合于任意多面体的消隐，是一种针对多面体消隐的通用性算法，是本书重点介绍的算法。

像空间消隐算法是在物体成像的空间(即屏幕坐标系)中进行消隐计算的。它着眼于最终在视区中形成的图像，需要确定组成物体的各个面在图像范围内所对应的光栅像素点的可见性，算法精度与屏幕分辨率有关。计算时间与物体的复杂程度及像素点数量有关，这类算法适用于消除隐藏面。像空间消隐算法有深度存储算法、扫描线算法、油画算法、区域采样算法(如 Warnock 算法)等。

2. 消隐算法应考虑的问题

(1) 排除与遮挡无关的要素。为减少计算量，首先利用轴向包围盒法排除无遮挡关系的形体和表面。因为无遮挡关系的形体和表面是可见的，而消隐算法主要考虑有遮挡关系的部分。

(2) 判别遮挡关系。采用几何排序方法找出离观察者近的形体及表面，记录有遮挡关系的形体和表面。

(3) 合理组织物体的数据结构。在消隐算法中，需要一定的数据结构来描述物体的几何信息和拓扑信息。这种数据结构既是输入量，又是对物体进行投影变换、消隐处理及输出图形时生成新数据的结构。合理的数据结构可以减少计算机的存储量，提高运算速度。

3. 消隐算法与投影体系

消隐算法往往与投影体系有关，主要是投影面和观察方向，即投影方向的选取。如图 7.2(a)、(b)所示，可将 xOz 坐标面作为投影面、y 轴作为观察方向，此时物体的 y 坐标反映其深度信息，即反映物体表面距离观察者的远近。对图 7.2(a)的投影体系来说，y 坐标越大，物体表面距离观察者越远；而对图 7.2(b) 的投影体系来说，y 坐标越小，物体表面距离观察者越远。如图 7.2(c)所示，若将 xOy 坐标面作为投影面、z 轴作为观察方向，此时物体的 z 坐标反映其深度信息，z 坐标越大，物体表面距离观察者越远。使用消隐算法时，要注意算法所针对的投影体系。

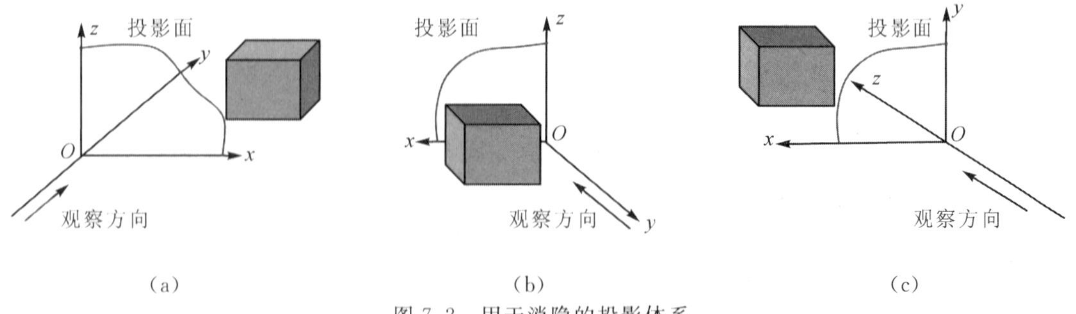

图 7.2　用于消隐的投影体系

下面介绍四个常用算法：单个凸多面体消隐算法、一般平面立体的消隐算法、深度存储算法和扫描线算法。前两者属于物空间消隐算法，后两者属于像空间消隐算法。

7.2 单个凸多面体的消隐算法

1. 凸多面体的表面外法线矢量与表面可见性

凸多面体是由平面凸多边形围成的物体，连接该形体中任意两个顶点的线段必然全部在该形体之中。此特征决定了凸多面体各个表面的可见性可利用其外法线矢量的指向来确定。

物体经投影变换后，假设在 xOz 坐标面上输出投影图，此时的观察方向与 y 轴平行，如图 7.3 所示。在这样的投影体系下，物体表面的外法线矢量在 y 轴上的分量决定了该表面的可见性，外法线矢量前倾，即 y 轴分量大于 0，该面可见；外法线矢量后倾，即 y 轴分量小于 0，该面不可见。

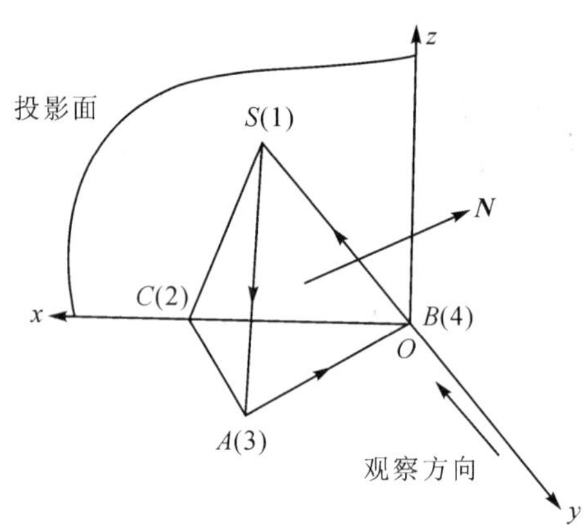

图 7.3　表面 SAB 的外法线矢量 $\boldsymbol{N}$

如图 7.3 所示，描述物体表面的顶点顺序符合外环规定，即正对表面看去，顶点逆时针排列。按照 2.3 节外法线矢量的定义，外法线矢量用表面中相邻两边矢量叉乘得到。例如，表面 SAB 的外法线矢量 $\boldsymbol{N}$ 为

$$\boldsymbol{N}=\overrightarrow{SA}\times\overrightarrow{AB}=\begin{vmatrix} \boldsymbol{i} & \boldsymbol{j} & \boldsymbol{k} \\ x_A-x_S & y_A-y_S & z_A-z_S \\ x_B-x_A & y_B-y_A & z_B-z_A \end{vmatrix}$$
$$=D\boldsymbol{i}+E\boldsymbol{j}+F\boldsymbol{k}$$

其中，D、E、F 分别是 $\boldsymbol{N}$ 在 x、y、z 轴上的分量，决定表面可见性的 y 分量(即 E 分量)为

$$E=(z_A-z_S)(x_B-x_A)-(z_B-z_A)(x_A-x_S)$$

$E>0$，外法线矢量 $\boldsymbol{N}$ 朝前倾，该表面可见(如面 SAB、面 SCA)，面上所有棱线可见；

$E=0$，外法线矢量 $\boldsymbol{N}$ 垂直于观察方向(如水平面、正垂面、侧平面的外法线矢量)，该表面与投影面垂直且其投影积聚为一条直线(如面 ACB)；

$E<0$，外法线矢量 $\boldsymbol{N}$ 朝后倾，该表面不可见(如面 SBC)。

2. 凸多面体的消隐算法及数据结构

凸多面体消隐算法所用数据结构为单链三表结构。以图7.3中的三棱锥为例，其数据结构如图7.4所示。这里，增加一个消隐过程中使用的可见边表MT。MT表的第1列为区分重复边的特征值，可见面上各边特征值的初值均为1，判断为重复边时其特征值为－1；MT表的第2、3列为每条边的两个端点。

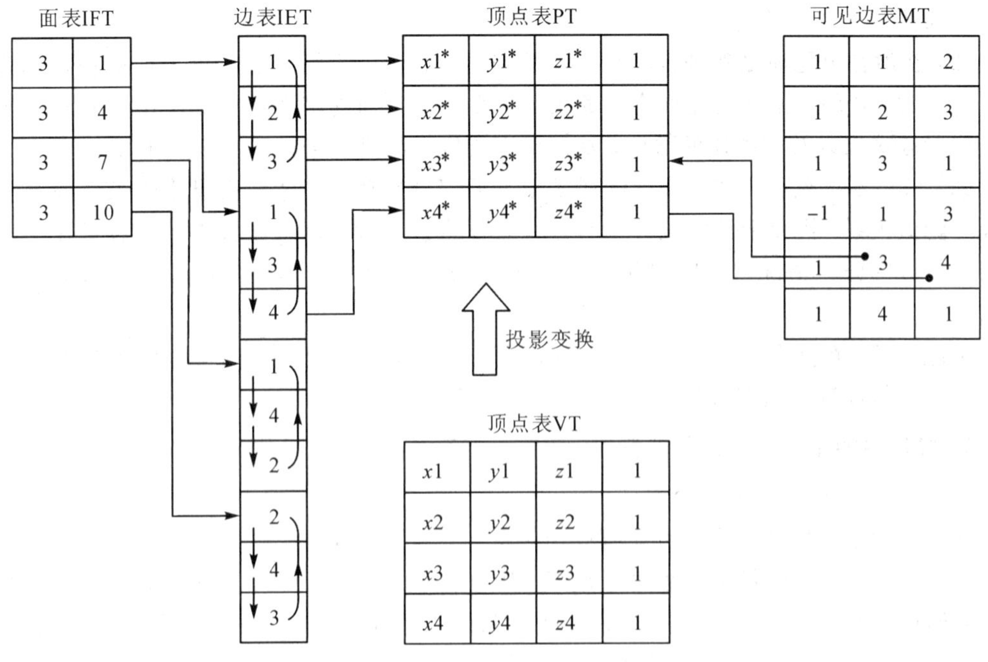

图7.4 凸多面体消隐的数据结构

消隐算法的主要步骤如下：

(1) 根据所绘投影图是正交投影图还是透视投影图，利用前述的正交投影变换或透视变换把处于原始位置的凸多面体的顶点表VT转化成新的顶点表PT。

(2) 对每个表面执行下列操作：

① 取出表面上第1、2、3个顶点，计算表面的E值；

② 若$E>0$，则该面可见，把此面上的所有边记入可见边表MT，转(2)；若$E\leqslant 0$，直接转(2)。

(3) 搜索MT表中的重复边，令重复边的特征值为－1。

(4) 取MT表中的非重复边绘图。

7.3 一般平面立体的消隐算法

本节介绍适应于单个或多个任意平面立体消隐的“边－面”比较算法，这是一种针对多面体消隐的通用性算法。算法中所指的平面立体对于正交投影是指原物体，对于透视投影是指4.8.2节形成的透视变换体。何援军先生(上海交通大学教授，国内著名的图形学和CAD专家，研制了多套图形和CAD系统)在国内最早提出和实现了该算法，对于三维模型

的轮廓显示做出了历史性的贡献。

1. “边-面”比较算法步骤

(1) 计算立体各表面外法矢的 E 值，由 E 值将各表面分成潜在可见面和不可见面两种。$E>0$ 的面即朝前面称为潜在可见面，因它仍有可能被本立体的其他面或其他立体的面挡住，故称为潜在可见面；$E\leqslant 0$ 的面即朝后面及重影面称为不可见面。这一步目的是排除不可见面留下潜在可见面。

(2) 在潜在可见面之间进行隐藏关系的判别与计算。我们把潜在可见面的棱边称为潜在可见棱边。若两个潜在可见面有隐藏关系，要进一步判别潜在可见面上的潜在可见棱边哪些线段被遮挡以及被挡住的部位，从而确定线段上的可见子段和不可见子段。

(3) 求出不可见子段的并集，得到线段可见部分并输出。这种情况用于某线段与多个表面有隐藏关系，需要把该线段分别与各个表面进行比较，每次比较得到一种可见子段和不可见子段的分布情况，最后求所有不可见子线段的并集，其补集就是可见线段，然后输出。

由此可见，在整个消隐过程中，要进行大量的计算与判别。下面按消隐处理的顺序介绍主要的几何计算及判别方法。

2. 算法中的主要几何计算及判别

1) 棱边与面遮挡与否的检测

这种检测主要用来排除不可能有遮挡关系的对象，以减少计算工作量，加快处理速度。如图 7.5 所示，取一条潜在可见棱边 P_1P_2(其坐标分别为 x_1、y_1、z_1，x_2、y_2、z_2)与一个朝前面 $QRST$ 的包围盒作比较，若满足下列条件之一，则棱边 P_1P_2 不被平面 $QRST$ 遮挡：

(1) $x_1>x_{max}$ 且 $x_2>x_{max}$，即 P_1P_2 在该平面之左；

(2) $x_1<x_{min}$ 且 $x_2<x_{min}$，即 P_1P_2 在该平面之右；

(3) $z_1>z_{max}$ 且 $z_2>z_{max}$，即 P_1P_2 在该平面之上；

(4) $z_1<z_{min}$ 且 $z_2<z_{min}$，即 P_1P_2 在该平面之下；

(5) $y_1>y_{max}$ 且 $y_2>y_{max}$，即 P_1P_2 在该平面之前。

这里，x_{min}、x_{max}、y_{min}、y_{max}、z_{min}、z_{max} 分别是盒子的边界坐标。

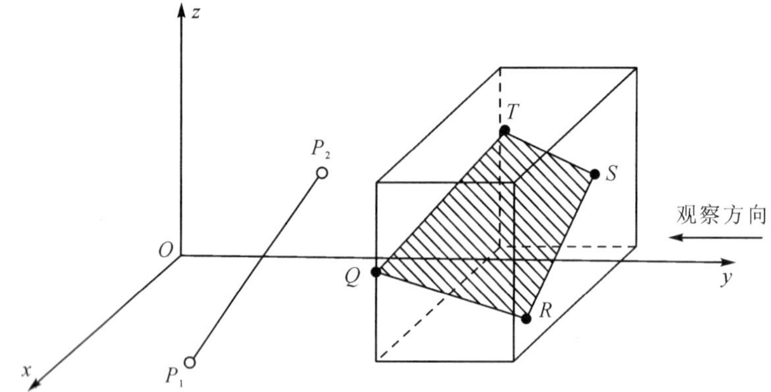

图 7.5 棱边与平面的遮挡关系

若棱边与所有朝前面没有遮挡关系，则棱边可见；否则，即被测棱边被部分遮挡、被全部遮挡或不满足包围盒判断的未遮挡情况下需作下面的进一步测试。

2）两直线段投影的交点及深度的检测

该方法用于被测棱边被部分遮挡的检测计算。方法是检测被测棱边与朝前面的棱边投影相交时交点处的深度，即确定哪个点离观察者近。如图 7.6 所示，AB 是被测棱边，CD 为朝前面上一条棱边，两者在空间交叉，且在 xOz 投影面上的投影相交。首先求出投影的交点（即重影点），然后按两直线上重影点处的 y 坐标（即深度）的大小来判别可见性。

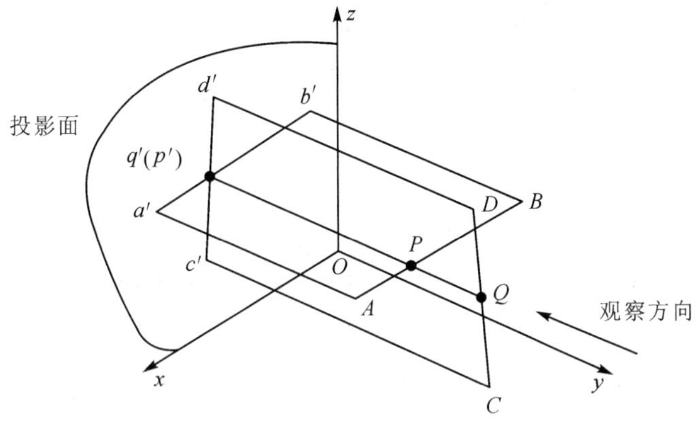

图 7.6　两直线重影点的深度检测

两直线段 AB、CD 的投影线段 $a'b'$、$c'd'$ 的参数方程分别为

$$\begin{cases} x = x_a + \lambda(x_b - x_a) \\ z = z_a + \lambda(z_b - z_a) \end{cases}$$

$$\begin{cases} x = x_c + \mu(x_d - x_c) \\ z = z_c + \mu(z_d - z_c) \end{cases}$$

联立方程，求解得

$$\begin{cases} \lambda = \dfrac{(x_c - x_a)(z_c - z_d) - (x_c - x_d)(z_c - z_a)}{(x_b - x_a)(z_c - z_d) - (x_c - x_d)(z_b - z_a)} \\ \mu = \dfrac{(x_b - x_a)(z_c - z_a) - (x_c - x_a)(z_b - z_a)}{(x_b - x_a)(z_c - z_d) - (x_c - x_d)(z_b - z_a)} \end{cases}$$

若分母为零，则两投影线段平行或重合，无交点。若 $\lambda \in [0, 1]$，且 $\mu \in [0, 1]$，则两投影线段的交点在两线段范围内，为有效交点，说明有重影点；否则两线段投影不相交，即无重影点。线段 AB 上的重影点 P、线段 CD 上的重影点 Q 的 y 坐标由直线参数方程的 y 分量求得，即

$$\begin{cases} y_P = y_a + \lambda(y_b - y_a) \\ y_Q = y_c + \mu(y_d - y_c) \end{cases}$$

若 $y_Q > y_P$，被测棱边上 P 点为被遮点，令遮挡关系参数 RMB=λ；若 $y_Q < y_P$，被测棱边上 P 点为可见点，令遮挡关系系数 RMB=$-\lambda$。

由于讨论对象为一般平面立体，因此它可能有凹多边形表面和有内孔的表面。图 7.7 是一被测棱边 P_1P_2 穿越有内孔的表面 F 的情况，被测棱边 P_1P_2 与表面 F 有四个重影点，其位置参数分别为

$$\lambda_1 = 0.1,\ \lambda_2 = 0.3,\ \lambda_3 = 0.7,\ \lambda_4 = 0.9$$

特殊地，棱边端点的位置参数 λ 为 0 或 1。

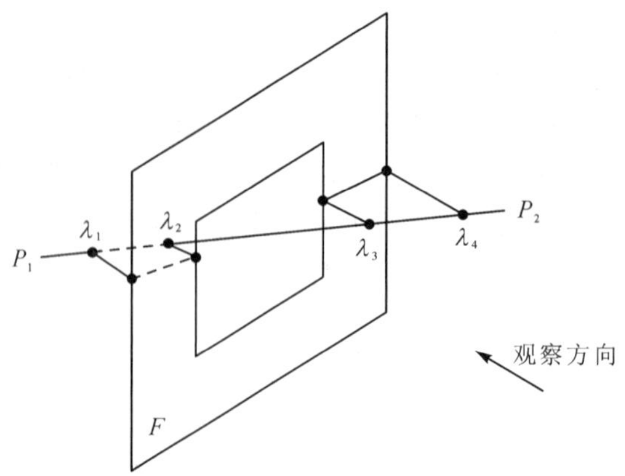

图 7.7　棱边穿越表面的情况

通过重影点处的深度比较，仅前两个重影点被遮挡，四个重影点遮挡关系参数为

$RMB_1=0.1$，$RMB_2=0.3$，$RMB_3=-0.7$，$RMB_4=-0.9$

RMB 可用一维数组或链表表示，记录被测棱边重影点处的位置及深度检测信息，作为判断可见性的依据。

3）直线段的投影包含在平面投影之内时的深度检测

用于被测棱边被完全遮挡，或被测棱边靠前完全未遮挡，或被测棱边穿越孔洞时的检测计算。此时，被测棱边与朝前面可能不相交（如完全在朝前面之后或之前），也可能相交（如棱边穿越表面孔洞的情况）。

图 7.8 中 P_1P_2 为被测棱边，它与朝前面 F 的棱边投影没有有效交点，且与面 F 不相交。这时通过 P_1 或 P_2 作平行于 y 轴的直线 l_1 或 l_2，如直线 l_1 的方程为

$$\begin{cases} x=x_1 \\ y=y_1+t \quad (t\text{ 为 } y \text{ 坐标增量}) \\ z=z_1 \end{cases}$$

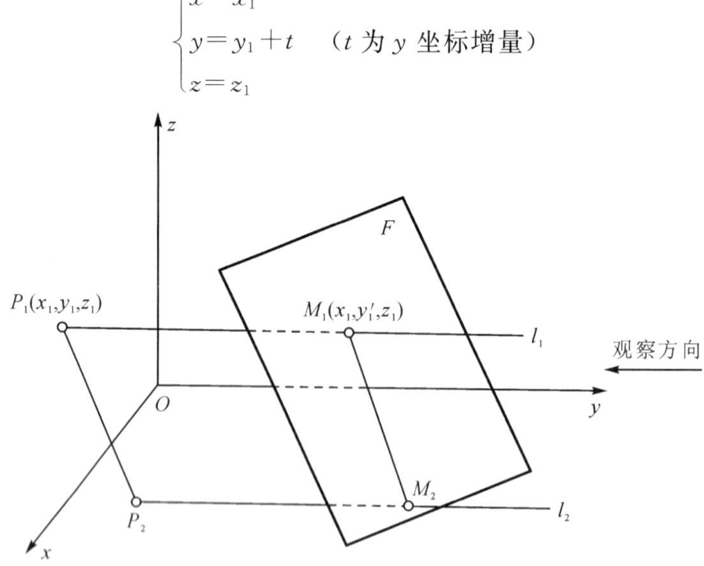

图 7.8　无有效交点时的深度检测

平面 F 的方程为

$$Ax+By+Cz+D=0$$

平面 F 的方程系数 A、B、C 为该面外法线矢量的三个分量，D 可由平面上一顶点及上

述方程求出。

直线 l_1 与平面 F 的交点 $M_1(x_1, y_1', z_1)$ 处的 t 值为

$$t=\frac{Ax_1+By_1+Cz_1+D}{-B}$$

则

$$y_1'=y_1+t$$

若 $t>0$，即 $y_1<y_1'$，则棱边 P_1P_2 被遮挡；若 $t<0$，即 $y_1>y_1'$，则棱边 P_1P_2 可见。

被测棱边与朝前面棱边投影不相交时，若被测棱边两端点均未被遮挡(即被测棱边在朝前面之前)或一个端点被遮挡而另一个端点未被遮挡(即被测棱边穿越孔洞)，则棱边 P_1P_2 可见；若被测棱边两端点均被遮挡，这时棱边 P_1P_2 可能可见(如朝前面有孔洞时)，也可能不可见(如朝前面无孔洞时)，需要进入下一步的落影区包含性检测予以确定。

4) 点与平面图形投影包含性检测

通过 2)、3)两步计算，基本上确定了被测棱边被朝前面遮挡的子段。但究竟哪些子段是可见的，哪些子段是不可见的，还没有准确地加以区分。为此需进行落影区包含性检测，以解决这些问题。

设朝前面在 xOz 投影面上的投影为 F'，被测棱边在该投影面的投影为 $P_1'P_2'$，如图 7.9 所示。从 $P_1'P_2'$ 各子段(图中 7 段)的中点沿 z 轴向下引直线，求出引线与 F' 面的边线的有效交点(即射线与线段相交)数，若交点数为奇数且子段两端的 RMB 均大于 0，则该子段为不可见；若交点数为偶数(含 0)或交点数为奇数但子段两端的 RMB 均小于 0，则该子段为可见。

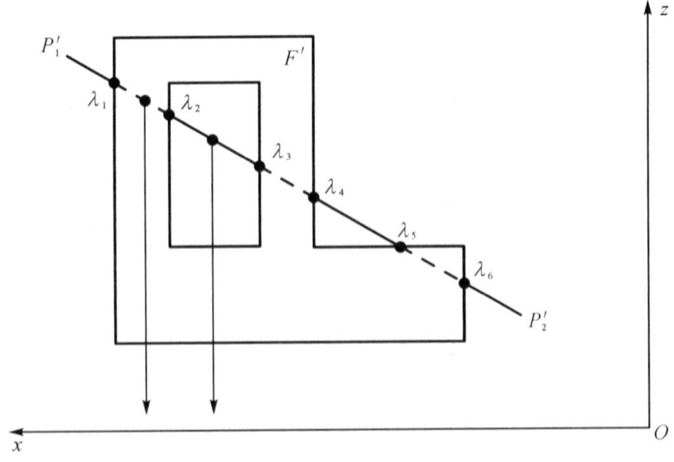

图 7.9　点与平面投影包含性检测

进行包含性检测时，要正确处理重交点，以免判断出错。所谓重交点，是指引线与平面图形的顶点相交，产生两个交点。处理重交点的方法是：平面图形各边线段的 $x_{\min}$、$x_{\max}$ 与引线的 x_P 坐标如果满足不等式

$$x_{\min}<x_P\leqslant x_{\max}$$

则引线与平面图形的顶点在相交时计为一个交点，否则不计为交点。图 7.10 表示采用这种重交点处理方法的几种情况。

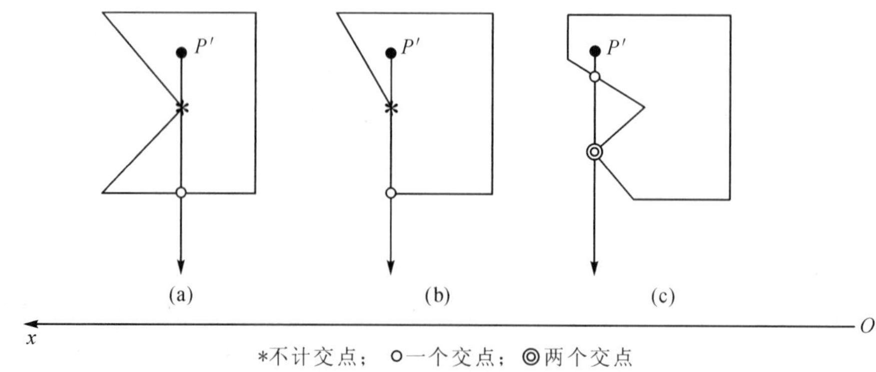

图 7.10　重交点的判断处理

5）不可见子线段的求并集运算

如图 7.11 所示，假设一条被测棱边投影与第一个朝前面棱边投影的有效交点位置为 λ_{11}、λ_{12}、λ_{13}、λ_{14}，其不可见子段经包含性检测后定为 $\lambda_{11}\lambda_{12}$ 及 $\lambda_{13}\lambda_{14}$(图中画剖面线的两段)。该棱边投影与第二个、第三个朝前面棱边投影的有效交点位置及不可见子段也表示在图中。通过求棱边与这三个面的不可见子段的并集，得到 $\lambda_2\lambda_3$ 及 $\lambda_4\lambda_5$ 为不可见子段，其补集 $\lambda_1\lambda_2$、$\lambda_3\lambda_4$、$\lambda_5\lambda_6$ 为可见子段。这样，一条被检测棱边经过前面四步的计算最终得到它的可见子段，将可见部分绘制出来。对所有朝前面的棱边均进行这样的处理，从而绘制出一般平面物体消隐后的立体图。

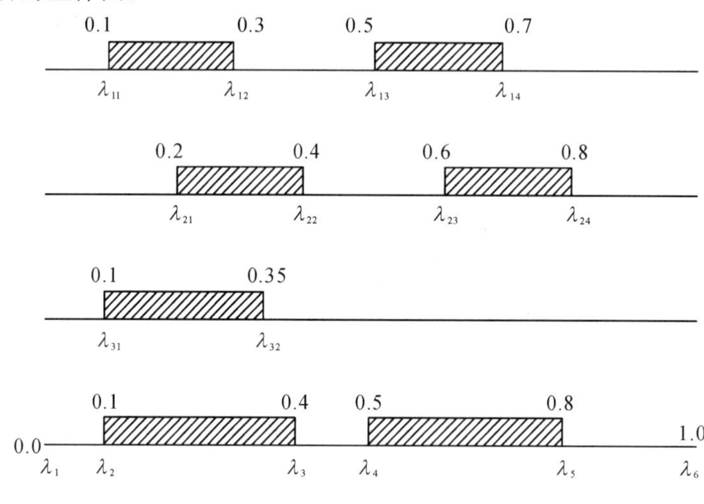

图 7.11　不可见子段求并集

7.4　深度存储算法

深度存储算法也称为 Z 缓冲区算法(这里的 Z 表示深度)，它是典型的消除隐藏面算法，与光照计算(第 8 章介绍)紧密结合，应用较为广泛。OpenGL 采用了该算法。

深度存储算法是 Catmull 在 1975 年提出的，这种算法对视区内的每个像素点都记录其对应的最靠近观察者的一个对象(如物体某表面上的点)的深度及颜色。

假定屏幕视区是矩形区域，矩形区域的范围为 $x_{min} \leqslant x \leqslant x_{max}$，$y_{min} \leqslant y \leqslant y_{max}$，$(x, y)$为视区内像素点的位置坐标，均为整数。建立深度数组 depth(x, y)和颜色数组 intensity(x, y)，颜色由光照计算得到。设要消隐的物体是由多个平面多边形围成的，y 轴方向为观察方向亦即深度方向，如图 7.2(a)所示。

参见图 7.12，算法的主要步骤如下：

(1) 对视区内所有像素点置初值，即初始化如下：

depth$(x, y) = y'_{max}$　(取足够大的一个值表示深度最大值，代表离观察者最远)

intensity(x, y) = 背景值

(2) 把组成物体的每一个多边形表面投影到屏幕上，即在图 7.2(a)所示投影体系下经过投影变换和窗口到视区的变换，利用区域像素填充的方法找出相应的投影多边形区域内的所有像素(x, y)。

(3) 求出该多边形每个像素在该表面上对应点处的深度值 y' 及颜色值。方法是先利用视区到窗口的变换(即窗口到视区的逆变换)求出与像素对应的表面上点的正交投影坐标(亦即世界坐标)x'、z'，再用表面的平面方程求出深度值 y'，即

$$y' = (-D - Ax' - Cz')/B$$

这里要指出的是，对于正交投影，取原物体的表面求 y'；对于透视投影，按 4.8.2 节取透视变换体的表面求 y'。

(4) 对该多边形的每个像素：若其 $y' <$ depth(x, y)，则说明该点离观察者又近了，有可能可见，应重新记录这个像素点的深度值及颜色值，即令

depth$(x, y) = y'$

intensity(x, y) = 颜色值

若其 $y' \geqslant$ depth(x, y)，则说明此点又远离了观察者，肯定不可见，保持 depth(x, y)和 intensity(x, y)不变。

(5) 所有的多边形表面都处理完后，颜色数组 intensity(x, y)中存储了物体最靠近观察者的表面的颜色信息，即消隐后的结果，向帧缓冲存储器输出即可得到消隐后的立体图像。

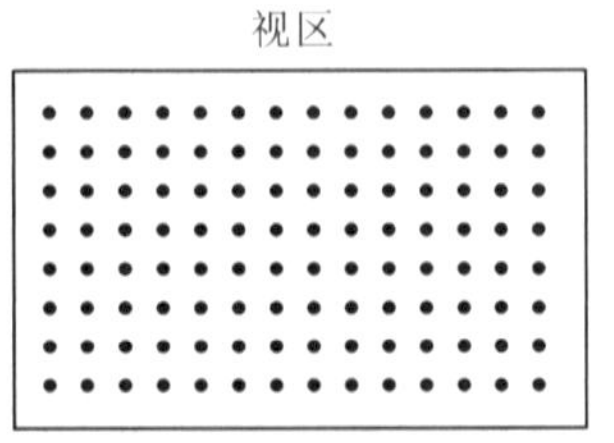

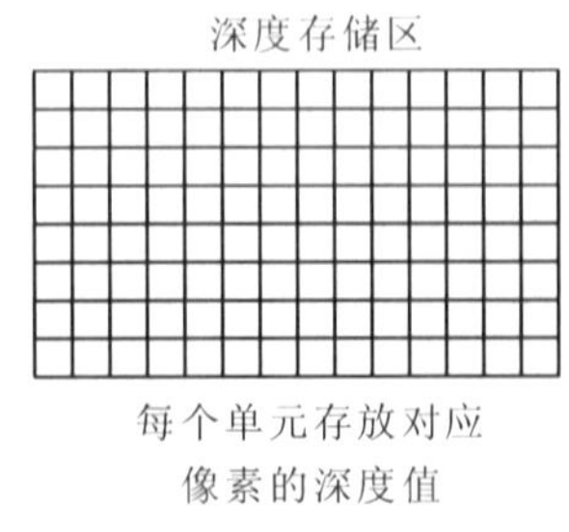

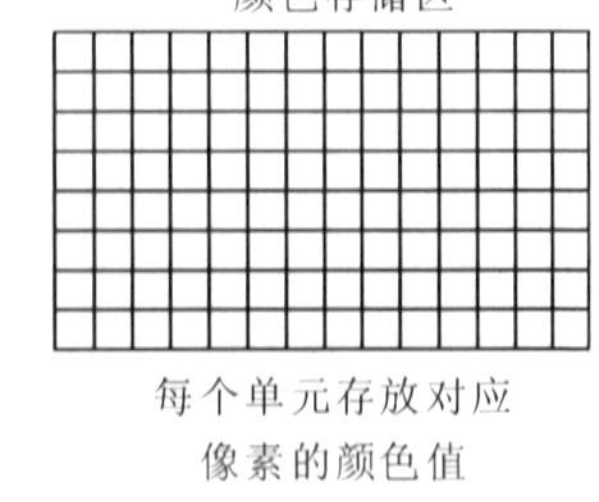

图 7.12　深度与颜色存储

7.5　扫描线算法

扫描线算法以光栅扫描为前提条件，一行像素就是一条扫描线。理解扫描线算法的关

键是要清楚屏幕、投影面、物体(对于透视投影则为透视变换体)三者的关系，扫描线在屏幕坐标系下，而投影面、物体在观察坐标系下，由屏幕到投影面要利用窗口到视区的逆变换。扫描线算法的投影体系如图 7.2(b)所示。

扫描线算法的基本思想是：按扫描行的顺序处理一帧画面，在由过扫描线且平行于坐标平面所形成的扫描平面上解决消隐问题。当处理了全部的扫描线后，可见的图形元素用光照计算的颜色描绘出来，并消除不可见图形元素。典型的扫描线算法有扫描线间隔连贯性算法和扫描线 z 缓冲区算法，后者是前者算法和上节深度存储算法的结合。这里介绍扫描线间隔连贯性算法。该算法的主要步骤如下：

(1) 求出扫描线与各投影多边形的交线。

屏幕上的每一个投影多边形均可以由一组扫描线段表示。如图 7.13 所示，扫描线 m 同时与三个多边形 F_1、F_2 和 F_3 相交，其中多边形 F_1 有两条扫描线段 S_{11} 和 S_{12}，多边形 F_2 有扫描线段 S_{21}，多边形 F_3 有扫描线段 S_{31}。从图中看出，S_{21} 与 S_{31} 有重叠部分。

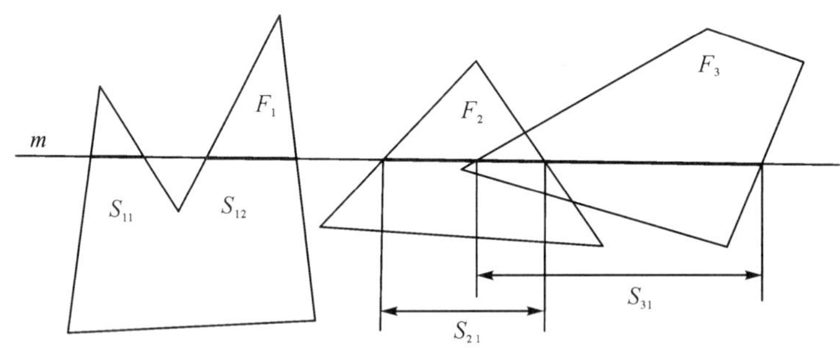

图 7.13　扫描线与多边形相交

(2) 确定采样间隔的可见性。连续可见的扫描线段间隔称为采样间隔。采样间隔的确定可采用以下准则：

① 采样间隔上没有任何多边形时，采样间隔用背景色显示。

② 采样间隔上只有一个多边形(如图 7.13 中的 S_{11}、S_{12})时，采样间隔用多边形在该处的光照计算颜色显示。

③ 采样间隔上存在两个以上的多边形(如图 7.13 中的 S_{21} 与 S_{31} 的重叠部分)时，必须按照步骤(3)通过深度测试来判断两多边形的可见性。当物体的表面相互贯穿时，还需求出它们与扫描平面(平行于 xOy) 的交点，这些交点将该采样间隔分为更小的采样间隔。通过判别这些小间隔的可见性，便可确定物体表面(即多边形)的可见性。

(3) 确定多边形的可见性。一般地，在间隔内任取一采样点(如间隔中点)，分析该点处多边形的远近。如果哪个多边形离视点最近(即 y 坐标最大)，则该多边形在该间隔内为可见多边形，其他多边形在该间隔内均不可见。对可见间隔内的每一像素，用光照计算的颜色进行显示。

如图 7.14(a)所示，在 xOz 投影面上，F_1、F_2、F_3 三个多边形相互重叠，这时，如果要判别它们是否相交及不相交时的前后关系(即可见性)，就需要判别它们与扫描平面 m 相交时交线的相对位置。

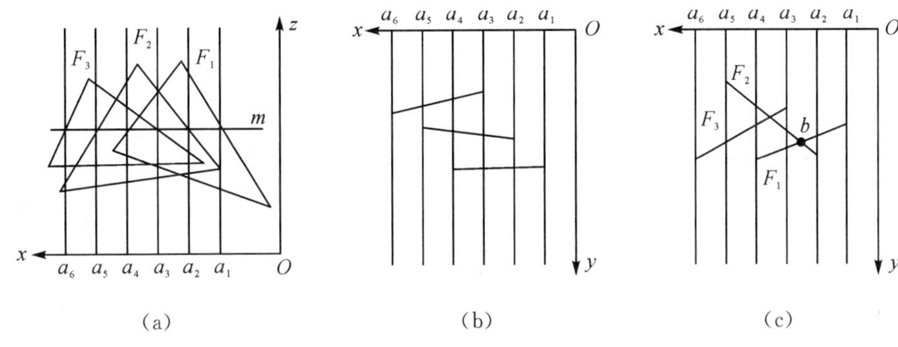

图7.14 采样间隔的分类与选择

在图7.14(b)中，扫描平面 m 与多边形 F_1、F_2、F_3 的边的交点的 x 坐标用 a_1，…，a_6 表示，各多边形与扫描平面的交线之间互不相交，这时，可通过 y 坐标判别多边形各部分的可见性，而不必把子区间再细分为更小的间隔。在图7.14(c)中，多边形与扫描平面的交线之间相交。在 $[a_2, a_3]$ 子区间中，F_1 与 F_2 交于一点 b。在 $[a_2, b]$ 上，F_2 可见，而在 $[b, a_3]$ 上，F_1 可见。

习 题 7

1. 消隐算法分哪几类，各解决什么问题？
2. 试述单个凸多面体的消隐算法及数据结构。
3. 用C++和OpenGL编程实现单个凸多面体的消隐算法。
4. 在图形处理中经常用到轴向包围盒，包围盒的作用是什么？
5. 简述“边-面”比较算法的主要步骤。
6. “边-面”比较算法中的“边”“面”意指什么？
7. 简述深度存储算法步骤。
8. 如何由物体表面像素点求其对应的空间点的深度坐标？
9. 简述扫描线间隔连贯性算法步骤。
10. 扫描线间隔连贯性算法中的扫描线段间隔如何求取？

第 8 章　真实感图形的生成

通过建模得到的物体在屏幕上以三维轮廓线图显示并经消隐处理后，已经具有较强的立体感，但为了使图形更为逼真，还要考虑物体表面由于光照而产生的明暗变化，对物体表面进行浓淡处理，使计算机产生的图形与现实世界中的物体更为接近，这就是真实感图形（又称为光照明仿真图像）的生成问题。本章介绍颜色模型、光照明模型以及纹理映射等内容。

课程思政：

明暗处理、透明处理、图像纹理定义等非线性问题是通过转化为线性插值、双线性插值解决的，其方法是矛盾转化这一哲学思维方法的运用。

8.1　概　　述

利用计算机绘制真实感图形有很大的实用价值。例如，在产品外形设计中，常需要制作实物模型来检查设计效果，特别是对那些外形美感要求较高的产品，往往需要根据模型反映的问题不断修改设计方案，以获得最佳造型效果，这就需要反复制作模型，耗费大量的人力物力。而采用计算机真实感图形绘制技术，就可以方便地在屏幕上显示产品各种角度的真实感视图，并在屏幕上直接对外形进行交互式修改，这种绘制技术可以代替实物模型的制作。同样，建筑师在建筑设计时，也可以不必制作精致的模型，只需将他的设计通过各种真实感视图表现出来。这种技术大大节约了人力物力，并使设计周期得以缩短，质量得以提高。除此之外，真实感图形绘制技术在飞行训练、战斗模拟、分子结构研究、医学、计算机动画以及影视广告等领域都有广泛的应用。

用计算机在显示器上生成真实感图形的基本步骤如下：

第一，几何建模，可由三维实体造型系统和表面造型系统来完成。

第二，根据需要的观察效果，通过对场景（即物体对象）进行观察变换、正交投影变换或透视变换，将三维几何模型转换为正交投影图或透视图，并通过窗口到视区的变换即视口变换得到屏幕上显示的模型视图。

第三，使用隐藏面消除算法（如扫描线算法）确定场景中的所有可见面，将不可见面消除。

第四，计算场景中可见面的颜色，即计算可见面投射到观察者眼中的光亮度大小和色彩分量，并将它转换成适合图形设备的颜色值，从而确定屏幕画面上每一像素的颜色，最终生成真实感图形。如图 8.1 所示，图中的投影面与屏幕画面借助窗口到视区的变换可以相互转换，确定像素光亮度思路为：将视点与像素连线形成视线，视线与可见面交点得到可见点，该点处入射光线形成的反射光线在视线方向的分量就是该点的光亮度。

可用光照明模型来计算物体表面向空间给定方向辐射的光亮度。假定物体由理想的材料构成，其表面是光滑的(这时仅考虑光源照射在物体表面产生的反射光)，这种简单的光照明模型生成的图形可以模拟出不透明物体，其表面的明暗过渡具有一定的真实感效果。而复杂的光照明模型除了考虑上述因素外，还必须考虑周围的环境光对物体表面的影响。例如，光亮平滑的物体表面会将环境中其他物体映在其表面上，如果要是透明物体，还可以看到其后的环境景象。这种复杂的光照明模型称为整体光照明模型。整体光照明模型可以模拟出镜面映像、透明等较为精致的光照效果。为了表现自然界中的阴影，在应用光照明模型时，还需要判定物体表面是否位于阴影区内，以取舍相应的照明影响。更精致的真实感图形的绘制还要考虑物体表面的纹理细节，这可以通过一种称为“纹理映射”的技术来完成。该技术把已有的平面花纹图案映射到物体表面上，并在应用光照明模型时将花纹的颜色考虑进去。对物体表面细节进行模拟，可使真实感图形更逼真形象。

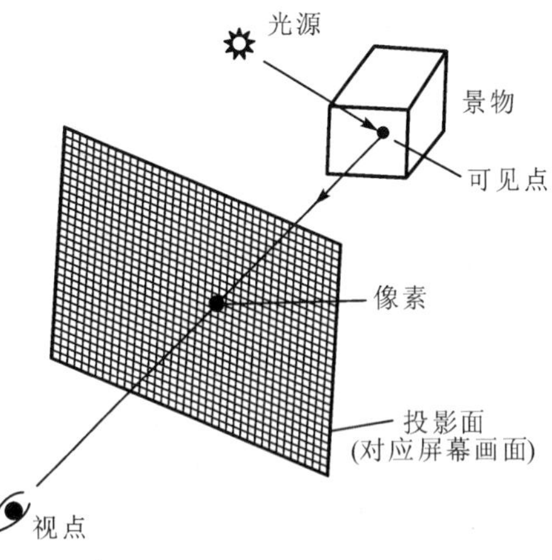

图 8.1 画面像素颜色值的确定

8.2 颜色模型

1. 光与光源

光是一种电磁波。图 8.2 为电磁波谱的分布(按波长由小到大排列)，人的眼睛只能看到可见光部分。可见光仅占很窄的一个波谱范围，其波长在 0.38～0.76 μm(380～760 nm)之间。可见光的波长值高端是红色，波长值低端是紫色，从波长值高端到波长值低端的光谱颜色的变化分别是红、橙、黄、绿、青、蓝、紫。

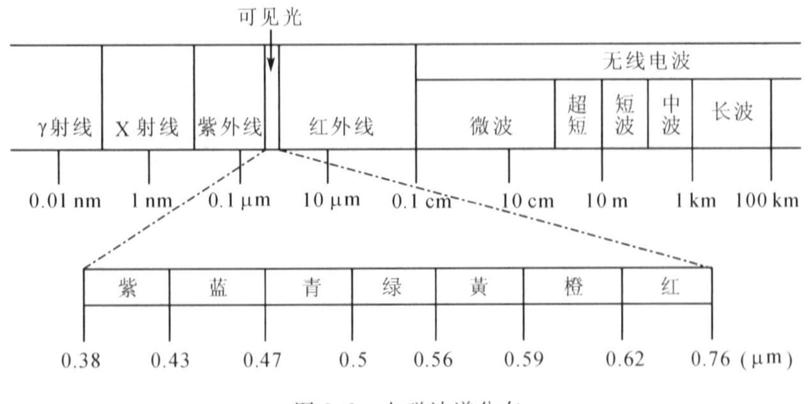

图 8.2 电磁波谱分布

太阳或白炽灯泡等光源发射可见光谱中的全部波长而产生白色光。当眼睛接受到的光包含所有可见光信号且其强度大体相近时，人们感觉到的是没有颜色的白光，这说明人眼有把多种颜色混合的能力。

2. 颜色与物体

我们知道，当光照射到一个物体表面上时，会出现三种情形：首先，光可以通过物体表面向空间反射，产生反射光；其次，对于透明体，光可以穿透该物体并从另一端射出，产生透射(折射)光；最后，部分光将被物体表面吸收而转换成热。在上述三部分光中，仅仅是透射光和反射光能够产生视觉效果。物体表面的反射光和透射光决定了物体呈现的颜色。具体来说，反射光和透射光的强弱决定了物体表面的明暗程度，而这些光中含不同波长光的比例决定了物体表面的色彩。而反射光和透射光的强弱及光谱组成又取决于入射光和物体表面对入射光中不同波长光的吸收程度。例如，当一束白光照射在一个除红光波长外均全吸收的不透明物体表面时，物体表面呈红色。但若用一束绿光照射该物体，则物体将呈现黑色，由此可知，脱离照射光来讨论一个物体的颜色是没有意义的。通常我们所说的物体颜色均假定照射光为白光。在真实感图形生成研究中，一般假定光源为白光。

在光源为白光的照射下，物体表面呈现的颜色是由表面向视线方向反射的光能决定的。如果表面反射光中等量地包含了所有波长的可见光，则按反射光能的大小表面将呈现白色(反射80%以上的入射光)、黑色(反射小于3%的入射光)或灰色(反射3%～80%的入射光)，即为非彩色；否则，表面将呈现出颜色。例如，若表面反射光中仅含蓝光波长，则表面将呈蓝色。由于颜色只是可见光的一种视觉特性，因此在光学中注重研究和分析光的光谱分布。光谱分布表示了一束光中不同波长的光所占的比例，它是波长的函数。显然，光谱分布唯一地决定了相应的可见光的色彩。

3. 颜色三要素——色彩、饱和度和亮度(或色相、纯度、明度)

从视觉的角度来分析，颜色由色彩(hue，或色相)、饱和度(saturation，或纯度)和亮度(lightness，或明度 value)三个要素决定，参见图8.3。

色彩，就是我们通常所说的红、绿、蓝、紫等，是使一种颜色区别于另一种颜色的要素。

饱和度就是颜色的纯度，是单色中掺入白色的度量。在某种颜色中添加白色相当于减少该颜色的饱和度，如鲜红色比粉红色的饱和度高等。

亮度即颜色光的强度。

Hue Changes
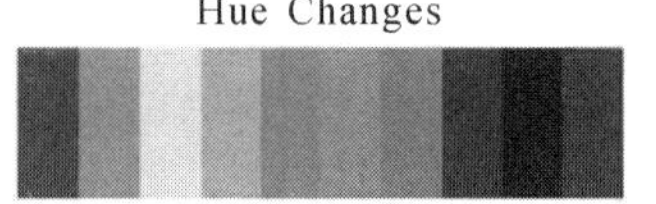
Saturation Changes
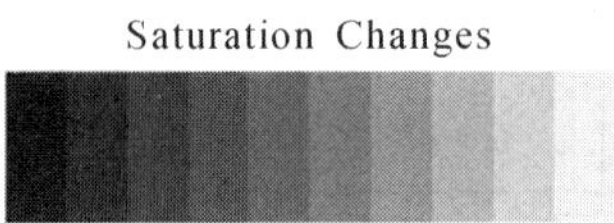
Lightness Changes
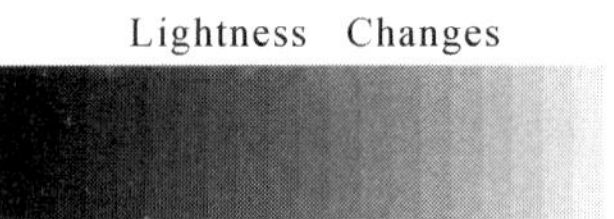

图8.3　色彩、饱和度和亮度

4. 三原(基)色与CIE色度图

1) 三原(基)色

两种不同的颜色可以混合生成另一种颜色。如果两种颜色混合成白色光，它们就被称为互补色。红色和青色、绿色和品红以及蓝色和黄色都是互补色。适当选择两种或多种初始颜色可以形成许多其他颜色。用来生成其他颜色的初始颜色称为原(基)色。

例如，彩色图形显示器(CRT)上每个像素都是由红、绿、蓝三种荧光点组成的，这是以人类视觉颜色感知的三刺激理论为基础设计的。三刺激理论认为：人类眼睛视网膜中的锥状视觉细胞分别对红、绿、蓝三种光最敏感。根据此理论，颜色可由三原(基)色合成，三原色具有其中任意两种的组合都不能生成第三种的特点。由三原色就建立了颜色合成的三维颜色空间。但是，实际中的某些颜色并不能完全由三原色合成得到，也就是说，由三原色合成的颜色仅是可见光色的子集。虽是子集，但三种原色对多数应用来说是足够的。

2) CIE 色度图

由于不存在一组原色可用来组合显示出所有可见光的颜色，国际照明委员会(CIE)于 1931 年定义了三种标准原色 X、Y、Z。这三种原色是想象的颜色。定义这三原色的同时还定义了一组颜色匹配函数，如图 8.4 所示。

图 8.4 中的曲线不是代表原色的光谱，而是用来代表匹配各种可见光色所需的每一种原色的量的比例关系。例如，合成 470 nm 波长的可见光需要的 X 原色量、Y 原色量、Z 原色量的比例如图中所示。这就给出了定义各种颜色的国际标准。

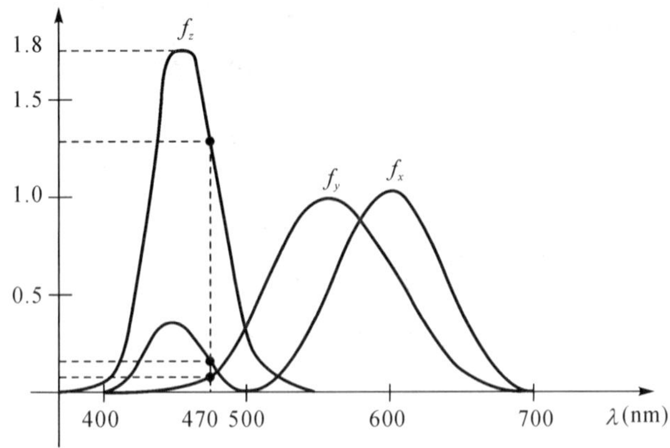

图 8.4　可见光颜色匹配函数

在 CIE 标准中，对于可见光谱中的任意一种颜色 C，可以找到一组权(x，y，z)，使得 C 都可以由 X、Y、Z 三原色表示(合成)：

$$C = xX + yY + zZ \quad (xX、yY、zZ 之间满足可见光颜色匹配函数)$$

若用 X、Y、Z 代表原色分量坐标轴，据此可绘出可见光颜色与分量的关系图，如图 8.5 所示。它是一个 XYZ 空间中包含所有可见光的锥体，整个锥体落在第一象限。该锥体的特点为：从原点引一条穿过该锥体的任意射线，射线上除原点外的任意两点代表的色光(即颜色)具有相同的波长(色彩)和纯度(饱和度)，这是因为两点坐标满足(X_1，Y_1，Z_1)$=\alpha$(X_2，Y_2，Z_2)，($\alpha>0$)，差别仅在亮度。

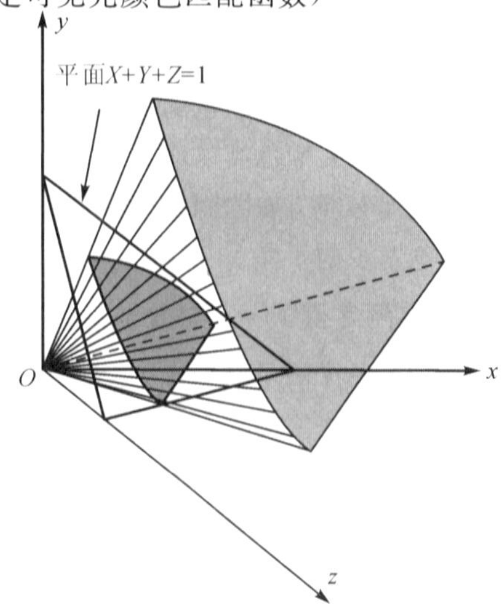

如果只考虑颜色的色彩和纯度，那么可以在每条射线上各取一点，就可以代表所有的可见光。习惯上，这一点取作射线与平面 $X+Y+Z=1$ 的交点(X'，Y'，Z')，其规格化坐标(x，y，z)称为色度(色彩和纯度合称为色度)值，则规格化坐标为

平面$X+Y+Z=1$

图 8.5　可见光的锥形体表示

$$x=\frac{X'}{X'+Y'+Z'}=X',\ y=\frac{Y'}{X'+Y'+Z'}=Y',\ z=\frac{Z'}{X'+Y'+Z'}=Z'$$

于是获得了颜色 C 的色度值 (x, y, z)。由于 $x+y+z=1$，因此三个色度值 x、y、z 中只有两个是独立的。

把与平面 $X+Y+Z=1$ 相交的色度值 (x, y, z) 中的 (x, y) 取出来绘制的马蹄形图形(由两条曲边和一条直边组成)称为 CIE 色度图，如图 8.6 所示，该图形象地反映了色度值与对应的颜色关系。

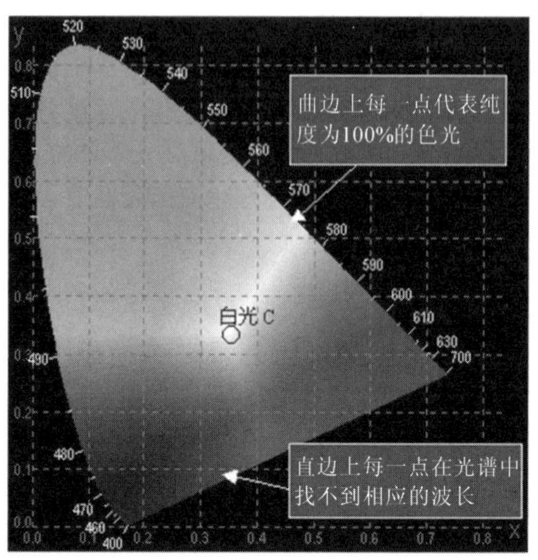

图 8.6　CIE 色度图

图 8.6 中，马蹄形图形的边界和内部代表了所有可见光的色度值。边界弯曲部分上的每一点，对应可见光光谱上某种纯度为百分之百的色光，线上标明的数字为对应的波长；红色位于图的右下角，从右下角沿边界往上、往左、再往下，依次为黄、绿、青、蓝、紫等颜色，绿色在图顶端，蓝色在图左下部；连接曲线两端点的直线称为紫色线，它并不属于光谱。中央一点 C 代表白光，它用作平均日光的近似标准，C 点接近于 $x=y=z=1/3$。CIE 色度图的主要应用如下：

(1) 计算任何颜色的波长和纯度；

(2) 定义颜色域以便显示合成颜色的效果。CIE 色度图为各行各业制定自己的颜色标准提供了依据，如印刷行业颜色标准、照相行业颜色标准、彩色电视用色标准等，它们都是 CIE 色度图的子集。

5. 颜色模型

CIE 色度图虽然全面，但使用不方便，于是人们提出了几个便于理解和使用的颜色合成系统，即颜色模型。所谓颜色模型，指的是某个三维颜色空间中的一个可见光子集，它包含某个颜色域的所有颜色。由此可见，任何颜色模型都无法包含所有的可见光。

常用的颜色模型有 RGB 模型、CMY 模型、HSV 模型、HLS 模型。RGB 和 CMY 模型主要是面向硬件的(前者面向显示设备，后者面向图形绘制设备)，也可以面向用户(用户在软件界面上指定三个分量值来合成颜色)。HSV 和 HLS 模型主要面向用户。

1) RGB 模型

RGB 模型采用红(R)、绿(G)、蓝(B)三原色合成色彩，红、绿、蓝称为色光三原色。

RGB 模型中，色彩是红、绿、蓝三原色按不同比例混合的结果。例如，青色是绿和蓝按相同比例合成的结果，白色是红、绿和蓝按相同比例合成的结果。图 8.7 是 RGB 模型颜色合成示意图。图 8.8 是 RGB 颜色模型，它是一个颜色立方体。

RGB 模型颜色合成的特点是：合成色比原色要明亮，参加合成的原色数越多，合成色越明亮，白色光最亮。故 RGB 模型也称为加色系统。加色系统常用于发光体，如彩色 CRT（阴极射线管）显示或彩色灯光。

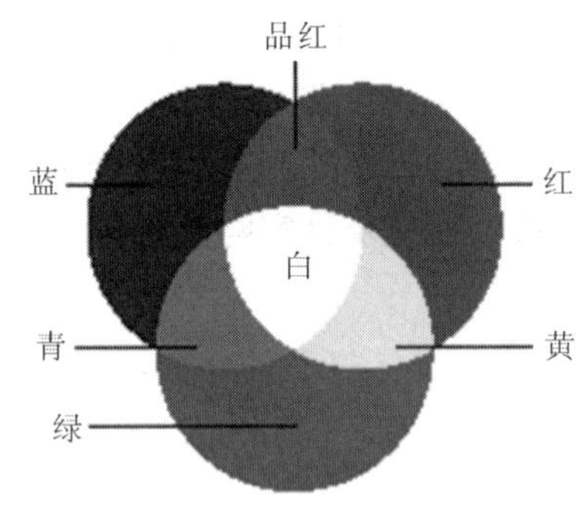

图 8.7　RGB 模型颜色合成示意图

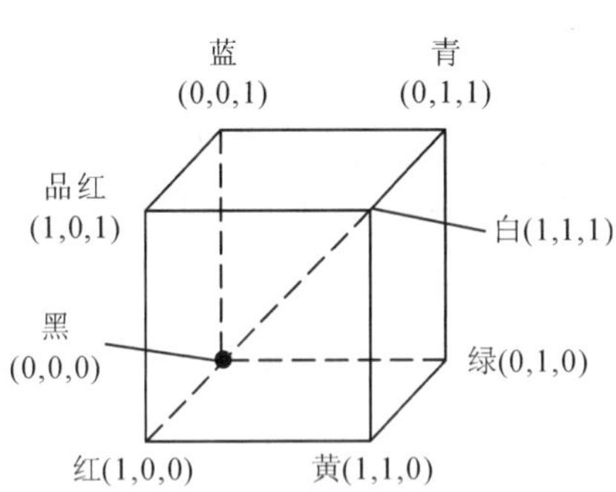

图 8.8　RGB　颜色模型

2）CMY 模型

CMY 模型采用红、绿、蓝三色的补色青（C，红的补色）、品红（M，绿的补色）、黄（Y，蓝的补色）三原色合成色彩，称为物体的三原色。CMY 模型中色彩是青、品红、黄三种颜料按不同比例混合的结果。例如，红色是黄和品红两种颜料按相同比例混合的结果，黑色是青、品红、黄三种颜料按相同比例混合的结果，图 8.9 是 CMY 模型颜色合成示意图。CMY 颜色模型类似于 RGB 颜色模型，也是一个颜色立方体。

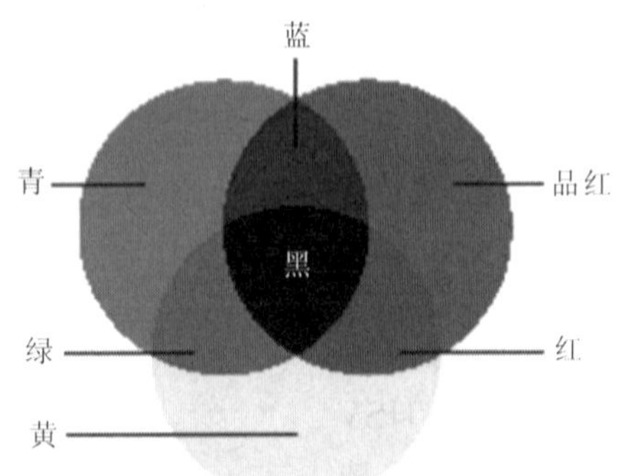

图 8.9　CMY 模型颜色合成示意图

CMY 模型颜色合成的特点是：合成色比原色要暗，参加合成的原色数越多，合成色越暗，黑色最暗。因此，CMY 模型也称为减色系统。减色系统常用于反光体，如图形打印机或无笔绘图机中的油墨、染料等。

3）HSV 模型

如图 8.10 所示为 HSV 颜色模型，即色彩（H）、饱和度（S）、亮度（V）模型，H 取值为 0°～360°，S 取值为 0～1，V 取值为 0～1。该模型对应于圆柱坐标系的一个圆锥形子集。圆锥体上任一点对应一个颜色，该点位置由 H、S、V 值决定。圆锥的顶点（原点）代表黑色

($S=0$，$V=0$，H 在定义域任意取值)；圆锥的底面中心代表白色($S=0$，$V=1$，H 在定义域任意取值)；从底面中心到原点代表亮度渐暗的白色，即形成渐暗的灰色。在圆锥底面圆周上，$S=1$，$V=1$，色彩 H 由绕 V 轴的旋转角给定，角度 0°、60°、120°、180°、240°、300°分别代表红、黄、绿、青、蓝、品红等纯色且较亮。在圆锥底面圆面上，由圆周向圆心移动，S 由 1 变为 0，颜色的纯度降低，相当于向纯色中不断添加白色，颜色由浓变淡。由圆锥底面圆周沿锥面向锥顶移动，V 由 1 变为 0，颜色的亮度降低，相当于向纯色中不断添加黑色，颜色由浅变深。对每种色彩(即 H 固定)，当 S 在 0 到 1 之间、V 在 0 到 1 之间时，相当于同时加入不同比例的白色、黑色，则可获得各种不同的色调。圆锥体上任一点与 H、S、V 值的对应关系为：该点与 V 轴构成的平面与 S 轴的夹角即为 H 值，S、V 的值由该点分别在两轴方向线性插值得到，如图 8.10 所示。HSV 模型对应于画家配色的方法。

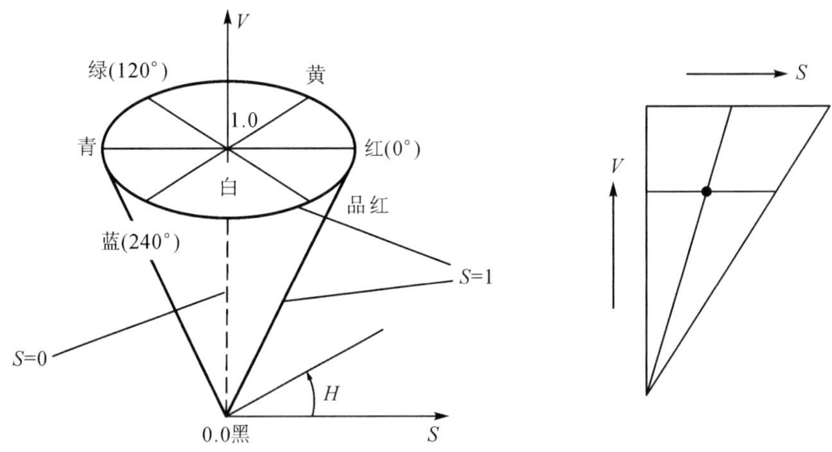

图 8.10　HSV 颜色模型

4) HLS 模型

图 8.11 所示为 HLS 颜色模型，即色彩(H)、亮度(L)、饱和度(S)模型，H 取值为 0°～360°，L 取值为 0～1，S 取值为 0～1。该模型对应于圆柱坐标系的一个双圆锥子集。双圆锥体上任一点对应一个颜色，该点位置由 H、L、S 值决定。HLS 模型与 HSV 模型类似，所不同的是，最饱和的色彩(即最纯的色彩)发生在 $S=1$、$L=0.5$ 处的双圆锥底面圆周上；对每种色彩(即 H 固定)，S 在 0 到 1 之间、L 分别在 0～0.5 和 0.5～1 之间时则可获得各种不同的色调。双圆锥体上任一点与 H、L、S 值的对应关系类似于 HSV 模型。

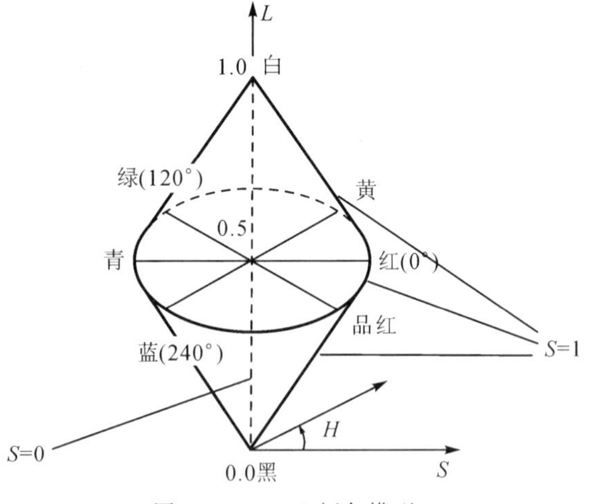

图 8.11　HLS 颜色模型

5) 颜色模型之间的转换

(1) RGB 与 CMY 的转换如下：

$$\begin{bmatrix} C \\ M \\ Y \end{bmatrix} = \begin{bmatrix} 255 \\ 255 \\ 255 \end{bmatrix} - \begin{bmatrix} R \\ G \\ B \end{bmatrix}$$

(2) CIE_XYZ 与 CIE－RGB 的转换如下：

$$\begin{bmatrix} R \\ G \\ B \end{bmatrix} = \begin{bmatrix} 0.4185 & -0.1587 & -0.0828 \\ -0.0912 & 0.2524 & 0.0157 \\ 0.0009 & -0.0025 & 0.1786 \end{bmatrix} \begin{bmatrix} X \\ Y \\ Z \end{bmatrix}$$

(3) RGB 与 HSV 的转换如下：

$$V=\frac{1}{3}(R+G+B)$$

$$S=V-\frac{3}{(R+G+B)}[\min(R, G, B)]$$

$$H=\arccos\left\{\frac{[(R-G)+(R-B)]/2}{[(R-G)^2+(R-B)(G-B)]^{1/2}}\right\}$$

① H 在[0，120]之间时：

$$B=V(1-S)$$

$$R=V\left[1+\frac{S\cos H}{\cos(60°-H)}\right]$$

$$G=3V-(B+R)$$

② H 在[120，240]之间时：

$$R=V(1-S)$$

$$G=V\left[1+\frac{S\cos(H-120°)}{\cos(180°-H)}\right]$$

$$B=3V-(R+G)$$

③ H 在[240，360]之间时：

$$G=V(1-S)$$

$$B=V\left[1+\frac{S\cos(H-240°)}{\cos(300°-H)}\right]$$

$$V=3V-(G+B)$$

8.3　光照明模型与基本光照明模型

8.3.1　光照明模型的概念

在计算机图学中，为了描述物体表面朝某方向反射光能的颜色，常使用一个既能表示光能大小又能表示其色彩组成的物理量，这就是光亮度。采用光亮度可以正确描述光在物体表面的反射、透射(折射)和吸收现象，因而可以正确计算出物体表面在空间给定方向上的光能颜色。影响物体表面光亮度的因素主要有：① 物体因素，如物体是否透明、物体表

面的光滑度、表面的方位、表面纹理、物体的阴影、物体的颜色；② 光源因素，光源的种类(如点光源、平行光源等)、光源的颜色、光源的光强度、光源的个数、光源的位置、环境光(背景光或泛光)；③ 观察者因素，即视点的位置。

所谓光照明模型，就是根据光学的有关定律(如反射定律、折射定律等)计算物体表面上的点投射到观察者眼中光线的光亮度的计算公式。考虑物体不透明且光只有漫反射和镜面反射，由此得到的光照明模型称为基本(简单)光照明模型(或局部光照明模型)。考虑物体之间的相互影响、光在物体之间的多重吸收且光具有反射和透射，此时得到的光照明模型称为整体光照明模型。整体光照明模型比基本光照明模型复杂得多，其表现力与实际情况非常吻合，但计算量较大、生成时间长，适合于静态生成图形。基本光照明模型是一个经验模型，但能在较短时间内获得具有一定真实感的图形(如能较好地模拟光照效果和镜面高光)且计算简单，所涉及的参数值易于确定，故有广泛的应用，特别适合于动态或实时生成图形。下面先介绍基本光照明模型。

8.3.2 基本光照明模型

基本光照明模型假设光源为白光、物体不透明(即无透射光)，物体表面呈现的颜色仅由其反射光决定。通常，人们把反射光考虑成三个分量的组合。这三个分量分别是环境反射(ambient)、漫反射(diffuse)和镜面反射(specular)。环境反射与光源无关，环境反射分量假定入射光均匀地从周围环境入射至景物表面并等量地向各个方向反射，而漫反射分量和镜面反射分量则表示特定光源照射在景物表面上产生的反射光，计算方法如下。

漫反射分量表示特定光源在景物表面的反射光中那些向空间各方向均匀反射出去的光。这种反射光可以使用朗伯(Lambert)余弦定律计算，如图 8.12 所示。朗伯定律指出，对于一个漫反射体，表面的反射光亮度和光源入射角的余弦成正比，即

$$I = I_{pd}\cos i \tag{8-1}$$

式中，I 为表面上任一点(如点 B)漫反射光的光亮度；I_{pd} 为光源垂直入射时(如点 A)漫反射光的光亮度；i 为光源入射角(入射光线与法线的夹角)。

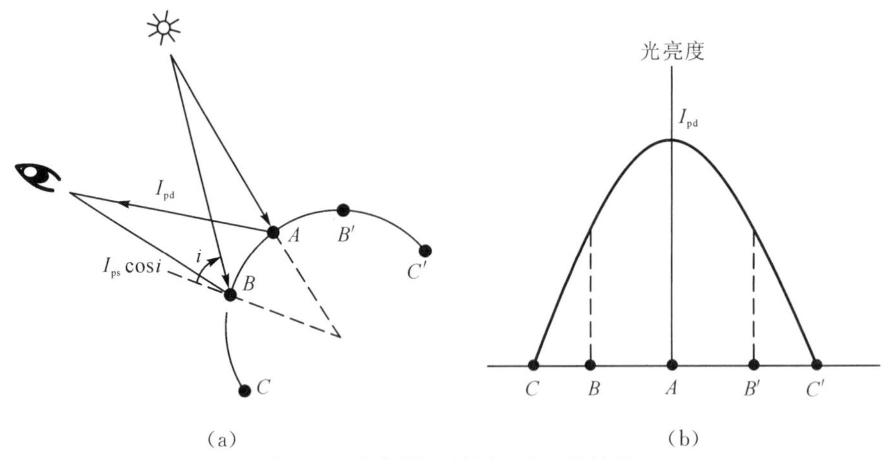

图 8.12 朗伯漫反射用于球面的情况

式(8－1)说明观察一个漫反射体时，人眼接收到的光亮度与入射光有关，而与观察者的位置无关。我们把这种反射称为漫反射或朗伯反射。图 8.12 表示了将式(8－1)用于球面的情形。由于点 A 的光源入射角为零，因此发出的光亮度最大(I_{pd})，而 B 和 B' 的光亮度较弱。由于 C 和 C' 的光源入射角为 90°，因此发出的光亮度为零。球面的明暗过渡曲线如图 8.12(b)所示。

采用式(8－1)计算物体表面的反射光亮度与对现实场景的观察不符，根据式(8－1)将球面的 C 和 C' 处理成黑色会失真。实际上因为物体表面除受特定光源照射外，还受到从周围环境来的反射光(如来自地面、天空、墙壁的反射光)的照射。这些环境光的照明效果可用环境反射分量进行模拟。由于环境反射分量假定入射光均匀地从周围环境入射至景物表面并等量地向各个方向反射，因此可用一常数来表示。这样，适用于漫反射体的光照明模型为

$$I = I_{pa} + I_{pd}\cos i \tag{8-2}$$

其中，I_{pa} 是环境反射分量，一般取 $I_{pa} = (0.02 \sim 0.2) I_{pd}$。

对许多物体(如石灰粉刷的白墙、纸张等)使用式(8－2)计算其反射光亮度是可行的。但对大多数物体，如经切削加工后金属体的表面、光滑的塑料物体表面等，受光照射后给人的感觉并非那样呆板，而是表现出特有的光泽。例如，一个点光源照射一个金属球时会在球面上形成一块特别亮的区域，呈现所谓的“高光”，它是光源在金属球面上产生的镜面反射光。

镜面反射光为具有一定方向的反射光，它遵循光的反射定律。反射光和入射光对称地位于表面法向的两侧。如果表面是纯镜面，则入射到表面面元上的光严格地遵从光的反射定律单向反射，如图 8.13(a)所示。对于一般的光滑表面，由于表面实际上是由许多朝向不同的微小平面组成，因此其镜面反射光分布于表面镜面反射方向的周围，如图 8.13(b)所示。按照 B. T. Phong 提出的公式(参见图 8.14)，镜面反射采用余弦函数的幂次进行模拟，即

$$I = I_{ps}\cos^n\theta \tag{8-3}$$

式中，I 为观察者接收到的表面任一点的镜面反射光亮度；I_{ps} 为镜面反射方向(即反射角等于入射角方向)上的镜面反射光亮度；θ 为视线方向(视点和表面上点的连线方向)和镜面反射方向的夹角；n 为镜面反射光的会聚指数(镜面高光指数，反映表面光滑程度)。

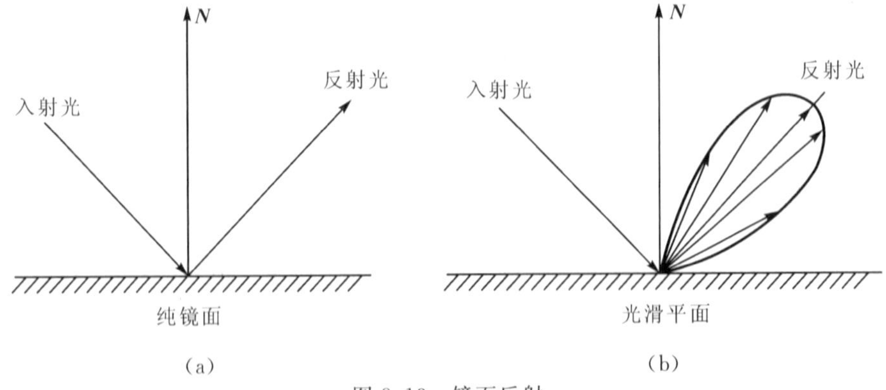

图 8.13　镜面反射

式(8－3)表明投向观察者的镜面反射光不仅决定于入射光，而且和观察者的观察方向有关。当视点取在镜面反射方向附近时，观察者接收到的镜面反射光较强，而偏离这一方

向观察时，镜面反射光就会减弱甚至消失。图 8.14 表示式(8－3)应用于一个光滑球面时的情形。图 8.14(a)中 D 点处视线方向和镜面反射方向一致，$\theta=0°$，D 处呈现明亮的高光。而在 E 点和 E' 点，θ 变大，观察者接收到的镜面反射光急剧下降。图 8.14(b)给出了镜面反射分量的光亮度曲线。

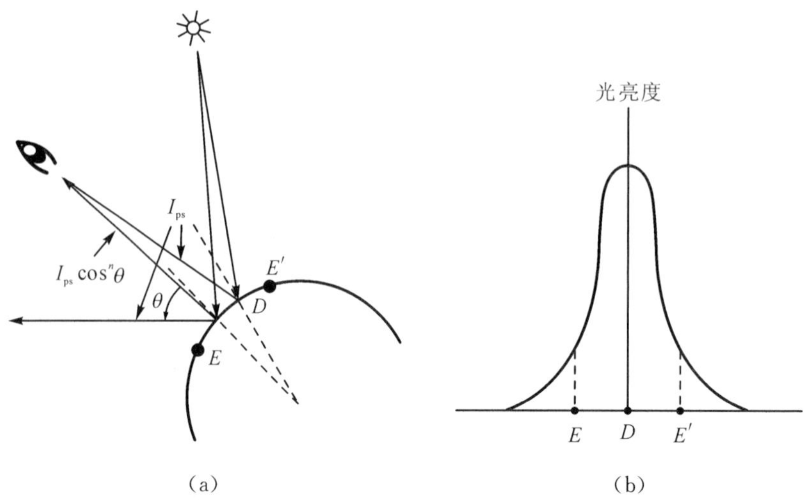

图 8.14　Phong 镜面反射用于光滑球面的情况

镜面反射光的会聚系数 n 与被观察物体表面的光滑度有关，粗糙表面(如纸张表面)的镜面反射光呈发散状态，即 n 的值较小(小于或接近于 1)；光滑物体(如金属表面)的镜面反射光的会聚程度较高，即 n 的值较大(大于 100 或更大)。n 值一般取 1～2000，图 8.15 表示了 n 对镜面反射角度 θ 的影响范围。

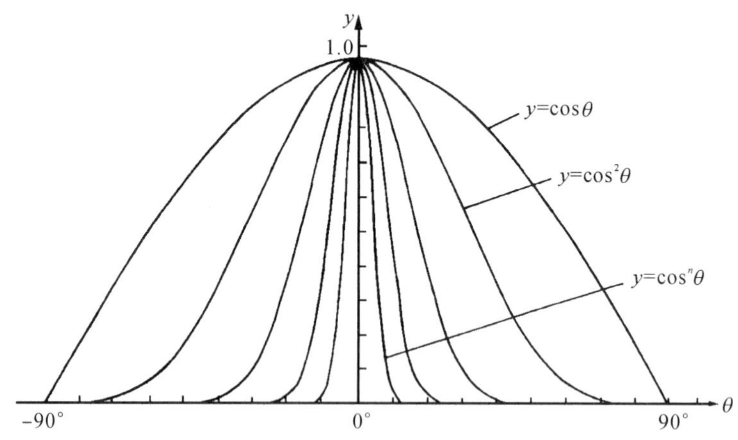

图 8.15　n 对镜面反射角度 θ 的影响范围

如前所述，表面反射光可认为是环境反射、漫反射、镜面反射三个分量的组合。对于一特定的物体表面，这三种分量所占的比例一定。令 k_a、k_d 和 k_s 分别表示环境反射、漫反射和镜面反射分量的比例系数，则基本光照明模型(Phong 模型)可表示如下：

$$I=k_a I_{pa}+\sum[k_d I_{pd}\cos i+k_s I_{ps}\cos^n\theta] \tag{8-4}$$

其中，求和号 $\sum$ 表示对所有特定光源求和(存在多个光源的情况)，$k_d+k_s=1$。

对于点光源而言，反射光强度还和物体与点光源的距离 d 的平方成反比，这是因为到达物体的入射光强度与物体到点光源的距离 d 的平方成反比，即物体离光源愈远，显得愈暗。因此，若要得到真实感的光照效果，在光照明模型中必须考虑这一因素。然而，若采用因子 $1/d^2$ 来进行光强度衰减，简单的点光源照明并不总能产生真实感的图形。当 d 很小时，$1/d^2$ 会产生过大的强度变化，而 d 很大时反射光强度项将无意义。另外，人对物体的视觉也与视点到物体的距离有关，因此综合考虑，对于点光源，根据经验，光强与距离的关系取为线性反比衰减，则基本光照明模型为

$$I = k_a I_{pa} + \sum [k_d I_{pd} \cos i + k_s I_{ps} \cos^n\theta]/(d+K) \tag{8-5}$$

常数项 K 为一调整常数，它的存在可以防止当 d 很小时 $1/d$ 值太大。

注意，式(8-4)、式(8-5)中的 I_{pa}、I_{pd}、I_{ps} 和 I 均是光谱量。为避免光谱计算，将不考虑衰减(如平行光源等)的式(8-4)转换至光栅图形显示器的 RGB 三原色颜色系统，此时基本光照明模型可写成

$$\begin{bmatrix} R \\ G \\ B \end{bmatrix} = k_a \begin{bmatrix} R_{pa} \\ G_{pa} \\ B_{pa} \end{bmatrix} + \sum \left[k_d \begin{bmatrix} R_{pd} \\ G_{pd} \\ B_{pd} \end{bmatrix} \cos i + k_s \begin{bmatrix} R_{ps} \\ G_{ps} \\ B_{ps} \end{bmatrix} \cos^n\theta \right] \tag{8-6}$$

$[R_{pa} \quad G_{pa} \quad B_{pa}]^T$、$[R_{pd} \quad G_{pd} \quad B_{pd}]^T$ 和 $[R_{ps} \quad G_{ps} \quad B_{ps}]^T$ 分别为光亮度 I_{pa}、I_{pd}、I_{ps} 的相应颜色。这样，用户可直接指定物体表面环境反射、漫反射和镜面反射光的颜色。

基本光照明模型实际上是纯几何模型。一旦反射光中三种分量的颜色以及它们的比例系数 k_a、k_d 和 k_s 得到确定，从景物表面上某点到达观察者的反射光亮度 I 就仅仅和光源入射角 i 和视角 θ 有关。参见图 8.16，设 $\boldsymbol{L}$ 表示入射光线矢量(表面点与光源位置点的连线矢量)，$\boldsymbol{V}$ 表示视线矢量(表面点与视点的连线矢量)，$\boldsymbol{N}$ 表示法矢量(平面的外法线矢量或曲面的法矢)，$\boldsymbol{R}$ 表示镜面反射矢量(与 $\boldsymbol{L}$、$\boldsymbol{N}$ 满足反射定律的矢量)。假设 $\boldsymbol{L}_0$、$\boldsymbol{V}_0$、$\boldsymbol{N}_0$、$\boldsymbol{R}_0$ 分别是 $\boldsymbol{L}$、$\boldsymbol{V}$、$\boldsymbol{N}$、$\boldsymbol{R}$ 的单位矢量。由于 $\boldsymbol{L}_0 \cdot \boldsymbol{N}_0 = \cos i$，$\boldsymbol{R}_0 \cdot \boldsymbol{V}_0 = \cos\theta$，因此在实际计算时，对表面的每一点，我们仅需求出 $\boldsymbol{L}_0$、$\boldsymbol{V}_0$、$\boldsymbol{N}_0$、$\boldsymbol{R}_0$ 即可。$\boldsymbol{L}_0$、$\boldsymbol{V}_0$、$\boldsymbol{N}_0$ 可通过对 $\boldsymbol{L}$、$\boldsymbol{V}$、$\boldsymbol{N}$ 单位化得到，而 $\boldsymbol{R}_0$ 可求解如下：

参见图 8.17，因为 $\overrightarrow{OA} = \frac{1}{2}(\boldsymbol{L}_0 + \boldsymbol{R}_0)$，故

$$\begin{aligned} \boldsymbol{R}_0 &= 2\overrightarrow{OA} - \boldsymbol{L}_0 = 2|\overrightarrow{OA}|\boldsymbol{N}_0 - \boldsymbol{L}_0 = 2|\boldsymbol{L}_0|\cos\beta\,\boldsymbol{N}_0 - \boldsymbol{L}_0 = 2|\boldsymbol{L}_0|\,|\boldsymbol{N}_0|\cos\beta\,\boldsymbol{N}_0 - \boldsymbol{L}_0 \\ &= 2(\boldsymbol{L}_0 \cdot \boldsymbol{N}_0)\boldsymbol{N}_0 - \boldsymbol{L}_0 \end{aligned}$$

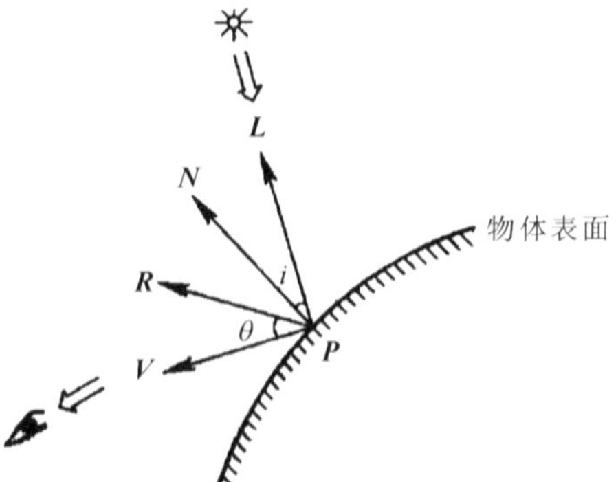

图 8.16　基本光照明模型涉及的各方向矢量

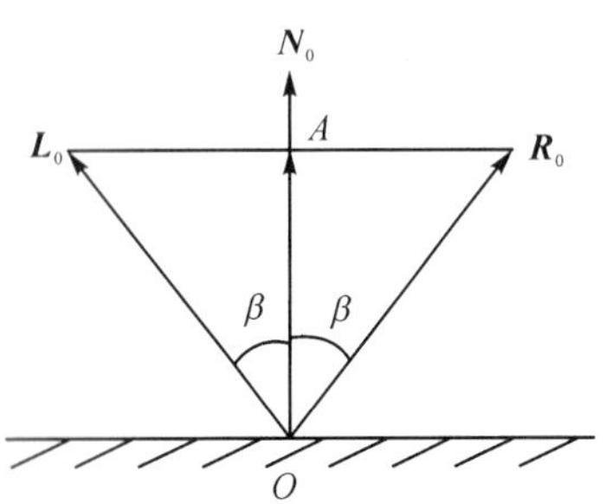

图 8.17　$\boldsymbol{R}_0$ 矢量的推导

使用基本光照明模型绘制光照图的示意性扫描线绘制算法步骤如下：

(1) 对屏幕上每条扫描线 y_j，将一维颜色数组 Color(x_i)中的颜色值初始化，使其成为 y_j 扫描线的背景颜色值；

(2) 对于 y_j 扫描线上的每一可见间隔 S 中的第 i 点(x_i, y_j)，求出(x_i, y_j)对应的空间点 P_i；

(3) 求出点 P_i 处的 $\boldsymbol{L}_0$、$\boldsymbol{N}_0$、$\boldsymbol{R}_0$ 及 $\boldsymbol{V}_0$；

(4) 计算点 P_i 处的颜色：

$$\begin{bmatrix}R\\G\\B\end{bmatrix} = k_a\begin{bmatrix}R_{pa}\\G_{pa}\\B_{pa}\end{bmatrix} + \sum\left[k_d\begin{bmatrix}R_{pd}\\G_{pd}\\B_{pd}\end{bmatrix}(\boldsymbol{L}_0 \cdot \boldsymbol{N}_0) + k_s\begin{bmatrix}R_{ps}\\G_{ps}\\B_{ps}\end{bmatrix}(\boldsymbol{R}_0 \cdot \boldsymbol{V}_0)^n\right]$$

(5) 置 Color(x_i) := (R, G, B)，转(2)～(4)；

(6) 显示 Color(x_i)，完成一条扫描线的处理。

如图 8.18 所示，为减小计算量，引入 $\boldsymbol{L}$ 和 $\boldsymbol{V}$ 的角平分线矢量 $\boldsymbol{H}$，其单位矢量为 $\boldsymbol{H}_0$，$\boldsymbol{H}_0 = \dfrac{\boldsymbol{L}_0 + \boldsymbol{V}_0}{|\boldsymbol{L}_0 + \boldsymbol{V}_0|}$，$\boldsymbol{H}$ 可理解为入射光朝观察方向产生镜面反射的虚拟的表面法矢量(也称为中值矢量)，α 记为虚拟法矢量 $\boldsymbol{H}$ 与视线矢量 $\boldsymbol{V}$ 的夹角。由于 α 能反映 θ 的变化(θ 小，则 α 小；θ 大，则 α 大)，而且对于曲面而言，$\boldsymbol{H}_0 \cdot \boldsymbol{V}_0$ 的计算量比 $\boldsymbol{R}_0 \cdot \boldsymbol{V}_0$ 小(因曲面每个点的 $\boldsymbol{R}_0$ 计算包含 $\boldsymbol{N}_0$ 等多重计算)，故可用 $\cos\alpha$ 代替 $\cos\theta$，即 $\cos\theta = (\boldsymbol{R}_0 \cdot \boldsymbol{V}_0)$ 可用 $\cos\alpha = (\boldsymbol{H}_0 \cdot \boldsymbol{V}_0)$ 代替。于是基本光照明模型的另一表示形式为

$$I = k_a I_{pa} + \sum\left[k_d I_{pd} E_d + k_s I_{ps} E_s^n\right]$$

其中，$E_d = (\boldsymbol{L}_0 \cdot \boldsymbol{N}_0)$ 和 $E_s = (\boldsymbol{H}_0 \cdot \boldsymbol{V}_0)$ 分别称为漫反射明暗度和镜面反射明暗度。

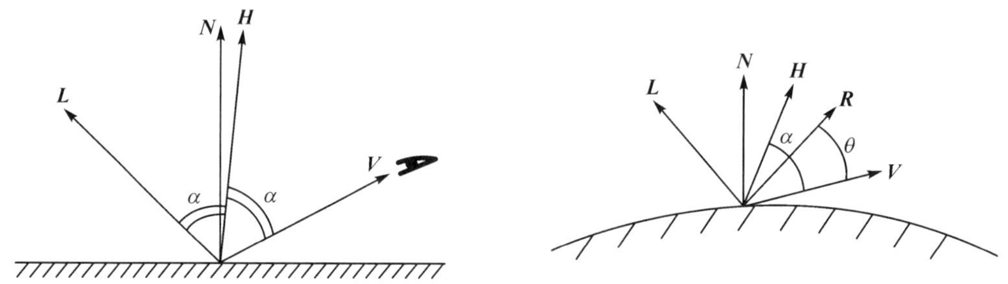

图 8.18　$\boldsymbol{L}$ 和 $\boldsymbol{V}$ 的角平分矢量 $\boldsymbol{H}$

8.4　多边形表面的明暗处理

用多边形面表示的物体包括多面体和用小平面片近似的曲面体。对于可见的多边形表面，其明暗处理主要有以下三种方法。

1. Flat 明暗处理

Flat 明暗处理也称为平面明暗处理或等光亮度明暗处理。用基本光照明模型计算景物表面的光亮度时，若物体为多面体，我们可以计算出每个面的法矢量。假定光源处于无穷远(如太阳光的照射)或离物体足够远，同时视点离物体也足够远，此时所有入射光线几乎平行，对于同一多边形表面的各点，$(\boldsymbol{L}_0 \cdot \boldsymbol{N}_0)$、$(\boldsymbol{R}_0 \cdot \boldsymbol{V}_0)$ 或 $(\boldsymbol{H}_0 \cdot \boldsymbol{V}_0)$ 近似为常数，即一个

多边形中的所有点都对应于一个光亮度，面上所有的点都用相同的光亮度值来显示。这就是平面明暗处理(Flat shading)。

如果上述假设条件不成立，则对于小多边形面片也可以用小面片中心的光亮度来合理地近似该面片的表面光照效果。

Flat 明暗处理计算量小，是一种快速高效的明暗处理方法，在明暗效果要求不是很高的场合使用。然而，对于用多边形逼近表示的曲面物体(参见图 8.19)，如果用等光亮度明暗处理方法来显示，则由于多边形内部的像素的颜色都是相同的，不同法矢量的平面片之间会存在光亮度不连续的现象(如图中的实线折线)。但是人眼视觉上，在不同法矢量的多边形邻接处，除了光亮度突变外，还会产生马赫带(Mach-band)效应，即人眼感觉到的是在亮度变化部位附近的暗区和亮区中分别存在一条更黑和更亮的条带(如图中的虚线折线)，这是人类视觉系统夸大了具有不同常量光亮度的两个相邻区域之间的光亮度不连续性产生的，是一种视觉偏差。

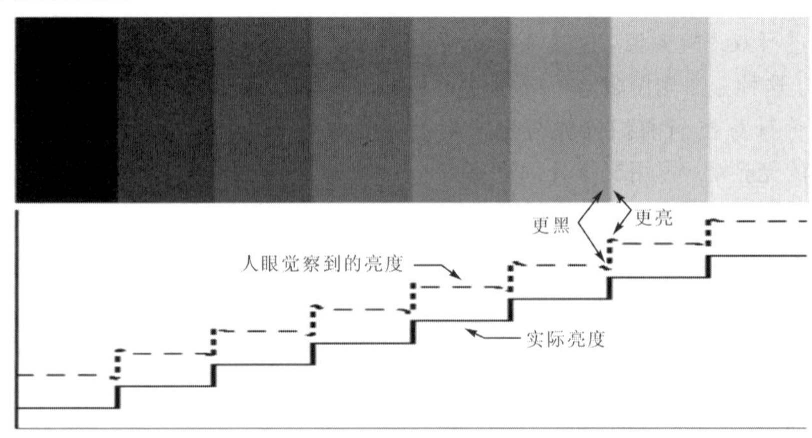

图 8.19　马赫带效应

为了保证多边形之间亮度的光滑过渡，使相邻的多边形呈现匀称的、连续变化的光亮度，就必须使用 Gouraud 明暗处理算法和 Phong 明暗处理算法，其基本思想是：先计算多边形顶点处的法矢量，然后在各个多边形内部通过双线性插值得到光滑的光亮度分布。这是一种非线性问题转化为双线性插值求解的方法，是矛盾转化这一哲学思维方法的又一运用。这两种明暗处理都需要计算多边形顶点的法矢量。

2. 多边形顶点的法矢量

多边形平面在顶点处的法矢量可取包围该顶点的各多边形平面法矢量的平均值。如图8.20所示，顶点 V 处的近似法矢量为

$$\boldsymbol{N}_V=\frac{\boldsymbol{N}_1+\boldsymbol{N}_2+\cdots+\boldsymbol{N}_n}{n}$$

其中，n 为包围顶点的平面个数，图中示例 $n=4$。

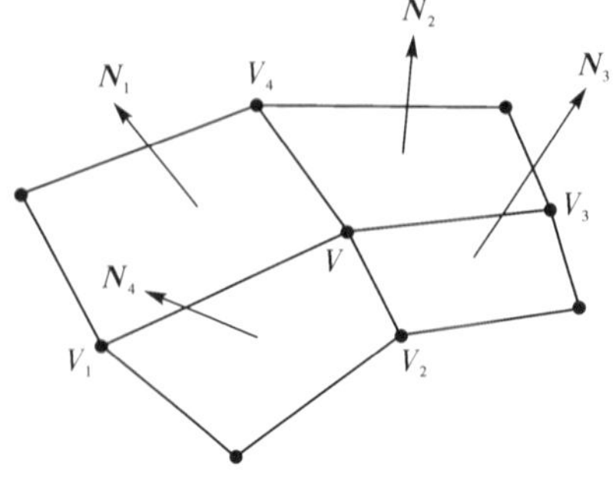

图 8.20　多边形顶点的法矢量

但多边形一般是由顶点和棱边存储的，在各多边形平面方程未知的情况下，顶点处的法矢量可取交于此顶点的各棱边叉积的平均值。图 8.20 中，顶点 V 处的法矢量可由下式计算：

$$\boldsymbol{N}_V=\frac{\overrightarrow{VV_4}\times\overrightarrow{VV_1}+\overrightarrow{VV_3}\times\overrightarrow{VV_4}+\overrightarrow{VV_2}\times\overrightarrow{VV_3}+\overrightarrow{VV_1}\times\overrightarrow{VV_2}}{4}$$

上式近似法矢量的模依赖于围绕顶点的各多边形棱边数和长度。多边形愈大，棱边愈长，模愈大。如前所述，实际计算中采用单位法矢量，即将 $\boldsymbol{N}_V$ 单位化。

3. Gouraud 明暗处理

Gouraud 明暗处理也称为双线性亮度插值法。在求出顶点的法矢量后，$(\boldsymbol{L}_0\cdot\boldsymbol{N}_0)$、$(\boldsymbol{R}_0\cdot\boldsymbol{V}_0)$ 或 $(\boldsymbol{H}_0\cdot\boldsymbol{V}_0)$ 也随之确定，使用基本光照明模型便可求出顶点处的光亮度。Gouraud 明暗处理的方法是：先计算出各多边形顶点处的光亮度值，然后再采用双线性插值方法确定多边形平面上每一点处的光亮度值。两相邻多边形平面边界上两顶点的光亮度值被同时用于两平面内点的光亮度插值计算，这样就消除了在多边形平面绘制中存在的光亮度不连续现象。

如果采用扫描线的绘制算法，则可以沿当前扫描线进行双线性插值，这是一种简便易行的方法。这种方法先用多边形顶点的光亮度线性插值计算出当前扫描线与多边形的边交点处的光亮度，再用交点处的光亮度线性插值计算出扫描线位于多边形内间隔上每一像素的光亮度值。在图 8.21 中，一扫描线与多边形（三角形）$V_1V_2V_3$ 相交，交线的两端点为 A、B，P 是扫描线上位于多边形内的任意一点，多边形（三角形）三顶点 V_1、V_2 和 V_3 处的光亮度分别为 I_1、I_2 和 I_3。

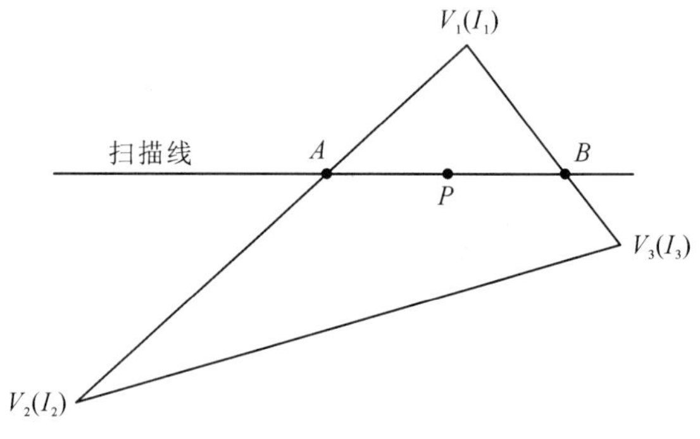

图 8.21　Gouraud 明暗处理

取点 A 的光亮度 I_A 为 I_1 和 I_2 的线性插值，点 B 的光亮度 I_B 为 I_1 和 I_3 的线性插值，而点 P 的光亮度 I_P 则为 I_A 和 I_B 的线性插值，设 u、v、t 为插值参数，则

$$I_A=(1-u)I_1+uI_2,\ u=\frac{V_1A}{V_1V_2}$$

$$I_B=(1-v)I_1+vI_3,\ v=\frac{V_1B}{V_1V_3}$$

$$I_P=(1-t)I_A+tI_B,\ t=\frac{AP}{AB}$$

为减少计算量，扫描线内像素计算可利用相邻像素位置相关性进行计算。

设 I_A 和 I_B 已经确定，相邻两像素的位置为 P_1 和 P_2，相邻两像素插值参数差为 Δt，则点 P_2 的光亮度 I_{P_2} 与点 P_1 的光亮度 I_{P_1} 之间的关系为

$$I_{P_2}=I_{P_1}+(I_B-I_A)\Delta t=I_{P_1}+(I_B-I_A)\frac{1}{AB}=I_{P_1}+\Delta I$$

因为两点都在当前扫描线上，所以 ΔI 为常数，由上式可以看出，计算相邻像素的光亮度仅需做一次加法运算即可。

Gouraud 明暗处理的优点是方法简单、计算量小，对漫反射模拟效果好。但也存在一些缺点，如不能正确地模拟高光，因顶点光亮度是按法矢量准确计算的，故其能在顶点周

围形成高光，而在多边形内部它是亮度插值，无高光，因此，此方法对镜面反射效果较差。另外，当它用于动态显示物体时，物体表面的明暗度将以不规则的方式变化，这是由于亮度插值是基于固定的屏幕图像空间，而不是运动的形体表面。

4. Phong 明暗处理

Phong 明暗处理也称为双线性法矢量插值法。B. T. Phong 提出了对法矢量而不是光亮度进行插值的方法，称为 Phong 明暗处理。该方法先计算多边形每个顶点的法矢量，然后在多边形平面上按照双线性插值计算每个点的法矢量，再根据光照模型计算其光亮度。

法矢量的插值法与光亮度插值法类似，即采用前述的扫描线双线性插值法。如图 8.22 所示，点 A 的法矢量 $\boldsymbol{N}_A$ 为 $\boldsymbol{N}_1$ 与 $\boldsymbol{N}_2$ 的线性插值，点 B 的法矢量 $\boldsymbol{N}_B$ 为 $\boldsymbol{N}_1$ 与 $\boldsymbol{N}_3$ 的线性插值，点 P 的法矢量 $\boldsymbol{N}_P$ 为 $\boldsymbol{N}_A$ 与 $\boldsymbol{N}_B$ 的线性插值，即

$$\boldsymbol{N}_A=(1-u)\boldsymbol{N}_1+u\boldsymbol{N}_2,\ u=\frac{V_1A}{V_1V_2}$$

$$\boldsymbol{N}_B=(1-v)\boldsymbol{N}_1+v\boldsymbol{N}_3,\ v=\frac{V_1B}{V_1V_3}$$

$$\boldsymbol{N}_P=(1-t)\boldsymbol{N}_A+t\boldsymbol{N}_B,\ t=\frac{AP}{AB}$$

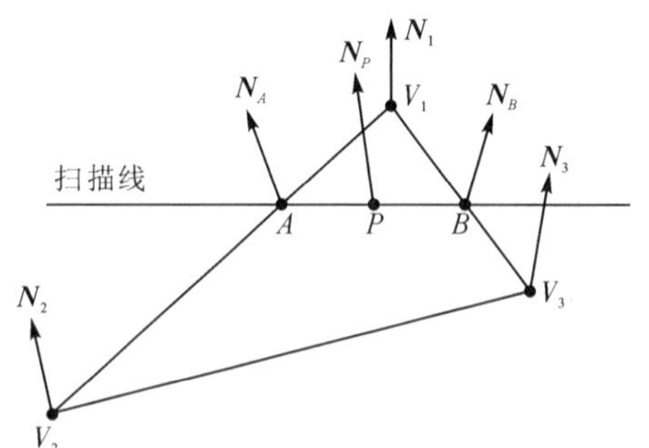

图 8.22　Phong 明暗处理

增量计算式为

$$\begin{aligned}\boldsymbol{N}_{P_2}&=\boldsymbol{N}_{P_1}+(\boldsymbol{N}_B-\boldsymbol{N}_A)\Delta t\\&=\boldsymbol{N}_{P_1}+(\boldsymbol{N}_B-\boldsymbol{N}_A)\frac{1}{AB}\\&=\boldsymbol{N}_{P_1}+\Delta\boldsymbol{N}\end{aligned}$$

与 Gouraud 明暗处理相比，Phong 明暗处理可以生成高光，从而能够更真实地表现物体表面镜面反射效果，同时大大降低马赫带效应。其缺点是计算量远大于 Gouraud 方法。

8.5 透明处理

1. 透明与透射(折射)

前面介绍的基本光照模型假定所考虑的物体表面是不透明的，但现实中有些物体是透明的，如水、玻璃等。一个透明物体的表面会同时产生反射光和透射(折射)光。透射的作用是通过透射光看到透明物体后面的物体。

参照图 8.23，当光线从一种传播媒质进入另一种传播媒质(如从空气进入水中)时，光线会由于折射而产生弯曲。光线弯曲的程度由 Snell 定律(折射定律)决定，该定律指出折射光线与入射光线位于同一

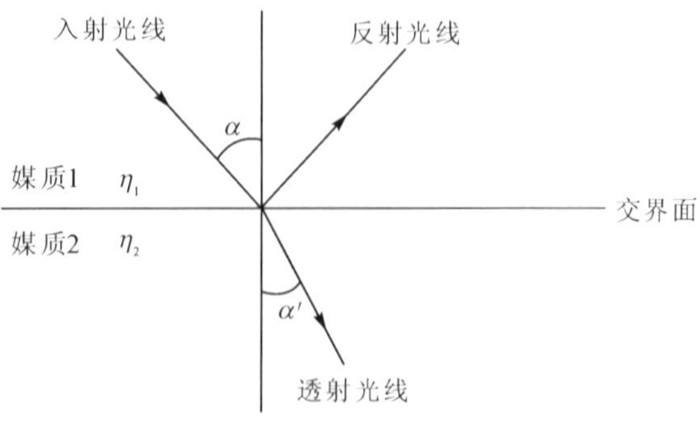

图 8.23　透明物体对光线的反射与透射

平面内，而且入射角 α 与折射角 α' 之间存在下列关系：

$$\eta_1 \sin\alpha = \eta_2 \sin\alpha'$$

式中，η_1 和 η_2 分别为光线在第一种媒质和第二种媒质中的折射率。实际中，没有哪种材料能够透过全部入射光，总有一部分被反射出去。

光的透射分为规则透射和漫透射。若透过透明材料观察物体仍然是清晰的、不产生变形，则此透射称为规则透射，如平板玻璃的透射。如果透射光线是发散的，那么就会形成漫透射，发生漫透射的材料呈现朦胧的半透明状态，如毛玻璃的透射。漫透射计算复杂，大多数光照模型仅考虑规则透射。

2. 简单透明模型

如图 8.24 所示，当表示一个透明表面(如点 P_t)时，前述基本光照明模型的光亮度计算公式必须修改，一方面要考虑由于透射的原因表面反射光强度的减弱，另一方面还要考虑表面背后物体的反射光穿过透明表面对表面总光强度的增加。

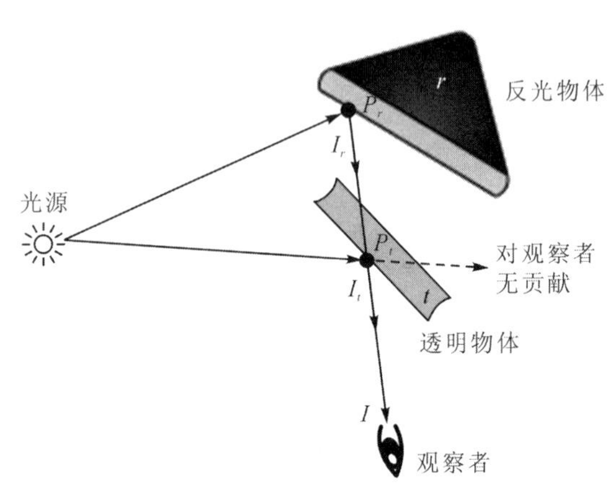

图 8.24　简单透明模型示意图

为了简化光强度的计算，简单透明模型不考虑折射导致的路径变化(即各物体间的折射率不变)，这样折射角总是与入射角相同，即相当于光线直线前进，也不考虑光线在媒体中所经路线长度对光强度的影响，即不考虑衰减。这种假设对于较薄的透明物体能够生成合理的透明效果。

参照图 8.24，透明物体可见表面上的任一点 P_t 向观察者发出的光亮度 I 由两部分组成，它可以表示为光源在透明体 t 表面上点 P_t 产生的反射光亮度 I_t 和从透明物体后面第一个物体 r 可见表面上点 P_r 传到点 P_t 的透射光亮度 I_r 的线性组合，即

$$I = (1-k_t)I_t + k_t I_r \quad (0 \leqslant k_t \leqslant 1) \tag{8-7}$$

式中，k_t 表示透明物体的透射系数(透明度)，$k_t=0$ 对应不透明面，光线无透射；$k_t=1$ 对应全透明面，光线全部透射。I_t 和 I_r 可用前述基本光照明模型(Phong 模型)计算得到。

若 I_r 所对应表面也是透明面，则式(8-7)可以递归地使用，直到遇到一个不透明面或背景为止。

式(8-7)不适用于曲面透明物体，因为其边缘透明度低于中间部分的透明度而导致透明度不均匀。

3. 透明的特殊效果处理

1) 显示物体的内部结构

透明处理可以用于显示物体的内部结构，方法为：先给每一多边形表面均设一透明度，透明度的初始值均取为 1，然后通过有选择地将某些表面的透明度改为 0，即将它们当作看不见的面处理，这样绘制画面时就会显示出物体的内部结构。

2）回转透明物体的透明效果模拟

对于像玻璃瓶、玻璃杯之类的透明物体，光线在其边缘处穿过玻璃的长度增加，呈现出在中间透明度高，越往两边透明度越低的现象。如图 8.25 所示，对于平行光源照射，可以用以下的透明度的计算方法来模拟这种效果：

$$k_t = k_{\min} + (k_{\max} - k_{\min}) |\boldsymbol{N}_z|^d$$

其中，$k_{\min}$、$k_{\max}$分别是透明物体的最小、最大透明度，k_t 是物体表面任一点 A 处的透明度，$\boldsymbol{N}_z$是该点处的单位法矢量 $\boldsymbol{N}$ 的 z 向分量，d 为指数因子。当光线穿过透明物体中心点 C 处时，$|\boldsymbol{N}_z|=1$，物体有最大的透明度 $k_{\max}$；当光线穿过边缘点 B 处时，$|\boldsymbol{N}_z|=0$，物体有最小的透明度 $k_{\min}$。

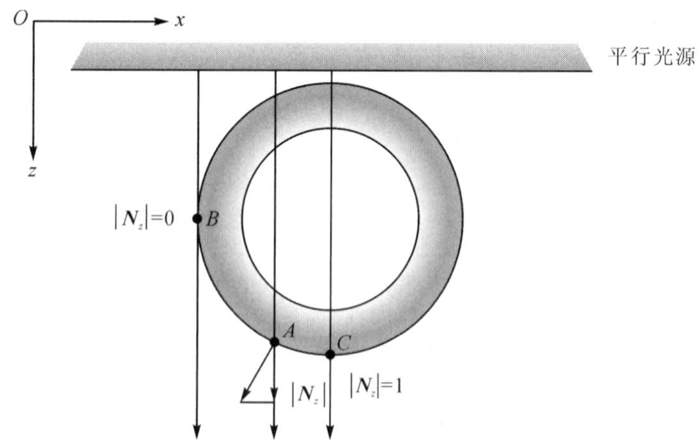

图 8.25　透明度与表面法矢量

3）滤光镜的透明效果

滤光镜可以让具有特定波长的光线（亦即特定的颜色）通过，从而产生滤光透明的效果。通过滤光镜进入观察者眼睛的光亮度为

$$I = I_t + k_t C_t I_r$$

其中，C_t是物体 t（即滤光镜）的透明颜色。

8.6 阴影处理

1. 阴影的概念与形成

阴影是阴和影的合称。如图 8.26 所示，在光线照射下，物体受光的表面称为阳面，而背光的表面称为阴面（简称阴）。把阳面与阴面的分界线称为阴线。对于不透明的物体，当照射的光线被物体遮挡时，在本应受光的表面上产生了阴暗的部分，此阴暗部分称为物体的影。影的轮廓多边形可通过将所有阳面投影到场景中得到，也可通过将所有阴线投影到场景中得到。当观察方向与光线方向重合时，观察者看不到阴影。只有当两者方向不一致时，才会看到阴影。阴影使人感到画面上景物的远近深浅，从而极大地增强画面的真实感。

阴影分为自身阴影（即阴）和投射阴影（即影）两类。投射阴影有全影（本影）和半影之分。如图 8.27 所示，我们观察一个物体的影子时，可以看到位于左侧全黑的轮廓分明部分

就是全影。全影周围半明半暗的区域为半影。全影是光源的光线照不到的区域，而半影则是可接收到分布光源部分光线的区域。分布光源是指有尺寸的单个光源(如图 8.27 中的线光源)或不同位置的多个光源。如果只有一个点光源或平行光，则只产生全影。如果在有限距离内有分布光源，则同时形成全影和半影。

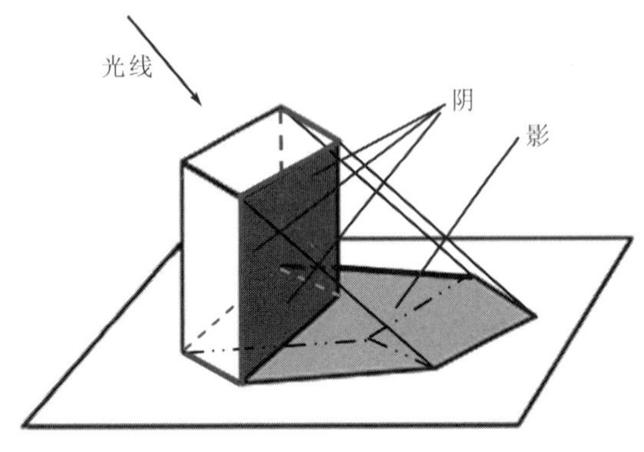

图 8.26　阴影的形成

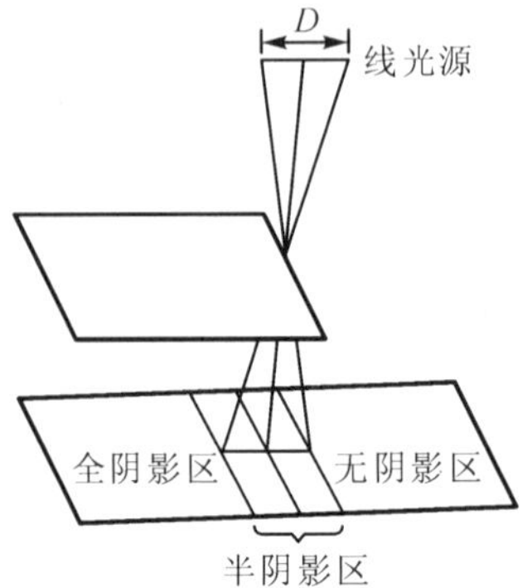

图 8.27　全影和半影

2. 全影的求取——影域多边形法

如前所述，全影由物体的所有阳面投影到场景中求得。全影的求取方法有多种，这里介绍影域多边形法。先引入阴影体、视域、影域和影域多边形的概念。

参见图 8.28(a)，物体阳面轮廓多边形沿光线方向扫掠的区域称为阴影体(即物体遮挡光线的空间，如图中很长的四棱柱)。视点与屏幕(投影面)形成的四棱锥(对透视投影)或四棱柱(对正交投影)称为视域。阴影体与视域的布尔交称为影域。影域表面的多边形称为影域多边形。

影域多边形方法是通过判断景物表面上的点与视点连线穿越偶数个还是奇数个影域多边形来确定点是否在阴影(体)中，若计数为偶数个(包括 0)，则该点不在阴影中，否则该点在阴影中。阴影判断可以和扫描线算法结合起来，如图 8.28(b)中的 S_1、S_2、S_3、S_4 为当前扫描平面(扫描线和视点构成的平面，对应 xOy 面，x 轴为当前扫描线)与影域多边形的交线，L 为当前扫描平面与景物表面多边形的交线，L 被分为 3 段，可以看出：区间 2 的点穿过奇数个影域多边形而位于阴影区域中，而区间 1 和 3 的点不在阴影中。

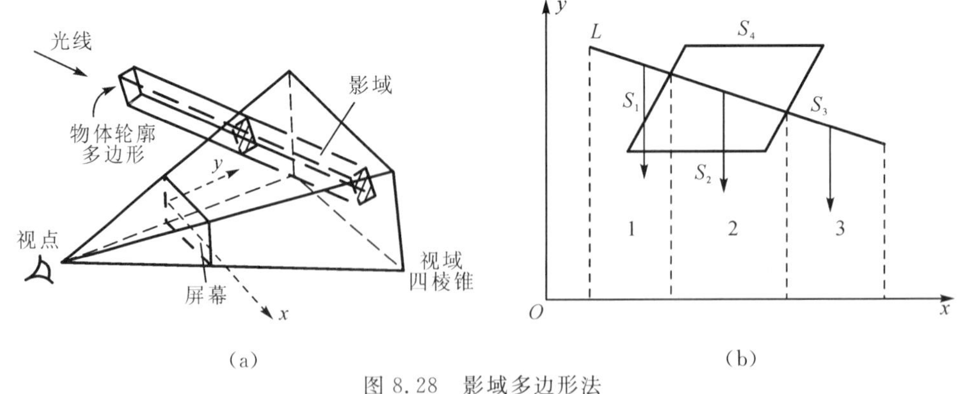

图 8.28　影域多边形法

3. 半影的计算

当景物被多个点光源或有尺寸的光源照射时，存在半影。半影计算的基本原理为：设有若干个光源，每个光源可以是点光源，也可以是由点光源近似表示的线(面）光源，则计算半影的光照明模型可表示为(这里使用 Phong 光照明模型)：

$$I = k_a I_{pa} + \sum [k_d I_{wd}(\boldsymbol{L}_0 \cdot \boldsymbol{N}_0) + k_s I_{ws}(\boldsymbol{R}_0 \cdot \boldsymbol{V}_0)^n] \tag{8-8}$$

其中，$\boldsymbol{N}_0$、$\boldsymbol{L}_0$分别为法矢量和入射光线矢量的单位矢量；I_{wd}和 I_{ws}为光源 i 的衰减光亮度，分别定义为

$$I_{wd} = I_{pd}(m - \mathrm{dl})$$

$$I_{ws} = I_{ps}(m - \mathrm{dl})$$

其中，m 为光源所包含的点光源数目；dl 是被照射点 P 关于光源的暗度，它定义为光源中没有直接照射到 P 点的点光源的个数。如果光源对点 P 来说被完全遮挡，则 dl＝m；如果光源全部照射到 P 点，则 dl＝0。

4. 带阴影光照图的生成

(1) 带自身阴影(阴)的光照图生成。

由于阴影是光线照射不到而观察者却可见到的区域，因此在画面中生成自身阴影的过程基本上相当于两次消隐，一次是对光源消隐，另一次是对视点消隐。

生成带自身阴影光照图的过程如下：

① 将视点置于光源位置，用相同于消除隐藏面的方法找出光线照不到的面(即阴面)；

② 按实际的视点位置和观察方向对物体进行消隐，不可见面不显示，可见面(包括阳面和阴面)则进行以下的光照计算；

③ 若选用基本光照模型进行光照计算，则可见阴面由于不能得到光源的直接照射，其光亮度计算只有环境光；而可见阳面完全按基本光照明模型计算光亮度。

(2) 具有一般阴影(含自身阴影和投射阴影)的光照图生成采用 8.7 节介绍的光线跟(追)踪算法。

8.7　整体光照明模型

一般来说，物体表面入射光除来自光源外，还有来自相邻的不同景物表面的反射光和透射光，统称为景物环境光。前面介绍的基本光照明模型将周围环境对物体表面光亮度的贡献概括成一均匀入射的环境光分量(这里称为泛光、背景光)，并用一常数表示，这样虽然可以生成物体的真实感图形，但它仅仅只考虑了光源直接照射在景物表面上所产生的光强，忽略了光能在环境景物之间的传递和相互影响，不能很好地模拟环境景物的漫反射、镜面反射、规则透射和阴影等，因而是局部光照模型。而基于基本光照明模型的光透射模型(式 8-7)虽然可以模拟光的折射，但是这种模拟的适用范围很小，而且不能很好地模拟多个透明体之间的复杂光照明现象。如果只考虑光源直接照射景物产生的漫反射、镜面反射和简单的透明模拟，忽略环境景物的漫反射、镜面反射和规则透射，就很难生成表现自然界复杂场景的高质量真实感图形，因为后者可以模拟景物之间的彩色渗透现象，并使我

们能够观察到位于光亮的景物表面上的其他物体的映像或透明物体后面的景象。为此，就必须要有一个更精确的光照明模型。整体光照明模型，或称全局光照明模型，就是这样的一种模型，它是相对于局部光照明模型而言的。Whitted 光照明模型和 Hall 光照明模型就是典型的整体光照明模型。与整体光照明模型相应的算法，主要有光线跟踪方法和辐射度方法两种，它们是真实感图形学中十分重要的两个图形绘制方法，在计算机图形学和计算机辅助设计领域得到了广泛的应用。

这里主要介绍 Whitted 光照明模型和光线跟踪算法。

1. Whitted 光照明模型

Whitted 光照明模型除考虑光源在物体表面的直接照射而产生的光亮度(对应基本光照明模型)外，还考虑了景物环境光在镜面反射方向和规则透射方向对被照射点产生的作用，即 Whitted 光照模型在前述基本光照明模型的基础上增加了景物环境光的镜面反射和透射这两项，到达观察者处的光线的光亮度为(参见图 8.29)

$$I = \underbrace{k_a I_{pa} + \sum_{j=1}^{m} I_{pj}[k_d(\boldsymbol{L}_j \cdot \boldsymbol{N}) + k_s(\boldsymbol{R}_j \cdot \boldsymbol{V})^n]}_{\text{光源直接照射的基本光照明模型}} + \underbrace{k_s I_s}_{\text{景物环境光的镜面反射}} + \underbrace{k_t I_t}_{\text{景物环境光的透射}} \tag{8-9}$$

式中，k_a、k_d、k_s 和 k_t 分别为泛光、漫反射、镜面反射和透射系数，均为 0～1 之间的数，后 3 个的大小取决于物体的材料属性；I_{pa} 为泛光的光亮度，I_{pj} 为第 j 个光源的光亮度；$\boldsymbol{L}_j$、$\boldsymbol{N}$、$\boldsymbol{R}_j$、$\boldsymbol{V}$ 为前述基本光照明模型中的单位矢量；I_s、I_t 通过光线跟踪算法计算，它与跟踪光线(这里用 $\boldsymbol{V}$ 表示)的镜面反射光线 $\boldsymbol{r}$ 和透射光线 $\boldsymbol{P}$ 的方向有关。可见，式(8-9)计算的关键是 $\boldsymbol{r}$、$\boldsymbol{P}$ 的计算。

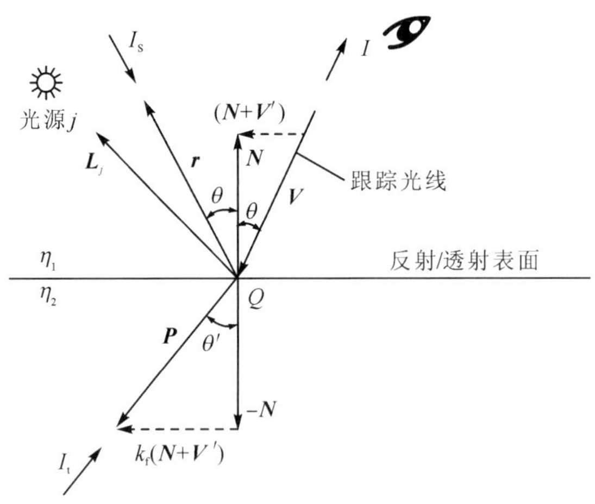

图 8.29 Whitted 光照明模型

Whitted 光照明模型的特点是：原理简单、便于实现，能够生成各种逼真的视觉效果，但是计算量较大。

2. 光线跟踪算法

光线跟踪算法利用光线可逆性原理，不是从光源出发，而是从视点出发，经过屏幕(投

影面)上每一个像素沿其视线方向跟踪，通过模拟光的传播路径来确定反射、透射和阴影等，从而对每个像素分别计算光亮度来生成真实感图形。图 8.30 为光线跟踪算法原理图。

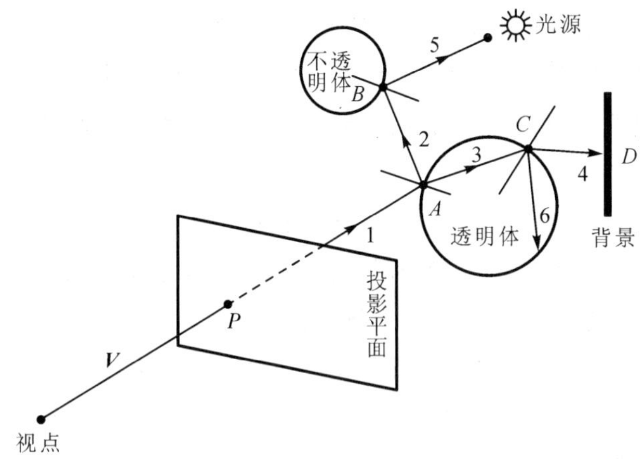

图 8.30　光线跟踪算法原理图

光线跟踪本质上是个递归算法，每个像素的光亮度必须综合各级递归计算的结果才能获得。光线跟踪结束的条件有三个：光线与光源相交、光线与背景相交(即射出场景，引入背景是为了便于结束光线跟踪)以及被跟踪的光线的光亮度作用趋近于 0。

图 8.31 为光线与景物表面有交点时的光线跟踪过程。跟踪光线在交点处沿 $\boldsymbol{r}$ 方向反射和沿 $\boldsymbol{P}$ 方向透射。光线跟踪过程可用一棵二叉树(即光线跟踪树)来表示。逐个将相交点作为节点加入到二叉树中，树的左分支表示反射光线，右分支表示透射光线。当树中的一束光线到达光源、背景或预定的最大深度时，停止跟踪。在计算像素点的光亮度时，需从叶子节点开始由底向上遍历相应的二叉树(对应光线的实际传播路径)，在树的每一个节点(即表面交点)处，调用整体光照模型公式计算光亮度(下层节点计算出的光亮度作为上层节点光亮度计算时的反射入射光亮度 I_s 或透射入射光亮度 I_t。要注意，若节点与光源位置连线构成的阴影探测光线与景物相交，说明节点在光源的阴或影中，则基本光照明模型对应的光亮度仅为泛光光亮度)，累计光亮度贡献直到二叉树根节点。

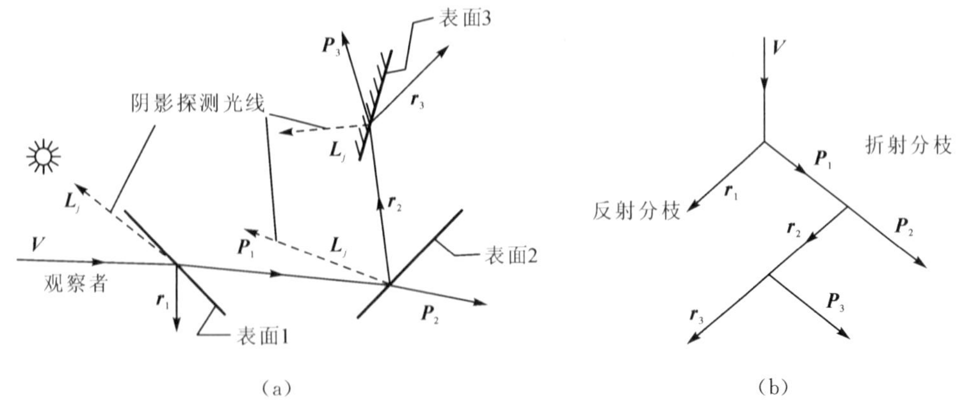

图 8.31　表面反射和透射的光线跟踪

下面结合图 8.31 给出求与跟踪光线 $\boldsymbol{V}$ 对应的像素点的光亮度计算过程：

假设表面1、表面2均透明，表面3不透明。自底层叶子结点往上遍历图8.31(b)的二叉树，逐次计算跟踪光线与各表面交点的光亮度。

(1) 计算表面3交点的光亮度。由于表面3交点落在光源的阴影中，因此光源没有直接照射，在整体光照计算中，漫反射项、镜面反射项均为0，景物环境光的镜面反射光线 $\boldsymbol{r}_3$ 因射出场景其光亮度为0，景物环境光的透射光线 $\boldsymbol{P}_3$ 因不透明其光亮度为0，故该点的光亮度只有泛光光亮度。

(2) 计算表面2交点的光亮度。表面2交点被光源直接照射，在整体光照计算中，泛光项、漫反射项和镜面反射项都有，景物环境光的镜面反射光线 $\boldsymbol{r}_2$ 的光亮度为表面3交点的光亮度，景物环境光的透射光线 $\boldsymbol{P}_2$ 因射出场景其光亮度为0。

(3) 计算表面1交点的光亮度。表面1交点被光源直接照射，在整体光照计算中，泛光项、漫反射项和镜面反射项都有，景物环境光的镜面反射光线 $\boldsymbol{r}_1$ 因射出场景其光亮度为0，景物环境光的透射光线 $\boldsymbol{P}_1$ 的光亮度为表面2交点的光亮度。

于是，表面1交点的光亮度就是与跟踪光线 $\boldsymbol{V}$ 对应的像素点的光亮度。

从上可看出，$\boldsymbol{r}$ 和 $\boldsymbol{P}$ 决定了光线跟踪的路径及光线与景物表面的交点。

3. 跟踪光线 $\boldsymbol{r}$ 和 $\boldsymbol{P}$ 的求取

当光线与表面相交时，相交处的反射光线和折射光线的方向可根据几何光学的有关定律来确定。例如，反射光线 $\boldsymbol{r}$ 和入射光线 $\boldsymbol{V}$ 在同一平面内，并位于表面法线的两侧且反射角等于入射角；透射光线遵从 Snell 折射定律等。参照图8.29，可求出矢量 $\boldsymbol{r}$ 和 $\boldsymbol{P}$：

$$\begin{cases}\boldsymbol{r}=\boldsymbol{V}'+2\boldsymbol{N}\\ \boldsymbol{P}=k_{\mathrm{f}}(\boldsymbol{N}+\boldsymbol{V}')-\boldsymbol{N}\end{cases}$$

其中，$\boldsymbol{V}'=\dfrac{\boldsymbol{V}}{|\boldsymbol{V}\cdot\boldsymbol{N}|}$，$k_{\mathrm{f}}=(k_\eta^2|\boldsymbol{V}'|^2-|\boldsymbol{V}'+\boldsymbol{N}|^2)^{-\frac{1}{2}}$，$k_\eta=\dfrac{\eta_2}{\eta_1}$。$k_\eta$ 为相对折射系数，$\boldsymbol{V}'$ 为跟踪光线的方向矢量。如果 k_{f} 的分母为虚数，则为全反射，这时取 $I_{\mathrm{t}}=0$。

下面给出 $\boldsymbol{V}'$ 和 $\boldsymbol{r}$ 的推导过程：

参见图8.32，$\boldsymbol{V}'$ 是跟踪光线上的矢量，其定义和计算为

$$\begin{aligned}\boldsymbol{V}'&=\overrightarrow{CQ}=|\overrightarrow{CQ}|\frac{\boldsymbol{V}}{|\boldsymbol{V}|}\\&=\frac{1}{\cos\theta}\frac{\boldsymbol{V}}{|\boldsymbol{V}|}=\frac{\boldsymbol{V}}{|\boldsymbol{V}|\,|\boldsymbol{N}|\cos\theta}\\&=\frac{\boldsymbol{V}}{|\boldsymbol{V}\cdot\boldsymbol{N}|}\end{aligned}$$

由于 $\boldsymbol{N}=\dfrac{1}{2}(\boldsymbol{r}+(-\boldsymbol{V}'))$，故 $\boldsymbol{r}=\boldsymbol{V}'+2\boldsymbol{N}$。

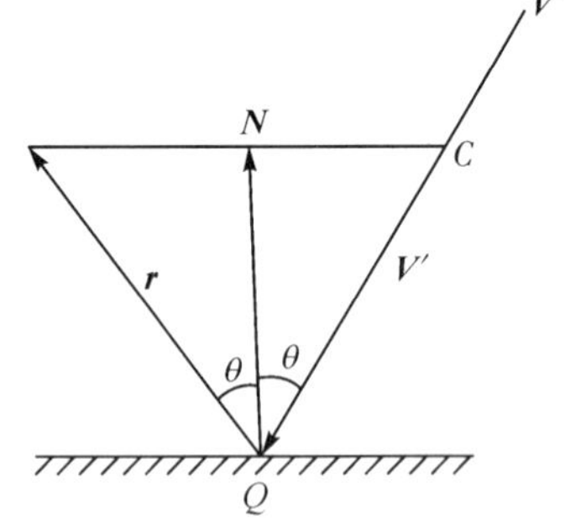

图8.32　$\boldsymbol{V}'$ 和 $\boldsymbol{r}$ 的推导

4. 透明物体的内部反射

图8.33中给出了光线在一封闭的透明体内部的反射过程，物体内壁一侧的镜面反射光线在物体内最后被吸收，因此不会引起观察者的视觉。而在光线与物体表面的交点处，射

出物体的透射光线 $\boldsymbol{P}$ 可能直接或间接地引起观察者的视觉，因此需要对其进行跟踪。

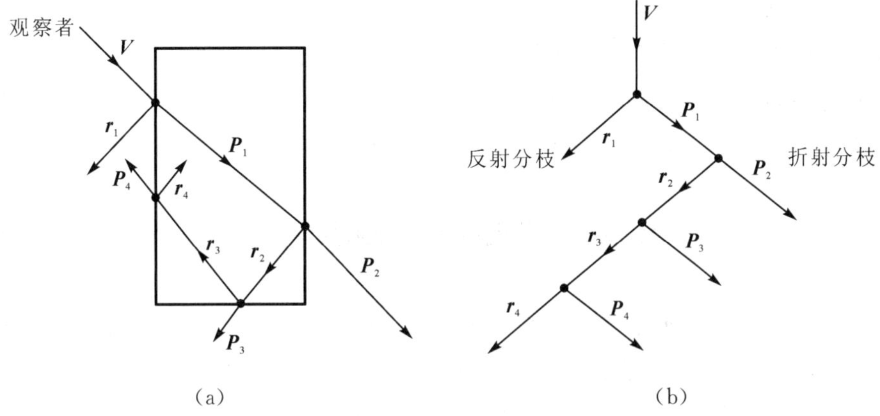

图 8.33　透明物体的内部反射

5. 光线跟踪的加速技术

光线跟踪时直线与物体求交的计算量较大，为了减少计算量，可以采取一些光线跟踪的加速技术，如包围盒(内包围盒、层次包围盒)技术、空间剖分(3d-DDA 剖分、八叉树剖分、二叉剖分)技术等。其中，包围盒技术比较适合物体分布不均匀而且物体比较复杂的场景；3d-DDA 算法比较适合物体分布均匀且比较稠密的场景；八叉树剖分算法和二叉剖分算法则弥补了 3d-DDA 算法在空间剖分技术中的不足，对于适合空间剖分但物体分布稀疏的场景比较适合。

6. 其他模型或方法

(1) Hall 模型：为光谱照明模型，它引入光源特性(如颜色等)和被照明物体的材料特性(如分色、透明材料的滤光特性等)，光亮度计算中加入了漫透射和透射高光两项。模拟效果更为真实，但计算很复杂。

(2) 双向光线跟踪：对于几何位置关系复杂的场景，上述光线跟踪不能保证跟踪光线能与所有或大多数物体表面相交，即上述单向光线跟踪不能保证无遗漏地模拟光源经周围环境表面镜面反射或规则透射后对景物的间接照明效果。双向光线跟踪能做到这点，它用两条光线跟踪计算，一条为从视点出发的光线，另一条为从光源出发的光线，两者共同作用到观察者，模拟效果更好。

(3) 光子映射(Photon Mapping)：现实光照场景中存在辉映(Color Bleeding)、焦散(Casutics)等现象。辉映是物体间因为光线的漫反射而互相影响颜色的现象，焦散是光通过透明物体的折射被汇聚在一起的现象。整体光照明模型模拟不了这些现象，需要利用近年来发展的光子映射技术来模拟。将光线跟踪扩展为光子映射，可以解决任何直接或间接的光照仿真问题。

光子与光线不同，光线遇到一个面时有反射、透射，而光子遇到一个面时，存在反射、透射或吸收，其概率取决于介质的密度和光子在介质中走的距离。光子只有在遇到漫射即非镜面表面时会被保存下来。每个光子在它传输的路径上可以被存储多次，包括最后被某

个漫射表面吸收。光子每次遇到表面，其位置、光子能量、入射方向都将被保存下来，还有一个标记用于建造查找结构。

基于光子映射的全局光照算法有两步：第一步，从光源向场景发射光子，并在它们碰到非镜面物体时将它们保存在一个光子图中，以建立光子图；第二步，使用统计技术从光子图中提取出场景中所有点的入射光通量以及反射辐射能，进而绘制光照图。

8.8 纹理及其映射技术

前面讨论的光照明模型都是针对光滑表面的，然而现实生活中的景物表面是多种多样的，如红砖绿瓦、砂砾小路、瓷砖地毯、墙纸壁画等。用基本或整体光照明模型生成的真实感图形，由于表面过于光滑和单调，显得不真实。现实世界中的物体，其表面往往有各种表面细节(如粗糙状的树皮、有明显凹凸状的橘子皮等)和图案花纹，这就是通常所说的纹理(设计学称为肌理、质感)。在本质上，纹理是物体表面的细小结构，增加表面细节的常用方法就是将纹理模式映射到物体表面上，这就是纹理映射。

纹理的种类有很多种。若按照纹理的定义域进行分类，可分为二维纹理(平面域)和三维纹理 (空间域)；若按照纹理的表现形式进行分类，可分为颜色纹理、几何纹理(凹凸纹理)和过程纹理。颜色纹理属于二维纹理，它指的是呈现在物体表面上的各种花纹、图案和文字等，如大理石花纹、墙纸等；几何纹理属于三维纹理，它是指基于景物表面微观几何形状的表面纹理，如树皮、木纹、沙石、橘子皮的表面皱纹等；过程纹理可能是二维纹理，也可能是三维纹理，它表现了各种规则或不规则的动态变化的自然景象，如水波、烟云、火焰等，这将在后面分形几何中予以介绍。本节介绍颜色纹理和几何纹理。

8.8.1 纹理与光照明模型的关系

实现纹理的基本思想是将纹理加入光照明模型中。在光照明模型中，改变哪些参数可以产生纹理效果？或者说纹理效果如何加入光照明模型中？

先分析基本光照明模型：

$$I = k_a I_{pa} + \sum [k_d I_{pd}(\boldsymbol{L}_0 \cdot \boldsymbol{N}_0) + k_s I_{ps}(\boldsymbol{R}_0 \cdot \boldsymbol{V}_0)^n]$$

可以发现，对于物体表面的一个多边形来说：

环境光项 $k_a I_{pa}$ 是一个常数，它无法反映丰富多彩的纹理颜色；

镜面反射项 $k_s I_{ps}(\boldsymbol{R}_0 \cdot \boldsymbol{V}_0)^n$ 只影响产生高光的局部区域的颜色和光亮度值，因此不能够用它来产生整个物体表面的纹理；

漫反射项 $k_d I_{pd}(\boldsymbol{L}_0 \cdot \boldsymbol{N}_0)$ 与观察者位置无关，可以用来产生纹理，其中 I_{pd} 反映不同光源的亮度强弱，对于给定的光源，其值是一个常数；$\boldsymbol{L}_0$ 反映光源的位置，对给定表面也保持不变；只有 k_d、$\boldsymbol{N}_0$ 可变，据此形成了产生纹理效果的两个途径：

(1) 改变漫反射系数，即改变物体表面的物理属性参数，可产生颜色纹理；

(2) 改变表面的法矢量，即改变物体表面的几何特征参数，可产生凹凸纹理。

对于整体光照明模型，通过类似分析可知，用于产生物体表面纹理效果的参数主要有以下几种：

(1) 改变物体表面的漫反射系数，产生颜色纹理。

(2) 给物体表面法向扰动，即扰动物体表面的法向来产生表面的凹凸纹理。

(3) 改变环境镜面反射，可以实现将物体周围的环境映射到物体的表面上，这种纹理映射技术称为环境映射。

(4) 定义物体透明度，如用纹理函数表示物体的透明度，可表现雕花玻璃这类透明物体的纹理图案。

8.8.2　颜色纹理定义及其映射

计算机图形学中的颜色纹理，可定义为一光亮度函数。最常用的纹理函数是二维光亮度函数。纹理函数可由数学表达式定义，也可用一幅平面图像定义。数学表达式定义的纹理称为函数纹理，理论上，任何二元函数都可以作为纹理函数，但实际上，往往采用一些特殊的函数。平面图像定义的纹理称为图像纹理。

1. 纹理的定义

1) 函数纹理——长峰波纹理函数

常用的纹理模型是长峰波(long crested wave) 纹理模型。设纹理函数为 $F(u, w)$ ，背景光亮度为 I_G，则长峰波模型定义为一系列正弦或余弦函数的和，即

$$F(u, w) = I_G + \sum_i A_i \cos(f_i u + g_i w + \theta_i) \quad (0 \leqslant \theta_i \leqslant 2\pi) \tag{8-10}$$

式(8－10)中，A_i为幅值；u 和 w 分别为纹理空间(称纹理坐标的有效区域为纹理空间，它与函数定义域有关)的两个坐标；f_i和 g_i分别为 u 和 w 的频率系数；θ_i为相位角。

如果取 $F(u, w)$ 为两个余弦函数的和，则

$$F(u, w) = I_G + A_1\cos(f_1 u + g_1 w + \theta_1) + A_2\cos(f_2 u + g_2 w + \theta_2)$$

并令 $f_1 = g_2 = 1$，$f_2 = g_1 = 0$，$\theta_1 = \theta_2 = 0$，则有

$$F(u, w) = I_G + A_1\cos(u) + A_2\cos(w)$$

再令 $A_1 = A_2$，则可得到两个正交余弦波产生的四边形纹理——粗布纹理，如图 8.34 所示。图中粗实线表示波峰，细实线表示零值，虚线表示波谷，实心点表示局部最大，空心点表示局部最小。在式(8－10)中，如果取 $i=3$，则 $F(u, w)$由三个余弦函数的和组成，产生的纹理为三角形。

长峰波模型中的 A_i是随机变量，用这种模型可产生逼真的自然纹理。

2) 函数纹理——棋盘方格纹理函数

参见图 8.35，对于 8×8 的棋盘方格，棋盘方格纹理函数的定义为

$$F(u, w) = \begin{cases} 0 & \text{INT}(u\times 8)+\text{INT}(w\times 8)\text{为奇数(函数 INT 表示截断取整)} \\ 1 & \text{INT}(u\times 8)+\text{INT}(w\times 8)\text{为偶数(包括 0)} \end{cases}$$

纹理坐标取值为 $u, w \in [0, 1)$。对于 8×8 的格子，每个格子占参数跨度为 1/8，据此

建立纹理空间点与纹理坐标的对应关系。图 8.35 中，点 A 的纹理坐标为(1/8, 0)，点 B 的纹理坐标为(5/8, 3/8)，点 C 的纹理坐标为(5.5/8, 2.5/8)。

根据纹理空间中点的纹理坐标 u、w 的值计算其纹理函数 $F(u, w)$的值：若 $F(u, w)=0$，则点对应白格子区域；若 $F(u, w)=1$，则点对应黑格子区域。

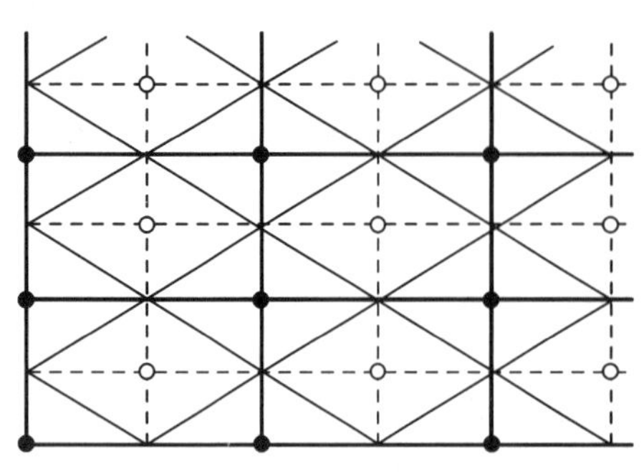

图 8.34　长峰波纹理模型(粗布纹理)

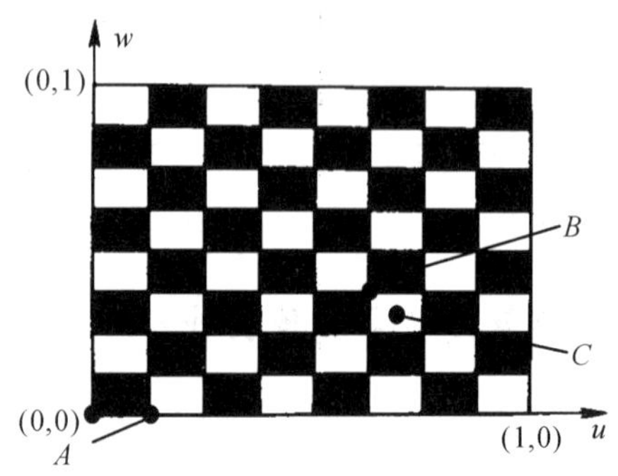

图 8.35　棋盘方格纹理(8×8)

3) 图像纹理——双线性插值纹理函数

纹理函数也可以用二维数字图像定义。设图像离散采样点数为 $m\times n$，将离散采样的图像像素颜色值用同规格的二维数组 $A(m, n)$表示(如 $m=40$，$n=30$；数组为 $A(40, 30)$，存 40×30 个采样的像素颜色值)。数组元素为 $A(I, J)$，其下标 $I=0, 1, 2, \cdots, m-1$；$J=0, 1, 2, \cdots, n-1$。构建纹理函数的关键是建立纹理空间中点的坐标$(u, w)$$(u, w\in[0, 1])$与数组下标 I、J 的对应关系，通过双线性插值得到纹理函数。这是一种将非线性问题转化为双线性插值求解的方法，是矛盾转化这一哲学思维方法的运用。

参见图 8.36，对于纹理空间中任意一点，若其在图 8.36(a)中矩形的顶点(即采样点)，则纹理函数 $F(u, w)$的值为图像的离散采样值；若其在矩形内部(含边)，则可对包含它的小矩形的顶点(即采样点)进行双线性插值，即得到纹理函数 $F(u, w)$的值。例如，在图 8.36(b)中，点 $E(u, w)$的纹理函数值就是点 F 和点 G 的纹理值的线性插值，而点 F、G 的纹理值又分别是点 A 和 B 及点 C 和 D 的纹理值的线性插值。依次计算各点，便可得到一连续的纹理函数 $F(u, w)$。

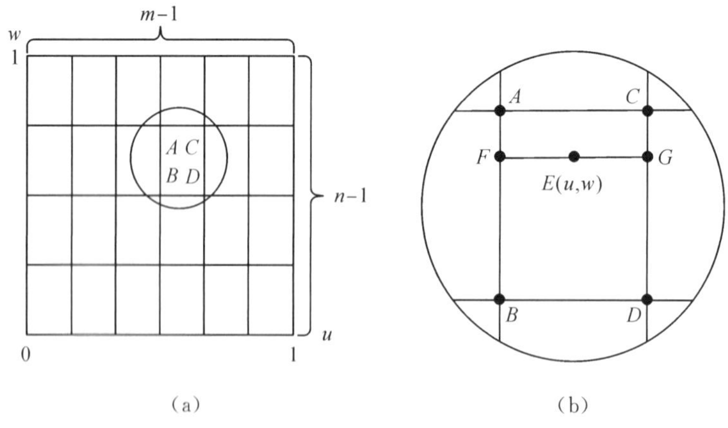

图 8.36　用双线性插值构造纹理函数

纹理函数 $F(u, w)$ 的具体表示式如下：

(1) 当 $u=I/(m-1)$ 且 $w=J/(n-1)$ 时，即纹理空间点落在采样点处时，

$$F(u, w)=A(I, J)$$

(2) 当 $u \neq I/(m-1)$ 或 $w \neq J/(n-1)$ 时，即纹理空间点不落在采样点处时，

$$F(u, w)=M_F+((m-1)u-i_1)(M_G-M_F)$$

$$M_F=A(i_1, j_1)+((n-1)w-j_1)(A(i_1, j_2)-A(i_1, j_1))$$

$$M_G=A(i_2, j_1)+((n-1)w-j_1)(A(i_2, j_2)-A(i_2, j_1))$$

$$i_1=\mathrm{INT}((m-1)u),\ i_2=i_1+1$$

$$j_1=\mathrm{INT}((n-1)w),\ j_2=j_1+1$$

2. 纹理映射

所谓纹理映射，就是将一给定的纹理函数映射到物体的表面上，即在计算物体表面光亮度时，将相应的纹理函数值作为物体表面漫反射系数 k_d 的对应值代入光照明模型进行计算。作纹理映射时，需要涉及纹理空间（对应纹理坐标系）、景物空间（对应观察坐标系）及图像空间（对应屏幕坐标系）之间的映射，映射过程如图 8.37 所示。

在图 8.37 中，图(a)为图像空间，图(b)为景物空间，图(c)为纹理空间。纹理映射的过程是：首先进行图像空间到景物空间的映射，即将屏幕上一像素区域 e 映射到物体的表面，然后，再进行景物空间到纹理空间的映射，即将物体表面上对应于像素区域 e 的曲面片 $\mathrm{d}f$ 映射到纹理空间，图中 $\mathrm{d}f$ 对应的纹理区域为 $\mathrm{d}A$。实际计算时，我们只需将纹理区域 $\mathrm{d}A$ 中的所有 $F(u, w)$ 的平均值作为 $\mathrm{d}f$ 区域的漫反射系数 k_d 的对应值去计算像素 e 的光亮度。

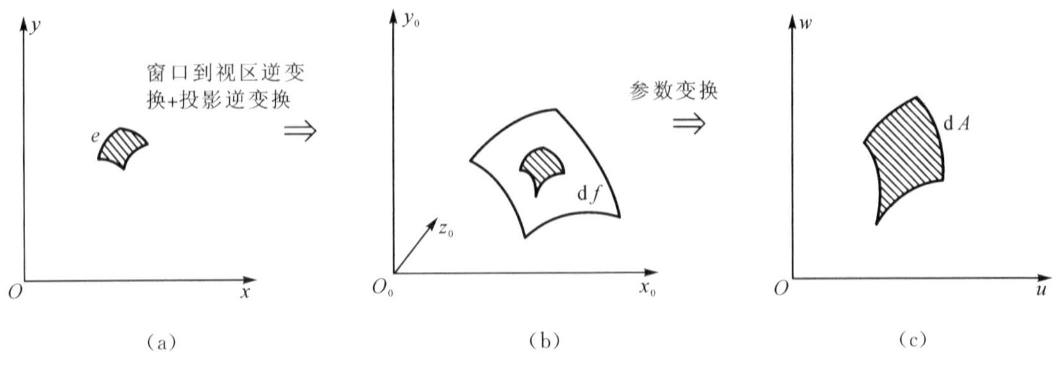

图 8.37　纹理映射

为了从屏幕坐标 (x, y) 求得景物空间坐标 (x_0, y_0, z_0)，首先要经过窗口到视区的逆变换，由屏幕坐标得到投影坐标，再利用物体或透视变换体的平面方程求出可见表面上点的深度坐标，若是正交投影，即得点的空间坐标 (x_0, y_0, z_0)；若是透视投影，则需利用 4.8.2 节的透视变换的逆变换求出点的空间坐标 (x_0, y_0, z_0)。

下面确定 (x_0, y_0, z_0) 对应的纹理坐标 (u, w)，即确定由景物空间向纹理空间的映射。这种映射过程实际上是曲面片的参数化过程，即由世界坐标 (x_0, y_0, z_0) 求其对应的曲面参数 u、w，将 (u, w) 作为纹理坐标。

对于已显式给出的曲面片，我们可以直接计算出纹理坐标，即

$$\begin{cases} u=u(x_0,\ y_0,\ z_0) \\ w=w(x_0,\ y_0,\ z_0) \end{cases}$$

对于一般参数曲面片，如双三次参数曲面片，通常将其沿 u、w 参数线划分成四边形或三角形网格。图 8.38(a)为四边形网格，图(b)为三角形网格。四边形或三角形网格内的参数值可以由顶点处精确的参数值求出。在图 8.38(a)中，参数曲面片由空间四边形 $\boldsymbol{B}_1\boldsymbol{B}_2\boldsymbol{B}_3\boldsymbol{B}_4$ 近似表示，其中 $u_1\leqslant u\leqslant u_2$，$w_1\leqslant w\leqslant w_2$。

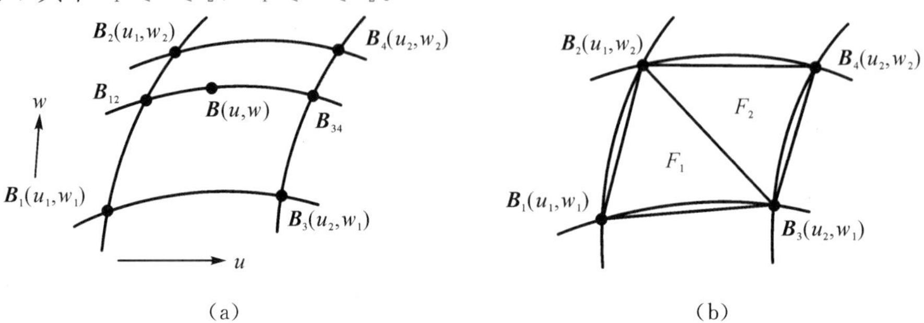

(a)　　(b)

图 8.38　曲面片的参数化

(1) 对于四边形网格，如图 8.38(a)所示，采用双线性插值由 $\boldsymbol{B}_1$、$\boldsymbol{B}_2$、$\boldsymbol{B}_3$、$\boldsymbol{B}_4$ 得到任意一点 $\boldsymbol{B}$，经推导可写成

$$\boldsymbol{B}(u,\ w)=\frac{(u-u_1)(w-w_1)}{(u_2-u_1)(w_2-w_1)}(\boldsymbol{B}_4-\boldsymbol{B}_3-\boldsymbol{B}_2+\boldsymbol{B}_1)+\frac{(u-u_1)}{(u_2-u_1)}(\boldsymbol{B}_3-\boldsymbol{B}_1)+\frac{(w-w_1)}{(w_2-w_1)}(\boldsymbol{B}_2-\boldsymbol{B}_1)+\boldsymbol{B}_1$$

写成矩阵的形式为

$$[x_0\quad y_0\quad z_0\quad 1]=[uw\quad u\quad w\quad 1]\begin{bmatrix} a & e & i & 0 \\ b & f & j & 0 \\ c & g & k & 0 \\ d & h & l & 1 \end{bmatrix} \tag{8-11}$$

求解方程组(8-11)可得 u 和 w 的值。

(2) 对于三角形网格，如图 8.38(b)中，面片 F_1 内任意一点可通过双线性插值或三角域内插值得到，表达式为

$$\boldsymbol{B}(u,\ w)=\frac{(u-u_1)}{(u_2-u_1)}(\boldsymbol{B}_3-\boldsymbol{B}_1)+\frac{(w-w_1)}{(w_2-w_1)}(\boldsymbol{B}_2-\boldsymbol{B}_1)+\boldsymbol{B}_1$$

写成矩阵的形式为

$$[x_0\quad y_0\quad z_0]=[u\quad w\quad 1]\begin{bmatrix} a & e & i \\ b & f & j \\ c & g & k \end{bmatrix}$$

由上式可求出 u，w 的值。

对于多边形平面，先将平面片用参数曲面(如 NURBS 形式、双线性 Bézier 曲面形式等)表示，然后按上述方法处理。

8.8.3　几何纹理及其实现

颜色纹理的特点是在光滑表面绘制，绘制后的表面仍然保持光滑。要使表面呈现粗糙

感，就需形成物体表面的几何纹理(凹凸纹理)，这种真实的凹凸表面纹理应具有随机的法线方向，从而产生随机的反射光线方向。若用具有凹凸效果的图像进行颜色纹理映射(俗称贴图)是不够理想的，因为它产生不了随机的反射光线方向。凹凸纹理使用法向扰动方法生成。

法向扰动方法主要用于模拟有细微凹凸不平表面的景物，如自然界中植物的表面，模拟会产生良好的效果。法向扰动法是 20 世纪 70 年代末由 Blinn 提出的。法向扰动采用了一个扰动函数，该函数对常规曲面的法向量进行扰动，即在表面每一点上沿其表面法向方向附加一个新的向量。适当选择扰动函数，可使生成的曲面具有不同的皱折纹理。

1. 扰动后的法矢量求取

为了在曲面的法矢量中加入扰动因子，可在初始曲面的基础上定义一个新的曲面。设初始曲面为 $\boldsymbol{F}(u, w)$，新的曲面为 $\boldsymbol{P}(u, w)$，则

$$\boldsymbol{P}(u, w)=\boldsymbol{F}(u, w)+R(u, w)\frac{\boldsymbol{N}_F(u, w)}{|\boldsymbol{N}_F(u, w)|} \tag{8-12}$$

其中，$R(u, w)$是扰动函数，$\boldsymbol{N}_F(u, w)$是 $\boldsymbol{F}(u, w)$曲面的法矢量。$\boldsymbol{P}(u, w)$的法矢量可写成

$$\boldsymbol{N}_P=\boldsymbol{P}_u\times\boldsymbol{P}_w$$

其中，$\boldsymbol{P}_u$和$\boldsymbol{P}_w$为$\boldsymbol{P}(u, w)$的两个偏导矢量，由式(8-12)可得

$$\boldsymbol{P}_u=\boldsymbol{F}_u+R_u\frac{\boldsymbol{N}_F}{|\boldsymbol{N}_F|}+R\left(\frac{\boldsymbol{N}_F}{|\boldsymbol{N}_F|}\right)_u$$

$$\boldsymbol{P}_w=\boldsymbol{F}_w+\boldsymbol{R}_w\frac{\boldsymbol{N}_F}{|\boldsymbol{N}_F|}+R\left(\frac{\boldsymbol{N}_F}{|\boldsymbol{N}_F|}\right)_w$$

因为 R 很小，可忽略不计，所以

$$\boldsymbol{P}_u=\boldsymbol{F}_u+R_u\frac{\boldsymbol{N}_F}{|\boldsymbol{N}_F|}$$

$$\boldsymbol{P}_w=\boldsymbol{F}_w+R_w\frac{\boldsymbol{N}_F}{|\boldsymbol{N}_F|}$$

即

$$\begin{aligned}\boldsymbol{N}_P&=\boldsymbol{P}_u\times\boldsymbol{P}_w=\boldsymbol{F}_u\times\boldsymbol{F}_w+\frac{R_u(\boldsymbol{N}_F\times\boldsymbol{F}_w)}{|\boldsymbol{N}_F|}+\frac{R_w(\boldsymbol{F}_u\times\boldsymbol{N}_F)}{|\boldsymbol{N}_F|}\\&=\boldsymbol{N}_F+\frac{R_u(\boldsymbol{N}_F\times\boldsymbol{F}_w)}{|\boldsymbol{N}_F|}+\frac{R_w(\boldsymbol{F}_u\times\boldsymbol{N}_F)}{|\boldsymbol{N}_F|}\end{aligned} \tag{8-13}$$

式(8-13)中，右边的后两项就是初始曲面法矢量的扰动因子，$\boldsymbol{N}_P$就是扰动后的法矢量，扰动函数 $R(u, w)$可以取为任意有偏导数的函数，R_u和 R_w通过差分法进行计算。另外，$R(u, w)$也可以用一组离散的数据进行定义。

2. 扰动函数

扰动函数同纹理函数一样可以用连续法和离散法两种形式定义，可以求导的任一个二元函数几乎都可取作扰动函数。相对而言，离散法更常用一些，可利用简单的图像或图形系统作出的模拟纹理图案作为扰动函数。图案中较暗的颜色对应于较小的 R 值，较亮的颜色对应于较大的 R 值，把各像素的值用一个二维数组存储起来作为 R 值的查找表(由曲面上点的参数值查纹理像素值)，表中没包括的中间值可以由双线性插值方法求得，就像图像纹理定义一样。

习　题　8

1. 什么是颜色模型？常用的颜色模型有哪些？各用于什么场合？

2. 什么是光照明模型？基本光照明模型和整体光照明模型各模拟了怎样的光照效果？

3. 给出含 $\boldsymbol{L}_0$、$\boldsymbol{N}_0$、$\boldsymbol{R}_0$、$\boldsymbol{V}_0$ 矢量的基本光照明模型计算式，并说明各项的含义及此 4 个单位矢量的求取方法。

4. 已知光源、视点的位置分别为点 L、点 V，求给定平面 P 上的高光区中心点 C，只要求写出求点 C 的过程并给出必要的计算式。

5. 在空旷的场景中有一个蓝色的球，一个白色的点光源放置在球的右上前方，用 C++ 和 OpenGL 编程模拟球面的光照效果。

6. 简述 Gouraud 明暗处理和 Phong 明暗处理的计算方法，并分析两者的优缺点。

7. 简单透明模型做了哪些假设？给出其光亮度计算式，并说明各项的含义。

8. 用 C++ 和 OpenGL 编程实现图 8.26 中带自身阴影的光照效果。

9. 给出 Whitted 光照明模型计算式，并说明各项的含义。

10. 简要说明光线跟踪算法的跟踪终止条件。

11. 光线跟踪算法中阴影是如何确定的？阴影处的光亮度是如何计算的？

12. 试分别分析基本光照明模型、整体光照明模型中，改变哪些参数可产生纹理效果。

13. 给定像素数为 51×51 的图片，用同规格的二维数组采样定义图像纹理 $F(u, w)$，写出纹理函数 $F(u, w)$ 的定义及其计算式。

14. 已知双参数曲面片中四边形网格 $B_1B_2B_3B_4$、三角形网格 $B_1B_2B_3$，网格及顶点参数满足 $u_1 \leqslant u \leqslant u_2$，$w_1 \leqslant w \leqslant w_2$，分别给出求网格内任一点 $B(x_0, y_0, z_0)$ 对应的参数 u、w 的计算方法。

15. 假设在纹理空间中已定义颜色纹理，要将该颜色纹理映射在物体的某个表面，试述求取屏幕上该表面像素点对应纹理值的主要过程。

16. 用 C++ 和 OpenGL 绘制一个球体，要求在该球体表面贴上棋盘方格纹理。

第 9 章　图形学研究专题

本章介绍计算机图形学三个方面的研究：彩色云图技术、分形几何和计算机动画。

课程思政：

云图色阶设计、分形图案生成、动画建模等都渗透有美学艺术教育；在随机中点位移法地形建模教学中，融入编者科研成果“基于散乱数据点的插值分形地形建模”，培养学生创新的科学精神。以编者的军工科研成果“通信车面电流及立体方向图彩色云图生成技术”为案例，培养学生知行合一的科学精神和科技报国的家国情怀。

9.1　彩色云图技术

经过计算、测量和实验往往可以得到一大批数据，但直接阅读数据比较抽象，不能直观地感受到数据的变化规律，而将数据进行图形可视化可直观地反映数据变化规律，这又称为科学计算可视化。科学计算可视化是反映物理量(如速度、位移、应力、应变、压强、温度、湿度、场强、电流、电势、密度、吸收率等)和几何量(如高度、斜率、曲率、凹凸度、坡度等)变化规律的有效手段。在科学计算可视化中，显示的对象涉及标量、矢量及张量等不同类别的数据，研究的重点应放在如何真实、快速地显示数据场。数据场有二维(表面)数据场和三维(立体)数据场。三维数据场可视化需要采用复杂的体绘制技术实现，而彩色云图是二维数据场可视化的主要表现形式，在工程分析软件中大量使用。数据场有标量场和矢量场之分。彩色云图以其更加直观、能够反映更多的信息等优点而成为表达标量场数据变化规律的常用可视化形式，已广泛地应用于结构场(应力、应变、位移等)、温度场、流体场(流速、压力)、电磁场(电场强度、磁场强度)等有限元分析、有限差分法分析、时域有限差分法分析、矩量法分析等的后置处理中。

本节以通信车矩量法分析得到的车体表面电流可视化、天线立体方向图为例，介绍彩色云图的生成技术。此案例从网格单元几何数据、矩量法分析得到的物理数据入手，由立体方向图的半径映射、单元离散算法、单元内电流(场强)的插值计算、物理数值(电流、场强)与离散元的颜色映射、按颜色显示每个离散元等构成彩色云图生成技术，展示给学生图形学的工程应用及复杂问题的解决方法，旨在培养学生知行合一的科学精神和科技报国的家国情怀。

由于面电流是涡电且具有时谐性，在工程分析中人们关心的是面电流的量值变化，因此面电流的可视化问题可按标量场数据处理。

1. 数据准备

(1) 按照矩量法计算，首先要建立图 9.1 所示的几何模型，这里采用表面模式建模，即车体由三角形、四边形包络形成，顶点顺序必须符合矩量法要求的逆时针方向。

(2) 按要计算的频率进行网格划分，此处矩量法采用脉冲基函数作为展开函数，故不要求划分的网格顶点铰接(顶点对顶点称为铰接)，且划分单元可为多种形状，为计算简单，划分单元取为三角形、四边形。图 9.2 为 120 MHz 下的网格划分结果。

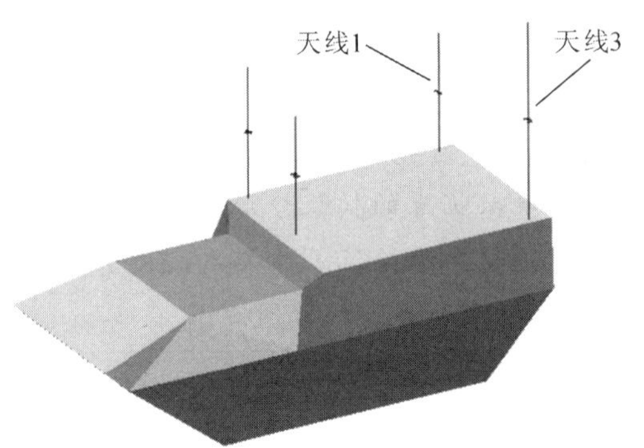

图 9.1　几何模型

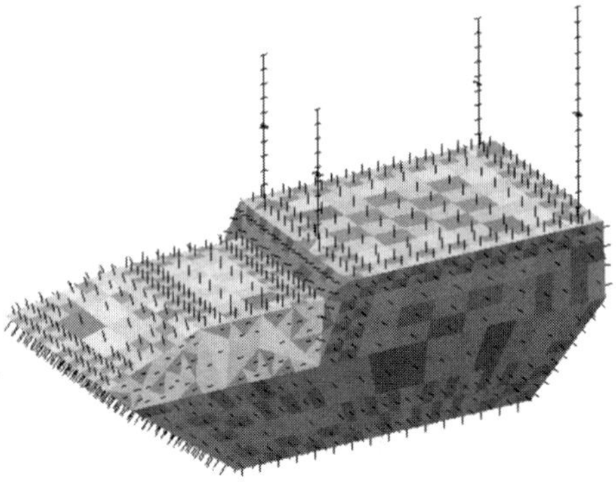

图 9.2　网格划分模型

(3) 矩量法计算，设置条件：天线 1 发射频率为 120 MHz，天线 3 作为接收天线。

(4) 提取云图所需数据。所需数据包括网格划分数据、矩量法计算输出的每个面单元质心处的面电流。面电流数据格式如下：

面单元质心			面电流 X 分量		面电流 Y 分量		面电流 Z 分量	
X	Y	Z	实部	虚部	实部	虚部	实部	虚部
x	y	z	a_x	b_x	a_y	b_y	a_z	b_z

2. 云图生成算法

首先对面单元进行离散，得到符合精度要求的离散元，该离散元就是图形显示时的“像素”；接着，经过面单元内一点的电流插值(双线性插值、面积坐标法等)运算，求出每个离散元的电流；然后建立电流数值与颜色的映射关系，求出每个离散元的颜色；最后按颜色绘制每个离散元。

1) 面单元的离散算法

采用“质心-中点法”对三角形、四边形面单元离散。参见图 9.3(a)，三角形面单元的离散算法如下：

(1) 读入三角形面单元的顶点坐标 $A(x_1, y_1, z_1)$、$B(x_2, y_2, z_2)$、$C(x_3, y_3, z_3)$；

(2) 由顶点坐标计算各边的中点 E、F、G；

(3) 按 2.3 节的方法计算三角形的质心坐标(x_C, y_C, z_C)；

(4) 连接质心和各边中点，得到三个四边形 $AEOG$、$EBFO$、$OFCG$(按逆时针点序产生)，输出这些四边形离散元；

(5) 调用四边形面单元的离散算法对这三个离散元继续离散，直至达到一定的精度。

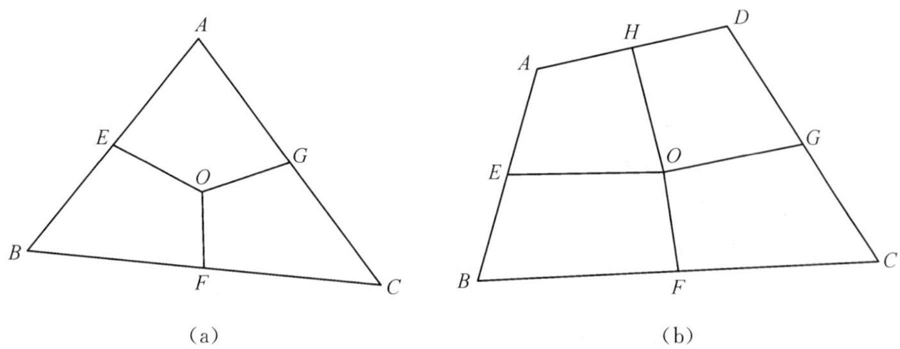

图 9.3　质心-中点法

参见图 9.3(b)，四边形面单元的离散算法如下：

(1) 读入四边形面单元的顶点坐标；

(2) 由顶点坐标计算各边的中点坐标；

(3) 按 2.3 节的方法计算四边形的质心坐标：

(4) 连接质心和各边中点，得到四个四边形 $AEOH$、$EBFO$、$OFCG$、$OGDH$(按逆时针点序产生)；

(5) 继续离散这些四边形离散元，直至达到一定的精度。

图 9.4 是图 9.2 所示通信车车体按上述算法生成的在某一精度下的离散元模型。

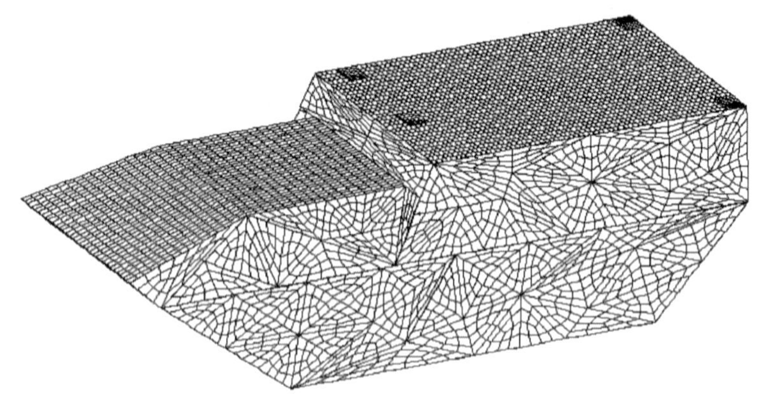

图 9.4　车体的离散元模型

2) 面单元内电流的插值计算

经过矩量法分析后得到的是每个三角形、四边形面单元质心处的电流，要计算面单元内一点的电流值，首先要求出每个面单元顶点处的电流，然后才能插值计算单元内一点的电流值。这里要插值计算的面单元内的一点为上述离散元的质心。

(1) 面单元顶点处电流的计算。

设与某一面单元顶点相邻的面单元为 m 个，采用式(9-1)面积加权平均法计算出该顶点处的电流 i：

$$i = \sum_{k=1}^{m} s_k i_k \Big/ \sum_{k=1}^{m} s_k \tag{9-1}$$

其中，i_k 为第 k 个面单元质心处的电流，s_k 为第 k 个面单元(三角形或四边形)的面积。

(2) 三角形面单元内一点电流的插值计算。

三角形内一点场量值的插值方法有双线性插值法、距离加权平均法、面积坐标法等。面积坐标法具有插值效果好、计算量小的优点，这里采用该方法。

如图 9.5 所示，三角形内点 P 与顶点连线把三角形分成 3 个小三角形，面积 s_1、s_2、s_3 分别称为顶点 1、顶点 2 和顶点 3 的面积坐标。显然，点 P 离哪个顶点越近，其面积坐标就越大，则点 P 的电流就越接近该顶点的电流。

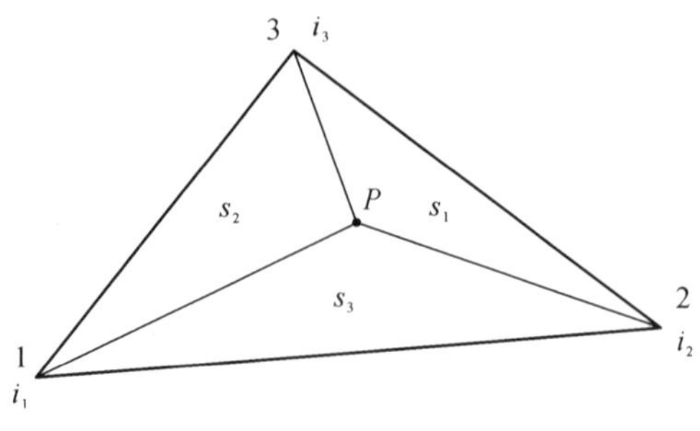

图 9.5　面积坐标插值

设 $P(x, y, z)$为三角形 123 面单元内任意离散元的质心，i_1、i_2、i_3 分别为面单元顶点处的电流，则按式(9-2)可计算出点 P 的电流 i：

$$i=\frac{s_1 i_1+s_2 i_2+s_3 i_3}{s} \tag{9-2}$$

其中，s 为三角形 123 的面积，s_1、s_2、s_3 分别为三角形 $P23$、$P31$、$P12$ 的面积。

(3) 四边形面单元内一点电流的插值计算。

四边形内一点场量值的插值方法主要有双线性插值法、距离加权平均法等。距离加权平均法计算量虽小但插值效果不如双线性插值法，这里采用双线性插值法。

设四边形面单元四个顶点依次为 $P_1(x_1, y_1, z_1)$、$P_2(x_2, y_2, z_2)$、$P_3(x_3, y_3, z_3)$、$P_4(x_4, y_4, z_4)$，顶点的电流分别为 i_1、i_2、i_3、i_4；设 $Q(m, n, k)$ 为四边形面单元内任意一点，则确定点 Q 的电流 i_q 的插值算法如下：

(1) 利用世界坐标系到局部坐标系的坐标变换在面元上建立局部坐标系，如图 9.6 所示。坐标变换后各点坐标分别为 $P_1'(0, 0)$、$P_2'(x_2', 0)$、$P_3'(x_3', y_3')$、$P_4'(x_4', y_4')$、$Q'(m', n')$；

(2) 求过点 Q' 且与 x' 轴平行的直线与四边形的左交点 $A(x_a, y_a)$、右交点 $B(x_b, y_b)$，并求在点 A、B 处的电流 i_a、i_b，分下面三种情况计算：

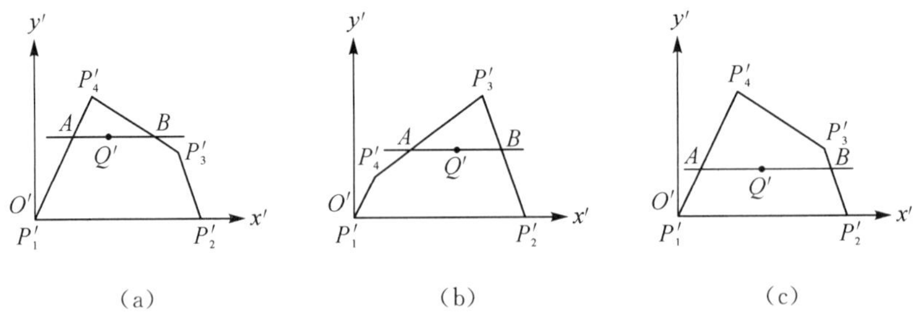

图 9.6　四边形单元的双线性插值

① 若 $y_3' \leqslant y_4'$ 且 $n' > y_3'$，如图 9.6 (a)所示，则有

$$x_a=\frac{x_4'}{y_4'}\times n',\ y_a=n'\ ;\ x_b=x_3'+\frac{x_4'-x_3'}{y_4'-y_3'}\times(n'-y_3'),\ y_b=n'$$

$$t_A=\frac{n'}{y_4'},\ i_a=(1-t_A)i_1+t_A i_4\ ;\ t_B=\frac{n'-y_3'}{y_4'-y_3'},\ i_b=(1-t_B)i_3+t_B i_4$$

② 若 $y'_4 \leqslant y'_3$ 且 $n' > y'_4$，如图 9.6 (b)所示，则有

$$x_a = x'_3 + \frac{x'_4 - x'_3}{y'_4 - y'_3} \times (n' - y'_3),\ y_a = n';\ x_b = x'_2 + \frac{x'_3 - x'_2}{y'_3} \times n',\ y_b = n'$$

$$t_A = \frac{y'_3 - n'}{y'_3 - y'_4},\ i_a = (1 - t_A) i_3 + t_A i_4;\ t_B = \frac{n'}{y'_3},\ i_b = (1 - t_B) i_2 + t_B i_3$$

③ 若 $n' \leqslant y'_3$ 且 $n' \leqslant y'_4$，如图 9.6(c)所示，则有

$$x_a = \frac{x'_4}{y'_4} \times n',\ y_a = n';\ x_b = x'_2 + \frac{x'_3 - x'_2}{y'_3} \times n',\ y_b = n'$$

$$t_A = \frac{n'}{y'_4},\ i_a = (1 - t_A) i_1 + t_A i_4;\ t_B = \frac{n'}{y'_3},\ i_b = (1 - t_B) i_2 + t_B i_3$$

(3) 求 i_q：

$$t_{Q'} = \frac{m' - x_a}{x_b - x_a},\ i_q = (1 - t_{Q'}) i_a + t_{Q'} i_b$$

3) 电流数值与颜色的映射

场量与颜色之间的映射关系是影响云图质量的重要因素。由于复杂结构数据场很难用准确的解析式表达，因此常用线性变化关系来实现场量(面电流数值)与颜色之间的映射。考虑到面电流数值分布总体趋于均匀(即数值相差较小)的特点，这里采用 24 种颜色进行映射，以得到能准确反映电流分布的彩色云图。参见图 9.7，实现电流数值与颜色映射的方法如下：

(1) 从各面单元质心电流中确定电流数值的最大值 i_{max} 和最小值 i_{min}，电流值计算方法为

$$i = \sqrt{i_x{}^2 + i_y{}^2 + i_z{}^2},\ i_x = \sqrt{a_x{}^2 + b_x{}^2},\ i_y = \sqrt{a_y{}^2 + b_y{}^2},\ i_z = \sqrt{a_z{}^2 + b_z{}^2}$$

(2) 把最大值 i_{max} 和最小值 i_{min} 之间的区间等分成 24 个小区间；

(3) 在调色板中，选用一个从蓝色到红色的颜色表(即色阶)来代表电流数值由小到大的变化，该颜色表相应地由表示这 24 种颜色的颜色索引(即颜色号)组成，它们分别对应于电流数值等分形成的 24 个小区间；

(4) 根据面单元内一点电流的插值算法计算出离散元质心处的电流数值，并判断其所在的区间，从而得到对应的颜色索引，该颜色索引就是离散元绘制时的颜色。

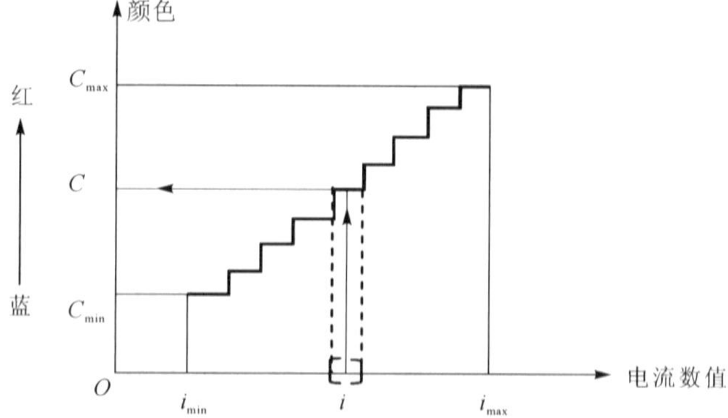

图 9.7　电流数值与颜色的映射

4）按颜色绘制每个离散元

将每个离散元按确定的颜色进行绘制，宏观显示的效果就是彩色云图的图像。图 9.8 是最终生成的通信车面电流彩色云图。

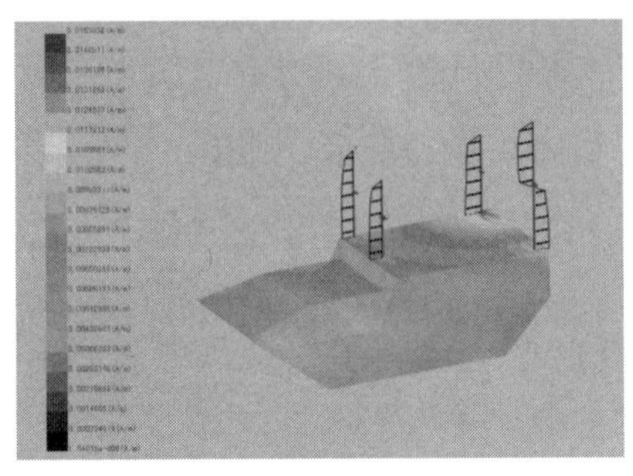

图 9.8 面电流彩色云图

3. 色阶对云图效果的影响

选取不同个数和不同色彩的颜色时云图的视觉效果是有差别的。色彩个数越多、色彩之间区分越明显，云图表现物理量的大小变化就越明显。图 9.9 的云图效果比图 9.8 要好。

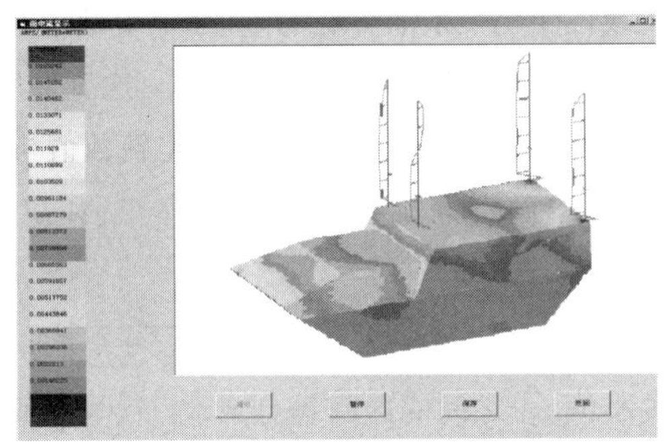

图 9.9 色阶的影响

4. 云图在天线立体方向图中的应用

需要的天线立体方向图数据为：在以坐标原点为中心、以某个距离为半径的球面上按经纬度方向采样计算，得到沿球面分布的一系列点的场强（电场强度）值。

将球面分布的场强数据先进行颜色映射，再进行半径映射得到立体方向图曲面彩色云图。颜色映射的方法为：由经纬度采样点沿球面形成四边形、三角形（在两极处）网格单元，对每一网格单元进行离散、单元内离散元顶点和质心的场强插值计算、离散元质心的场强数值与颜色的映射，从而得到每一离散元的顶点坐标（经纬度和球半径）、顶点场强值和离散元颜色。半径映射的方法为：求出场强最大值，取一个方向图绘制的半径值，对每一离散元，先将其顶点的场强值做归一化处理，然后用归一化场强值与方向图半径值相乘就得到离散元顶点的绘制半径，利用球面坐标与直角坐标的转换，得到离散元顶点的直角坐标。经过颜色映射和半径映射，就得到每个离散元绘制时的顶点坐标和颜色，将所有离散元绘制，便得立体方向云图。图 9.10(a)为通信车某个发射天线工作时的纯立体方向图，图 9.10(b)为叠加有通信车模型的透明彩色方向云图（云图曲面显示时设置了一定的透明度，故可看到内部的通信车模型）。

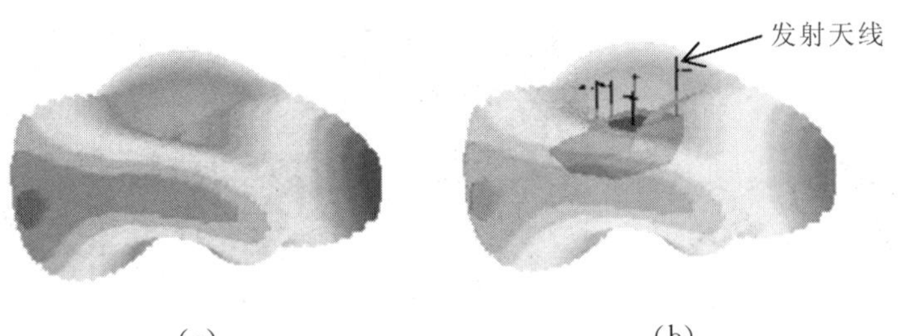

图 9.10 天线的立体方向云图

9.2 分形几何

山脉、云彩、火焰、树木、浪花等自然景物模拟是计算机图形学的一个重要研究内容。与规则几何体不同，自然景物的表面往往包含丰富的细节或具有随机变化的形状，若用某些规则的几何元素来逼近或者拟合这些不规则的自然形体，得到的结果实质上是对自然形体的一种近似描述，然而这种近似描述恰恰丢失了自然形体的本质特征——不规则性。从欧氏几何来看，这些自然景物是极端无规则的，为了解决这一问题，法国数学家曼德布罗特(B. B. Mandelbrot)于 20 世纪 60 年代提出了能产生分数维图形以描述自然景物的分数维几何(简称分形几何，FRACTAL)理论。分数维图形是利用分数维几何学的自相似性质(即局部与整体的相似)，采用各种模拟真实图形的模型，使整个生成的景象呈现出细节的无穷回归性质(即迭代特性)。自相似性和迭代特性是分形几何的两大特征。由分形几何生成的景物中，可以有结构性较强的树，也可以是结构性较弱的火、云、烟；可以是静态的景物，如山、树木、花草，也可以是有动态特性的火焰、波浪等。

分形几何与传统的欧氏几何的区别在于，欧氏几何使用方程描述平滑的表面和规则形状的物体，而分形几何使用迭代过程对具有不规则几何形态的物体建模。图 9.11 反映了 Sierpinski 垫片这一分形图形的迭代生成过程。

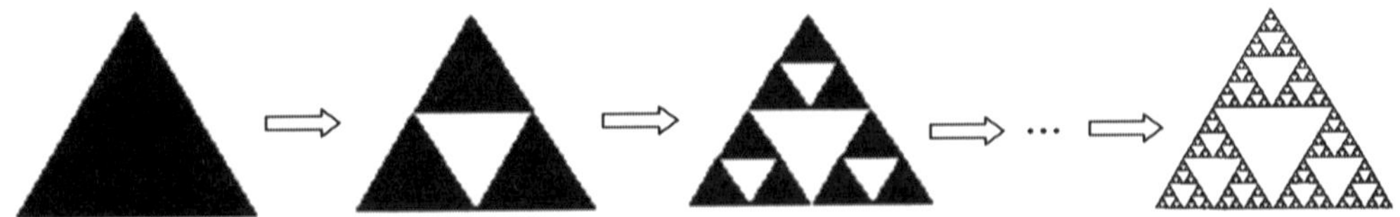
图 9.11 分形的自相似性与迭代

分形几何按其实现方式的不同分为确定性分形和随机性分形两大类。

确定性分形生成方法是通过定义原始图元和映像规则，并对原始图元按所定义的映像规则迭代而生成分形图形的方法。图 9.11 的三角垫片便是确定性分形。这一方法生成的分形对象，其图案主要决定于映像规则。常用的确定性分形方法有：Von Koch 曲线(即雪花曲线图 9.12(a))，以及复动力系统生成法，如 Mandelbort 集和 Julia 集(图 9.12(b))。

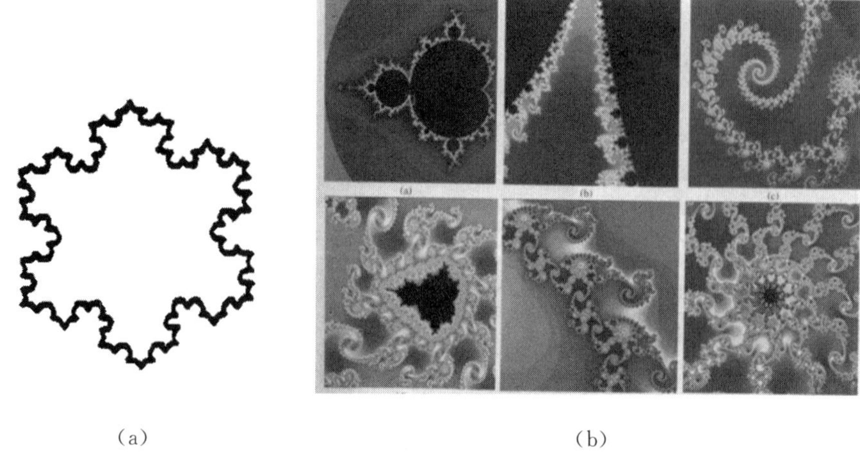

(a)　　(b)

图 9.12　确定性分形

随机性分形是在描述分形对象的迭代过程中加入随机因素，从而生成具有随机特性的分形图形的方法。随机因素所具有的不同的概率分布，决定了所生成图形的不同。常用的随机性分形生成方法有 FBM(分形布朗运动)法、IFS(迭代函数系统)法、L 系统法、粒子系统法等。

分形理论为研究复杂性事物提供了全新的角度，使人们从无序中重新发现了有序，已成为非线性科学的生长点之一，在自然景物模拟、信号处理、经济、气象等领域获得成功应用，并在向其他领域扩展。

下面介绍分形几何的基本理论和分形图形的几种生成方法。

9.2.1　分形几何基础

1. 分数维几何现象及其特征

对复杂不规则现象的研究可以回溯到 1906 年，当时瑞典数学家 H. Von Koch 研究了一种其称为雪花的图形，如图 9.13 所示。他将一个等边三角形的三边都三等分，在中间的那一段上再凸起一个小等边三角形，这样一直下去，理论上可证明这种不断构造成的雪花周长是无穷的，但其面积却是有穷的。这和传统的数学直观是不符的，周长和面积都无法刻画出这种雪花的特点，欧氏几何对这种雪花的描述无能为力。

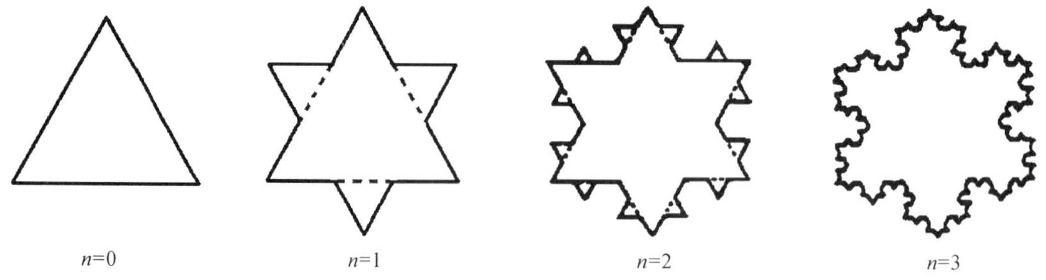

图 9.13　Von Koch 曲线

20 世纪 60 年代开始，B. B. Mandelbrot 重新研究了这个问题，并将雪花与自然界的海岸线、山、树等自然景象联系起来。Mandelbrot 以海岸线长度测量为例，假设要测量英国海岸线的长度，人们可以用一个 1000 米的尺子，一尺一尺地向前量，同时数出有多少个 1000 米，这样得到一个长度为 L_{1000}。然而这样测量会漏掉许多小于 1000 米的小湾，因而结果不准确。如果尺子缩到 1 米，那么会得到一个新的结果 L_1，显然 $L_1 > L_{1000}$。一般来说，如果用长度为 r 的尺子来量，将会得到一个与 r 有关的数值 L_r。与 Koch 的雪花一样，$r \to 0$，$L_r \to \infty$。也就是说，英国的海岸线长度是不确定的，它与测量用的尺子长度有关。Mandelbrot 注意到 Von Koch 雪花与海岸线的共同特点：它们都有细节的无穷回归，测量尺度的减小会得到更多的细节。换句话说，就是将其一部分放大会得到与整体部分基本一样的形态，这就是 Mandelbrot 发现的复杂现象的自相似性。自相似性包括严格自相似性（如 Von Koch 曲线、Sierpinski 垫片）、近似自相似性和统计意义下的自相似性（如海岸线）。其中，统计自相似是自然界中分形的主要特征，像山、云、火、波浪等都具有统计自相似的特性。为了定量地刻画自相似性，Mandelbrot 引入了分数维概念，它与欧氏几何中整数维是相对应的。

2. 分形的维数

参见图 9.14(a)的图形均分，均分出来的图形与原图自相似。假设 N 表示图形均分的数目，S 为均分时的缩小因子，D 表示图形的维数。将一线段（$D=1$）四等分，此时 $N=4$，$S=1/4$，则 $N=4^1=(1/(1/4))^1$；将一正方形（$D=2$）16 等分，此时 $N=16$，线段的缩放倍数 $S=1/4$，则 $N=4^2=(1/(1/4))^2$。类似地，一个立方体（$D=3$）均分为 27 个小立方体，此时 $N=27$，$S=1/3$，则 $N=3^3=(1/(1/3))^3$。即对于整数维而言，N 与 S、D 之间的关系为 $N=(1/S)^D$。

由于分形也具有自相似性，因此上述结论对分形也是适应的，即可以推广到分形。当 D 不取整数时，细分（均分）的结果是一个分数维图形。

一般地，设 N 为图形每一步细分的数目，S 为细分时的缩放因子，则分形维数 D 定义为

$$D=\frac{\log N}{\log\left(\frac{1}{S}\right)}$$

这里的 log 表示以任意正数为底的对数，如可以为 lg、ln、lb 等。显然，整数维是分数维的特殊情况。对于图 9.14(b)的 Von Koch 曲线，$N=4$，$S=1/3$，其维数 $D=\lg 4/\lg 3=1.2619$。

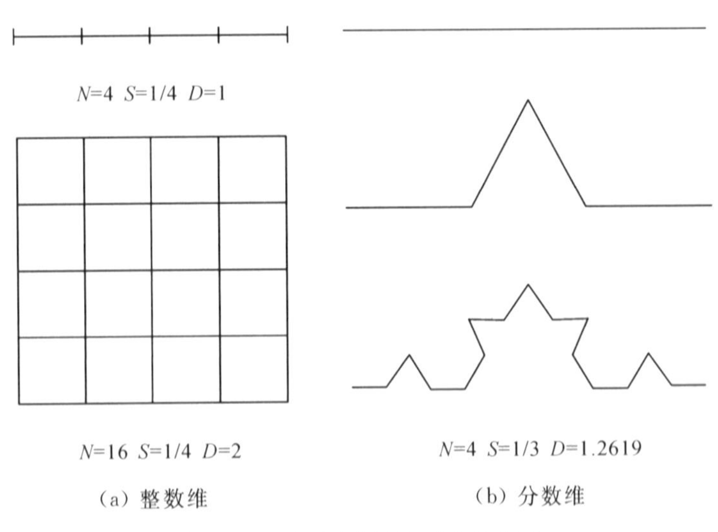

(a) 整数维　(b) 分数维

图 9.14　分数维图形与整数维图形

如何理解分数维？以图 9.15 的 Von Koch 曲线为例，维数 D 取值由大于 1 向 2 变化。可以看出，分维数的几何意义在于填充了空间。当 D 从 1 增加到 2 时，曲线从“线形”逐渐填充大部分平面，实际上，极限 $D=2$ 产生一个 Peano 曲线或空间填充曲线。这样，分形维数就提供了一个曲线摆动的度量。尽管这些 Von Koch 曲线具有 1 到 2 的分形维数，但它们均是保持具有拓扑维数(即整数维)1 的“曲线”，因为去掉一个点曲线会分为两部分。

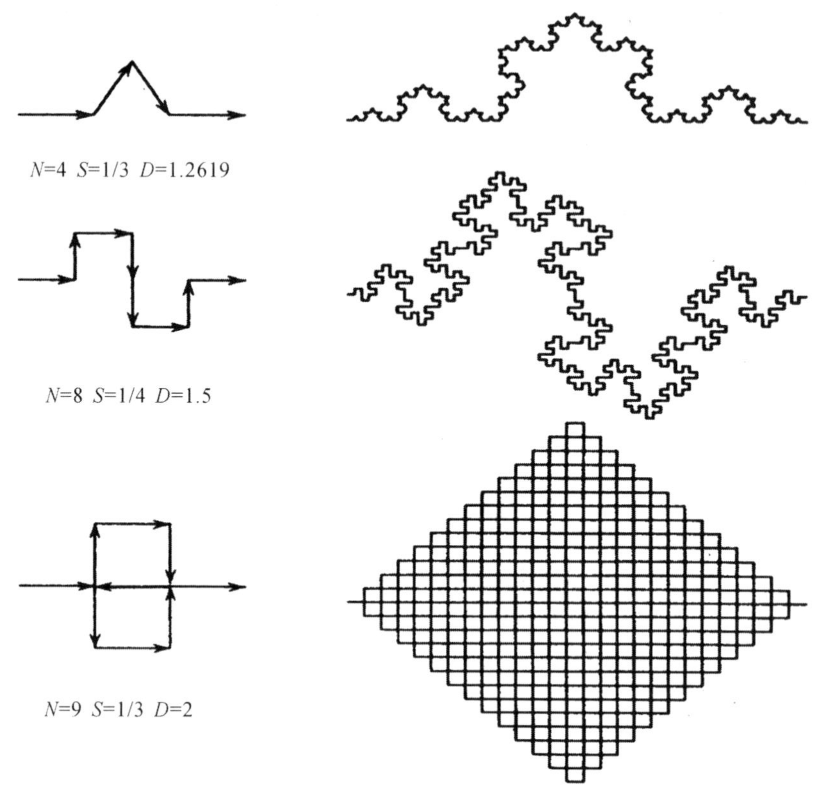

图 9.15　分形维数与其图形的演变

一般地，二维空间中的一个分数维曲线的维数介于 1 和 2 之间，三维空间中的一个分数维曲线的维数在 1 和 3 之间，而三维空间中的一个分数维曲面的维数在 2 和 3 之间。

3. 分形生成过程

如前所述，分形有两个基本特征：每点处无限的细节和整体与局部之间的自相似性。可以用一个过程来描述分形，该过程为产生分形局部细节指定了一个重复操作。理论上自然景物要用重复无限次的过程来表示，但实际中，自然景物的图形仅用有限步去生成，即能很好地近似表示。

如果给定一过程变换函数，一个分形可以通过在一空间区域里对初始图形重复使用变换函数来生成。若 G_0 是选定的初始图形，F 是过程变换函数(一个或一组)，则每次变换图形为

$$G_1=F(G_0),\ G_2=F(G_1),\ G_3=F(G_2),\ \cdots$$

这样可得到细分的图形。增加变换次数可以产生更多细节，也更靠近“真正”分形。

一般地，初始图形 G_0 为给定的点集或者基本元素集(如直线、曲线、颜色区、表面和实体)；变换函数 F 可以是几何变换、非线性变换或决策参数；图形迭代生成过程可以是固定的

(即每次迭代采用固定的变换函数)，也可以是随机的(即每次迭代采用不同的变换函数)。

构造变换函数的方法有许多种，它们形成不同的分数维图形构造模型，如 FBM 模型、IFS 模型、L 系统模型、粒子系统模型等。

9.2.2　分形布朗运动模型

分形布朗运动模型是一种随机插值模型。布朗运动是 1827 年植物学家 Robert Brown 在研究花粉时发现的。花粉的运动方向是随时改变的，其运动轨迹是一条无规则的折线，后来这被解释为许多微粒通过不断地、连续地碰撞邻近的微粒而产生的无规则的不稳定的随机运动现象。布朗运动在数学、物理学、生物学等领域都得到了广泛的应用。

20 世纪 60 年代，Mandelbort 和 Ness 通过对布朗运动的扩展，提出了分形布朗运动(Fractional Brown motion，FBM)的概念和模型，从而为分形理论的产生奠定了基础。不仅如此，分形布朗运动还具有很强的实用性，它可以用来描述诸如山脉、云彩、海岸线、地形地貌等许多分形对象，目前 FBM 方法已经成为随机分形的理论基础。

1. 分形布朗运动的数学定义

1923 年，德国数学家 N. Wiener 利用统计学规律，建立了布朗运动的数学模型(即 N. Wiener模型)。他把布朗运动作为一种随机过程加以严格刻画，他认为布朗运动是满足下列条件的随机过程：

设随机过程为 $X(t)$，$t\in I$，$I=[0, \infty)$，当它满足

(1) $X(0)=0$，$X(t)$是 t 的连续函数；

(2) 对于任意自变量 $0\leqslant t_1\leqslant t_2\leqslant\cdots\leqslant t_n$，$t_i\in I$，随机变量 $\Delta X(t_k)$相互独立：

$$\Delta X(t_k)=X(t_k)-X(t_{k-1})\quad(1\leqslant k\leqslant n);\tag{9-3}$$

(3) 对于任意 $t\geqslant 0$ 和 $h>0$，随机变量 $X(t+h)-X(t)$总服从正态分布(高斯分布) $N(0, h^H)$，其概率满足：

$$P(X(t+h)-X(t)\leqslant x)=\frac{1}{\sqrt{2\pi h^H}}\int_{-\infty}^{x}\exp\left\{-\frac{u^2}{2h^H}\right\}\mathrm{d}u\quad(0<H<1)\tag{9-4}$$

而 FBM 曲面的数学定义是上述一维定义的拓展。如果用坐标变量(x, y)代替上述时间变量 t，那么 $X(x, y)$可看作是曲面在点(x, y)的高。则 FBM 曲面定义为在某概率空间上指数 $H(0<H<1)$的一个随机过程，如下：

(1) $X(x, y)$是(x, y)的连续函数；

(2) 对任意变量(x, y)，$(h, k)\in R^2$，其二维增量 $X(x+h, y+k)-X(x, y)$(为随机变量，表示高差)服从均值为 0、方差为$(h^2+k^2)^H$ 的正态分布，其概率满足

$$P(X(x+h, y+k)-X(x, y)\leqslant z)=\frac{1}{\sqrt{2\pi(h^2+k^2)^H}}\int_{-\infty}^{z}\exp\left\{-\frac{r^2}{2(h^2+k^2)^H}\right\}\mathrm{d}r\tag{9-5}$$

布朗运动的图像具有统计自相似性，因此，可以用布朗运动产生分形。

2. 分形布朗运动方法(FBM 法)

由布朗运动的定义我们知道，通过高斯随机变量的累加就可以生成布朗运动。布朗运

动的生成算法正是基于这一思想提出来的。FBM 的生成有多种方法：泊松阶跃法(PT)、逆傅里叶变换法(IFT)、逐次随机增加法(SRA)、多重线性细分法(MS)、随机中点位移法(MPD)等。其中，PT 法和 IFT 法由于计算代价太大已经很少应用，应用较多的是随机中点位移法(MPD)、SRA、MS 法等，其中随机中点位移法由于计算量小、编程容易、能快速方便地生成图形并具有为已有形状增加细节的能力而成为一种实用的分形生成算法，在地形、云彩等模拟方面得到很成功的应用。

3. 随机中点位移法(MPD)与地形模拟

1) MPD 法的原理

参见图 9.16，MPD 法的基本思想是对线段中点处的高程进行位移(扰动)，位移量为高斯随机量，然后将分割的线段再细分出中点，并进行进一步的位移，此过程递归进行，直到满足一定的空间分辨率(精度)为止。

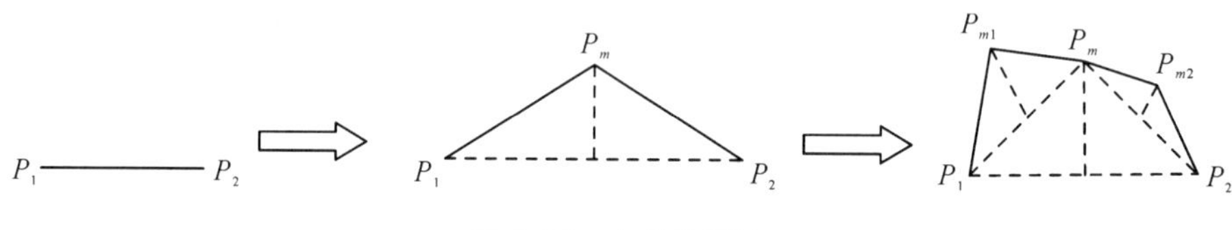

图 9.16　中点位移法

将 MPD 法用于地形建模可得 FBM 曲面，曲面上的点通过递归产生，递归过程如图 9.17 所示。

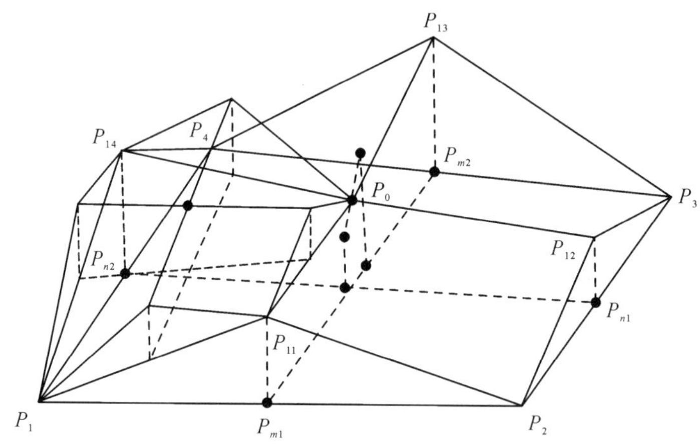

图 9.17　中点位移法用于地形建模

参见图 9.17，MPD 法地形模拟的算法步骤如下：

(1) 给定初始空间四边形 $P_1P_2P_3P_4$，四边形可以不共面；

(2) 对 $P_1P_2P_3P_4$ 上每条线段的中点 P_{m1}、P_{n1}、P_{m2}、P_{n2} 分别产生扰动点 P_{11}、P_{12}、P_{13}、P_{14}；

(3) 对线段 $P_{m1}P_{m2}$ 和 $P_{n1}P_{n2}$ 按步骤(2)的过程生成它们的扰动点，求出这两个扰动点连线的中点 P_0；

(4) 由 P_1、P_2、P_3、P_4，P_{11}、P_{12}、P_{13}、P_{14} 及 P_0 构造细分后的四个空间小四边形 $P_1P_{11}P_0P_{14}$、$P_2P_{12}P_0P_{11}$、$P_3P_{13}P_0P_{12}$、$P_4P_{14}P_0P_{13}$；

(5) 对步骤(4)得到的四个小四边形按步骤(2)～(4)再进行递归细分，直到满足一定深度为止。

上述算法是构成 FBM 曲面网格的一种方法，还有其他的构网方式，如三角形网、方块网以及多重线性插值方法。不同的构网方式得到的地形模型是有差别的。

2) 高斯分布的方差求取

经过证明，MPD 法中每次迭代的中点随机位移量的方差 Δ_k^2 为

$$\Delta_k^2=\left(\frac{1}{2^k}\right)^{2H}(1-2^{2H-2})\sigma^2 \tag{9-6}$$

式中，k 为迭代次数，H 为分形参数(取值为 0～1)，σ^2 为初始方差。分形参数 H 由分形维数 D 定义，$H=n+1-D$，n 为随机变量的个数。对于二维空间的 FBM 曲线，$n=1$，$H=2-D$；对于三维空间的 FBM 曲面，$n=2$，$H=3-D$。

可以看出，影响分形图形的参数有两个：分形参数 H 和均方差 σ，其中分形参数 H 影响最大。

3) 分形参数 H 对 FBM 曲线及曲面的影响

图 9.18 为分形参数 H 对 FBM 曲线形状的影响。可以看出，分形参数 H 取不同的值(即 FBM 曲线具有不同的分形维数 D)，曲线也会表现出不同的几何特征。由式(9-6)可知，分形参数值 H 越大，迭代方差越小，变量值越集中于均值附近，曲线越光滑。因此，分形参数取不同值，可以实现曲线不同分辨率的显示，这个特性可用于信号处理或图形显示时的不同层次的细节表示。

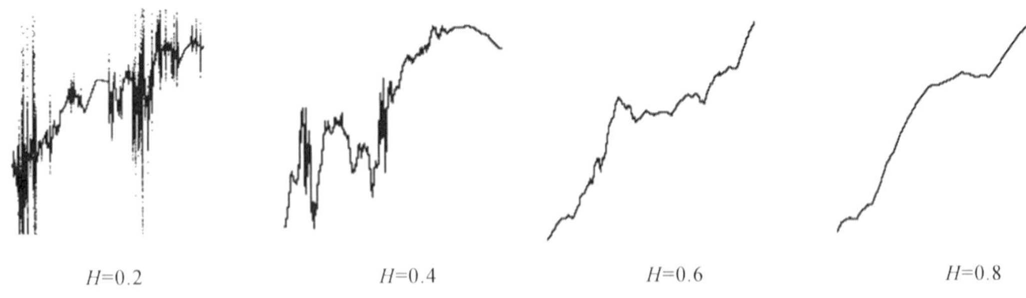

图 9.18　分形参数 H 对 FBM 曲线的影响

图 9.19 为分形参数 H 对 FBM 曲面形状的影响。可以看出，在 H 由 0 增大到 1 的过程中，分形维数 D 由 3 逐渐减小到 2，相应 FBM 曲面的形状也将会由“粗糙”逐渐变得平缓。

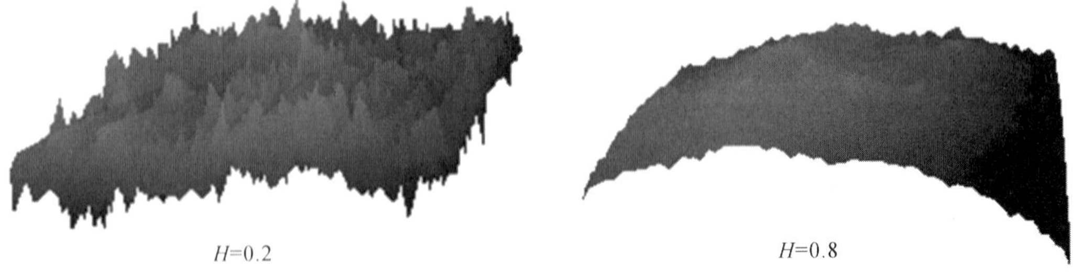

图 9.19　分形参数 H 对 FBM 曲面的影响

直接由 MPD 法生成的地形尖峰较多，需要经过“削峰”局部平滑处理才能得到较为自然的地形模型。

4. 分形插值地形建模

单纯使用 MPD 法生成的地形虽然表现了随机的特征，但很难与实际的某处地形对应。要模拟出与实际地形对应的地形，就需要进行分形插值。在图 9.17 的 MPD 法迭代过程中，若迭代次数为 n，则每次迭代后的网格点数为 $(2^n+1)\times(2^n+1)$。分形插值的方法为：首先形成能反映某地形特征的 $m\times m$ 网格点（$m=2^n+1$，n 取 3 或 4），其高程反映地形特征，$m\times m$ 网格点可以直接建立，也可以由散乱数据点按距离加权法转换形成；然后用 MPD 法迭代生成网格，当网格点数等于 $m\times m$ 时，用 $m\times m$ 网格点替代当前迭代网格，再继续 MPD 法迭代，直到满足精度要求为止。图 9.20 为编者团队用 MPD 法插值建立的某火山口的地形模型。

图 9.20　用 MPD 法建立的分形山（带火山口）

9.2.3　L 系统

L 系统又称为正规文法模型。L 系统由美国生物学家林德梅叶（Lindenmayer）1968 年创立，1984 年 A. R. Smith 为模拟植物而引入，它能够生成结构性强的拓扑结构（如植物），再通过进一步几何解释来形成逼真的画面。L 系统包括上下文无关的 0L 系统和上下文有关的 1L 系统、2L 系统。1L 系统称为左相关或右相关，左相关文法用于模拟植物从根向茎、叶传播的过程；右相关文法用于模拟植物从叶到茎、根传播的过程。2L 系统同时考虑左边和右边文法关系。

L 系统本身是一个字符串重写系统，通过字符串的解释，可转化为建模（造型）工具。也就是说，L 系统只是给出了分形的拓扑结构，而分形图形的绘制还需结合几何变换、造型和真实感图形技术进行。

L 系统由字符表 V、初始串（初始图）W 和产生（变换）规则 P 三个要素组成。L 系统的基本思想是从初始串（叫作公理）开始，将产生（变换）规则多次作用于其上，最后产生一个较长的字符串。设计 L 系统就是设计其三要素。

下面是 L 系统设计的几个例子。

【例 9.1】 Von Koch 雪花曲线。

L 系统三要素为

V：{F，+，-}

W：F

P：F→F-F++F-F，转角 $\delta=60°$

其几何解释如下：

F(Forward)：向前画一条线，线长可设为 d。在迭代时线长可为定长或变长，本例 F 为变长，长度为 $d/3^n$。

+：沿前进方向右转 60°

-：沿前进方向左转 60°

图 9.21(a)为初始图和对应产生规则 P 的生成元；图 9.21(b)为 L 系统迭代过程中生成的图形。

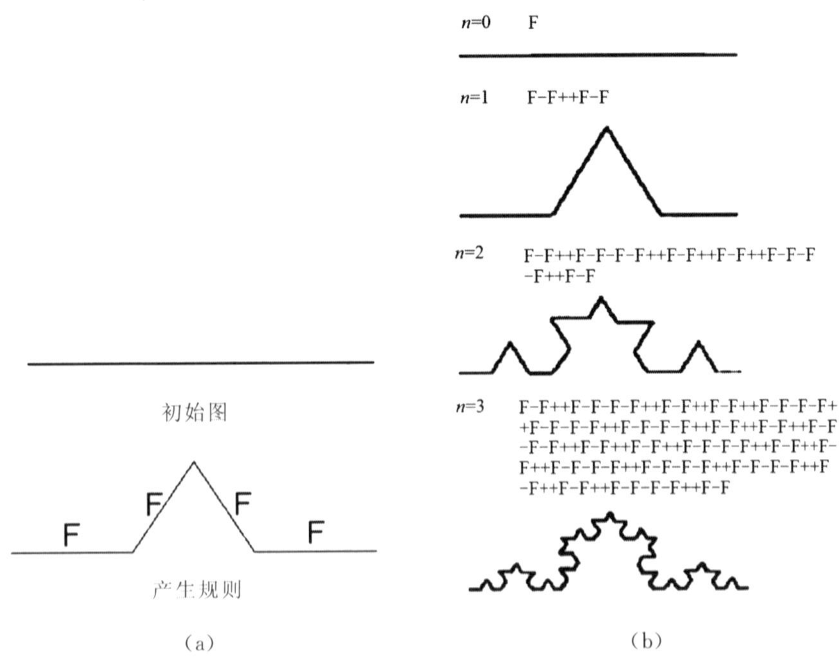

图 9.21　用 L 系统产生 Von Koch 曲线

【例 9.2】 植物的分支结构，参见图 9.22。

L 系统三要素为

V：{F，+，-，[，]}

W：F

P：F→F[+F]F[-F]F，转角 $\delta=60°$

本例 F 为定长。为了形式化地描述许多植物的分支结构，引入两个新的字符，其含义如下：

[：将当前点的位置和方向压入栈；

]：将压入栈中的状态弹出作为当前状态，即返回到压入栈的点的位置但不画线。

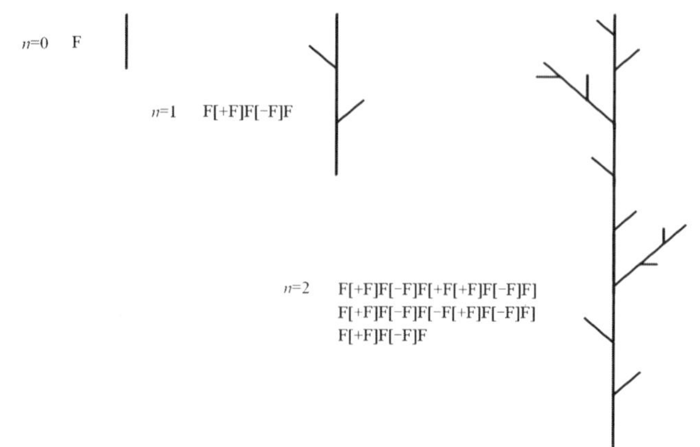

图 9.22 用 L 系统产生植物的分支

【例 9.3】 不同形态的植物。

图 9.23(a)、(b)、(c)中的三个图是采用下述产生规则生成的分支结构。

V：{F，+，-，[，]}

(a) 迭代次数 $n=5$，$\delta=30°$

W：F

P：F→F[+F]F[-F]F

(b) 迭代次数 $n=7$，$\delta=20°$

W：F

P：F→F[+F]F[-F][F]

(c) 迭代次数 $n=4$，$\delta=20.5°$

W：F

P：F→FF-[-F+F+F]+[+F-F-F]

L 系统中也可引入随机性，通过对多个产生规则分配不同的概率来实现，如图 9.23(d)所示。

L 系统有二维和三维之分，利用三维 L 系统可生成三维植物、三维树。

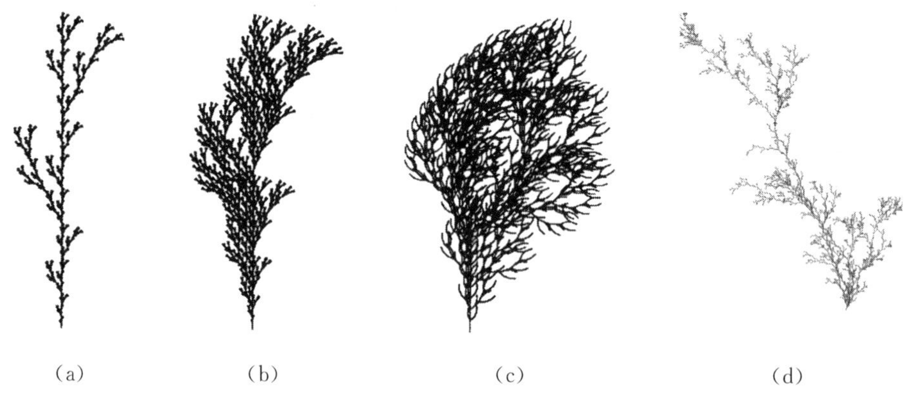

(a) (b) (c) (d)

图 9.23 用 L 系统产生不同形态的植物

9.2.4　迭代函数系统

迭代函数系统(Iterated Function System，IFS)由美国佐治亚理工学院 Demko Barnsley 首先创立。IFS 已在自然景物模拟和分形图像压缩方面获得了成功应用。

一个 N 维空间(通常为二维或三维)的迭代函数系统由两部分组成，一部分是一个 N 维空间到 N 维空间的有限个线性映射(即仿射变换)的集合 $M=\{m_1, m_2, \cdots, m_n\}$；另一部分是一个概率集合 $P=\{p_1, p_2, \cdots, p_n\}$。每个 p_i 与 m_i 相联系，$\sum p_i=1$。

迭代函数系统的工作方式为：取空间中某一点 Z_0 为初始点，以 p_i 概率选取变换 m_i(概率控制由变换所形成的落(画)点的密度)，作变换 $Z_1=m_i(Z_0)$，再以另一个 p_i 概率选取另一变换 m_i，对 Z_0 作变换 $Z_2=m_i(Z_0)$，依次迭代下去，得到一个含足够多点的点集。该方法就是要选取合适的仿射变换集合、概率集合及初始点，使得生成的点集能模拟某种景物。

如果选取的仿射变换的矩阵特征值(一般为复数，也包括实数)的模小于 1，则该系统有唯一的有界闭集，称为迭代函数系统的吸引子。从几何上讲，吸引子就是迭代生成点的聚集处。点逼近吸引子的速度取决于特征值的大小。

IFS 的一个重要定理就是拼贴定理，该定理告诉人们如何去寻找一个 IFS，使得其吸引子贴近或看起来像给定的集合，即分形图。根据拼贴定理，对于任意图形 T，都可将其分解成若干子图，可以绘出图形 T 的吸引子 A，并且保证当变换选得恰当时，这若干个吸引子 A 拼贴起来覆盖原图形 T，这是 IFS 拼贴过程的核心。

以图 9.24 为例介绍子图及 IFS 代码——仿射变换参数及概率的确定。

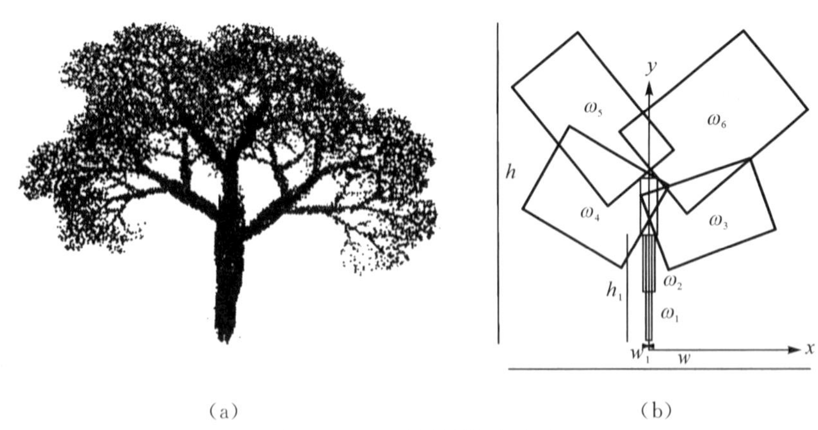

图 9.24　分形图的拼贴子图

1) 确定子图

根据图 9.24(a)分支的形状即拓扑结构，确定本例 IFS 的 6 个子图为图 9.24(b)。

2) 确定子图仿射变换参数

二维仿射变换为

$$\begin{bmatrix} x^* \\ y^* \end{bmatrix}=\begin{bmatrix} a & b \\ c & d \end{bmatrix}\begin{bmatrix} x \\ y \end{bmatrix}+\begin{bmatrix} e \\ f \end{bmatrix} \text{或} \begin{bmatrix} x^* \\ y^* \end{bmatrix}=\begin{bmatrix} r\cos\theta & -q\sin\phi \\ r\sin\theta & q\cos\phi \end{bmatrix}\begin{bmatrix} x \\ y \end{bmatrix}+\begin{bmatrix} e \\ f \end{bmatrix}$$

若能获取子图上 3 点与整图上对应 3 点的坐标，则按前式解方程组便可求取参数 a、b、

c、d、e、f；若不方便，则可按后式计算 r、q、θ、ϕ、e、f 参数。其中，r 和 q 分别是子图在 x 方向和 y 方向的投影长度相对于全图(全图 x 方向和 y 方向的尺寸分别为 w、h)的缩放系数；θ 和 ϕ 是子图相对于 y 轴的旋转角度(这里 $\theta=\phi$)；e 和 f 是子图在 x 方向和 y 方向的位移量。

本例的仿射变换参数 r、q、θ、ϕ、e、f 见表 9.1。

3) 确定子图概率

各子图概率用子图面积占 6 个子图面积和的比例表示，且满足 $p_1+p_2+\cdots+p_n=1$，$p_i>0$，见表 9.1。

表 9.1　分形树的控制参数

	r	q	θ	ϕ	e	f	p
ω_1	0.05	0.5	0	0	0	0.12	0.1
ω_2	0.06	0.5	0	0	0	0.98	0.1
ω_3	0.51	0.496	−48	−48	0	0.55	0.2
ω_4	0.499	0.479	40	40	0	0.6	0.2
ω_5	0.52	0.59	23	23	0	0.995	0.2
ω_6	0.60	0.60	−32	−32	0	1	0.2

IFS 方法生成分形图的步骤如下：

(1) 给出概率分布$\{p_1, p_2, \cdots, p_n\}$，设概率服从均匀分布，概率分布决定了随机数区间；

(2) 适当取一个初始点 Z_0；

(3) 产生一个概率服从均匀分布的随机数 $t(0<t<1)$；

(4) 根据随机数 t 所处的随机数区间选取相应的概率 p_i 和变换 m_i，并作仿射变换 $Z_i=m_i(Z_0)$，在平面上画点 Z_i；

重复步骤(3)、(4)，直至到达设定的迭代次数。

9.2.5　粒子系统

粒子系统是 W. T. Reeves 于 1983 年提出的一个随机模型，其基本思想是造型和动画为一个有机的整体，单个随时间变化的粒子作为景物造型的基本元素。粒子系统主要用于模拟火、烟、云、雨、雪等具有动态变化的自然景物。

粒子系统采用粒子图元(Particle)来描述景物，粒子形状可以是小球、椭球、立方体或其他平面图形。粒子的大小和形状随时间变化，其他性质(如粒子透明度、颜色和移动等)都随机地变化。为模拟生长和衰亡过程，每个粒子均被赋予一定的生命周期，它将经历出生、生长和死亡的过程，不断有旧的粒子消失，新的粒子加入。粒子系统的这些特征，使得它充分体现了不规则模糊物体的动态性和随机性，很好地模拟了火、云、水、随风摇曳的树林和草丛等自然景象。

粒子系统生成景物的基本步骤如下：

(1) 确定所描述对象的粒子团的初始状态，如起始位置、初速度、颜色及大小等；

(2) 生成新的粒子并把它们加入到当前的画面中，并赋予每一新粒子一定的属性，如位置、形状、大小、颜色、透明度、运动速度、生命周期等；

(3) 删除那些已经超过其生命周期的粒子；

(4) 根据粒子的动态属性对每一存在粒子进行变换；

(5) 绘制并显示当前存活的粒子。

其中，步骤(2)～(5)循环进行，每一次新生的粒子都有步骤(2)提到的规定属性，粒子在生长过程中将随机改变这些初始属性。

为表达粒子系统的随机性，Reeves 采用一些非常简化的随机过程来控制粒子在系统中的形状、特征及运动。对每一粒子参数均确定其变化范围，然后在该范围内随机地确定它的值，而其变化范围则由给定的均值和最大方差来确定，其基本表达式为

$$\text{Parameter}=\text{MeanParameter}+\text{Rand}()*\text{VarParameter}$$

其中，Parameter 代表粒子系统中的任一需随机确定的参数，Rand()为[−1，1]中的均匀随机数函数，MeanParameter 为该参数的均值，VarParameter 为其方差。

为定义粒子的初始位置和运动方向，Reeves 采用一个规则物体来描述粒子系统的基本生成形状，如图 9.25 所示。它定义了关于其局部坐标系原点的一个区域，新产生的粒子则随机地放置在该区域内，并采用局部坐标系的发射角来定义新粒子的初始运动方向。图 9.26为由粒子系统模型产生的图形示例。

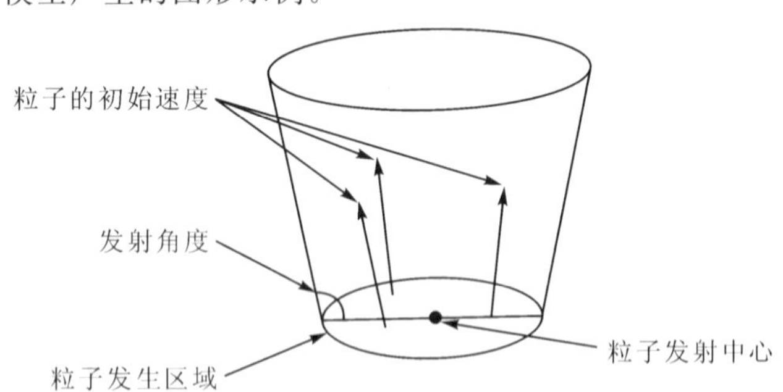

图 9.25 粒子系统的设置

随风摇曳的草丛

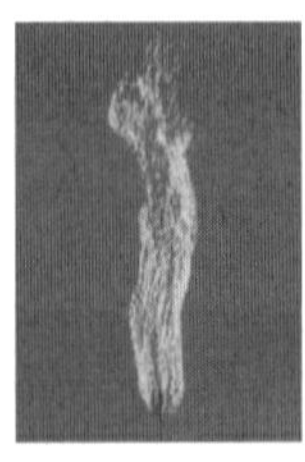
火焰

雨景

雪景

图 9.26 粒子系统生成图例

9.3 计算机动画

传统的动画是指将一系列静止、独立而又存在一定内在联系的画面连续拍摄到电影胶

片(用于电影播放)或录像带上(用于电视播放)，再以一定的速度(电影为 24 帧/秒；电视 PAL 制为 25 帧/秒、美国 NTSC 制为 30 帧/秒)放映来获得画面上人或物运动的视觉效果。动画利用了人眼的视觉停留(视觉持续性、视觉残像)特性，将单个的画面连接成连续的动作。动画的本质是由相互关联的一系列画面所产生的动态过程。

动画最早是由法国人 J. A. Plateau 于 1831 年发明的，他用一个转盘和可视窗口实现了传统的图片动画。1909 年，美国人 W. McCay 制作的《恐龙专家格尔梯》是世界第一部卡通动画片，虽然片子时间很短，却用了大约一万幅画面。之后，卡通动画片风靡全球，如著名的由美国人 Walt Disney 在 1928—1938 年间制作的《米老鼠和唐老鸭》系列动画片等。

传统的动画片(二维卡通动画片)大致制作过程如下：

(1) 创意设计：将故事情节拆分为梗概、脚本(即剧本，包括台词、对话、动作、场景切换、时间分割，是故事详细化的工作)、故事板(场景序列)，如图 9.27 所示。

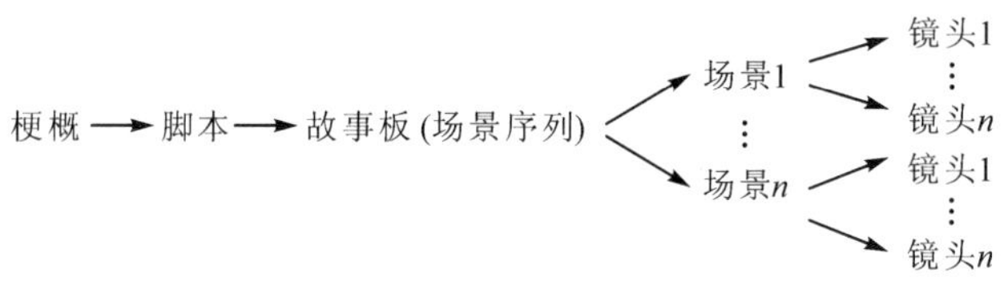

图 9.27　动画的创意过程

(2) 场景设计：包括具体场景及演员动作、音乐、布景、背景图。

(3) 音轨制作(声道记录)：动作画面制作前的录音，以保证声音、音乐与后面所作的画面动作保持同步。

(4) 关键画面(帧)绘制：由若干主笔动画师同时创作，分别画不同的场面或不同的角色，工作量很大。

(5) 中间画面(帧)绘制：在两个相邻的关键画面之间插入的能形成动作序列的若干幅画面称为中间画面。一般情况下，每一对关键帧之间需要 3～5 个中间帧。中间画面绘制一般由辅助绘画人员完成。

(6) 静电复制和墨水加描：将纸上的绘画(用线条勾画的草图)静电复制到醋酸纤维胶片(薄膜片)上，再用墨水描清楚。

(7) 渲染、着颜色：在胶片图上加上颜色等。

(8) 检查。

(9) 拍摄：将背景以及按各层次放好的前景片按要求合成完整的场景，拍摄记录在电影胶卷或录像带上。

(10) 后期处理：包括剪辑、特技处理等。

在上述过程中，阶段(4)～(7) 的画面绘制所占工作量最大，约占总工作量的 70%。鉴于画面绘制工作量很大(特别是长动画片)，而计算机复制和修改图形的优势明显，故在 20 世纪 60 年代计算机绘图技术投入应用后，动画技术与计算机技术一拍即合，出现了计算机动画。

9.3.1　计算机动画的应用与发展

计算机动画(Computer Animation)就是用计算机产生和表现对象(或模拟对象)随时间而变化的行为和动作。它涉及计算机科学、艺术、数学、物理学、生物学和其他相关学科，是计算机图形学和艺术相结合的产物。

1. 计算机在动画中所起的作用

较早时期，计算机的作用主要表现在帧的制作上。关键帧通过数字化采集方式得到，或者用交互式图形编辑器生成，对于复杂的形体还可以通过编程来生成；插补帧不再由助理动画师和插补员来完成，而是利用计算机自动完成插补帧的制作，包括复杂的运动也由计算机直接完成。

随着三维造型技术和计算机动画技术的发展，计算机的作用体现在建模、着色、拍摄和后期制作等方面。在建模方面，场景中的人或物的形态可由计算机生成；在着色方面，画面图像通过交互式计算机系统由用户选择颜色，指定着色区域，并由计算机完成着色工作；在拍摄方面，用计算机控制摄像机的运动，也可用编程的方法形成虚拟摄像机模拟摄像机的运动(即用视点代替摄像机，让视点运动即可)；在后期制作阶段，用计算机完成画面编辑和声音合成。

2. 计算机动画的应用

绝大部分计算机动画要求有真实感，因而对对象、场景及动画过程的精确描述和模拟是评价计算机动画技术的重要指标。但在一些科学和工程研究中(如模拟分子运动、化学反应、结构在载荷下的变形等)，动画真实感并不是目标，它只是帮助研究人员理解事物的变化过程。

计算机动画的主要应用如下：

(1) 影视的动画制作。这是计算机动画影响最大、最为成功和效益最为明显的应用领域。第一个获奖(1974 年)的计算机动画片是 Peter Foldes 的《饥饿》。1996 年，世界上第一部完全用计算机动画制作的电影《玩具总动员》问世。该电影投资只有 3000 万美元，而票房收入却达到了破纪录的 3.5 亿美元，获得奥斯卡最佳剧本奖的提名，其意义在于给电影制作开辟了全新的道路。此外，詹姆斯·卡梅隆导演的《终结者Ⅱ》中的液态金属变形机器人、斯皮尔伯格导演的《侏罗纪公园》中的恐龙等充分使用了计算机三维动画技术，在艺术和经济效益两方面都取得了巨大成功。

(2) 电脑游戏制作。目前用于娱乐的电脑游戏(包括手机游戏)无一例外是使用计算机动画技术制作的，其影响力和效益不亚于影视动画片。

(3) 商业广告制作。相当一部分电视广告也使用计算机动画制作。

(4) 训练模拟。军事作战模拟系统、各类驾驶员训练系统中的虚拟场景都采用计算机动画实现，如图 9.28 所示的飞行模拟。

图 9.28　飞行模拟

(5) 建筑装潢设计。随着 VR/AR 技术的发展，照片式效果图将会被三维漫游动画所替代，漫游使人有身临其境的感觉，如图 9.29 所示。

图 9.29　三维漫游

(6) 工程、教育领域。例如，过程监控(火箭、卫星、飞船等的发射运行)、虚拟制造(加工和装配模拟)、计算机辅助教学等都应用了计算机动画。

3. 计算机动画的基本制作过程

同传统动画一样，无论二维还是三维动画，其制作过程基本相同。大致可分为五个阶段：

(1) 脚本设计。根据动画目的和具体要求进行创意，形成动画制作的脚本。

(2) 素材处理。将外部各种形式的资料(包括造型来源和图像来源)输送给计算机，然后利用各种造型系统进行造型、材质、用光等动画素材的精心创建。

(3) 设置运动方式。目前设置运动的方式很多，如三维动画就有关键帧法、插值法、变形法、关节法等。

(4) 动画生成。就是将动画处理成一系列单帧图像或一个动画文件，并经过反复的动画演示、调试，最后进行图像处理、动画合成。

(5) 动画录制。就是将制作好的计算机动画录制到诸如录像带、光盘等这样的外存储器上。这个过程往往需要用一些压缩方法。

4. 计算机动画的发展

影视制作方面突破性的发展将是计算机动画的发展方向，主要包括如下几方面：

(1) 虚拟演员(主持人)。

美国沃尔特·迪斯尼公司曾预言：21 世纪的明星将是一个听话的计算机程序，它们不再要求成百上千万美元的报酬或头牌位置。"听话的计算机程序"就是虚拟角色，也称为虚拟演员(主持人)。虚拟演员(主持人)广义上包含两层含义：一是用电脑处理手法可使已故著名影星"起死回生"；二是完全由电脑塑造电影明星，如《蚁哥正传》中的蚁哥、《最终幻想》中的艾琪。

(2) 交互式电影。

虚拟现实是交互式电影的实现途径。交互式电影由观众亲涉其中，控制角色的举动，从而对场景产生互动效果。

(3) 文景转换。

文景转换，即文字到场景的转换。以前采用程序设计语言编程制作，今后面向动画师的是界面良好的交互式系统，该系统是基于自然语言描述脚本的人工智能动画系统，可用计算机自动产生动画。

9.3.2 计算机动画的实现方式

按实现的机理来分，计算机动画的实现方式主要有 3 种：帧方式、位图传输方式和实时方式。相应的动画分别称为帧动画、位图传输动画和实时动画。

1. 帧动画

帧动画是指由计算机生成动画中的每一帧画面并将其记录下来，然后根据不同的需要，按不同的速度播映(如电影 24 帧/秒，电视 25 帧/秒或 30 帧/秒)。帧动画也称为全屏幕动画或页动画，如 Pro/E 中的关键帧动画。

帧动画主要采用存储画面重放技术，将所定义的一系列经少量修改的动画图形存储在内存缓冲区中，然后根据需要和动画显示顺序将它们一一调出，送入指定位置并显示。

帧动画通常用于复杂的、需要整体投影的三维模型。因为三维模型的复杂程度只影响到相应画面的生成时间，不影响生成后画面的播放速度，因此无论三维模型多么复杂，帧动画都可以按令人满意的速度实现。

帧动画的优点是重放快，缺点是占用内存多。

2. 位图传输动画

位图传输动画捕获或指定显示缓冲区中的一个映射区域的位图数据，然后移动到显示缓冲区的另一个位置，从而得到动画效果。位图传输动画也称为块图形动画、部分屏幕动画或拱形动画。位图传输动画可以保护背景图案，使用按位异或逻辑运算(XOR)可实现前景图形的擦除，这种技术节省了重画背景图像所需的时间和内存。例如，C 语言中的获取位图的函数 getimage(x1, y1, x2, y2, fname)和显示位图的函数 putimage(x, y, fname, op)配合起来可以实现位图传输动画。

例如，在屏幕上实现一个小球向右运动的动画：先在屏幕左边用绘图函数绘出小球；然后用 getimage 获取小球图形；以后每次循环执行两次 putimage 函数，一次在上一位置执行异或运算以擦除旧图，一次在新位置执行异或运算绘制小球图形。

位图传输动画的优点是节省内存，因为只有屏幕上一小块区域被操作。缺点是动画速度不如帧动画快。

3. 实时动画

实时动画是指可实时绘制画面并直接在屏幕上显示画面的计算机动画。在实时动画过程中，CPU 的时间划分为图像生成时间和图像显示时间两部分。

实时动画也称为动态页转换动画，它至少需要两个图形页面(页面即存储区域，规格与显示缓存一样)，如 OpenGL 就有两个缓存。其中一个页面称为主显示页，其余页面称为图形工作页(虚屏)。显示器总是显示主显示页面上的图形。在主显示页面显示的同时，下一幅图形可产生并放置在工作页面上，主页面显示完后，再把工作页面切换成主页面，如此交替反复进行，产生动画效果。可以采用并行处理技术，同时生成多个画面以加快画面的生成速度，实现显示和生成图形的同步进行。

实时动画与帧动画、位图传输动画的区别在于，帧动画、位图传输动画在启动(播映)动画序列之前已绘制或保存好所有必需的图形，而实时动画的图形是计算机实时绘制的，因此它与电影和动画片这种事先做好图像再进行播映的动画原理也是不同的。

实时动画的优点是生成图形灵活，并可随时改变动画序列的播映次序而具有交互性。缺点是速度较慢，因为既要生成图形，又要显示图形。

9.3.3 计算机动画系统的类型

计算机动画系统类型的分类方法如下：

按照画面中的场景模型是二维的还是三维的，相应地把计算机动画系统(软件)分为二维动画系统(软件)和三维动画系统(软件)。二维动画软件如 Flash 网页动画(Macromedia 公司)、Firework、Animator Studio、Animo、Retas 等，三维动画软件如 3DS Max (Autodesk 公司)、Softimage 3D(Microsoft 公司)、Maya 3D(SGI 公司)、Lightwave 3D、C4D(Maxon Computer 公司)等，C4D 目前被认为是影视制作的首选软件。

按照画面是事先绘制好还是实时绘制，相应地把计算机动画系统(软件)分为逐帧动画系统和实时动画系统。

按照功能层次划分，计算机动画系统分为图 9.30 所示的五级系统，一级功能最简单，五级功能最复杂。依据图 9.30 所示的计算机动画系统的功能层级，计算机动画技术分为计算机辅助动画制作技术和计算机模型动画制作技术两大类。

计算机辅助动画制作技术主要是用计算机辅助人工的动画制作，包括关键画面的录入、中间画面的自动生成、着色、后期制作等，图 9.30 中的一级、二级系统都采用计算机辅助动画制作技术。

计算机模型动画制作技术主要是利用二维或三维图形模型来生成动画所需的画面图形，图 9.30 中的三级、四级都采用计算机模型动画制作技术。未来的五级系统就是基于知识的智能动画系统，它以模型动画技术为基础，把知识处理技术应用到模型动画系统中，使动画系统的处理接近于人的行为。

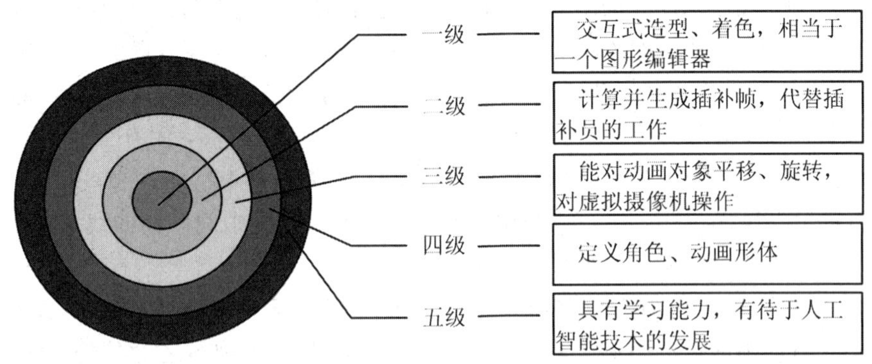

图 9.30 计算机动画系统的层级

9.3.4 画面生成与动画建模技术

从上面的介绍可知，动画的关键及主要工作是产生大量的可用于动画的画面。产生画面的主要动画技术有关键帧技术、运动轨迹控制(样条驱动)技术、变形技术、过程动画(包括行为动画)技术、关节动画(包括人体动画)技术、基于物理模型的动画技术、运动捕获技术、基于知识的智能动画技术等。

1. 关键帧技术

关键帧技术直接来源于传统的动画制作，出现在画面中的一段连续画面其实是由一系列静止画面表现的，制作时并不需逐帧绘制，只需选出少数几帧画面绘制，这几帧画面一般出现在动作变化的转折处，对这段连续动作起着关键的控制作用，因此被称为关键帧，然后根据关键帧，由计算机插画出中间画面。

如图 9.31，$\boldsymbol{F}$ 和 $\boldsymbol{F}'$ 为两个关键帧画面，其余为插画的中间画面。

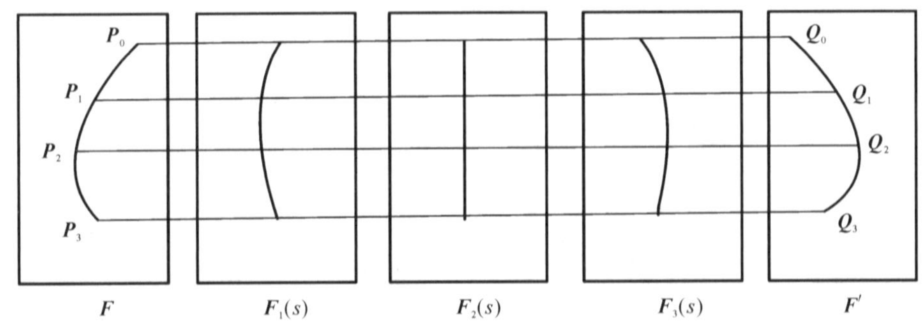

图 9.31 关键帧与插补帧

关键帧技术中，关键帧的选取和插补算法的使用技巧是关键技术。对有两个关键帧的情形，插补按线性进行，如果关键帧数目超过 2，则要用高次多项式的拟合方法。对于图 9.31，假设 $\boldsymbol{F}$ 和 $\boldsymbol{F}'$曲线都是由四个点经过插值或逼近形成，则按第 5 章的方法，两曲线可用适当的插值或逼近基函数描述：

$$F(s)=\sum_{i=0}^{3}\varphi_i(s)P_i \quad F'(s)=\sum_{i=0}^{3}\varphi_i(s)Q_i$$

P_i和Q_i分别是图中两曲线的型值点或控制点，它们的对应关系为：$P_i \to Q_i(i=0, 1, 2, 3)$且已知。令$R_i=(1-t)P_i+tQ_i(i=0, 1, 2, 3)$，当$t=0$时，$R_i=P_i$，这就是$F$关键帧的型值点或控制点；当$t=1$时，$R_i=Q_i$，这就是$F'$关键帧的型值点或控制点。为了生成中间画面上的曲线，只要将t值取为0～1的值即可。如取0.25、0.5、0.75，便有

$$R_i^1=3/4P_i+1/4Q_i,\ R_i^2=1/2P_i+1/2Q_i,\ R_i^3=1/4P_i+3/4Q_i \quad (i=0, 1, 2, 3)$$

然后由$R_i^k(i=0, 1, 2, 3; k=1, 2, 3)$用相同的拟合方法得到中间画面曲线$F_1(s)$、$F_2(s)$、$F_3(s)$，如图9.31所示的中间三曲线。

关键帧技术不限于帧与帧之间的形状插值，也可以对运动参数(如位置、方向)和颜色等插值，实现对动画的运动控制。关键帧技术的主要问题在于物体运动的物理正确性和自然真实性难以保证。

2. 变形技术

计算机动画中另一种重要的运动控制方式是变形技术，包括二维和三维变形。二维变形针对图像，三维变形针对物体。

图像Morph变形是一种常用的二维动画技术。图像本身的变形称为Warp，它首先定义图像的特征结构(图像的特征结构是指由点或结构矢量构成的对图像框架描述的结构)，然后按特征结构使图像变形。两幅图像之间的插值变形称为Morph，如羊变狐狸、奔跑的汽车变奔跑的老虎等就是图像Morph。它是首先分别按特征结构对两幅原图像作Warp操作，然后从不同的方向渐隐渐显地得到两个图像系列，最后合成得到Morph结果。

三维物体的变形分为改变拓扑结构和不改变拓扑结构两类。其中三维Morph变形是指任意两个三维物体之间的插值转换，是改变拓扑结构的变形。变形的主要工作是建立起两个三维物体之间的对应点关系，并构造三维Morph的插值路径。三维Morph处理的对象是三维几何体，并可以附加物体的物理特性描述。

图9.32是对物体A、物体B按线性插值进行的三维Morph，中间图是参数$t=0.2$、0.4、0.6、0.8时的插值变形结果。这种三维Morph也称为混合造型。

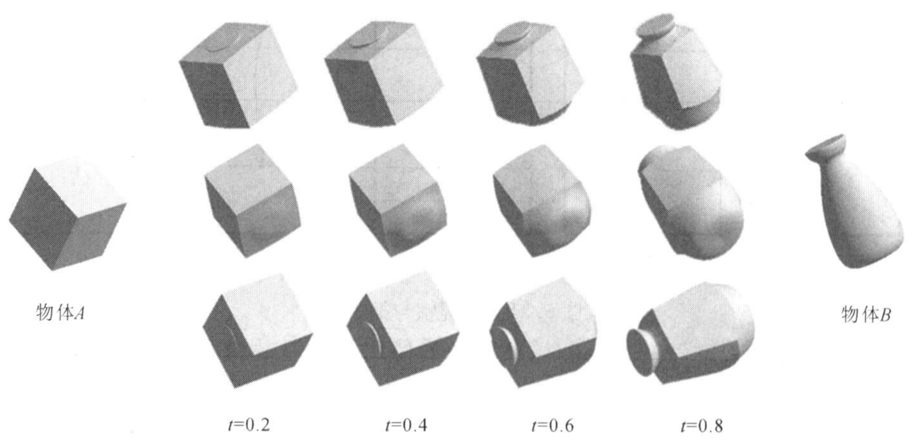

图9.32　三维Morph(混合造型)

另一种三维物体变形技术是自由格式变形 FFD(Free-Form Deformation)，它是不改变拓扑结构的变形，现已成为三维物体变形方法中最好、最实用的一种变形方法。Sederberg和 Parry 于 1986 年提出的 FFD 方法是一种与物体表达无关的间接变形技术，这种方法引入了一种基于 B 样条(包括 Bézier 特殊情况)的中间变形体，通过对此变形体的变形，使包围在其中的物体按非线性变换进行变形。FFD 的本质就是让物体与网格的控制点关联，一旦网格的控制点被移动，与之关联的物体就会变形。下面用一维情形来说明 FFD 的基本思想。

设图 9.33 所示线段上有三个控制点 $\boldsymbol{P}_L$、$\boldsymbol{P}_M$、$\boldsymbol{P}_R$，其中 $\boldsymbol{P}_L$、$\boldsymbol{P}_R$ 为两端点，$\boldsymbol{P}_M$ 为中点，在两端点之间由有限个点形成一组。下面分析在控制点的作用下，这组点是如何改变它们的位置的。这段线段上的任何一点 $\boldsymbol{P}$ 都能够用系数 k 来表示：

$$k=\frac{\boldsymbol{P}-\boldsymbol{P}_L}{\boldsymbol{P}_R-\boldsymbol{P}_L} \tag{9-7}$$

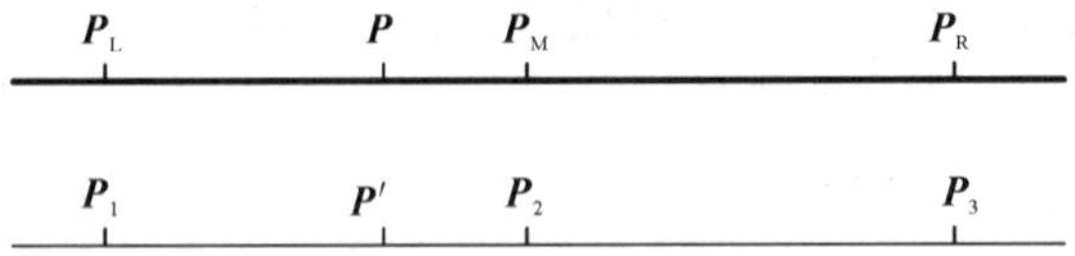

图 9.33　一维情形的 FFD

$\boldsymbol{P}_1$、$\boldsymbol{P}_2$、$\boldsymbol{P}_3$ 为变形过程中的控制点，$\boldsymbol{P}_2$ 为中点，变形方程为二次 Bézier 曲线(对于图 9.33则退化为直线)，由下式可得到 $\boldsymbol{P}$ 的变形点 $\boldsymbol{P}'$ 的位置：

$$\boldsymbol{P}'=(1-k)^2\boldsymbol{P}_1+2k(1-k)\boldsymbol{P}_2+k^2\boldsymbol{P}_3 \tag{9-8}$$

如果将式(9-7)代入式(9-8)，就会发现 $\boldsymbol{P}'=\boldsymbol{P}$，这说明没有点的移动或变形发生。但是如果把中点位置 $\boldsymbol{P}_2$ 向左或向右移动 Δx，经过计算就会发现，两端点之间的所有点也将向左或向右移动；同样，若改变两端点的位置，中间所有点也随之发生变化。由此可知，在原始线段上的点是拉伸还是压缩取决于控制点的位置变化。

结论：式(9-8)为物体的变形方程，原物体上任一点用参数 k 表示，物体的变形通过调整控制点 $\boldsymbol{P}_1$、$\boldsymbol{P}_2$、$\boldsymbol{P}_3$ 的位置使 k 对应的点变形后为 $\boldsymbol{P}'$。

将一维分析方法扩展到二维，便会得到二维情形的 FFD。其变形方程为双二次 Bézier 曲面(对于图 9.34 则退化为平面)，二维空间上变形点 $\boldsymbol{P}'(x', y')$ 的位置定义为

$$\boldsymbol{P}'(x', y')=\begin{bmatrix}(1-u)^2 & 2u(1-u) & u^2\end{bmatrix}\begin{bmatrix}\boldsymbol{P}_{11} & \boldsymbol{P}_{21} & \boldsymbol{P}_{31}\\ \boldsymbol{P}_{12} & \boldsymbol{P}_{22} & \boldsymbol{P}_{32}\\ \boldsymbol{P}_{13} & \boldsymbol{P}_{23} & \boldsymbol{P}_{33}\end{bmatrix}\begin{bmatrix}(1-w)^2\\ 2w(1-w)\\ w^2\end{bmatrix}$$

原物体上任一点用其参数(u, w)表示，u、w 用 8.8 节的曲面片参数化方法求取。

图 9.34(a)为由 3×3 网格定义的平面及其特征网格。若移动 $\boldsymbol{P}_{22}$，平面将会发生图 9.34(b)中的变形，若移动 $\boldsymbol{P}_{33}$，平面就会发生图 9.34(c)中的变形。由此可以看出，二维情形的 FFD 类似一维情形，控制点控制着图形的变形。

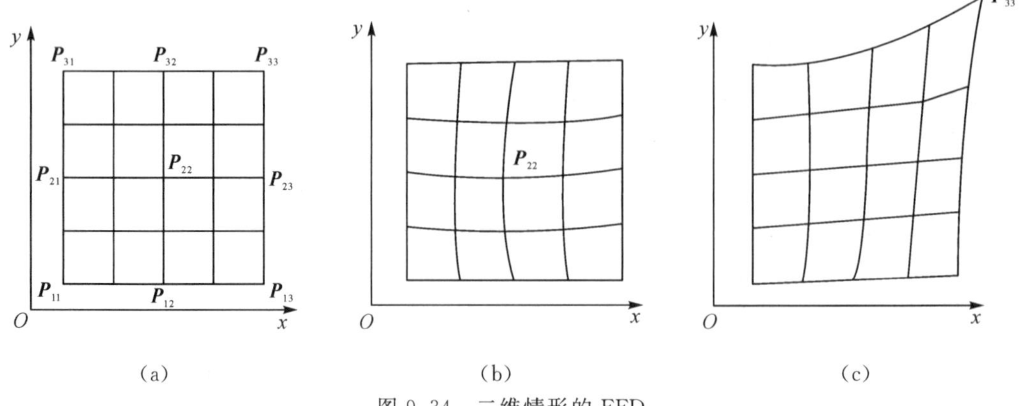

图 9.34　二维情形的 FFD

用 FFD 作变形时，被变形物体首先以某种方式嵌入一个参数空间(把物体上的点用参数表示，即 8.8 节曲面片的参数化过程)，然后对物体所嵌入的空间进行变形(即控制点变化)，因而物体也随之变形。目前该方法已成为计算机动画中应用最广泛的一种，但在实际操作中应要兼顾算法效率与变形的可控性。

变形技术主要用于柔性物体的动画技术，许多商用动画软件(如 Maya、3DS Max)都提供有变形工具。

3. 关节动画技术

在计算机图形学中，有关人的动画一直是最困难和最具挑战性的课题。这是因为，常规的数学和几何模型不适合表现人体形态。人的关节运动尤其是引起关节运动的肌肉运动是十分难模拟的。目前模拟三维空间中的人体通常有三种模型(参见图 9.35)：

(1) 基于线的模型。该模型用抽象的骨骼和关节组成，生成效果真实感较差，肢体的扭转等动作也无法模拟。

(2) 基于面的模型。人体的骨骼被小的平面片或曲面片覆盖。

(3) 立体图像。将人体分为几个三维体元，如圆柱、球和椭球等。典型的造型方法及造型系统有 NUDES 系统、Bubbleman 模型和 Laba 表示法。

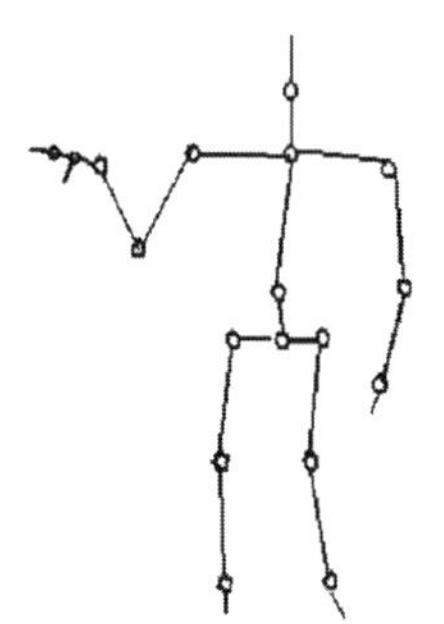
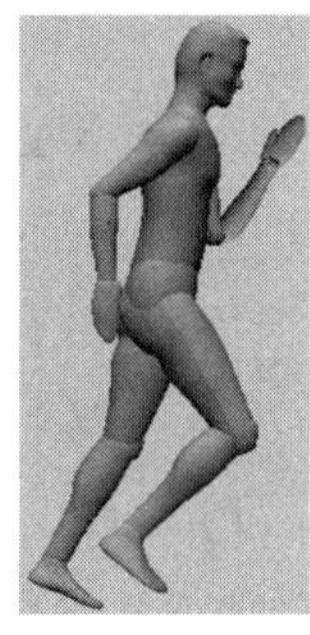
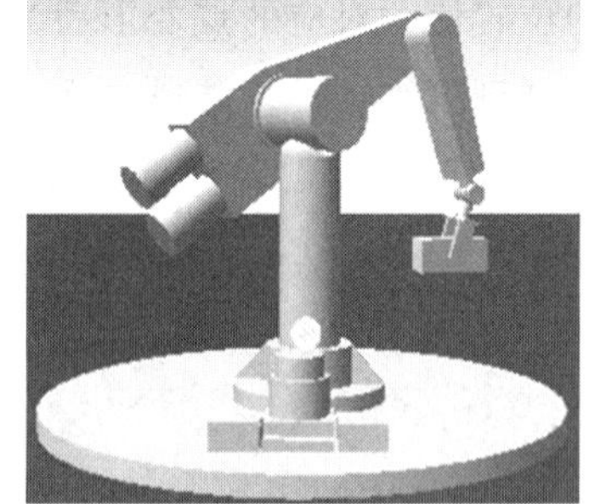
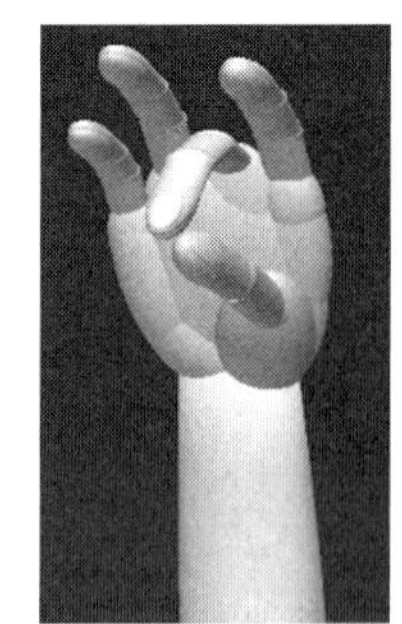

图 9.35　关节模型

关节动画法是基于逆向运动学的原理而实现的，适用于一些具有关节的物体(如人、动物、机器人等)的运动描述。实现关节动画功能可通过如下步骤完成。

1) 建立关节物体的关节结构关系图

关节物体的关节结构是一种树形结构图，其顶层为根节点，一般选为运行节点。根据关节物体各关节之间的相对关系，可确定树形结构，并自顶向下完成整个关节结构的构造。关节结构由关节点、关节连接体和链组成。一个链中包括有若干个相互关联的关节点及关节连接体。一个关节点的运动将带动整个链的运动。图 9.36 所示的动物根节点 0 为身体节点，1 为头部节点，2 为颈部节点，3～6 为腿节点，7 为尾巴节点。根节点 0 的运动带动节点 2～7 运动。节点 2 的运动又带动节点 1 的运动。

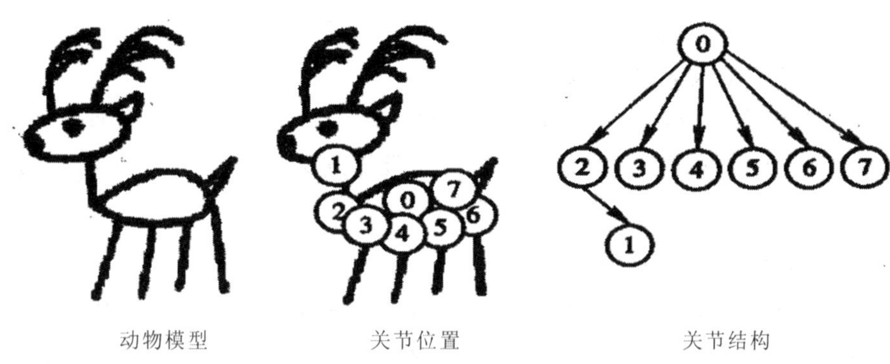

图 9.36　关节动物的运动

2）给出关节体的每个关节点的具体运动状态

每个关节点可以有 6 个自由度的变量(r_x，r_y，r_z，t_x，t_y，t_z)，分别表示绕 x、y、z 轴的旋转角度和在 x、y、z 轴方向的位移。它们用来表示对这个关节点的约束。如果是平面图形物体，则关节点只有 x、y 方向位移和绕点的旋转。

给出关节体的动态运动状态就是要求设计者确定关节体运动过程中的若干关键状态，每个关键状态包括此时根节点的位置以及各个链上某些关节点的 6 个自由度变量的具体取值，并依据关节结构图推导出某个链上其余关节点的状态，从而确定此时关节体的运动变化状态。然后再通过两相邻关键状态节点位置的插值，推导出关节体的实际运动变化过程。

对关节体的实际运动变化过程的求解表现为一系列的坐标变换的组合。图 9.36 所示的动物根节点 0 确定了物体依据此节点处的(r_x，r_y，r_z，t_x，t_y，t_z)所给定的旋转、平移变换，此变换改变了其他所有节点的位置。同时，节点 2～7 处的变量又可自身决定相应的物体部分的变换，其结果分别是根节点变换与各节点变换的组合，如节点 1 的物体部分的变换是根节点 0、节点 2 和节点 1 处变换组合的结果。

4. 过程动画技术

根据角色自身遵循的一定自然法则或者内在规律进行运动控制，这种动画称为过程动画。例如，前面介绍的粒子系统、L 系统，还有在行为动画、流水模拟、物理学中的动力学和运动学模拟方面都有过程动画的思想。这里简单介绍行为动画、基于物理学中的动力学和运动学动画的基本思想。

行为动画主要是解决诸如鸟、鱼、兽群等一些既有随机性又有规律性的群体运动的一种动画，是由 Reynolds 提出的。主要技术是控制群体中的整体和个体的行为。在这种动画中，每个成员有各自的属性、朝向等，但它们又受群体机制相互制约着，如相互靠近又避免碰撞，群体的整体行为由整体位置和整体方向矢量所控制。根据 Reynolds 的思想，按下面

优先级递减的原则控制群体行为：

(1) 碰撞避免原则，即避免与相邻的群体成员相撞。

(2) 速度匹配原则，即尽量匹配相邻群体成员的速度。

(3) 群体结合原则，即群体成员尽量靠拢。

动力学仿真动画是用于模拟诸如人体、动物、机械等物体在自然界中受到人为因素和自然界各种力(重力、阻力、碰撞力)的影响时产生的速度和加速度。主要技术就是对模型运动进行正确分析，建立合理的运动学方程，目前许多商业软件(如 Matlab、Pro/E 等)中，都提供了一些常用的动力学仿真工具。

逆向运动学模拟就是给定物体的目的状态和位置，反算出物体上各个部分应该产生的运动及运动状态。运动状态指运动的位移、旋转、速度等变化量。主要技术就是根据约束条件取掉冗余解，保证解的合理以得到中间状态量。

5. 基于物理特征的动画技术

1987 年，A. H. Barr 在 SIGGRAPH′87 上发表了题目为“Topics in Physically-Based Modeling”的论文，首次提出了基于物理特征的建模概念。这种技术的基本思想就是将物体特性加入到其几何模型中，通过数值计算对其进行仿真，物体的行为由仿真过程自动决定，该仿真计算需要涉及如下几方面问题：刚体或柔性体的经典力学问题、物体之间的相互作用问题、有约束条件的控制问题以及物体如何随时间运动或改变其形状等。基于物理特性的动画技术打破了计算机图形学原建模、绘制、动画之间的分界线，将它们结合起来形成统一的整体。运用这项技术，设计者只要明确物体运动参数或者约束条件就能生成动画，这样，对物体运动模拟更加符合客观现实中物体的运动规律。经过几年的发展，基于物理特征的动画技术已经被广泛地应用于计算机造型和运动模拟领域中。

从理论上讲，给定物理特性后，物体的运动就可以计算出来，通过改变物理特性就可以对物体的运动加以控制，但实际上，物体所具有的物理参量往往无法直接确定，因为人们对这些参量并没有直接的概念，因此必须解决物理特性的表示控制问题。好的控制方法在计算机动画、机器人运动控制以及虚拟技术等相关领域中起着非常重要的作用。目前从研究角度看，基于物理特征的动画技术是非常深入的。人们根据物理原理提出了各种各样的模型和模拟方法。比如，在柔性体的运动模拟方面，人们使用了质量与弹簧系统，用弹簧来模拟肌肉的收缩和运动；在流体运动模拟方面，利用流体力学中的偏微分方程组，通过求解得到各个时刻流体的状态。

6. 运动捕获技术

运动捕获技术是通过传感系统获得人的动作参数，再用其控制角色(人或动物)模型去动作的技术。捕获的过程如下：

(1) 真实演员按导演的要求做动作；

(2) 动作被转换为数字信息，通过感应器记录到计算机中；

(3) 计算机搜集这些数据后将信息传递到工作室，然后将结果 3D 化，在计算机中以线条形式表现出来，形成电影中角色的基础；

(4) 增加皮肤和外壳，使线条成为虚拟角色。

好莱坞影片中 CG 人体(人的 CG 模型)的动作一般都会采用昂贵的动作捕获系统录制完成，如《泰坦尼克号》中沉船时乘客落水的镜头、全三维 CG 影片《最终幻想》中人的面部表情等。

习　题　9

1. 彩色云图适用于哪种情况场数据的可视化表示?
2. 简述彩色云图的生成方法。
3. 彩色云图生成中的颜色映射原理是什么? 色阶设计对云图效果有何影响?
4. 分形图形有哪几类? 试给出每类中 3 种分形的名称。
5. 分形维数的几何意义是什么?
6. 用 C++和 OpenGL 编程实现图 9.20 的分形插值地形建模。
7. 某 L 系统的三要素如下：

　　字符表 V：{F，+，-，[，]}

　　初始图 W：F

　　产生规则 P：F→F[+F][-F]F

　　$\delta=70°$

初始图 $n=0$

图 9.37　第 7 题图

其中，初始图如图 9.37 所示，写出迭代次数 $n=2$ 时的字符串并画出相应的图形。

8. 某 IFS 系统有 4 个子图，其控制参数如表 9.2 所示。

表 9.2　控 制 参 数

m	a	b	c	d	e	f	p
1	0	0	0	0.16	0	0	0.05
2	0.85	0.04	−0.04	0.85	0	1.6	0.75
3	0.2	−0.26	0.23	0.22	0	1.6	0.1
4	−0.15	0.28	0.26	0.24	0	0.44	0.1

设第 i 次迭代后 $Z_i=(1,1)$，若第 $i+1$ 次迭代时的随机数为 0.8，求 Z_{i+1}。

9. 粒子系统适合哪些景物的模拟?
10. 简述粒子系统生成景物的基本步骤。
11. 计算机动画的实现方式有哪几种?
12. 产生画面的动画技术主要有哪些?
13. 什么是关键帧技术?
14. 图像 Morph、三维 Morph 的基本原理是什么?
15. 简述 FFD 变形技术的基本原理。
16. 关节结构关系图在关节动画技术中的作用是什么?

附录 A　课程大作业

◆大作业(1)：图形变换及显示

本次大作业涉及图形变换理论运用及数学推导、数据结构设计、程序设计，目的在于强化本课程要求的能力培养，可以个人完成，也可以小组完成，此环节旨在培养学生的钻研创新、知行合一的科学精神和团队协作精神。

1. 题目描述及要求

编写在屏幕指定视区显示一个三维模型视图的小软件，具体要求如下：

(1) 软件界面至少包含标题栏和一个视区，标题栏名称为“图形变换及显示”；视区在屏幕中部，视区水平尺寸约为屏幕水平尺寸的 1/3，视区垂直尺寸约为屏幕垂直尺寸的 1/2。

(2) 分别在视区全图、最大化显示给定模型的俯视图，其中，世界坐标系设定值为 $x \in [-20.0, 50.0]$，$y \in [-20.0, 30.0]$；模型由三角形、四边形平面围成，其几何数据从“模型.sur”文件中读取并采用链表存储；俯视图以轮廓线形式绘制，可以不消隐。

(3) 编程工具为 C++和 OpenGL。

2. 作业提交内容

(1) 程序设计流程图；

(2) 程序运行结果的打印屏幕图，包括模型在视区全图和最大化显示两种情形；

(3) 源程序。

附：模型.sur 的内容及格式

```
QUAD -1.128000 -0.864000   1.330800 -1.416000 -0.900000   0.702000   1.128000 -0.900000   0.702000   1.128000 -0.864000   1.330800
QUAD  1.128000  0.864000   1.330800  1.128000  0.900000   0.702000 -1.416000  0.900000   0.702000 -1.128000  0.864000   1.330800
QUAD  1.128000  0.900000   0.702000  0.456000  0.900000   0.000000 -2.160000  0.900000   0.000000 -3.090000  0.900000   0.702000
QUAD  1.128000 -0.864000   1.330800  1.128000 -0.900000   0.702000  1.128000  0.900000   0.702000  1.128000  0.864000   1.330800
QUAD  1.128000 -0.900000   0.702000  0.456000 -0.900000   0.000000  0.456000  0.900000   0.000000  1.128000  0.900000   0.702000
TRIA -2.352000 -0.660000   1.122000 -3.270000 -0.810000   0.870000 -3.090000 -0.900000   0.702000
TRIA -2.352000 -0.660000   1.122000 -3.090000 -0.900000   0.702000 -1.416000 -0.900000   0.702000
TRIA -2.352000 -0.660000   1.122000 -1.416000 -0.900000   0.702000 -1.230000 -0.660000   1.122000
TRIA -2.352000  0.660000   1.122000 -1.230000  0.660000   1.122000 -1.416000  0.900000   0.702000
TRIA -2.352000  0.660000   1.122000 -1.416000  0.900000   0.702000 -3.090000  0.900000   0.702000
TRIA -2.352000  0.660000   1.122000 -3.090000  0.900000   0.702000 -3.270000  0.810000   0.870000
QUAD -3.270000  0.810000   0.870000 -3.270000 -0.810000   0.870000 -2.352000 -0.660000   1.122000 -2.352000  0.660000   1.122000
QUAD -3.270000  0.810000   0.870000 -3.090000  0.900000   0.702000 -3.090000 -0.900000   0.702000 -3.270000 -0.810000   0.870000
QUAD -3.090000  0.900000   0.702000 -2.160000  0.900000   0.000000 -2.160000 -0.900000   0.000000 -3.090000 -0.900000   0.702000
QUAD -3.090000 -0.900000   0.702000 -2.160000 -0.900000   0.000000  0.456000 -0.900000   0.000000  1.128000 -0.900000   0.702000
QUAD -2.160000 -0.900000   0.000000 -2.160000  0.900000   0.000000  0.456000  0.900000   0.000000  0.456000 -0.900000   0.000000
QUAD -1.128000 -0.864000   1.330800  1.128000 -0.864000   1.330800  1.128000  0.864000   1.330800 -1.128000  0.864000   1.330800
QUAD -2.352000  0.660000   1.122000 -2.352000 -0.138000   1.122000 -1.230000 -0.138000   1.122000 -1.230000  0.660000   1.122000
QUAD -2.352000 -0.138000   1.122000 -2.352000 -0.618000   1.122000 -2.047800 -0.618000   1.122000 -2.047800 -0.138000   1.122000
QUAD -1.567800 -0.138000   1.122000 -1.567800 -0.618000   1.122000 -1.230000 -0.618000   1.122000 -1.230000 -0.138000   1.122000
```

```
QUAD -2.352000 -0.618000   1.122000 -2.352000 -0.660000   1.122000 -1.230000 -0.660000   1.122000 -1.230000 -0.618000   1.122000
QUAD -1.987800 -0.198000   1.297800 -1.987800 -0.558000   1.297800 -1.627800 -0.558000   1.297800 -1.627800 -0.198000   1.297800
QUAD -1.987800 -0.198000   1.297800 -2.047800 -0.138000   1.122000 -2.047800 -0.618000   1.122000 -1.987800 -0.558000   1.297800
QUAD -1.987800 -0.558000   1.297800 -2.047800 -0.618000   1.122000 -1.567800 -0.618000   1.122000 -1.627800 -0.558000   1.297800
QUAD -1.627800 -0.558000   1.297800 -1.567800 -0.618000   1.122000 -1.567800 -0.138000   1.122000 -1.627800 -0.198000   1.297800
QUAD -1.627800 -0.198000   1.297800 -1.567800 -0.138000   1.122000 -2.047800 -0.138000   1.122000 -1.987800 -0.198000   1.297800
TRIA -1.128000 -0.864000   1.330800 -1.230000 -0.660000   1.122000 -1.416000 -0.900000   0.702000
TRIA -1.128000   0.864000   1.330800 -1.416000   0.900000   0.702000 -1.230000   0.660000   1.122000
QUAD -1.128000 -0.864000   1.330800 -1.128000   0.864000   1.330800 -1.230000   0.660000   1.122000 -1.230000 -0.660000   1.122000
```

说明：字段“TRIA” “QUAD”分别表示三角形、平面四边形，字段后的数据为三角形、平面四边形顶点的 x、y、z 坐标，顶点按逆时针排序，字段之间的分割符为空格。

◆大作业(2)：B样条曲面生成

本次大作业涉及曲面理论应用、算法及数据结构设计、程序设计，目的在于强化本课程要求的能力培养，可以个人完成，也可以小组完成，此环节旨在培养学生的知行合一的科学精神和团队协作精神。

1. 题目描述及要求

绘制双三次B样条曲面，具体要求如下：

(1) 特征网格顶点数不少于30个，顶点坐标从文件中读取，特征网格最好结合某一外形(杯子、瓶子、零件等)设计给出；

(2) 在正轴测图形式下同时绘制特征网格和曲面，曲面用两簇相交网格线表示；

(3) 将绘制的图形最大化显示在大作业(1)所建立的视区；

(4) 编程工具为C++和OpenGL。

2. 作业提交内容

(1) 程序设计流程图；

(2) 程序运行结果的打印屏幕图；

(3) 源程序。

◆大作业(3)：实体造型与消隐

本次大作业涉及造型及消隐理论运用、求交数学推导、算法及数据结构设计、程序设计，目的在于强化本课程要求的能力培养，可以个人完成，也可以小组完成，此环节旨在培养学生的钻研创新、知行合一的科学精神和团队协作精神。

1. 题目描述及要求

编程实现两个长方体的布尔并运算，具体要求如下：

(1) 可输入长方体的参数，包括中心点及长、宽、高；

(2) 在正轴测图观察方式下以轮廓线图形式显示并运算的结果，要求消隐；

(3) 将绘制的图形最大化显示在大作业(1)所建立的视区；

(4) 编程工具为C++和OpenGL。

2. 作业提交内容

(1) 程序设计流程图；

(2) 程序运行结果的打印屏幕图；

(3) 源程序。

附录B 基于课程思政的“计算机图形学”课程教学效果考核方法

1. 考核方法制定原则

以学生对课程的认同感和学习获得感为评价依据，以信息化技术为评价手段，建立操作性强、可量化的教学效果评价体系。

2. 考核评价体系

依据上述原则，考核评价体系设定6个指标：选课人数、到课率、慕课建设度、课程成绩、学生评教、课程思政问卷调查。

1）选课人数

对于工科硕士生而言，除了政治、英语、数学等课程为必选外，其余专业基础课、专业课都是限选或任选。对于后两类课程，选课人数反映了学生对课程的认同感，也反映了课程对培养人才的覆盖面。选课人数不宜用绝对值来衡量，它与大小学科及招生规模有关，与课程性质(学位课、非学位课)有关，也与课程开设时间长短等有关。对于选课人数指标，这里针对大学科开设的课程提出一个评价标准，小学科可以适当调整。

选课人数指标评价分为很好、好、一般、差。“很好”的标准是选课人数为所在一级学科招生人数的25％及以上，或选课人数年增长率在25％及以上，前者适合开设时间较长的课程，后者适合开设时间较短的课程；“好”的标准是选课人数为所在一级学科招生人数的20％～25％，或选课人数年增长率在20％～25％；“一般”的标准是选课人数为所在一级学科招生人数的10％～20％，或选课人数年增长率在10％～20％；“差”的标准是选课人数为所在一级学科招生人数的10％以下，或选课人数年增长率在10％以下。

选课人数指标值按百分制计算。很好、好、一般、差对应的指标值依次为95、85、75、65。

2）到课率

到课率反映了学生对课程的认同感，也是课程思政的一个方面(如严格学习伦理、培养人文素养等)。

到课率为听课人数占选课人数的百分比，指标值按百分制计算。如到课率为90％，则其指标值为90。

3）慕课建设度

线上、线下相结合的混合式教学是当前教育教学改革的方向。线上教学能使学生随时都有资源进行学习，对研究生而言，可方便学生进行扩展学习、出差后的补课学习、课堂未听懂的回顾学习等。以慕课为代表的线上教学体现了以学生为中心的教学理念，它与知识传授、能力培养和价值塑造都有关。因此，应将慕课建设纳入课程教学效果考核中。

慕课建设度是网上建课内容的实现程度，以完成教学大纲内容的百分比计算。慕课建设度指标值按百分制计算。如慕课建设度为80％，则其指标值为80；如慕课建设度为100％，则其指标值为100；课程未建慕课，则其指标值为0。

4）课程成绩

课程成绩是反映学生获得感的一个方面。课程成绩指标值是指课程教学班的平均成绩，以百分制计算。

5）学生评教

这里的学生评教是常规的课程结束评教，主要从教学内容、课堂组织、学习支持、考核方式、个人发展等教书方面进行评价。学生评教指标值以百分制计算。

学生评教指标值计算方法参见《附件1：学生学习课程的评教打分》。

6）课程思政问卷调查

课程思政评价不同于上述学生评教，主要从育人方面进行评价，强调的是知识传授、能力培养和价值塑造的融合。课程思政问卷的设计要根据课程的具体情况并结合课程教学与育人大纲而设计。

课程思政问卷调查最好在已毕业两年或以上的学生中进行，因为他们对事物的认识更全面，对课程教学效果的感受会更深，因而评价会更准确些。无此条件的话，可在课程结束时进行问卷调查。

课程思政问卷调查指标值以百分制计算。问卷调查打分内容参见《附件2：课程思政问卷调查打分》。

3. 评价指标的获取方法

（1）选课人数、课程成绩指标通过学校的教务管理系统获取。

（2）到课率指标通过学校的电子考勤系统获取。

（3）慕课建设度指标可查看网上建课内容确定。

（4）学生评教指标通过学校的评价系统获取。

（5）课程思政问卷调查指标可通过问卷星平台和课程微信群获取。

4. 评价指标的权重分配

根据各指标对于人才培养的贡献度大小，选课人数、到课率、慕课建设度、课程成绩、学生评教、课程思政问卷调查的指标权重依次为0.15、0.15、0.05、0.4、0.05、0.2。

5. 教学效果评分计算

课程教学效果的评分计算方法如下：

课程评分＝选课人数指标值×0.15＋到课率指标值×0.15＋
慕课建设度指标值×0.05＋课程成绩指标值×0.4＋学生评教指标值×0.05＋
课程思政问卷调查指标值×0.2

附件1：

学生学习课程的评教打分

1. 评教内容

（1）课程讲授条理清晰，重点突出。

○很好　　○好　　○一般　　○差

（2）理论联系实际，通过案例教学帮助知识理解。

○很好　　○好　　○一般　　○差

（3）备课充分，讲授内容精炼，能有效利用课堂时间，课程进度合理。

○很好　　○好　　○一般　　○差

(4) 能够根据课程特点合理安排授课方式，将传统板书与信息化的教学手段有机结合。

○很好　○好　○一般　○差

(5) 课堂气氛活跃，注重问题引导和互动。

○很好　○好　○一般　○差

(6) 提供丰富课程学习资源，有效帮助自学课程。

○很好　○好　○一般　○差

(7) 作业批改及时、认真，提出的问题得到及时有效的反馈。

○很好　○好　○一般　○差

(8) 课程初期就明确了考核方式和评分规则，评价模式多样、公平，能充分反映学生的学习成效。

○很好　○好　○一般　○差

(9) 较好地掌握了课程知识，增强了分析、解决问题的能力。

○很好　○好　○一般　○差

(10) 对课程的总体评价。

○很好　○好　○一般　○差

2. 评分计算方法

“很好”“好”“一般”“差”分别按95、85、75、65计分，则

$$\text{课程评教指标值} = \frac{\sum_{i=1}^{10} \text{每项分数}}{10}$$

附件2：

课程思政问卷调查打分

说明：课程思政是信息时代课程教学的新要求，是在传统教学“知识传授＋能力培养”的基础上，融合价值引领，目的是培养担当民族复兴大任的时代新人。

“计算机图形学”课程的教学与育人目标为：通过课堂讲授、课后作业及编程实践，使学生比较全面地掌握计算机图形学的理论和算法体系，具有一定的数学推导能力、图形算法设计能力和以Visual Studio、OpenGL等为平台开发图形软件或图形模块的能力，为以后应用或开发以三维建模为驱动的专业软件(如CAD、CAE、CAM、3D打印等)打好基础。课程采用线下、线上混合式教学，通过教师精心备课与讲课、与学生互动、严格学习伦理等，言传身教、潜移默化，塑造学生的社会主义核心价值观，提高学生的人文素养；在授课内容方面，通过数学推导、形数结合、成果展示、结合应用讲、结合教师科研讲、结合国家需求讲，培养学生的科学精神，树立学生的民族文化自信心，培养学生的责任担当意识以及科技报国的家国情怀，最终达到知识传授、能力培养和价值塑造的有机结合。

我们据此设计了一组问卷，以检查本课程知识传授、能力培养和价值塑造的实施效果，请同学们根据自己学习本课程的获得感如实评价。谢谢！

1. 问卷调查内容

(1) 您选本课程的原因是：

○A. 自己觉得有用　○B. 导师指定　○C. 别人推荐　○D. 容易拿学分

(2) 通过本课程的学习，您对课程思政的了解程度：

○A. 很了解　　○B. 了解　　○C. 一般　　○D. 不了解

(3) 您觉得高校开展课程思政的重要性：

○A. 很重要　　○B. 重要　　○C. 无所谓　　○D. 没有必要

(4) 您认为学生最应具备的素质是什么?

○A. 学会做人　　○B. 学习能力　　○C. 创新能力　　○D. 领导能力

(5) 您认为授课教师的师德修养、治学态度对你学习效果的影响：

○A. 影响很大　　○B. 有一定影响　　○C. 没有影响

(6) 对本门课程“课堂面授＋慕课教学”的授课方式的评价为：

○A. 很好　　○B. 好　　○C. 一般　　○D. 差

(7) 对于本门课程的思政目标，您认为达到的目标有：【多选题】

□A. 社会主义核心价值观　　□B. 哲学思辨　　□C. 科学精神

□D. 民族文化自信　　□E. 责任担当　　□F. 科技报国

(8) 站在学习者的角度，您认为教师除传授知识、培养能力外，还需要对学生进行哪些方面的引导?【多选题】

□A. 爱国主义　　□B. 中华优秀传统文化　　□C. 创新思维

□D. 实践能力　　□E. 道德素质　　□F. 科学精神　　□G. 工匠精神

(9) 请说明您学本门课程的收获? 如知识掌握、能力提升、学术态度、科研兴趣与帮助、价值引领等。

知识掌握方面：________________________________；

能力提升方面：________________________________；

学术态度方面：________________________________；

科研兴趣与帮助方面：__________________________；

价值引领方面：________________________________。

(10) 您对本门课程教学与育人效果的总体评价：

○A. 非常满意　　○B. 满意　　○C. 一般　　○D. 不满意

2. 评分规则

(1) 对于所有单项选择问题，选 A、B、C、D 项的得分分别计为 95、85、75、65，该项问卷得分为所有答卷的该项得分的平均值；

(2) 对于多选题，全选计 100，选 5 项计 90，选 4 项计 80，选 3 项计 70，选 2 项或 1 项计 60，该项问卷得分为所有答卷的该项得分的平均值；

(3) 对于填空题，填写 5 项计 100，填写 4 项计 90，填写 3 项计 80，填写 2 项计 70，填写 1 项计 60，未填写计 0，该项问卷得分为所有答卷的该项得分的平均值。

3. 评分计算方法

$$\text{课程思政问卷调查指标值} = \frac{\sum_{i=1}^{10} \text{每项分数}}{10}$$

参 考 文 献

[1] 许社教. 计算机绘图. 2 版. 西安: 西安电子科技大学出版社, 2004.

[2] 唐荣锡, 汪嘉业, 彭群生. 计算机图形学教程. 北京: 科学出版社, 1994.

[3] 孙家广. 计算机图形学. 3 版. 北京: 清华大学出版社, 1998.

[4] ROGERS D F. Procedural Elements of Computer Graphics. 2 nd ed. McGraw-Hill, 1997.

[5] HEARN D, BAKER M P, CARITHERS W R. Computer Graphics with OpenGL. 4 th ed. Prentice Hall, 2012.

[6] 许社教, 杜美玲, 杨矿生, 等. 一种复杂平面片交线段的求取方法: 201510510790.2, 2018-5-15.

[7] SCHNEIDER P J, EBERLY D H. 计算机图形学几何工具算法详解. 周长发, 译. 北京: 电子工业出版社, 2005.

[8] 许社教, 邱扬, 屈会雪, 等. 基于质量因子的复杂平表面网格预剖分方法: 201010179883.9, 2012-6-20.

[9] 焦立男, 唐振民. 有孔多边形凸划分的一种算法. 兵工学报, 2008, 29(3): 379-384.

[10] 丁永祥, 夏巨谌, 王英, 等. 任意多边形的 Delaunay 三角剖分. 计算机学报, 1994, 17(4): 270-275.

[11] 王元, 刘华. 基于有限元网格划分的城市道路网建模. 图学学报, 2016, 37(3): 377-385.

[12] 许社教, 邱扬, 张佳峰, 等. 基于三角矢量基函数矩量法的载体天线结构网格划分方法: 201010179882.4, 2012-6-20.

[13] 许社教, 邱扬, 田锦, 等. 多天线-散射体结构矩量法分析的自动网格划分技术. 图学学报, 2006, 27(2): 132-138.

[14] OpenGL 体系结构审核委员会. OpenGL 编程指南. 4 版. 邓郑祥, 译. 北京: 人民邮电出版社, 2005.

[15] 许社教. 二维图形的镜像变换及其变换矩阵. 西安电子科技大学学报, 1994, 21(1): 86-89.

[16] 许社教, 张郁. 基于方向余弦参量的物坐标系与世界坐标系间的坐标变换. 图学学报, 2004, 25(1): 123-127.

[17] 许社教. 三维图形系统中两种坐标系之间的坐标变换. 西安电子科技大学学报, 1996, 23(3): 429-432.

[18] 苏步青, 刘鼎元. 计算几何. 上海: 上海科学技术出版社, 1980.

[19] 施法中. 计算机辅助几何设计与非均匀有理 B 样条. 修订版. 北京: 高等教育出版社, 2013.

[20] 朱心雄. 自由曲线曲面造型技术. 北京: 科学出版社, 2000.

[21] 许社教, 杜美玲, 许海宾, 等. 面向时域有限差分电磁计算的载体网格划分方法: 201310258067.0, 2015-9-23.

[22] 许社教, 杜美玲, 张居锋, 等. 一种三维平面实体的布尔运算方法: 201410369841.X, 2017-1-18.

[23] 许社教, 杜美玲, 吉王博, 等. 一种三维平面实体的布尔并运算方法: 201710711666.1, 2022-8-18.

[24] 许社教, 靳其宝. 基于散乱点网格化的可控地形图技术. 图学学报, 2005, 26(4): 119-123.

[25] 齐东旭, 马华东. 计算机动画原理与应用. 北京: 科学出版社, 1998.

[26] 沙春发, 卢章平, 杨春华, 等. 一种基于三角剖分的产品造型混合方法. 图学学报, 2015, 36(5): 734-739.